河川・ダム湖沼用
水質測定機器ガイドブック

（財）河川環境管理財団
（財）ダム水源地環境整備センター　編

技報堂出版

刊行にあたって

　河川・ダム湖沼の水は、水道用水や工業用水、農業用水等の様々な用途に利用されており、その一方で、魚や底生生物等の水棲生物の生息生育環境としての重要な要素となっています。これらのことから河川およびダムの管理者が水質を適正に管理していくことは、非常に大切なことであり、河川法の改正により河川環境の保全が目的化され、河川・ダム湖沼の水質を常時監視し、関係する人々に的確かつ迅速に情報提供することが望まれています。

　このようななか、河川においては油類や化学薬品の流出による水質事故が頻発し、その頻度も年々増加の傾向を示しており、河川管理者は水質事故時には携帯型の簡易測定機器を用いるなどにより緊急的な水質測定を行い、原因物質の特定を行って適切な事故対策を実施する必要があります。また、河川水質の保全を図るため、現地据付型水質測定装置を用いて水質を連続的に把握し、河川水の常時監視や導水・堰等施設の適切な管理・操作を実施することが求められています。

　一方、ダム湖沼においても、水質を連続的に観測し、湛水域での水質特性を把握しつつ、藻類の異常増殖による異臭味障害や景観障害、濁水長期化問題等に対して、ダム施設や水質保全対策施設の適切な運用を実施することが必須となってきています。

　これら事故対策や河川等水質監視を目的として水質測定を実施する際、目的に応じた機器タイプを勘案して、測定が必要な水質項目に対して適切な測定機器を選択することは重要です。

　しかしながら、水質を監視する測定機器は多種多様に存在し、科学技術の進歩に伴いその精度が向上されるとともに、新しい項目の測定が可能な機器が開発されており、河川およびダム管理者が適切な機器選定をするためには、はじめに各水質測定機器の情報を幅広く収集する必要があります。

　本書は、河川管理に係わる実務担当者の一助となるよう、(財)河川環境管理財団と(財)ダム水源地環境整備センターが共同で、現在国内で製造販売されている水質測定機器について目的に応じて特徴、諸元を取りまとめたものです。河川管理に係わる実務担当者の方々が目的に応じて水質測定機器を選ぶ際の参考として広くご活用いただければ幸いです。

　最後に、本書の作成にあたり、豊富な実務経験から貴重なご指導ご鞭撻をいただきました編集委員の皆様方に感謝いたします。

平成13年8月

　　　　　　　　　　　　　　　　　　　　　　　財団法人　河川環境管理財団
　　　　　　　　　　　　　　　　　　　　　　　　　　理事長　和 里 田　義 雄
　　　　　　　　　　　　　　　　　　　　　　　財団法人　ダム水源地環境整備センター
　　　　　　　　　　　　　　　　　　　　　　　　　　理事長　加 藤　　　昭

目　　　次

1. ガイドブックの利用上の留意事項 1

2. 携帯型水質測定機器 5

    2.1 単項目水質計 5
        ・水温計 6
        ・濁度計 10
        ・導電率計 24
        ・pH 計 26
        ・シアン計 38
        ・塩化物イオン計 40
        ・クロロフィル a 計 44

    2.2 多項目水質計 49
        ・水温、濁度計 50
        ・水温、導電率計 62
        ・水温、pH 計 74
        ・水温、DO 計 83
        ・水温、塩化物イオン計 103
        ・pH、DO 計 107
        ・水温、導電率、pH 計 109
        ・水温、導電率、塩化物イオン計 112
        ・水温、濁度、導電率、クロロフィル a 計 118
        ・水温、濁度、塩化物イオン、クロロフィル a 計 120
        ・水温、濁度、導電率、pH、DO 計 124
        ・水温、濁度、DO、塩化物イオン、クロロフィル a 計 130
        ・水温、濁度、導電率、pH、DO、塩化物イオン計 133
        ・水温、濁度、導電率、pH、DO、クロロフィル a 計 139
        ・その他多項目計 145

3. 現地据付型水質自動測定装置 153

    3.1 単項目水質自動測定装置 153
        ・水温測定装置 154
        ・濁度測定装置（SS 測定装置含む） 158

- 導電率測定装置 ... 178
- pH 測定装置 ... 180
- DO 測定装置 ... 182
- BOD 測定装置 ... 188
- COD 測定装置 ... 191
- シアン類測定装置 ... 219
- 揮発性有機化合物測定装置 ... 234
- 油分測定装置 ... 239
- フェノール類測定装置 ... 248
- クロム類測定装置 ... 254
- 水銀測定装置 ... 262
- 塩化物イオン測定装置 ... 265
- 窒素化合物測定装置 ... 267
- リン化合物測定装置 ... 299
- TOC 測定装置 ... 311
- クロロフィル a 測定装置 ... 319
- 微生物モニター ... 321

3.2 多項目水質自動測定装置 ... 325

- 水温、濁度測定装置 ... 326
- 水温、導電率測定装置 ... 328
- 水温、pH 測定装置 ... 331
- 水温、DO 測定装置 ... 334
- 水温、塩化物イオン測定装置 ... 336
- 水温、クロロフィル a 測定装置 ... 343
- 水温、濁度、導電率測定装置 ... 345
- 水温、DO、塩化物イオン測定装置 ... 348
- 水温、濁度、導電率、pH、DO 測定装置 ... 350
- 水温、濁度、導電率、pH、DO、COD（紫外線吸光度換算による）、クロロフィル a 測定装置 ... 368
- 総窒素、総リン測定装置 ... 382
- 総窒素、TOC 測定装置 ... 406
- シアン、アンモニウム測定装置 ... 412

4. 河川・ダム湖沼用水質測定目的別測定項目 ... 415

参考資料 ... 419
1. アンケート様式 ... 419
2. メーカー別水質測定機器分類表 ... 435
3. 簡易水質測定器具 ... 445
4. ガイドブック編集委員会 ... 453

1. ガイドブックの利用上の留意事項

1. 編集について

平成12年10月に実施したアンケートにて、回答を頂いた企業のアンケート結果に基づいて編集・作成しました。

2. アンケート対象企業について

アンケートの対象とした企業は、水質計測機器の製造販売企業と輸入販売企業である、日本科学機器団体連合会に所属する38社および（社）日本電気計測器工業会に所属する6社に加え、（財）河川環境管理財団のホームページでの公募に応募した6社の計50社であり、送付したアンケートに対し31社から回答を頂きました。

3. 水質測定機器の分類について

水質測定機器を、携帯型水質測定機器（水質事故等の際、現場で容易に使用できるもの）および現地据付型水質自動測定装置（現地に設置して、常時監視に使用できるもの）に分類しました。なお、試験紙、チューブ式等の目視による比色タイプは対象から除きました。これらについては、参考資料に簡易水質測定器具として掲載していますので参考にして下さい。

また、各測定機器・装置を、単項目水質計・測定装置（水質の項目として1項目のみの測定ができる機器）および多項目水質計・測定装置（水質の項目として2項目以上の測定ができる機器）に分類しました。

4. 現地据付型水質自動測定装置について

現地据付型水質自動測定装置は、採水式（水中ポンプ等によって採水施設を設けて使用する測定装置）と潜漬式（水質センサを試料水中に潜漬して使用する測定装置）に分類しました。

5. 各個票における「特徴」について

機器の特徴については、各企業によって記載された機器の特徴を掲載しました。

6. 各個票における「使用上の留意点」について

使用上の留意点については、次の内容を掲載しました。
- 採水の必要性の有無。水位、流速の影響（携帯型水質測定機器のみ）。
- 装置の設置法、設置に必要な施設と設備（現地据付型水質自動測定装置のみ）。
- 機器・装置の校正を実施する際の所要時間と校正周期。
- 測定する際に使用する試薬の有無。試薬廃液の回収の有無および回収方法。
- 測定する際の妨害物質の有無。妨害物質の前処理方法。
- 保守点検を実施する周期頻度と保守点検に要する時間（保守点検には、装置の校正、試薬の調整と補充、装置内部の洗浄、装置内部の点検および部品交換等が含まれています）。
- 装置を年間保持するために必要な交換部品、消耗品の有無。

7. 各個票における「仕様」について

測定機器の仕様は、測定方式、測定原理、性能、機能、価格、納入実績等を掲載しました。

仕様の見方

【携帯型水質測定機器】

仕　様

項　目	仕　様	
	塩　分	水　温
(1) 測定方法	導電率測定方式	白金測温抵抗体法
(2) 測定原理	検水の導電率を測定し導電率からマイクロプロセッサ演算（15℃換算）により塩分濃度を求める。	白金線の電気抵抗が温度の上昇により増加する現象を利用して測定。
(3) 測定範囲	0.0 ～ 100‰	− 5.0 ～ 45.0℃
(4) 測定精度	± 1.0‰	± 0.3℃
(5) 再現性（公定法比較）		
(6) 自動温度補償	あり（− 5.0 ～ 45.0℃）	
(7) 換算	15℃換算で塩分表示	
(8) 表示・記録方式	ディジタル表示　出力 0 ～ 10 mV	
(9) 電源	乾電池（単3形　4個）	
(10) 標準液等	標準海水（35‰）	
(11) 外形寸法	本体：W 183 × H 113 × D 39 mm　電極：φ 2.5 × 200 mm	
(12) 重量	本体：約 600 g　電極：約 1 000 g（リード線　10 m、SUS 付）	
(13) その他		
(14) 価格（標準品）	237,000 円	
(15) 納入実績	最近 2 ヶ年（H 10 ～ 11）の販売台数　60 台	

左側注釈：
- 標準物質を測定した場合に得られるばらつきの程度 →（4）測定精度
- 標準物質の一定濃度を用いて繰り返し測定した時のばらつきの程度 →（5）再現性
- 検出センサの中で温度によって影響をうける場合に電気的補正回路によって自動的に補正する機能 →（6）自動温度補償
- 計測器から得られた値を演算により測定項目の測定値に表す →（7）換算

【現地据付型水質自動測定装置】

仕　様

項　目	仕　様
(1) 測定方式	沸騰水浴中 30 分間加熱方式 ① 酸性過マンガン酸カリウム法 ② 酸性過マンガン酸カリウム法（硝酸銀添加） ③ アルカリ性過マンガン酸カリウム法　　　①②③は任意選択
(2) 測定原理	本装置の測定原理は JIS K 0102「100℃における過マンガン酸カリウムによる化学的酸素要求量測定法を基礎に自動化したもので、下記の三つの測定法に対応できます。 ○ 酸性過マンガン酸カリウム法（銀塩無添加法） ○ 酸性過マンガン酸カリウム法（銀塩添加法） ○ アルカリ性過マンガン酸カリウム法
(3) 測定範囲	0 ～ 20、40、50、100、200、300、500 mg/L の内1レンジ指定
(4) 測定再現性	0 ～ 200 mg/L 測定時、フルスケールに対して± 2 %
(5) 加熱方式	加熱時沸騰水循環方式
(6) 試料水・試薬計量	負圧吸引計量方式（計量吐出方式を含む：負圧吸引方式の変形で、液量を計量する時に加圧空気で液を排出せずにレベル差で液を戻す方式）
(7) 終点検出	酸化還元電位の終点微分検出法（定電流分極電位差法）
(8) 塩素イオン対策	1) 酸性法：硝酸銀添加法（フルスケールの 150 倍以下のこと） 2) アルカリ法：アルカリ条件による
(9) 制御方式	マイクロコンピュータ制御、全自動
(10) 測定周期	1) 内部スタート（1 H、2 H、3 H） 2) 外部スタート
(11) 表示・記録方式	ディジタル表示：工程数／工程残り時間、濃度 mg/L、レンジ mg/L、測定値異常設定値 mg/L、前回測定時の最大分極電位／ビュレット下限時の電圧／終点時の電圧、時刻 発光ダイオード表示：制御モード、動作モード、各種警報（警報出力に同じ）、ディジタル表示の選択用発光ダイオード 印字内容：測定値、手分析換算化学的酸素要求量値（換算式 $Y = a + bX$ 設定による）、測定値バーグラフ、設定値、校正値、日報、電源等、終点検出電位曲線、各種警報／異常箇所個別マーク印字等 測定値出力：DC 0 ～ 1 V、DC 4 ～ 20 mA（オプション）、測定値（電圧、電流）出力は、バー／ホールド表示選択式 [1] 警報接点出力：無電圧 a 接点出力 [2]、測定値異常（オプション）／試料水断（オプション）／洗浄水断／試薬断（オプション）／計器異常／電源断／保守中 外部スタート：無電圧 a 接点入力（2 秒以上）
(12) 校正方式	標準液を検量線作成工程で測定し、校正の印字値をキー入力する。
(13) 連続測定	測定周期を 1 時間として、試薬補充なしで 2 週間連続測定可能
(14) 電源条件	AC 100 V ± 10 V　50/60 Hz ± 1 Hz（漏電ブレーカ内蔵）
(15) 消費電力	約 900 VA（最大負荷時）
(16) 外観・構造	W 700 × D 650 × H 1 650 mm（屋内設置型チャンネルベース式）
(17) 重量	約 120 kg
(18) 価格（標準品）	3,100,000 円
(19) 納入実績	最近 5 ヶ年（H 7 ～ 11）納入実績・河川・ダム・湖沼・その他 販売台数 202 台

左側注釈：
- 測定の前処理として試料を加熱分解する方式 →（1）測定方式
- 測定反応における終点検出方法 →（7）終点検出
- 標準物質等を用いて計測機器の表す値とその真の値との関係を求め偏りを補正する機能 →（12）校正方式

* 1　バー／ホールド表示：バーとは、測定器が指示値を測定した後ある時間だけでその値を一定に保つ。ホールドとは、測定値が次の指示値を測定するまで前回の測定値を保つ。
* 2　無電圧 a 接点出力：常時接点が開で、異常時接点が閉となる。

8. 各個票における「交換部品・消耗品」について

　　装置を年間保持するために必要な交換部品および消耗品について、名称、規格、交換期間と費用を記載しました。ただし、交換期間、単価、数量および金額が「非公開」となっている場合は、非公開であるため各企業へその都度お問い合わせ下さい。

9. 目的別測定項目マトリックスについて

　　水質管理目的と水質測定項目マトリックスを、「4. 河川・ダム湖沼用水質測定目的別測定項目」の表-1に示しました。参考にして下さい。

10. その他

　　本ガイドブックで使用されている用語は、業界で一般的に使用されている用語を除き、JISにおける用語を使用しました。

　　測定項目は、「河川水質試験方法（案）（1997年度版）」（建設省建設技術協議会水質連絡会・（財）河川環境管理財団編、技報堂出版）に従いました。濃度表示は、mg/Lもしくはμg/L（ただし、機器の表示がppm、ppbの場合はそのまま）に統一しました。また、時間、数量、頻度については、アンケート記載の数値の最大値を記載しました。

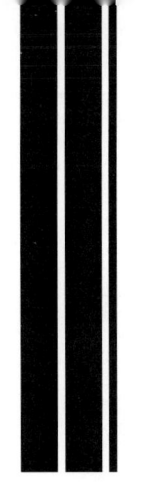

2. 携帯型水質測定機器

2.1 単項目水質計

メモリー水深・水温計（型式 ABT-1）

水温、水深

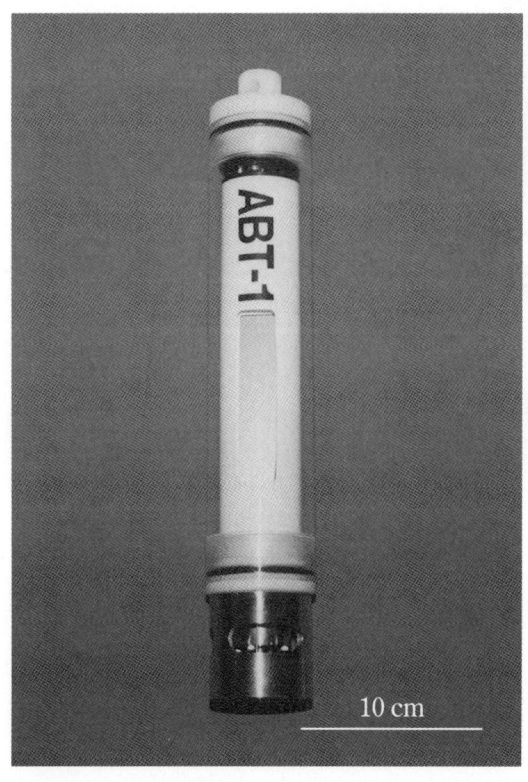

単項目	○	
多項目	A	
	B	

A：測定機器自体が多項目可
B：試薬を変えることで多項目可

特 徴

1. ケーブルや船上装置は一切ない。
2. 軽量・小型なので、つり糸でも降下可能である。
3. 1 m ピッチで 250 m まで測定可能である。
4. 読み取りは、1 m、5 m、10 m と切り換え可能である。
5. ディジタル表示なので読み取り誤差がない。

使用上の留意点

1. 採水は不要である。水位は 1 m 以上必要であり、流速の影響は受けない。
2. 校正は不要である。
3. 試薬は不要である。
4. 測定時の妨害物質はない。
5. 交換部品は必要ないが、消耗品は必要である（別表参照）。
6. 精度維持のため、年 1 回オーバーホール、再検定が必要である。

仕　様

項　目	仕　様	
	水　深	水　温
(1) 測定方法	圧力感知式	白金測温抵抗体式
(2) 測定原理	圧力を受けると変化する半導体の抵抗値を測定。	白金、またはサーミスタの抵抗温度係数が大きいことを利用し、ブリッジ法によって電気抵抗を測定し、間接的に温度を測定。
(3) 測定範囲	0～250m	－5～35℃
(4) 測定精度	±0.5m	±0.05℃
(5) 再現性（公定法比較）		
(6) 自動温度補償		
(7) 換算		
(8) 表示・記録方式	ディジタル方式、内部ICメモリ一式	
(9) 電源	アルカリ乾電池（9V　6LR61　1個）	
(10) 標準液等		
(11) 外形寸法	ϕ52×313mm	
(12) 重量	空中720g　水中130g	
(13) その他		
(14) 価格（標準品）	288,000円	
(15) 納入実績	最近5ヶ年（H7～11）の販売台数　160台	

交換部品・消耗品　※月数回測定対象

	名　称	規　格	交換期間(年・月)毎	年間交換部品・消耗品費		
				単　価	数　量	金　額
消耗品	アルカリ乾電池	6LR61	1年間			500円

年間交換部品・消耗品費合計　500円

問合せ先

アレック電子株式会社

〒651-2242　兵庫県神戸市西区井吹台東町7-2-3
　　TEL　078-997-8686
　　FAX　078-997-8609

電気水温計（型式 ET-72X（ET シリーズ））

水温、水深
ET-50X：水温　ET-60X：水温（深井戸用）

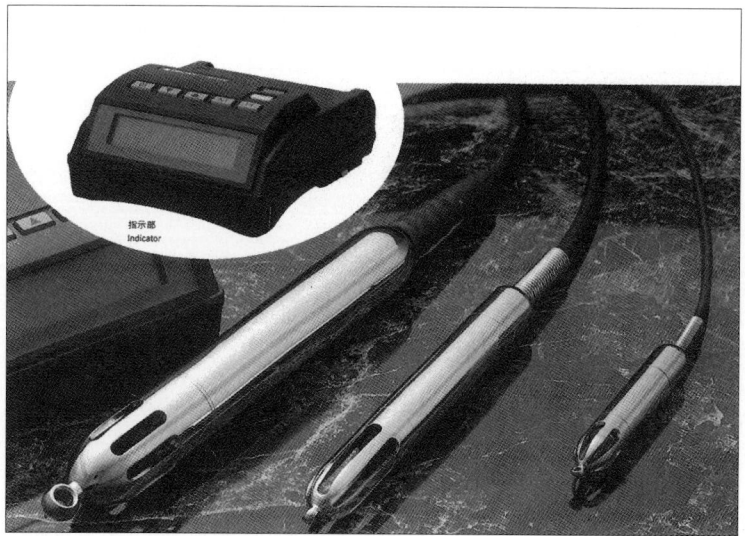

単項目	○
多項目	A
	B

A：測定機器自体が多項目可
B：試薬を変えることで多項目可

5 cm

特徴

1. 検出部は耐圧性に優れている。
2. 指示部は防雨構造で、屋外使用に適応する。
3. メモリ（時刻＋測定データ）は、最大 500 データである。
4. 深井戸用は 200 ℃、水深 100 m での観測ができる。
5. アナログ記録、プリンタ、パソコン用外部出力に対応できる。

使用上の留意点

1. 採水は不要である。水位は 10 cm 以上必要である。流速の影響を受けない。
2. 校正は不要である。
3. 試薬は不要である。
4. 測定時の妨害物質はない。
5. 交換部品および消耗品は必要ない。

仕 様

項　目	仕　様	
	水　温	水　深
(1) 測定方法	サーミスタ法	半導体圧力方式
(2) 測定原理	半導体の固有の温度特性による抵抗変化を利用して計測。	ダイヤフラムを介し、半導体の圧力変化に対する固有抵抗の変化を利用して計測。
(3) 測定範囲	－5.0～40.0 ℃ 0～200 ℃（深井戸用）	0～50／ 0～100 m
(4) 測定精度	±0.1 ℃ ±1.0 ℃（深井戸用）	フルスケール±1 %
(5) 再現性 （公定法比較）	±0.05 ℃ ±0.5 ℃（深井戸用）	フルスケール±0.5 %
(6) 自動温度補償	なし	あり
(7) 換算		
(8) 表示・記録方式	ディジタル表示、データメモリ（自動、手動）	
(9) 電源	乾電池（単2形　4個）／DC 12 V（オプション）	
(10) 標準液等		
(11) 外形寸法	検出部：φ35×300 mm（ET-72X）	
	検出部：φ18×104 mm（ET-50X）／ 　　　　φ24×210 mm（ET-60X）	
	指示部：80×154×190 mm	
(12) 重量	検出部：800 g（ET-72X）	
	検出部：130 g（ET-50X）／ 　　　　400 g（ET-60X）	
	指示部：950 g（乾電池含）	
(13) その他		
(14) 価格（標準品）	410,000～1,000,000円（延長コード不含）	
(15) 納入実績	最近5ヶ年（H 7～11）の販売台数　150台	

問合せ先

株式会社東邦電探

〒168-0081　東京都杉並区宮前1-8-9
　TEL　03-3334-3451
　FAX　03-3332-2341

ポータブル濁度計（型式 ATU1-D 型（ATU シリーズ））

濁度（200 ppm レンジ）
ATU2-D：濁度 200 ppm／2 000 ppm 切替式
ATU30-D：水深、濁度
ATU40-D：水温、濁度

単項目	○
多項目	A
	B

A：測定機器自体が多項目可
B：試薬を変えることで多項目可

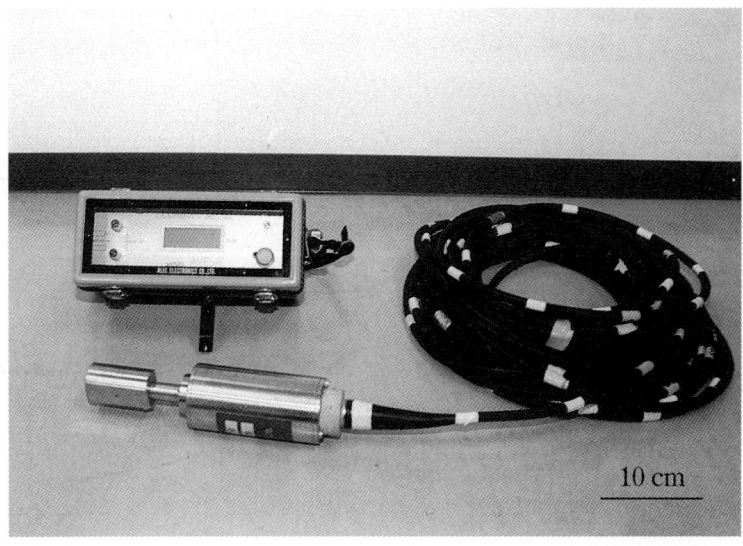

特徴
1. 表示がディジタル方式なので読み取り誤差がない。
2. 軽量・小型の強靭な FRP 製ケースである。
3. アナログアウトプットターミナルからの電圧信号で各種記録装置への接続が可能である。

使用上の留意点
1. 採水は不要である。水位は 20 cm 以上必要であり、流速の影響は受けない。
2. 校正は必要であり、校正に約 1 分必要である。
3. 試薬は不要である。
4. 測定時の妨害物質はない。
5. 交換部品は必要ないが、消耗品は必要である（別表参照）。
6. 精度維持のため、年 1 回オーバーホール、再検定が必要である。

仕　様

項　目	仕　様
(1) 測定方法	赤外後方散乱光方式
(2) 測定原理	中央の受光部の両側に配置した二つの発光部から、880 nmの赤外光を水中に照射し、水中の懸濁粒子で散乱した赤外光を受光部で受光。
(3) 測定範囲	0～200 ppm
(4) 測定精度	±2％
(5) 再現性（公定法比較）	
(6) 自動温度補償	
(7) 換算	
(8) 表示・記録方式	ディジタル方式
(9) 電源	アルカリ乾電池（LR14　8個）
(10) 標準液等	
(11) 外形寸法	センサ：φ60×206 mm 表示部：W 225×H 200×D 130 mm
(12) 重量	センサ：1.75 kg　表示部：3 kg
(13) その他	
(14) 価格（標準品）	700,000円
(15) 納入実績	最近5ヶ年（H 7～11）の販売台数　51台

交換部品・消耗品　※月数回測定対象

	名　称	規　格	交換期間(年・月)毎	年間交換部品・消耗品費 単価	年間交換部品・消耗品費 数量	年間交換部品・消耗品費 金額
消耗品	アルカリ乾電池	LR14	1ヶ月	100円	96個	9,600円

年間交換部品・消耗品費合計　9,600円

問合せ先

アレック電子株式会社

〒651-2242　兵庫県神戸市西区井吹台東町7－2－3
　TEL　078-997-8686
　FAX　078-997-8609

90°散乱光式濁度計（型式 TR-2Z）
濁度

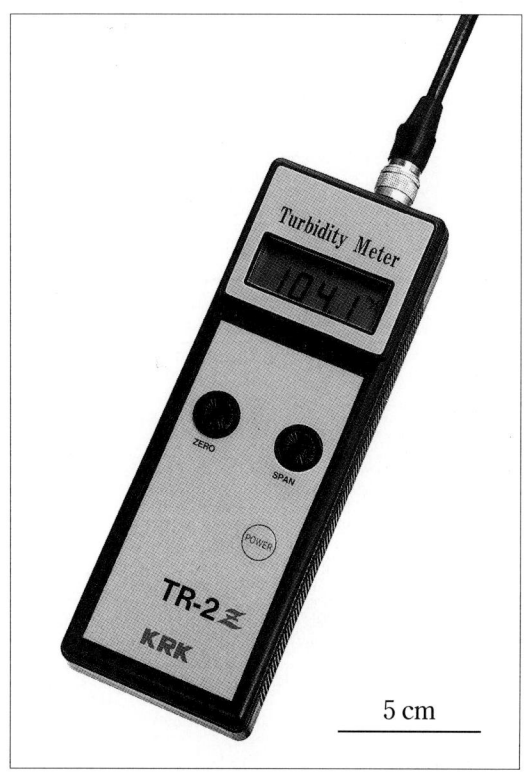

単項目	○
多項目	A
	B

A：測定機器自体が多項目可
B：試薬を変えることで多項目可

特 徴
1. 試料の色の影響が少ない90度散乱光検出器である。
2. 近赤外パルス点灯方式濁度検出器である。
3. 細い、小さい、軽い浸漬型測定濁度検出器である。

使用上の留意点
1. 採水は不要である。水位は10 cm以上必要である。また流速の影響を受けない。
2. 校正は必要であり、校正に約30分必要である。
3. 試薬は不要である。
4. 測定時の妨害物質はない。
5. 交換部品および消耗品は必要ない。

仕　様

項　目	仕　様
(1) 測定方法	90度散乱光測定方式
(2) 測定原理	発光ダイオード光源からの光が試料水中に投射されて、SS/濁度物質の濃度に比例して散乱光が発生する。一方、光源の角度に対して90度に配置された水中には投射された光を受ける部分、受光素子から散乱光に比例した電流信号が発生し、変換器を経由して表示部に濁度値mg/L単位で、直接表示される。
(3) 測定範囲	カオリン濁度：0～199.9 mg/L
(4) 測定精度	フルスケール±2％以内（一定温度）
(5) 再現性（公定法比較）	
(6) 自動温度補償	
(7) 換算	
(8) 表示・記録方式	液晶表示　$3\frac{1}{2}$桁（最小表示 0.1 mg/L）
(9) 電源	アルカリ乾電池（DC 6 V　LR6　4個）
(10) 標準液等	カオリン濁度標準液（標準仕様）
(11) 外形寸法	本体：W 68×H 52×D 185 mm 検出器：φ32×187 mm
(12) 重量	本体：約350 g　検出器：約850 g
(13) その他	
(14) 価格（標準品）	330,000円～
(15) 納入実績	最近5ヶ年（H 7～11）の販売台数　100台

問合せ先

笠原理化工業株式会社

〒346-0014　埼玉県久喜市吉羽1658
　TEL　0480-23-1781
　FAX　0480-23-2749
　URL　http://www.krkjpn.co.jp

濁度／水深計（型式 TR-1Z）

濁度、水深

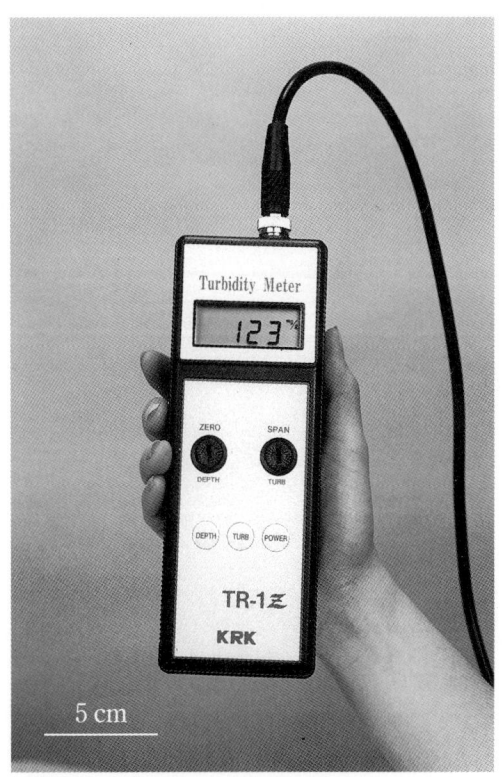

単項目	○	
多項目	A	
	B	

A：測定機器自体が多項目可
B：試薬を変えることで多項目可

特 徴

1. 1台で濁度と透明度に差のある界面（水深）の2項目測定ができる。
2. 近赤外交流点灯方式（近赤外パルス変調光線）により外部光の影響は受けにくい。

使用上の留意点

1. 採水は不要である。水位は10 cm以上必要である。また流速の影響を受けない。
2. 校正は必要であり、校正に約30分必要である。
3. 試薬は不要である。
4. 測定時の妨害物質はない。
5. 交換部品および消耗品は必要ない。

仕　様

項　目	仕　様	
	濁　度	水　深
(1) 測定方法	近赤外発光ダイオード 交流点灯方式	半導体圧力センサ
(2) 測定原理	近赤外発光素子と受光素子からの信号を演算増幅して表示する。外部光の影響は受けない。	ダイヤフラムを介し、半導体の圧力変化に対する固有抵抗の変化を利用して計測。
(3) 測定範囲	カオリン濁度：0～1999 mg/L	標準：0～5.00 m
(4) 測定精度	フルスケール±2％以内	フルスケール±1％以内
(5) 再現性 　（公定法比較）		
(6) 自動温度補償		
(7) 換算		
(8) 表示・記録方式	液晶表示　$3\frac{1}{2}$ 桁	
(9) 電源	アルカリ乾電池（DC 6 V　LR6　4個）	
(10) 標準液等	カオリン濁度標準液（標準仕様）	
(11) 外形寸法	本体：W 68×H 52×D 185 mm 検出器：φ34×190 mm　（ケーブル長標準6 m）	
(12) 重量	本体：約350 g　検出器：約1 kg	
(13) その他		
(14) 価格（標準品）	330,000円～	
(15) 納入実績	最近5ヶ年（H 7～11）の販売台数　100台	

問合せ先

笠原理化工業株式会社

〒346-0014　埼玉県久喜市吉羽1658
　TEL　0480-23-1781
　FAX　0480-23-2749
　URL　http://www.krkjpn.co.jp

携帯型濁度計（型式 TUR-01）
濁度

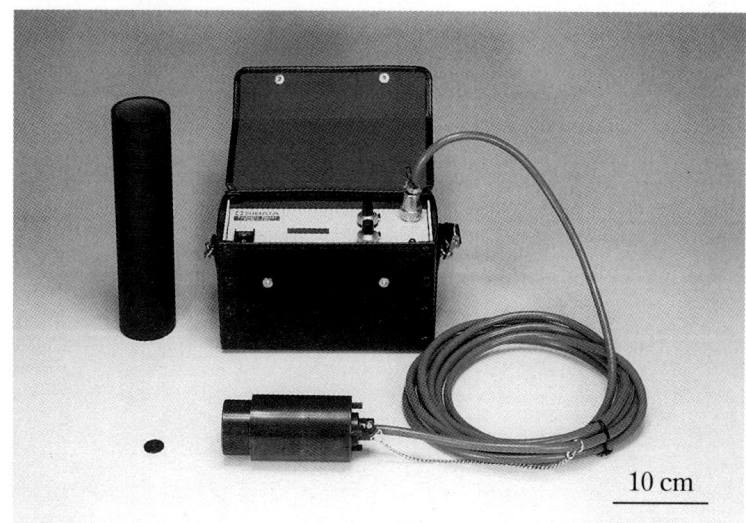

単項目	○	
多項目	A	
	B	

A：測定機器自体が多項目可
B：試薬を変えることで多項目可

10 cm

特徴
1. 没水型の濁度センサを用いているので、現場で使用できる。
2. 校正板で標準液の代用（装置の校正に時間や技術を要さず、2次的な校正ができるもの）ができる。
3. シンプル設計による操作性のよい携帯型濁度計である。
4. 乾電池、ACアダプタ（オプション）のいずれも使用できる。

使用上の留意点
1. 採水は不要である。水位は30 cm以上必要である。流速は約0.1～0.2 m/minが最適である。
2. 校正は必要であり、校正に約20分必要である。
3. 試薬は不要である。
4. 測定時の妨害物質はない。
5. 交換部品および消耗品は必要である（別表参照）。

仕　様

項　目	仕　様
(1) 測定方法	透過光濁度
(2) 測定原理	試料に光を照射し、透過光の減衰量を測定。
(3) 測定範囲	0 ～ 600 mg/L
(4) 測定精度	
(5) 再現性（公定法比較）	± 1 digit
(6) 自動温度補償	
(7) 換算	
(8) 表示・記録方式	液晶ディジタル表示　表示範囲 ± 1 999 mg/L
(9) 電源	乾電池（DC 6 V　単 1 形　4 個）
(10) 標準液等	カオリン濁度標準液
(11) 外形寸法	W 230 × H 126 × D 110 mm
(12) 重量	約 2 kg
(13) その他	
(14) 価格（標準品）	220,000 円
(15) 納入実績	最近 4 ヶ年（H 8 ～ 11）の販売台数　60 台

交換部品・消耗品　※月数回測定対象

	名　称	規　格	交換期間(年・月)毎	年間交換部品・消耗品費		
				単　価	数　量	金　額
交換部品	センサ	TUR-01 型用 TUR-1010 型	3 年	100,000 円	1/3 個	33,400 円
消耗品	濁度標準液	50 mL 入り	1 年	5,400 円	1 個	5,400 円

年間交換部品・消耗品費合計　38,800 円

問合せ先
柴田科学株式会社

〒 110-8701　東京都台東区池之端 3-1-25
　TEL　03-3822-2368
　FAX　03-3822-1109
　URL　http://www.sibata.co.jp/

ポータブル濁度計（型式 966）
濁度

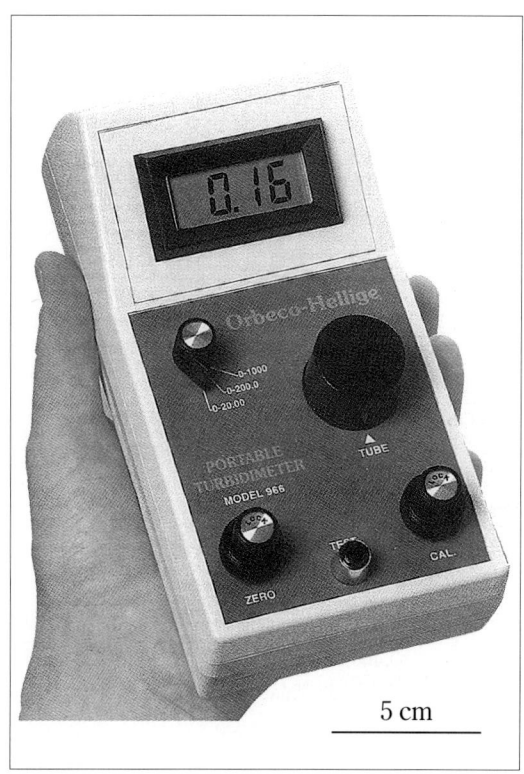

単項目	○	
多項目	A	
	B	

A：測定機器自体が多項目可
B：試薬を変えることで多項目可

特 徴
1. 持ち運びが便利で簡単な操作で迅速に測定ができる。
2. 工場出荷時に校正がなされているので校正の必要がない。
3. 3レンジのNTU（濁度の国際単位）直読表示で読み取れる。
4. 米国環境保護局、米国公衆衛生局等の標準仕様に合致している。
5. アルカリ電池4個で700回以上のテストが行える。

使用上の留意点
1. 採水は必要である。試料水として20 mL以上必要である。
2. 校正は不要である。
3. 試薬は必要である。試薬の廃液回収は不要である。
4. 測定時の妨害物質はない。
5. 交換部品および消耗品は必要である（別表参照）。

仕　様

項　目	仕　様
(1) 測定方法	散乱光測定
(2) 測定原理	濁度は試料を入れたチューブの側面から入った光線を測定することで得られる。存在する物質で90度方向に反射した光量の総量を測定して、スタンダード溶液の散乱光と比較する。光線は4-AA電池かACアダプタで発光させた特殊ランプで供給される。90度方向に反射した光の強度は安定した光ディテクタで測定され、増幅され、ディジタルディスプレイに表示される。光に総量は、濁度濃度に直接比例する。"0"濁度は無反射で測定されない。粒子があればあるほど、光はディテクタに反射して高い出力を得る。特殊設計の構造で、測定にやっかいな迷光を遮蔽。
(3) 測定範囲	0～20／200／1 000 NTU（NTU：濁度の国際単位）
(4) 測定精度	±2％
(5) 再現性（公定法比較）	±1％
(6) 自動温度補償	
(7) 換算	
(8) 表示・記録方式	ディジタル表示
(9) 電源	アルカリ乾電池（単3形　4個）／AC 100 V
(10) 標準液等	標準液（966-540 & 40NTU）
(11) 外形寸法	W 102×H 76×D 190 mm
(12) 重量	600 g
(13) その他	レコーダ出力：0.1 V　0～5 mA
(14) 価格（標準品）	240,000 円
(15) 納入実績	最近5ヶ年（H 7～11）の販売台数　100台

交換部品・消耗品　※月数回測定対象

	名　称	規　格	交換期間(年・月)毎	年間交換部品・消耗品費 単　価	数　量	金　額
交換部品	光源ランプ	966-51 タングステン電球	3年	15,000 円	1/3 個	5,000 円
	サンプルセル	キャップ付ガラス瓶 外径28×高さ61 mm	3年	4,500 円	1/3 箱（6入）	1,500 円
消耗品	スタンダード溶液	966-540 & 40NTU	1年	23,000 円	1組	23,000 円

年間交換部品・消耗品費合計　29,500 円

問合せ先

株式会社センコム

〒110-0016　東京都台東区台東4-1-9
　TEL　03-3839-6321
　FAX　03-3839-6324

携帯型濁度計（型式 だくどMINI、MA-120D）
濁度

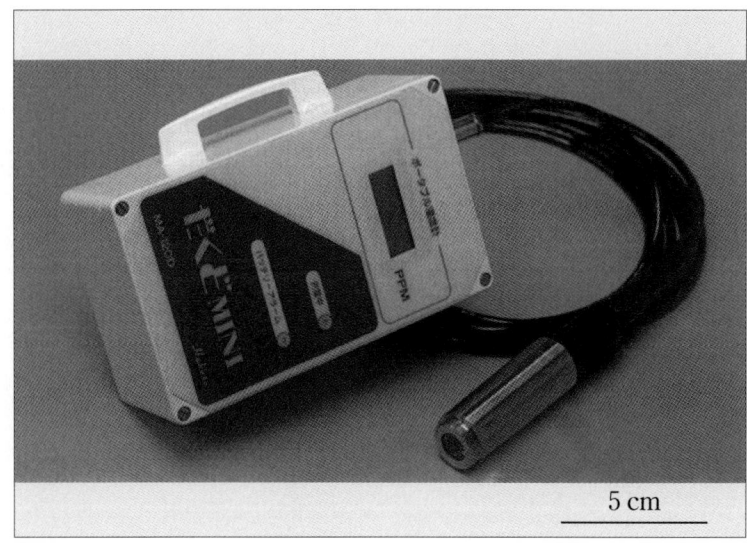

単項目	○	
多項目	A	
	B	

A：測定機器自体が多項目可
B：試薬を変えることで多項目可

特 徴
1. 操作が簡単なハンディタイプ。
2. 低価格、高信頼性を実現。
3. 小型・軽量で携帯に便利なハンディケース付き。
4. 計測装置はバッテリ内蔵により電源の心配は不要。

使用上の留意点
1. 採水は不要である。水位は30 cm以上必要であり、流速の影響を受けない。
2. 校正は不要である。
3. 試薬は不要である。
4. 測定時の妨害物質はない。
5. 交換部品および消耗品は必要ない。
6. 年1回、濁度校正をかねた点検を推奨。

仕　様

項　目	仕　様
(1) 測定方法	散乱光測定
(2) 測定原理	赤外線波長の発光ダイオードを変換変調し、それを光源として用いその散乱光の量を測定し濁度をディジタル表示する方法。
(3) 測定範囲	0〜1 999.9 mg/L（最小分解能 ※ 0.1 mg/L）
(4) 測定精度	フルスケール±2％以内
(5) 再現性（公定法比較）	
(6) 自動温度補償	
(7) 換算	
(8) 表示・記録方式	ディジタル液晶表示
(9) 電源	内蔵バッテリ／AC 100 V／DC 12 V（3電源方式）
(10) 標準液等	
(11) 外形寸法	W 120 × H 75 × D 200 mm
(12) 重量	約1 200 g
(13) その他	
(14) 価格（標準品）	475,000 円
(15) 納入実績	最近5ヶ年（H 7〜11）の販売実績　5台

※装置がもっている性能で、濁度検出範囲の最小値を示す。

問合せ先

北斗理研株式会社

〒189-0026　東京都東村山市多摩湖町1-25-2
　TEL　042-394-8101
　FAX　042-395-8731
　URL　http://www.hokuto-riken.co.jp

携帯型濁度計（型式 MA-212D）
濁度

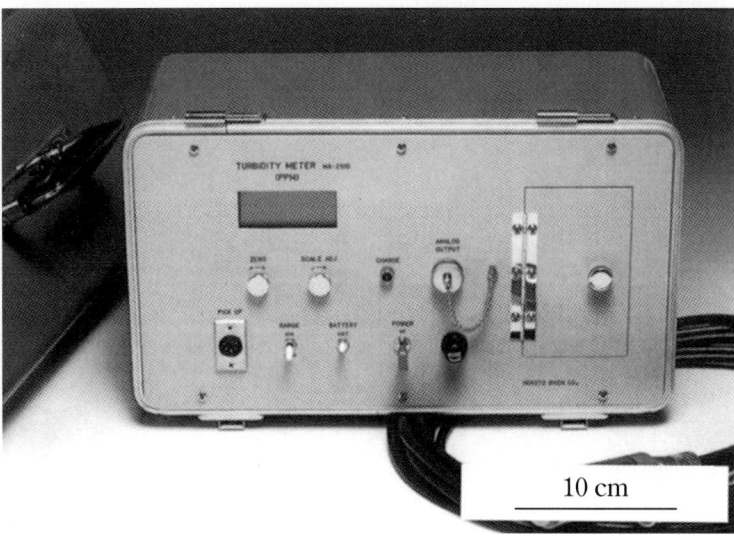

10 cm

単項目	○
多項目	A
	B

A：測定機器自体が多項目可
B：試薬を変えることで多項目可

特 徴
1. 計測装置はバッテリ内蔵により、電源の心配は不要。
2. 電源は AC 100 V ・ DC 12 V の 2 電源方式であるため測定場所を選ばない。

使用上の留意点
1. 採水は不要である。水位は 30 cm 以上必要であり、流速の影響を受けない。
2. 校正は不要である。
3. 試薬は不要である。
4. 測定時の妨害物質はない。
5. 交換部品および消耗品は必要ない。
6. 年1回、濁度校正をかねた点検を推奨。

仕　様

項　　目	仕　　　　様
(1) 測定方法	散乱光測定
(2) 測定原理	赤外線波長の発光ダイオードを交流変調し、それを光源として用いその散乱光の量を測定し濁度をディジタル表示する方式。
(3) 測定範囲	0〜199.9、0〜1 999 mg/L（2レンジ）
(4) 測定精度	フルスケール±2％以内
(5) 再現性（公定法比較）	
(6) 自動温度補償	
(7) 換算	
(8) 表示・記録方式	ディジタル液晶表示
(9) 電源	AC 100 V（50／60 Hz）／DC 12 V内蔵バッテリ（2電源方式）
(10) 標準液等	
(11) 外形寸法	W 350×H 225×D 200 mm
(12) 重量	約5 kg
(13) その他	
(14) 価格（標準品）	750,000円
(15) 納入実績	最近5ヶ年（H 7〜11）の販売実績　22台

問合せ先

北斗理研株式会社

〒189-0026　東京都東村山市多摩湖町1-25-2
　TEL　042-394-8101
　FAX　042-395-8731
　URL　http://www.hokuto-riken.co.jp

コンパクト導電率計（Twin COND）（型式 B-173）

導電率

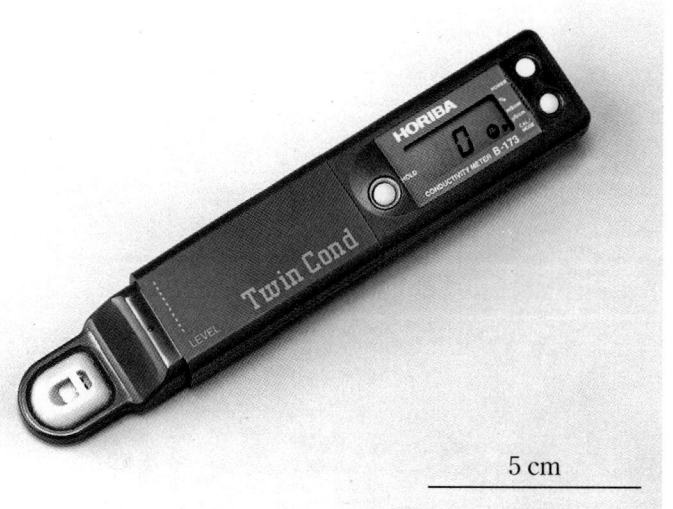

単項目	○
多項目	A
	B

A：測定機器自体が多項目可
B：試薬を変えることで多項目可

特 徴
1. 超小型のコンパクトタイプである。
2. サンプルを直接センサの上に滴下しての測定や浸漬測定等が可能である。
3. 約 0.1 mL という微量サンプルでも測定できる。
4. 自動レンジ切替えで広範囲の測定が可能である。
5. 自動温度換算やワンタッチ1点自動校正、食塩濃度への換算機能等多彩な機能を備えている。

使用上の留意点
1. 採水は不要である。水位は 2 cm 以上必要であり、流速の影響を受けない。
2. 校正は必要であり、校正に約1分を要する。
3. 試薬は不要である。
4. 測定時の妨害物質はない。
5. 交換部品および消耗品は必要である（別表参照）。

仕　様

項　目	仕　様
(1) 測定方法	交流 2 極法
(2) 測定原理	試料水中に 2 枚の極板を向かい合わせ、交流電流を流すことで、試料水中の抵抗を測定。
(3) 測定範囲	0 ～ 19.9 mS/cm
(4) 測定精度	
(5) 再現性（公定法比較）	フルスケール±2 %±1 digit ただし 10 mS/cm 以上はフルスケール±3 %±1 digit
(6) 自動温度補償	あり
(7) 換算	食塩濃度表示（0 から 1.1 %）
(8) 表示・記録方式	液晶によるディジタル表示
(9) 電源	リチウム電池（3 V　2 個）
(10) 標準液等	校正用標準液（1.41 mS/cm）
(11) 外形寸法	W 27 × H 150 × D 16 mm
(12) 重量	約 46 g
(13) その他	
(14) 価格（標準品）	25,000 円
(15) 納入実績	最近 5 ヶ年（H 7 ～ 11）の販売実績　14 000 台

交換部品・消耗品　※月数回測定対象

	名　称	規　格	交換期間(年・月)毎	年間交換部品・消耗品費 単　価	数　量	金　額
交換部品	センサ	#0413	3 年	7,000 円	1/3 個	2,400 円
消耗品	標準液	Y023		2,500 円	1 箱	2,500 円

年間交換部品・消耗品費合計　4,900 円

問合せ先

株式会社堀場製作所

〒 601-8510　京都府京都市南区吉祥院宮の東町 2 番地
　TEL　075-313-8121
　FAX　075-321-5725
　URL　http://www.horiba.co.jp

水中 pH 計（型式 P104）
水素イオン濃度（pH）

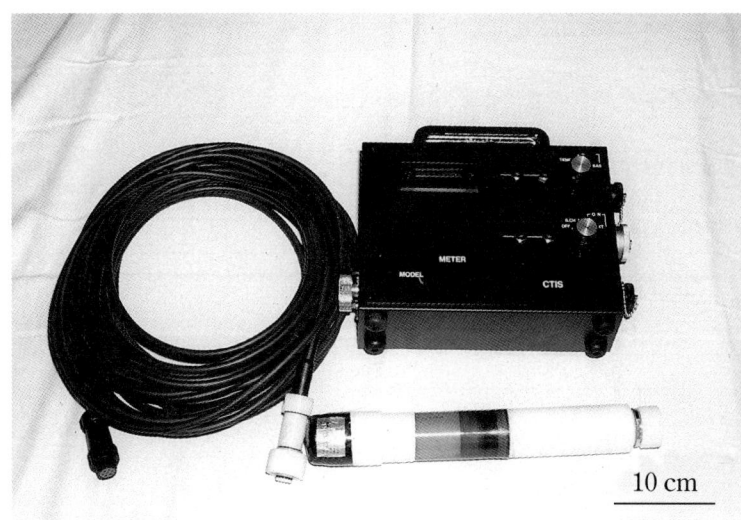

単項目	○	
多項目	A	
	B	

A：測定機器自体が多項目可
B：試薬を変えることで多項目可

特徴
1. 6～12ヶ月間、内部電解液の補給を必要としない。
2. センサにプリアンプ内蔵方式を採用しているため、ケーブルが長くても高精度である。
3. アナログ出力端子の取付けが可能である。
4. 野外での使用を標準としており、乾電池駆動、液晶表示、センサ耐水圧 0.3 MPa、補助ロープ不要の特殊強化ケーブルの設計である。

使用上の留意点
1. 採水は不要である。水位は 20 cm 以上必要で、流速の影響を受けない。
2. 校正は必要であり、校正に約 10 分必要である。
3. 試薬は不要である。
4. 測定時の妨害物質はない。
5. 交換部品および消耗品は必要である（別表参照）。

仕　様

項　目	仕　様
(1) 測定方法	ガラス電極法
(2) 測定原理	ガラスの薄膜に一定の水素イオン濃度の溶液が接すると、その水素イオン（H⁺）のガラス膜への侵入度合いの差により薄膜と溶液との間に一定の電位差を生ずる。その電位を電圧計で測定。
(3) 測定範囲	pH 0～14
(4) 測定精度	±0.2 pH 以内
(5) 再現性（公定法比較）	±0.1 pH
(6) 自動温度補償	あり
(7) 換算	
(8) 表示・記録方式	ディジタル表示
(9) 電源	マンガン乾電池（単2形　R14PU　4個）
(10) 標準液等	pH 4、pH 7、pH 9 標準液
(11) 外形寸法	センサプローブ：φ40 ×225 mm 本体：262 ×170 ×94 mm
(12) 重量	センサプローブ：約0.7 kg 本体：約2.5 kg
(13) その他	
(14) 価格（標準品）	480,000 円
(15) 納入実績	最近5ヶ年（H7～11）の販売台数　15台

交換部品・消耗品　※月数回測定対象

	名　称	規　格	交換期間(年・月)毎	年間交換部品・消耗品費 単価	数量	金額
交換部品	pH電極		3年	60,000円	1/3本	20,000円
消耗品	pH標準液	pH 6.9、pH 4.0、pH 9.2（各500 mL）	6ヶ月	7,500円	6本（各2瓶）	45,000円

年間交換部品・消耗品費合計　65,000円

問合せ先

株式会社ＣＴＩサイエンスシステム

〒103-0001　東京都中央区日本橋小伝馬町1-3
　　TEL　03-3667-2161
　　FAX　03-3667-2162
　　URL　http://www.rim.or.jp/ctis/

携帯型 pH 計セット（型式 PPT-100M）
水素イオン濃度（pH）

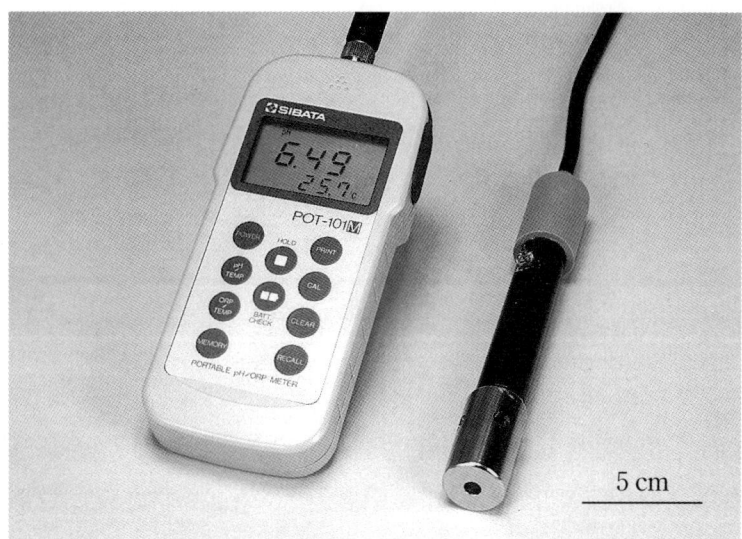

単項目	○	
多項目	A	
	B	

A：測定機器自体が多項目可
B：試薬を変えることで多項目可

特徴
1. メモリ機能付である。
2. 電極は投込み型である。
3. 標準液校正がワンタッチでできる。
4. 持ち運びに便利な携帯型ケース付である。

使用上の留意点
1. 採水は不要である。水位は 15 cm 以上必要であり、キャップが付いているため、上下移動で感応部周辺のイオン移動を行い測定する。
2. 校正は必要であり、校正に約 10 分要する。
3. 試薬は不要である。
4. 測定時の妨害物質はない。
5. 交換部品および消耗品は必要である（別表参照）。

仕　様

項　目	仕　様
(1) 測定方法	ガラス電極法
(2) 測定原理	ネルンストの式に伴うガラス電極の起電力を測定する。
(3) 測定範囲	pH 0 ～ 14
(4) 測定精度	± 0.1 pH
(5) 再現性 （公定法比較）	± 0.1 pH
(6) 自動温度補償	0 ～ 45 ℃
(7) 換算	
(8) 表示・記録方式	ディジタル液晶表示
(9) 電源	乾電池（単3形　2個）／ACアダプタ
(10) 標準液等	pH 4、pH 7 標準液
(11) 外形寸法	W 76 × H 26 × D 165 mm
(12) 重量	0.3 kg
(13) その他	印刷機能プリンタ別売
(14) 価格（標準品）	55,000 円
(15) 納入実績	最近5ヶ年（H 7 ～ 11）の販売台数　50台

交換部品・消耗品　※月数回測定対象

	名　称	規　格	交換期間 (年・月)毎	年間交換部品・消耗品費		
				単　価	数　量	金　額
交換部品	pH電極	PT-102（投込型） pH用	3年	26,000 円	1/3 個	8,700 円
消耗品	試薬セット	pH 4、pH 7 標準液、KCl （各 100 mL）	1年	5,000 円	1 セット	5,000 円
	乾電池	単3形	4ヶ月	50 円	6個	300 円

年間交換部品・消耗品費合計　14,000 円

問合せ先

柴田科学株式会社

〒 110-8701　東京都台東区池之端 3-1-25
TEL　03-3822-2368
FAX　03-3822-1109
URL　http://www.sibata.co.jp/

pH／ORPメータ（型式 UC-23）
水素イオン濃度（pH）、酸化還元電位（ORP）

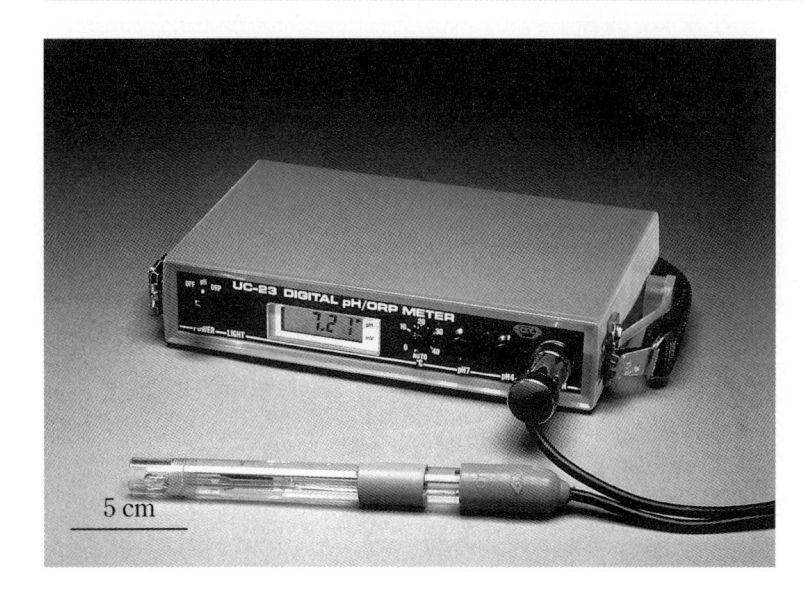

単項目	○
多項目	A
	B

A：測定機器自体が多項目可
B：試薬を変えることで多項目可

特徴
1. 1台でpH／ORPの測定ができる。
2. 本体ケースには硬質プラスチックを使用しているので腐蝕に強く防滴構造。
3. 作業効率を高める小型、軽量、薄型タイプの本体である。
4. 測温部は測温抵抗体であるため感度が良い。
5. 投込式pH電極（別売）を使用すると水深10mまでの測定が可能。

使用上の留意点
1. 採水は不要である。水位は20 cm以上必要であり、流速の影響を受けない。
2. 校正は必要であり、校正に約5分必要である。
3. 試薬は不要である。
4. 測定時の妨害物質はない。
5. 交換部品および消耗品は必要である（別表参照）。

仕　様

項　目	仕　様	
	pH	ORP
(1) 測定方法	ガラス電極法	白金電極法
(2) 測定原理	pH値の異なる2種類の溶液をpHに感応するガラス膜の両面に接触させると、ガラス膜に両液のpH値の差に対した電位差が生ずる。	pH電極の(+)に白金電極を取り付け銀－塩化銀電極とともに検水中に浸漬。
(3) 測定範囲	pH 0〜14	±1999 mV
(4) 測定精度		
(5) 再現性（公定法比較）	0.01 pH ±1 digit	±5 mV
(6) 自動温度補償	あり（0〜60℃）	
(7) 換算		
(8) 表示・記録方式	ディジタル表示　出力0〜20 mV（pH）	
(9) 電源	交／直／太陽電池（Ni-Cd乾電池　単3形　4個、ACアダプタ兼用充電器および太陽電池式充電器付）約20時間	
(10) 標準液等	pH標準液（pH 4、pH 7、pH 9）　電極内部液	
(11) 外形寸法	本体：W 190×H 110×D 37mm　電極：φ13×160 mm	
(12) 重量	本体：約640 g　電極：100 g	
(13) その他		
(14) 価格（標準品）	130,000円	
(15) 納入実績	最近5ヶ年（H 7〜11）の販売台数　1 500台	

交換部品・消耗品　※月数回測定対象

	名　称	規　格	交換期間(年・月)毎	年間交換部品・消耗品費		
				単　価	数　量	金　額
交換部品	pH電極	pH電極	3年	18,000円	1/3個	6,000円
消耗品	pH標準液	pH 4、pH 7（各500 mL）	6ヶ月	1,300円（各1本）	4本（各2本）	5,200円
	pH内部液	電極内部液（100 mL）	1年	1,000円	1本	1,000円

年間交換部品・消耗品費合計　12,200円

問合せ先

セントラル科学株式会社

〒113-0033　東京都文京区本郷3-23-14
TEL　03-3812-9186
FAX　03-3814-7538
URL　http://www.hypermedia.or.jp/CKC

pH計／ORP計（型式 PH-30X／OR-60X）

PH-30X：水素イオン濃度（pH）
OR-60X：酸化還元電位（ORP）

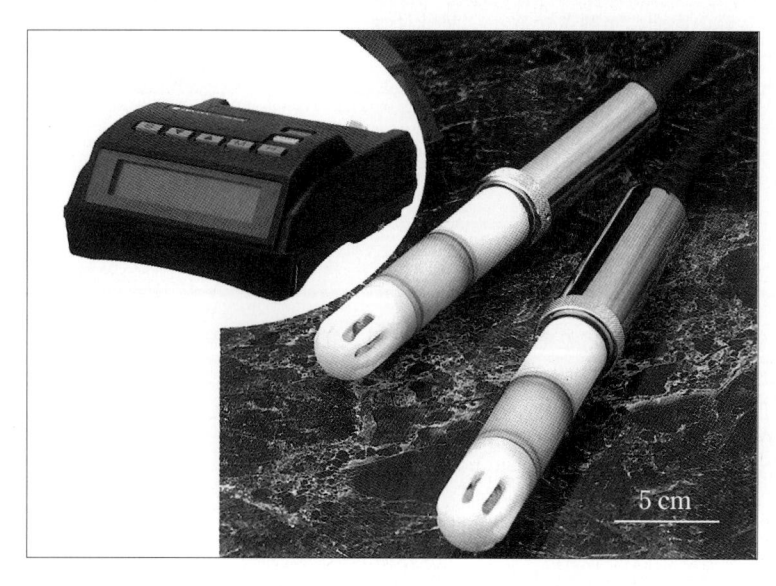

単項目	○
多項目	A
	B

A：測定機器自体が多項目可
B：試薬を変えることで多項目可

特徴

1. 検出部は耐圧性に優れている。
2. 指示部は防雨構造で、屋外使用に適応する。
3. メモリ（時刻＋測定データ）は最大500データである。
4. アナログ記録、プリンタ、パソコン用外部出力に対応できる。

使用上の留意点

1. 採水は不要である。水位は6 cm以上必要である。流速の影響を受けない。
2. 校正は必要であり、校正に約10分必要である。
3. 試薬は必要である。試薬の廃液回収は必要である。ORP位計校正用キンヒドロン標準液は、焼却処分対象物（安全データシートによる）のため、回収する必要がある。
4. 測定時の妨害物質はない。
5. 交換部品および消耗品は必要である（別表参照）。

仕　様

項　目	仕　様	
	pH	ORP
(1) 測定方法	ガラス電極法	貴金属電極法
(2) 測定原理	pH感応ガラスがpH変化に逆比例した直流電圧を発生することを利用し、ガラス面の一方をpHの液に浸し他面を試料水に浸すことより計測。	金属が液体の酸化還元状態により固有の直流電位を有することを利用し安定な貴金属を用い電位を測定。
(3) 測定範囲	pH 2～12	－1 000～＋1 000 mV
(4) 測定精度	±0.1 pH	±35 mV
(5) 再現性（公定法比較）	±0.05 pH	±10 mV
(6) 自動温度補償	あり	なし
(7) 換算		
(8) 表示・記録方式	ディジタル表示、データメモリ（自動、手動）	
(9) 電源	乾電池（単2型　4個）／DC 12 V（オプション）	
(10) 標準液等	pH 4、pH 7標準液、pH内部液	キンヒドロン標準液
(11) 外形寸法	検出部：φ42×330 mm	
	指示部：80×154×190 mm	
(12) 重量	検出部：600 g　指示部：950 g（乾電池含む）	
(13) その他		
(14) 価格（標準品）	850,000円	
(15) 納入実績	最近5ヶ年（H 7～11）の販売台数　20台	

交換部品・消耗品　※月数回測定対象

	名　称	規　格	交換期間(年・月)毎	年間交換部品・消耗品費		
				単　価	数　量	金　額
交換部品	pH電極	pH電極、比較電極（内部液とも）	3年	253,000円	1/3式	84,400円
消耗品	pH標準液	pH 4、pH 7標準液（各500 mL）	1年	3,800円	2瓶（各1瓶）	7,600円
	ORP標準液	キンヒドロン標準液（粉末＋蒸留水500 mL）	1年	5,000円	1瓶	5,000円

※3年毎に工場でのオーバーホールが必要である。費用400,000円。　　年間交換部品・消耗品費合計　97,000円

問合せ先
株式会社東邦電探

〒168-0081　東京都杉並区宮前1-8-9
　TEL　03-3334-3451
　FAX　03-3332-2341

KS701（型式 SU26C・D）／KS723（型式 SU26E・F）
水素イオン濃度（pH）

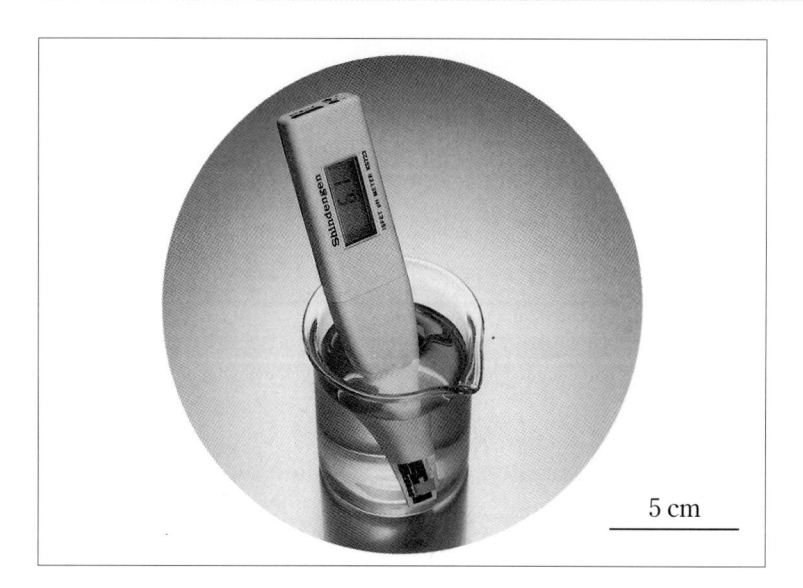

単項目	○
多項目	A
	B

A：測定機器自体が多項目可
B：試薬を変えることで多項目可

5 cm

特 徴
1. 半導体センサ部はガラス電極のように割れる心配がない（落としても割れない）。
2. 早い応答性と安定した感応特性（全て数秒以内）である。
3. 微量サンプル（1滴）で測定可能である。
4. 比較電極は気泡の大きさでの消耗度が目視でき、センサ交換が簡単にできるカートリッジ方式である。
5. センサ部の汚れは、歯ブラシで洗浄が可能である。

使用上の留意点
1. 採水は必要である。
2. 校正は必要であり、自動校正である。KS701は、pH 6.9の1点校正。KS723は、pH 6.9、pH 4.0、pH 9.2の2点か3点校正である。校正に約1分必要である（校正ミスを知らせるエラーメッセージ付）。
3. 試薬は必要である。試薬の廃液回収は不要である。
4. 測定時の妨害物質はない。
5. 交換部品および消耗品は必要である（別表参照）。

仕　様

項　目	仕　様
(1) 測定方法	ISFET（半導体）方式
(2) 測定原理	イオン感応性電界効果を利用して測定。 （水素イオンに感応するISFETは水溶液のpHやイオン濃度を測定）
(3) 測定範囲	pH 2.0 ～ 12.0
(4) 測定精度	± 0.1 pH
(5) 再現性 （公定法比較）	± 0.1 pH
(6) 自動温度補償	あり　測定温度範囲：5 ～ 40 ℃
(7) 換算	
(8) 表示・記録方式	液晶ディジタル表示
(9) 電源	リチウム乾電池（3 V　CR2032　2個）
(10) 標準液等	pH 6.9、pH 4.0、pH 9.2 標準液
(11) 外形寸法	142 × 28 × 15 mm
(12) 重量	40 g
(13) その他	生活防水・校正値メモリ・オートパワーオフ（1時間） バッテリ警報・エラーメッセージ
(14) 価格（標準品）	KS701：13,800 円 KS723：19,000 円
(15) 納入実績	最近5ヶ年（H7 ～ 11年）の販売台数　50 000 台

交換部品・消耗品　※月数回測定対象

	名　称	規　格	交換期間 (年・月)毎	年間交換部品・消耗品費		
				単　価	数　量	金　額
交換部品	pH電極	CH701	3年	3,500 円	1/3 本	1,200 円
	pH電極	CH723	3年	5,000 円	1/3 本	1,700 円
消耗品	pH標準液	pH 6.9、pH 4.0、pH 9.2 （各 30 mL）	1年	700 円	各1瓶	2,100 円
	リチウム電池	CR2032（使用可能2年間）	2年	150 円	2個	300 円

年間交換部品・消耗品費合計　CH701　3,600 円
　　　　　　　　　　　　　　CH723　4,100 円

問合せ先
日本ベンダーネット株式会社

〒 102-007　東京都千代田区飯田橋 4-8-3
　TEL 03-3265-0978
　FAX 03-3265-0968

コンパクト pH メーター（Twin pH）（型式 B-211／212）
水素イオン濃度（pH）

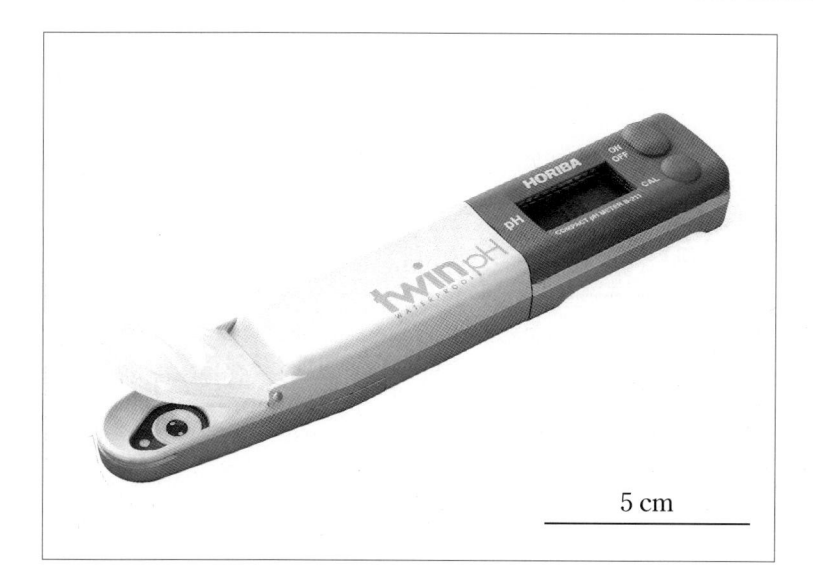

単項目	○
多項目	A
	B

A：測定機器自体が多項目可
B：試薬を変えることで多項目可

5 cm

特 徴
1. 超小型のコンパクトタイプである。
2. 防水構造であるので、あやまって水中に落としても大丈夫である（JIS C 0920 保護等級 7 防浸形：水中に没しても内部に水が入らないもの）。
3. 平面形のセンサであり、試料水を直接センサの上に置いての測定が可能である。
4. 約 0.1 mL という微量試料水でも測定できる。
5. 新設計のセンサガードにより、試料水をセンサ上にすくい取って測定できる。

使用上の留意点
1. 採水は不要である。水位は 2 cm 以上必要であり、流速の影響を受けない。
2. 校正は必要であり、校正に約 2 分を要する。
3. 試薬は不要である。
4. 測定時の妨害物質はない。
5. 交換部品および消耗品は必要である（別表参照）。

仕様

項　目	仕　様
(1) 測定方法	ガラス電極法
(2) 測定原理	ガラス薄膜の両側にpHの異なる溶液が接した時、両液のpHの差に比例した電位が、ガラス薄膜の両面に発生する。この電位差をpHに無関係に一定の電位を示す比較電極を利用して測定し、その電位差から求める。
(3) 測定範囲	pH 2～12
(4) 測定精度	±0.1 pH
(5) 再現性（公定法比較）	
(6) 自動温度補償	
(7) 換算	
(8) 表示・記録方式	液晶によるディジタル表示
(9) 電源	リチウム電池（3V　2個）
(10) 標準液等	校正用標準液（pH 7、pH 4）
(11) 外形寸法	W 29 × H 165 × D 19 mm
(12) 重量	約53 g
(13) その他	B-211：自動1点校正、B-212：自動2点校正
(14) 価格（標準品）	21,000円（B-211型、B-212型とも）
(15) 納入実績	最近5ヶ年（H7～11）の販売実績　54 000台 （Twinシリーズのトータルでの実績台数）

交換部品・消耗品　※月数回測定対象

	名　称	規　格	交換期間(年・月)毎	年間交換部品・消耗品費 単価	数量	金額
交換部品	センサ	0113	3年	8,000円	1/3個	2,700円
消耗品	標準液	pH 4、pH 7（各14 mL×6）	1年	5,000円	1（各1個）	5,000円

年間交換部品・消耗品費合計　7,700円

問合せ先

株式会社堀場製作所

〒601-8510　京都府京都市南区吉祥院宮の東町2番地
　TEL　075-313-8121
　FAX　075-321-5725
　URL　http://www.horiba.co.jp

全シアン検定器（型式 WA-CN^T）
全シアン

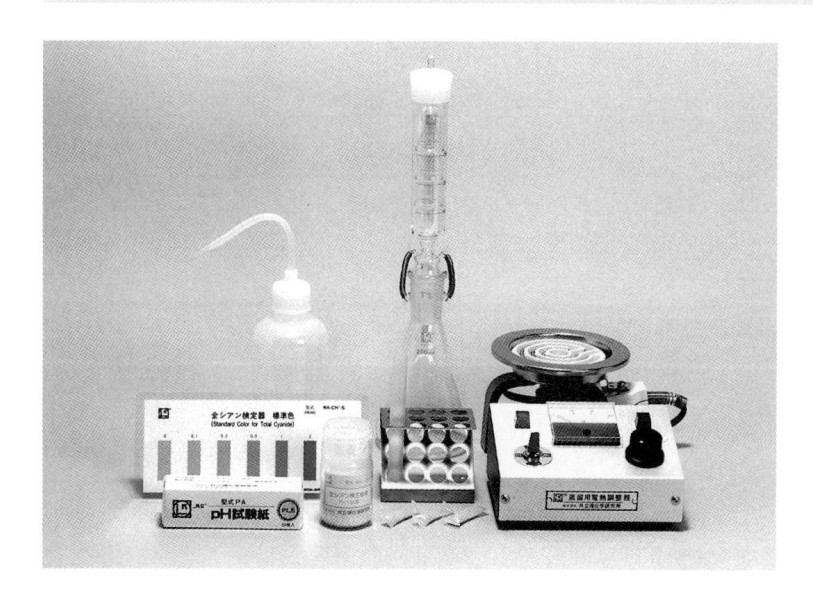

単項目	○	
多項目	A	
	B	

A：測定機器自体が多項目可
B：試薬を変えることで多項目可

特　徴
1. 錯体化合物のシアンを含む全シアン測定。
2. 簡易蒸留（簡易測定のために、三角フラスコと棒状の流出器が一体となっており、電熱器で加熱して蒸留する方法）で操作は簡単に測定できる。
3. 豊富な実績がある。
4. 目視、簡易光電計（分光光度計の一種）、分光光度計による読取可。
5. 小形軽量で持ち運びが容易。

使用上の留意点
1. 屋外への移動は可能である（但し 100 V 電源 200 W が必要）。
2. 校正は不要である。
3. 試薬は必要である。試薬の廃液回収は必要である。特に高濃度 CN 廃液検査の場合に要注意。
4. 測定時の妨害物質は残留塩素と亜硫酸である。前処理方法は、残留塩素は残留塩素除去剤を使用（型式 ClO-RA）、亜硫酸は過マンガン酸カリウムによる酸化である。
5. ガラス製品を含むため取扱注意。
6. 交換部品は必要ないが、消耗品は必要である（別表参照）。

仕　様

項　目	仕　様
(1) 測定方法	簡易蒸留法
(2) 測定原理	ピクリン酸法による蒸留発色方式
(3) 測定範囲	0.1～5 mg/L（目視）、0.1～3 mg/L（分光光度計）
(4) 測定精度	±10％
(5) 再現性（公定法比較）	
(6) 自動温度補償	
(7) 換算	
(8) 表示・記録方式	目視、アナログ・ディジタル表示、プリンタ出力
(9) 電源	AC 100 V
(10) 標準液等	
(11) 外形寸法	W 320 × H 140 × D 400 mm（収納ケース）
(12) 重量	2.4 kg
(13) その他	
(14) 価格（標準品）	45,000円～
(15) 納入実績	最近5ヶ年（H 7～11）の販売台数　1 000台

交換部品・消耗品　※月数回測定対象

	名　称	規　格	交換期間(年・月)毎	年間交換部品・消耗品費 単価	数　量	金　額
消耗品	試薬 R-1	（40回分）	使用回数による			4,600 円
	試薬 R-2	（40回分）	使用回数による			4,600 円

年間交換部品・消耗品費合計　9,200 円

問合せ先
株式会社共立理化学研究所

〒145-0071　東京都大田区田園調布 5-37-11
　TEL　03-3721-9207
　FAX　03-3721-0666
　URL　http://kyoritsu-lab.co.jp

塩分濃度計（型式 S-L4）

塩化物イオン（導電率により換算）

単項目	○	
多項目	A	
	B	

A：測定機器自体が多項目可
B：試薬を変えることで多項目可

10 cm

特 徴

1. 電磁誘導方式を採用し、直接金属電極が海水等と接触する電極型と異なり、汚れず長期間高精度を保つため、データの安定性・信頼性が高い。
   （電磁誘導法：樹脂製の検出部に励起コイルと検出コイルを入れ、そのコイル間に流れる海水の導電率により変化する誘起電圧を測定し水温により温度補正する方法）。
2. 潜漬型センサのため、水質の変化に迅速に応答する。

使用上の留意点

1. 採水は不要である。水位は 30 cm 以上必要であり、流速の影響を受けない。
2. 校正は必要であり、校正に約 30 分必要である。
3. 試薬は不要である。
4. 測定時の妨害物質はない。
5. 交換部品および消耗品は必要ない。

仕　様

項　目	仕　様
(1) 測定方法	電磁誘導方式
(2) 測定原理	樹脂製の検出部に励起コイルと検出コイルを入れ、そのコイル間に流れる海水の導電率により変化する誘起電圧を計測し水温により温度補正する方法。
(3) 測定範囲	0〜1 000 ppm／0〜1 000、0〜5 000、0〜10 000、0〜20 000 ppm 0〜5 000 ppm／0〜20 000 ppm
(4) 測定精度	フルスケール±3％以内
(5) 再現性 　（公定法比較）	フルスケール±1.5％
(6) 自動温度補償	0〜35℃
(7) 換算	
(8) 表示・記録方式	ディジタル表示、データメモリ
(9) 電源	AC 100 V／DC 12 V
(10) 標準液等	
(11) 外形寸法	φ103×385 mm
(12) 重量	3.3 kg
(13) その他	
(14) 価格（標準品）	1,600,000 円
(15) 納入実績	最近5ヶ年（H 7〜11）の販売台数　30台

問合せ先

株式会社鶴見精機

〒230-0051　神奈川県横浜市鶴見区鶴見中央二丁目2番20号
　TEL　045-521-5252
　FAX　045-521-1717
　URL　http://www.tsk-jp.com/

コンパクト塩分計（CARDY SALT）（型式 C-121）
塩化物イオン（ナトリウムイオンからの換算）

単項目	○
多項目	A
	B

A：測定機器自体が多項目可
B：試薬を変えることで多項目可

5 cm

特 徴
1. ポケットに入る超薄型のカードサイズ。
2. 複雑な操作不要。
3. 平面形センサを採用しているため、試料水をセンサに置くだけで測定可能。
4. センサはpHの影響をほとんど受けないため、pH調整は不要である（pH 2 ～ 12 の範囲において）。

使用上の留意点
1. 採水は必要である。
2. 校正は必要であり、校正に約2分を要する。
3. 試薬は不要である。
4. 測定時の妨害物質はない。
5. 交換部品および消耗品は必要である（別表参照）。
6. マイコンによりナトリウム（Na）イオン濃度から食塩濃度（NaCl重量％）に演算変換する。

仕　様

項　目	仕　様
(1) 測定方法	ナトリウム（Na）電極法
(2) 測定原理	Naイオンに感応して電位差を生じる電極を用い、試料水中のNaイオンの濃度を求める。Naイオンの濃度から塩分の濃度に換算。
(3) 測定範囲	0.1～10 wt %（標準）
(4) 測定精度	0.01 %（0～0.99 %）／0.1 %（1.0～9.9 %）／1 %（10～25 %）
(5) 再現性（公定法比較）	
(6) 自動温度補償	あり
(7) 換算	食塩濃度に演算変換（NaCl 重量%）
(8) 表示・記録方式	液晶によるディジタル表示
(9) 電源	リチウム電池（3 V　CR2025　2個）
(10) 標準液等	校正用標準液（NaCl 0.5 %、5.0 %）
(11) 外形寸法	W 55 × H 95 × D 9 mm
(12) 重量	約40 g
(13) その他	
(14) 価格（標準品）	29,800 円
(15) 納入実績	最近5ヶ年（H 7～11）の販売実績　2 300台

交換部品・消耗品　※月数回測定対象

	名　称	規　格	交換期間(年・月)毎	年間交換部品・消耗品費 単　価	数　量	金　額
交換部品	Na$^+$電極	#0221	3年	10,000 円	1/3個	3,400 円
消耗品	校正用標準液	Y022 0.5 %、5.0 %（各4 mL × 2）		1,250 円	2個	2,500 円

年間交換部品・消耗品費合計　5,900 円

問合せ先
株式会社堀場製作所

〒 601-8510　京都府京都市南区吉祥院宮の東町2番地
　TEL　075-313-8121
　FAX　075-321-5725
　URL　http://www.horiba.co.jp

T.Sポータブル型クロロフィルa計（型式 クロロミニ MODEL-1）

クロロフィルa

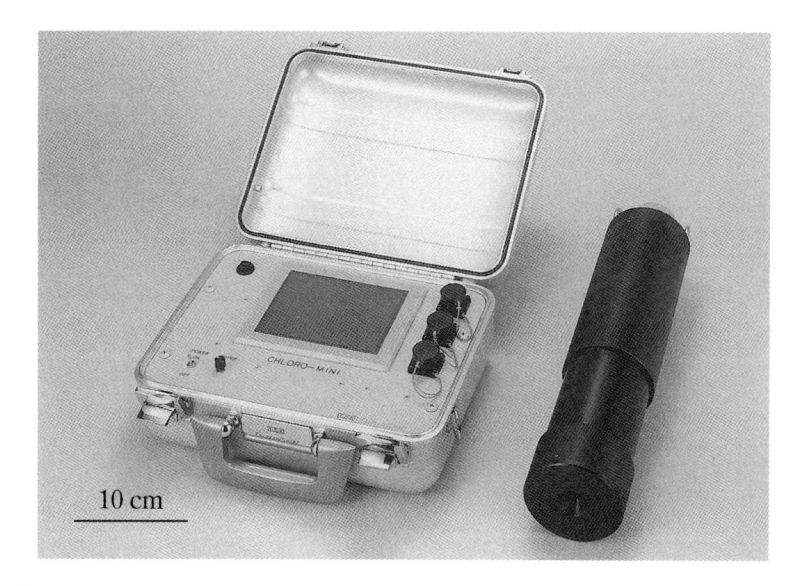

単項目	○
多項目	A
	B

A：測定機器自体が多項目可
B：試薬を変えることで多項目可

特 徴

1. 小型・軽量設計のため機動性に優れ、リアルタイムで現場の状況を把握できる。
2. 高精度設計である。
3. 洗浄機能付のため安定したデータを得ることができる。
4. ディジタル表示、内部メモリ、データ補正機能が付いている。
5. 電池駆動方式に切り換え可能である。

使用上の留意点

1. 採水は不要である。水位は30 cm以上必要であり、流速の影響を受けない。
2. 校正は必要であり、校正に約15分必要である。
3. 試薬は不要である。
4. 測定時の妨害物質はない。
5. 交換部品および消耗品は必要である（別表参照）。
6. 検量線作成が必要である。

仕　様

項　目	仕　様
(1) 測定方法	蛍光光度測定法
(2) 測定原理	クロロフィルaに紫外線を照射すると赤色の蛍光を発しその強度は励起光の強さに比例する。
(3) 測定範囲	0～200 μg/L
(4) 測定精度	0～50 μg/L　フルスケール±10％ 50～200 μg/L　フルスケール±5％
(5) 再現性 （公定法比較）	0～50 μg/L　フルスケール±5％ 50～200 μg/L　フルスケール±2.5％
(6) 自動温度補償	
(7) 換算	
(8) 表示・記録方式	ディジタル表示、内部メモリ（1 000データ）
(9) 電源	AC 100 V／DC 12 V
(10) 標準液等	ウラニン標準液（滴定用指示薬として市販されている蛍光剤）
(11) 外形寸法	センサ：φ 90×400 mm 表示器：W 470×H 330×D 180 mm
(12) 重量	センサ：3 kg 表示器：7 kg
(13) その他	
(14) 価格（標準品）	1,800,000 円
(15) 納入実績	最近5ヶ年（H 7～11）の販売台数　2台

交換部品・消耗品　※月数回測定対象

	名　称	規　格	交換期間 (年・月)毎	年間交換部品・消耗品費		
				単　価	数　量	金　額
交換部品	ワイパーブラシ		6ヶ月	3,600 円	2個	7,200 円
消耗品	ウラニン標準液		1年	1,350 円	1本	1,350 円

年間交換部品・消耗品費合計　8,550 円

問合せ先

株式会社鶴見精機

〒230-0051　神奈川県横浜市鶴見区鶴見中央二丁目2番20号
　TEL　045-521-5252
　FAX　045-521-1717
　URL　http://www.tsk-jp.com/

クロロフィル計 a（型式 CA-30X）
クロロフィル a

単項目	○	
多項目	A	
	B	

A：測定機器自体が多項目可
B：試薬を変えることで多項目可

10 cm

特 徴
1. 検出部は耐圧性に優れている。
2. 指示部は防雨構造で、屋外使用に適応する。
3. メモリ（時刻＋測定データ）は、最大 500 データである。
4. アナログ記録、プリンタ、パソコン用外部出力に対応できる。

使用上の留意点
1. 採水は不要である。水位は 10 cm 以上必要である。流速の影響を受けない。
2. 校正は必要であり、校正に約 20 分必要である。
3. 試薬は不要である。
4. 測定時の妨害物質はない。
5. 交換部品および消耗品は必要ない。

仕様

項　目	仕　様
(1) 測定方法	蛍光光度法
(2) 測定原理	紫外線により蛍光を発することを利用し、蛍光波長に合わせた蛍光量を測定。
(3) 測定範囲	0～300／300～1 000 ppb（ウラニン標準液基準）
(4) 測定精度	フルスケール±2％
(5) 再現性 （公定法比較）	フルスケール±1％
(6) 自動温度補償	
(7) 換算	
(8) 表示・記録方式	ディジタル表示、データメモリ（自動、手動）
(9) 電源	DC 12 V　6 AH（外部バッテリ）
(10) 標準液等	ウラニン標準液（蛍光染料）
(11) 外形寸法	検出部：φ 105×230 mm 指示部：80×154×190 mm
(12) 重量	検出部：1.6 kg　指示部：800 g
(13) その他	
(14) 価格（標準品）	2,000,000～2,700,000 円
(15) 納入実績	最近5ヶ年（H 7～11）の販売台数　15台

※ 3年毎に工場でのオーバーホールが必要である。費用 500,000 円。

問合せ先
株式会社東邦電探

〒168-0081　東京都杉並区宮前1-8-9
　TEL　03-3334-3451
　FAX　03-3332-2341

2. 携帯型水質測定機器

2.2 多項目水質計

水温・積分球濁度計（型式 P108）

水温、濁度

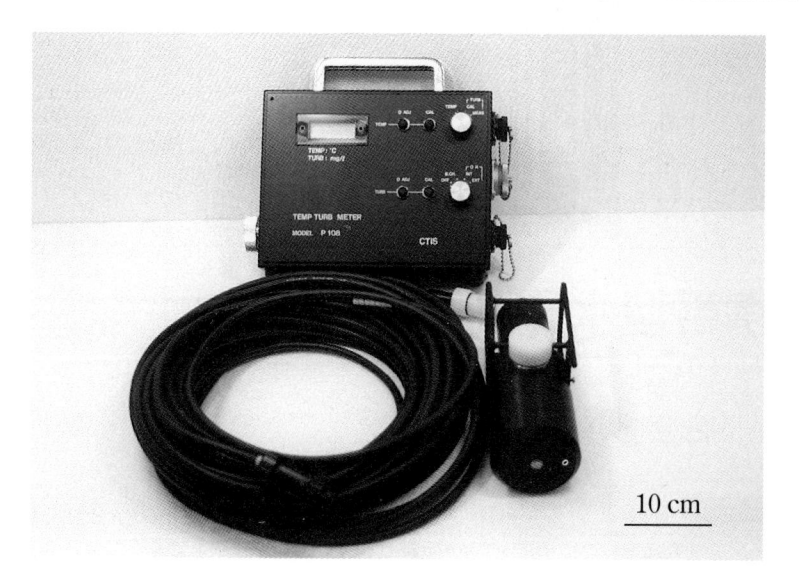

単項目		
多項目	A	○
	B	

A：測定機器自体が多項目可
B：試薬を変えることで多項目可

特 徴

1. 積分球を使用しており、高精度である。
2. 色度の影響を受けない。
3. 発光光源は、赤色 660 nm の発光ダイオードを使用している。
4. アナログ出力端子の取付けが可能である。
5. 野外での使用を標準としており、乾電池駆動、液晶表示、センサ耐水圧 1 MPa、補助ロープ不要の特殊強化ケーブルの設計である。

使用上の留意点

1. 採水は不要である。水位は最低 10 cm 以上必要で、流速の影響を受けない。
2. 校正は必要であり、校正に約 10 分必要である。
3. 試薬は不要である。
4. 測定時の妨害物質はない。
5. 交換部品は必要ないが、消耗品は必要である（別表参照）。

仕　様

項　目	仕　様	
	濁　度	水　温
(1) 測定方法	積分球式	半導体センサ方式
(2) 測定原理	測定水中に光を照射し、透過光および散乱光（球面で集光）の比を測定。	半導体の温度係数を利用して測定。
(3) 測定範囲	0 ～ 500 ppm	－5 ～ 50 ℃
(4) 測定精度	フルスケール±2％以内	±0.2 ℃
(5) 再現性（公定法比較）	±1 ％	
(6) 自動温度補償		
(7) 換算		
(8) 表示・記録方式	ディジタル表示	
(9) 電源	マンガン乾電池（単2形　R14PU　4個）	
(10) 標準液等	ホルマジン標準液400度	
(11) 外形寸法	センサプローブ　φ70×180 mm 本体　262×170×94 mm	
(12) 重量	センサプローブ　0.7 kg 本体　2.5 kg	
(13) その他		
(14) 価格（標準品）	750,000 円	
(15) 納入実績	最近5ヶ年（H7～11）の販売台数　75台	

交換部品・消耗品　※月数回測定対象

	名　称	規　格	交換期間(年・月)毎	年間交換部品・消耗品費		
				単　価	数　量	金　額
消耗品	ホルマジン標準液	400度（500 mL）	2ヶ月	2,500 円	6瓶	15,000 円

年間交換部品・消耗品費合計　15,000 円

問合せ先

株式会社ＣＴＩサイエンスシステム

〒103-0001　東京都中央区日本橋小伝馬町1-3
　TEL　03-3667-2161
　FAX　03-3667-2162
　URL　http://www.rim.or.jp/ctis/

濁度計（型式 UC-61）
水温、濁度

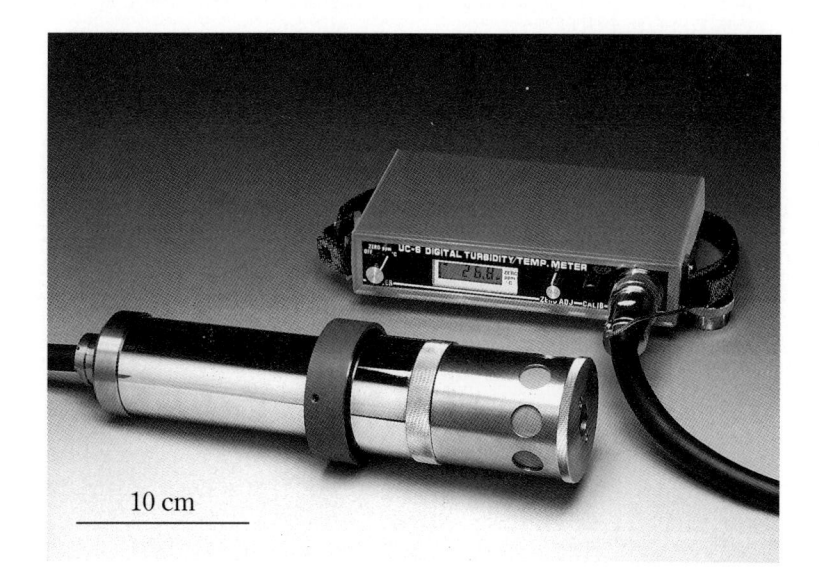

単項目		
多項目	A	○
	B	

A：測定機器自体が多項目可
B：試薬を変えることで多項目可

特 徴
1. 近赤外の波長を使用しているため外光や色の影響が受けにくい。
2. プリアンプ内蔵のセンサによりケーブル延長に伴うノイズ発生がなく精度良い測定ができる。
3. 投込式濁度センサで水深 10 m までの測定が可能である。
4. 標準校正板（装置の校正等に時間や技術を要さずに 2 次的な校正ができるもので装置のチェックに用いる）による校正法を採用しているため、校正が簡単である。
5. 本体は小型、軽量、薄型で携帯に便利である。

使用上の留意点
1. 採水は不要である。水位は 30 cm 以上必要であり、流速の影響を受けない。
2. 校正は必要であり、校正に約 5 分必要である。
3. 試薬は不要である。
4. 測定時の妨害物質はない。
5. 交換部品および消耗品は必要である（別表参照）。

仕　様

項　目	仕　様	
	濁　度	水　温
(1) 測定方法	後方散乱光強度測定方式	白金測温抵抗体法
(2) 測定原理	近赤外発光ダイオードの光をサンプルに照射するとサンプル中の濁度粒子によって光は散乱。この散乱光をフォトダイオードで受光し濁度として表示。	白金線の電気抵抗が温度の上昇により増加する現象を利用して測定。
(3) 測定範囲	0～500 mg/L	0～35 ℃
(4) 測定精度	指示値の±10 %	指示値の±1.5℃
(5) 再現性（公定法比較）		
(6) 自動温度補償		
(7) 換算		
(8) 表示・記録方式	ディジタル表示　出力0～10 mV	
(9) 電源	直流／太陽電池（Ni-Cd乾電池　単3形　4個、充電器および太陽電池式充電器付）約6時間	
(10) 標準液等	ホルマジン標準液	
(11) 外形寸法	本体：W 190 × H 110 × D 37 mm センサ：φ 62 × 270 mm	
(12) 重量	本体：約750 g　センサ：約4 kg（ケーブル10 m込み）	
(13) その他		
(14) 価格（標準品）	425,000 円	
(15) 納入実績	最近5ヶ年（H 7～11）の販売台数　180台	

交換部品・消耗品　※月数回測定対象

	名　称	規　格	交換期間(年・月)毎	年間交換部品・消耗品費		
				単　価	数　量	金　額
交換部品	濁度センサ	濁度センサ	3年	320,000 円	1/3本	106,700 円
消耗品	ホルマジン標準液	ホルマジン 4000 NTU（500 mL）	1年	10,000 円	1本	10,000 円

年間交換部品・消耗品費合計　116,700 円

問合せ先

セントラル科学株式会社

〒113-0033　東京都文京区本郷3-23-14
　TEL　03-3812-9186
　FAX　03-3814-7538
　URL　http://www.hypermedia.or.jp/CKC

携帯型濁度計（型式 MODEL-2）

水温、濁度

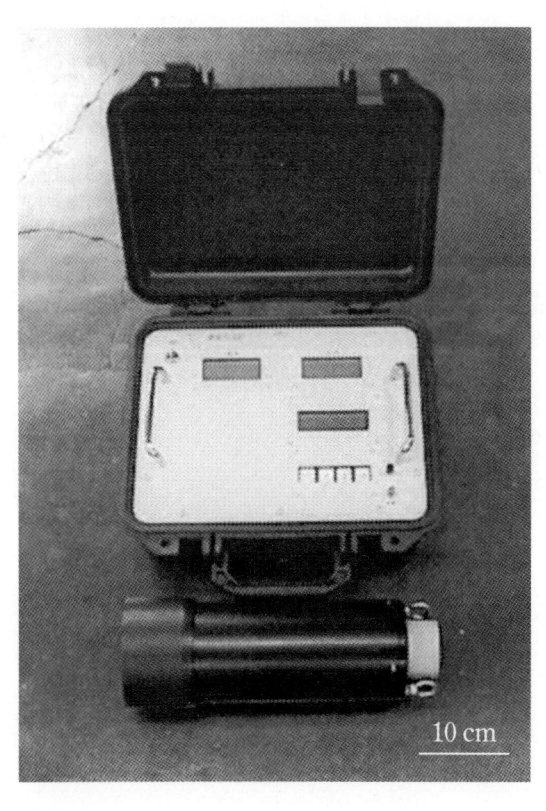

単項目		
多項目	A	○
	B	

A：測定機器自体が多項目可
B：試薬を変えることで多項目可

特 徴

1. 小型・計量かつ高精度設計のため、機動性に優れている。
2. 洗浄機能付で長期安定したデータが得られる。

使用上の留意点

1. 採水は不要である。水位は 50 cm 以上必要であり、流速の影響を受けない。
2. 校正は必要であり、校正に約 30 分必要である。
3. 試薬は不要である。
4. 測定時の妨害物質はない。
5. 交換部品および消耗品は必要である（別表参照）。

仕　様

項　目	仕　様	
	濁　度	水　温
(1) 測定方法	後方散乱光強度測定方式	白金測温抵抗体法
(2) 測定原理	検水に光を照射した時、検水中の微粒子によって反射される散乱光量を測定して求める。懸濁物質と散乱光量は比例。	白金測温抵抗体の温度により変化する値の変化を電圧に変換し信号を出す。
(3) 測定範囲	0～2 000 mg/L	－10～40 ℃
(4) 測定精度	フルスケール±2％	±0.5 ℃
(5) 再現性（公定法比較）	フルスケール±1％	±0.25 ℃
(6) 自動温度補償		
(7) 換算		
(8) 表示・記録方式	ディジタル表示、内部メモリ（1 000 データ）	
(9) 電源	AC 100 V／DC 12 V	
(10) 標準液等	ホルマジン標準液	
(11) 外形寸法	センサ：φ 110×320 mm 表示器：W 350×H 300×D 170 mm	
(12) 重量	センサ：5 kg 表示器：8 kg	
(13) その他		
(14) 価格（標準品）	3,000,000 円	
(15) 納入実績	最近5ヶ年（H 7～11）の販売台数　1台	

交換部品・消耗品　※月数回測定対象

	名　称	規　格	交換期間 (年・月)毎	年間交換部品・消耗品費		
				単　価	数　量	金　額
交換部品	ワイパーゴム	シリコン製	6ヶ月	2,000 円	2個	4,000 円
消耗品	ホルマジン標準液	500度（100 mL）	6ヶ月	4,620 円	2本	9,240 円

年間交換部品・消耗品費合計　13,240 円

問合せ先

株式会社鶴見精機

〒230-0051　神奈川県横浜市鶴見区鶴見中央二丁目2番20号
　TEL　045-521-5252
　FAX　045-521-1717
　URL　http://www.tsk-jp.com/

ポータブル濁度計（型式 TB-25A）
水温、濁度

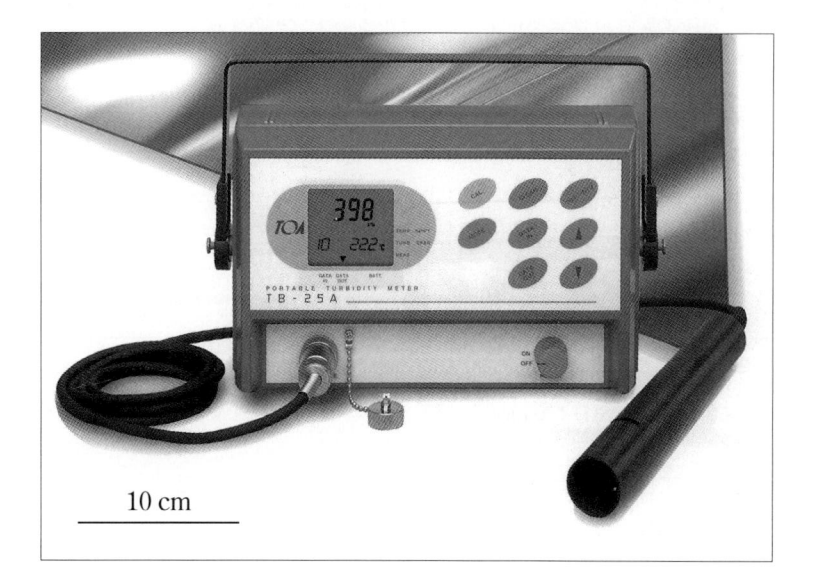

単項目		
多項目	A	○
	B	

A：測定機器自体が多項目可
B：試薬を変えることで多項目可

10 cm

特 徴
1. 河川、ダム、各種排水、海水等に電極を直接潜漬して測定が可能。
2. オプションの電極により、水深 100 m 測定対応。
3. 濁度、温度同時表示、NTU（濁度の国際単位）、mg/L、単位切換対応。
4. AC／DC（単 2 形乾電池）2 ウェイ電源。
4. 防滴構造。

使用上の留意点
1. 採水は不要である。水位は 5 cm 以上必要であり、流速の影響を受けない。
2. 校正は不要である。
3. 試薬は不要である。
4. 測定時の妨害物質はない。
5. 交換部品および消耗品は必要である（別表参照）。

仕　様

項　目	仕　様	
	濁　度	水　温
(1) 測定方法	90度散乱光測定方式	白金測温抵抗体法
(2) 測定原理	試料液中に可視光線を照射し、水中の微小粒子によって散乱した光を取り出してその試料水の微小粒子の量（濁度）を測定。	温度に対する抵抗変化が一定で互換性があり、温度係数が大きいこと等の条件から白金（JIS採用）を使用。一定の抵抗（Pt 100 Ω）に電流（0.5〜2 mA）を流し温度変化を計測。
(3) 測定範囲	0〜800 NTU 0〜800 mg/L （単位切換はキー操作による）	0〜50℃
(4) 測定精度	1 NTU	0.1℃
(5) 再現性 （公定法比較）	±1 ％±5NTU （ホルマジン溶液にて）	±0.3℃
(6) 自動温度補償		
(7) 換算		
(8) 表示・記録方式	液晶表示器	
(9) 電源	アルカリ乾電池（単2形　LR14　6個）／ACアダプタ（オプション） 連続使用時間（乾電池LR14使用時）：約100時間	
(10) 標準液等	校正（ゼロ校正）：純水によるワンボタンゼロ校正	
(11) 外形寸法	本体：約 W 250 × H 160 × D 95 mm センサ：検出部寸法：約 φ 30 × 240 mm リード長：約2 m（標準センサ） 　　　　　約10、30、50、100 m（オプションセンサ）	
(12) 重量	本体：約2.3 kg（乾電池含） センサ：約400 g（標準センサ）	
(13) その他	使用温度範囲　周囲温度：0〜40℃、検水温度：0〜50℃	
(14) 価格（標準品）	210,000 円	
(15) 納入実績	最近5ヶ年（H 7〜11）の販売実績　1,200台	

交換部品・消耗品　※月数回測定対象

	名　称	規　格	交換期間 (年・月)毎	年間交換部品・消耗品費		
				単　価	数　量	金　額
交換部品	センサ	TMS25A02	3年	90,000 円	1/3 本	30,000 円
消耗品	アルカリ乾電池	単2形　LR14	使用頻度による		6個	

年間交換部品・消耗品費合計　30,000 円
（除乾電池）

問合せ先

東亜ディーケーケー株式会社

〒169-8648　東京都新宿区高田馬場1-29-10
　TEL　03-3202-0221
　FAX　03-3202-0555
　URL　http://www.toadkk.co.jp/

濁度計（型式 FN-52X（FN シリーズ））

水温、濁度
FN-50X：濁度

単項目		
多項目	A	○
	B	

A：測定機器自体が多項目可
B：試薬を変えることで多項目可

5 cm

特 徴

1. 検出部は耐圧性に優れている。
2. 指示部は防雨構造で、屋外使用に適応する。
3. メモリ（時刻＋測定データ）は最大 500 データである。
4. 外来光除去機能および光量補償回路により高精度である。
5. アナログ記録、プリンタ、パソコン用外部出力に対応できる。

使用上の留意点

1. 採水は不要である。水位は 60 cm 以上必要である。流速の影響を受けない。
2. 校正は必要であり、校正に約 20 分必要である。
3. 試薬は不要である。
4. 測定時の妨害物質はない。
5. 交換部品は必要ないが、消耗品は必要である（別表参照）。

仕 様

項 目	仕 様	
	濁 度	水 温
(1) 測定方法	透過光散乱光演算方式	サーミスタ方式
(2) 測定原理	光の吸収および散乱を利用し、透過光および散乱光を演算し求める。	半導体の固有の温度特性による抵抗変化を利用して測定。
(3) 測定範囲	0～100／100～1 000 mgL 自動2段切換	－5.0～40.0 ℃
(4) 測定精度	フルスケール±2％	±0.1 ℃
(5) 再現性 （公定法比較）	フルスケール±1％	±0.05 ℃
(6) 自動温度補償		
(7) 換算		
(8) 表示・記録方式	ディジタル表示、データメモリ（自動，手動）	
(9) 電源	乾電池（単2形 4個）／DC 12 V（オプション）	
(10) 標準液等	精製カオリン標準液	
(11) 外形寸法	検出部：φ65×365 mm	
	指示部：80×154×190 mm	
(12) 重量	検出部：1.8 kg	
	指示部：950 g（乾電池含む）	
(13) その他		
(14) 価格（標準品）	910,000～1,170,000 円	
(15) 納入実績	最近5ヶ年（H7～11）の販売台数　120台	

交換部品・消耗品　※月数回測定対象

	名 称	規 格	交換期間 (年・月)毎	年間交換部品・消耗品費		
				単 価	数 量	金 額
消耗品	カオリン標準液	精製カオリン　10 g	1年	70,000 円	1瓶	70,000 円

※3年毎に工場でのオーバーホールが必要である。費用400,000円。

年間交換部品・消耗品費合計　70,000 円

問合せ先
株式会社東邦電探

〒168-0081　東京都杉並区宮前1-8-9
　TEL　03-3334-3451
　FAX　03-3332-2341

水質計測記録装置（型式 MA-231D）
水温、水深、濁度

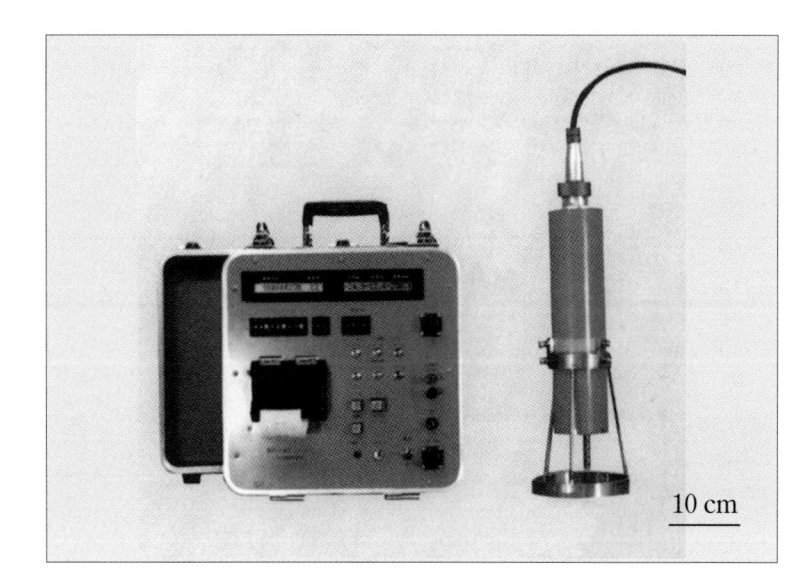

単項目		
多項目	A	○
	B	

A：測定機器自体が多項目可
B：試薬を変えることで多項目可

特徴
1. 計測装置はバッテリ内蔵により、電源の心配は不要。
2. 小型軽量カプセルを使用しているため一人で簡単に計測可能。
3. モーターボート等で移動しながら水深100 mまで測定可能。
4. 水深は実水深の他に標高表示も可能、水深毎のデータを手動によりプリントアウト。
5. 計測日時、計測地点番号が印字されるのでデータ整理が容易。

使用上の留意点
1. 採水は不要である。測定に必要な水位は濁度の場合30 cm以上、水温の場合10 cm以上、水深の場合1 cm以上必要である。流速の影響を受けない。
2. 校正は水位のみ必要であり、校正に約1分必要である。
3. 試薬は必要である。試薬の廃液回収は不要である。
4. 測定時の妨害物質はない。
5. 交換部品は必要ないが、消耗品は濁度のみ必要である（別表参照）。
6. 年1回位、濁度校正を兼ねた点検を推奨。

仕　様

項　目	仕　様		
	濁　度	水　温	水　深
(1) 測定方法	散乱光法	白金測温抵抗体法	圧力式
(2) 測定原理	赤外線発光ダイオードを交流変調して、定電流回路で駆動し、散乱光の量を測定。	温度応答性にすぐれたシース型測温抵抗白金温度センサを利用し測定。	感圧素子に半導体圧力素子を利用して測定。
(3) 測定範囲	0～1 000 mg/L	－5～45 ℃	0～100 m
(4) 測定精度	フルスケール±2％以内	±0.2 ℃以内	フルスケール±0.02％以内
(5) 再現性（公定法比較）	フルスケール±2％以内	±0.2 ℃以内	フルスケール±0.02％以内
(6) 自動温度補償	－5～50 ℃ 凍結・結露なきこと		－5～50 ℃ 凍結・結露なきこと
(7) 換算			
(8) 表示・記録方式	ディジタル表示、プリンタ出力		
(9) 電源	AC 100 V／DC 12 V両用（内蔵バッテリ・充電器付）		
(10) 標準液等	カオリン		
(11) 外形寸法	約 W 340×H 320×D 190 mm		
(12) 重量	約8.5 kg		
(13) その他	ケーブル100 m付		
(14) 価格（標準品）	2,800,000 円		
(15) 納入実績	最近5ヶ年（H 7～11）の販売実績　3台		

交換部品・消耗品　※月数回測定対象

	名　称	規　格	交換期間(年・月)毎	年間交換部品・消耗品費		
				単　価	数　量	金　額
消耗品	記録紙	ロール型（※全要素データ印字）	使用頻度による	1,500 円	1 個	1,500 円

年間交換部品・消耗品費合計　1,500 円

問合せ先
北斗理研株式会社

〒189－0026　東京都東村山市多摩湖町 1－25－2
　TEL　042－394－8101
　FAX　042－395－8731
　URL　http://www.hokuto-riken.co.jp

水温・電気伝導度計（型式 P102）
水温、導電率

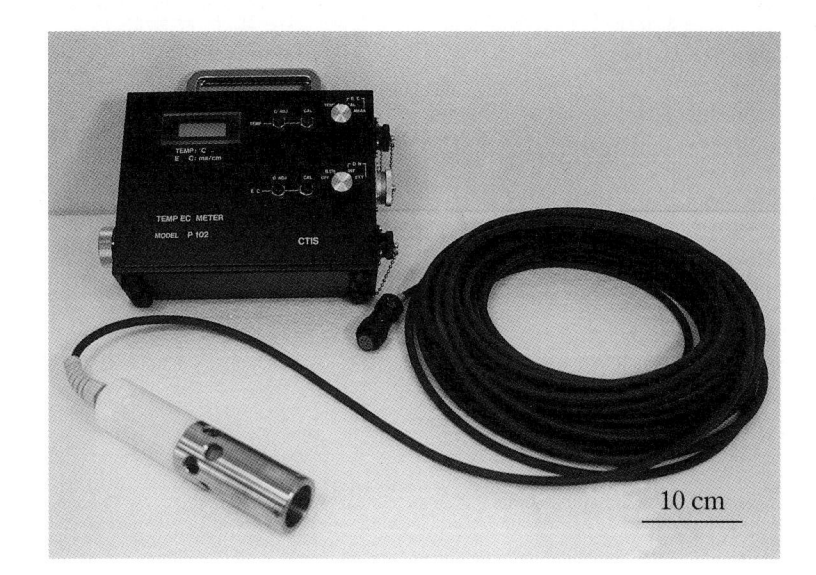

単項目		
多項目	A	○
	B	

A：測定機器自体が多項目可
B：試薬を変えることで多項目可

特 徴
1. 0 〜 10.0 S/m 測定範囲は、オートレンジである。
2. 水温補正表示（25 ℃換算）機能付である。
3. センサ内プリアンプ内蔵方式を採用しているため、ケーブルが長くても高精度である。
4. アナログ出力端子の取付けが可能である。
5. 野外での使用を標準としており、乾電池駆動、液晶表示、センサ耐水圧 1 MPa、補助ロープ不要の特殊強化ケーブルの設計である。

使用上の留意点
1. 採水は不要である。水位は最低 20 cm 以上必要で、流速の影響を受けない。
2. 校正は必要であり、校正に約 10 分必要である。
3. 試薬は不要である。
4. 測定時の妨害物質はない。
5. 交換部品は必要ないが、消耗品は必要である（別表参照）。

仕 様

項 目	仕 様	
	導電率	水 温
(1) 測定方法	交流4極法	半導体センサ方式
(2) 測定原理	交流電圧を印加する電極と検出する電極を分け、試水の抵抗を測定。	半導体の温度係数を利用して測定。
(3) 測定範囲	0～10 S/m	－5～50℃
(4) 測定精度	フルスケール2％以内	±0.2℃以内
(5) 再現性 （公定法比較）	±1％	
(6) 自動温度補償		
(7) 換算	25℃自動温度換算	
(8) 表示・記録方式	ディジタル表示	
(9) 電源	マンガン乾電池（単2形　R14PU　4個）	
(10) 標準液等	1/10規定塩化カリウム標準液	
(11) 外形寸法	センサプローブ　φ40×180mm 本体　262×170×94 mm	
(12) 重量	センサプローブ（ステンレスカバー付）　1.0 kg 本体　2.5 kg	
(13) その他		
(14) 価格（標準品）	400,000 円	
(15) 納入実績	最近5ヶ年（H7～11）の販売台数　90台	

交換部品・消耗品　※月数回測定対象

	名　称	規　格	交換期間 (年・月)毎	年間交換部品・消耗品費		
				単　価	数　量	金　額
消耗品	塩化カリウム標準液	1/10規定　塩化カリウム標準液	2ヶ月	2,500 円	6瓶	15,000 円

年間交換部品・消耗品費合計　15,000 円

問合せ先

株式会社CTIサイエンスシステム

〒103-0001　東京都中央区日本橋小伝馬町1-3
　　　TEL　03-3667-2161
　　　FAX　03-3667-2162
　　　URL　http://www.rim.or.jp/ctis/

導電率／水温メータ（型式 UC-35）

水温、導電率

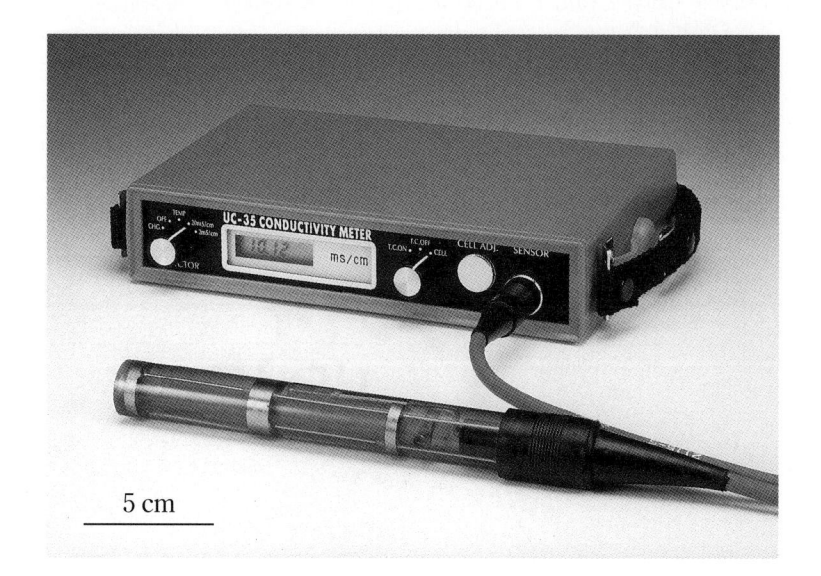

単項目		
多項目	A	○
	B	

A：測定機器自体が多項目可
B：試薬を変えることで多項目可

特 徴
1. 本体は小型、軽量、薄型で携帯に便利である。
2. センサは樹脂製であるため投込測定ができる。
3. 0～20 mS/cm までの広範囲な測定ができる。
4. 本体ケースには硬質プラスチックを使用しているので腐蝕に強い防滴構造である。
5. 自動温度補償付の検出部のため温度の影響を受けない。

使用上の留意点
1. 採水は不要である。水位は 30 cm 以上必要であり、流速の影響を受けない。
2. 校正は必要であり、校正に約 5 分必要である（セル定数の設定：電極の面積と電極の間隔から導電率に換算する場合の定数）。
3. 試薬は不要である。
4. 測定時の妨害物質はない。
5. 交換部品は必要であるが、消耗品は必要ない（別表参照）。

仕様

項　目	仕　様	
	導電率	水　温
(1) 測定方法	交流3極法方式	サーミスタ法
(2) 測定原理	溶液中に電極を浸し、溶液の抵抗を測定し導電率を求める。電気伝導度は溶液の温度により変化するので温度補償用素子としてサーミスタを使用し温度を測って自動温度補償を行っている。	サーミスタの電気抵抗が温度の上昇により増加する現象を利用して測定。
(3) 測定範囲	0〜2／0〜20 mS/cm	0〜50℃
(4) 測定精度		
(5) 再現性（公定法比較）	±0.5 %	
(6) 自動温度補償	あり（5〜50℃）	
(7) 換算		
(8) 表示・記録方式	ディジタル表示　出力0〜10 mV	
(9) 電源	交／直／太陽電池（Ni-Cd乾電池　単3形　4個、ACアダプタ兼用充電器および太陽電池式充電器付）約30時間	
(10) 標準液等		
(11) 外形寸法	本体：W 180×H 110×D 37 mm　電極：φ 18×135 mm	
(12) 重量	本体：650 g　電極：400 g（5 mリード線含む）	
(13) その他		
(14) 価格（標準品）	260,000円	
(15) 納入実績	最近5ヶ年（H 7〜11）の販売台数　230台	

交換部品・消耗品　※月数回測定対象

	名　称	規　格	交換期間(年・月)毎	年間交換部品・消耗品費		
				単　価	数　量	金　額
交換部品	導電率センサ	導電率センサ	3年	60,000円	1/3本	20,000円

年間交換部品・消耗品費合計　20,000円

問合せ先

セントラル科学株式会社

〒113-0033　東京都文京区本郷3-23-14
TEL　03-3812-9186
FAX　03-3814-7538
URL　http://www.hypermedia.or.jp/CKC

ポータブル電気伝導率計（型式 CM-21P）

水温、導電率

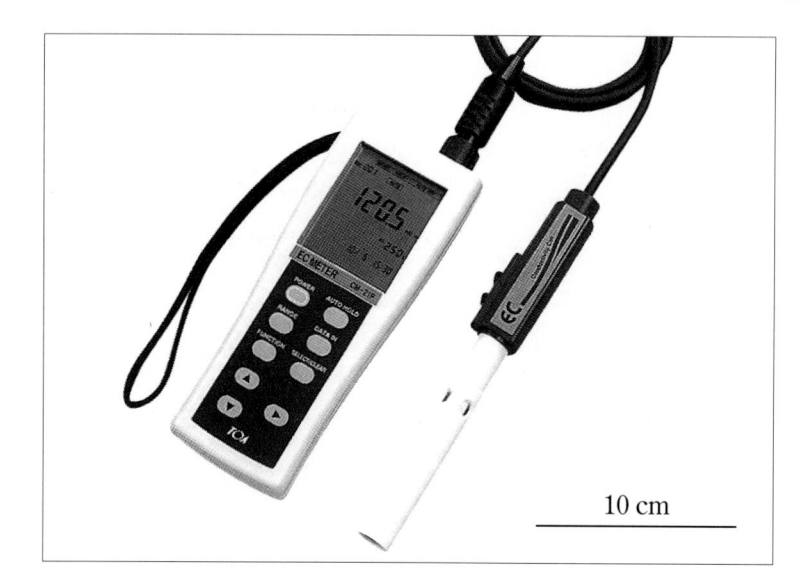

単項目		
多項目	A	○
	B	

A：測定機器自体が多項目可
B：試薬を変えることで多項目可

10 cm

特徴
1. 電気抵抗率、塩分換算切換表示可能。
2. 防水構造（JIS C 0920 防浸形準拠）（IP67：1 m、30 分潜漬可）。
3. セル定数メモリ付セル採用。
4. 時計常時表示機能、データメモリ機能（300 データ）。
5. インターバル機能、オートホールド機能搭載。

使用上の留意点
1. 採水は不要である。水位は 3 cm 以上必要であり、流速の影響を受けない。
2. 校正は不要である。
3. 試薬は不要である。
4. 測定時の妨害物質はない。
5. 交換部品および消耗品は必要である（別表参照）。

仕 様

項 目	仕 様	
	導電率	水 温
(1) 測定方法	交流2電極法	測温抵抗体法
(2) 測定原理	面積1m^{2}の2個の平面極板が距離1mで対抗している容器に電解質液を満たして測定した電気抵抗の逆数で表し、流す電流は、交流。	金属の電気抵抗が温度の変化によって一定の割合で変化することを利用して測定。
(3) 測定範囲	導電率：0～19.99 S/m 抵抗率：0.05 Ω·m～1M Ω·m 塩分換算：0.00～4.00 %	0～80 ℃
(4) 測定精度		
(5) 再現性（公定法比較）	フルスケール±0.5 %（各レンジ）	
(6) 自動温度補償	自動／手動切換	
(7) 換算		
(8) 表示・記録方式	液晶表示	
(9) 電源	アルカリ乾電池（単3形 LR6 2個）／ACアダプタ（オプション）	
(10) 標準液等		
(11) 外形寸法	約 W 75×H 187.5×D 37.5 mm	
(12) 重量	約310 g	
(13) その他		
(14) 価格（標準品）	98,000 円	
(15) 納入実績	最近5ヶ年の（H 7～11）販売台数 7,500台	

交換部品・消耗品 ※月数回測定対象

	名 称	規 格	交換期間(年・月)毎	年間交換部品・消耗品費		
				単 価	数 量	金 額
交換部品	セル	CT-27112B	3年	35,000 円	1/3本	11,700 円
消耗品	アルカリ乾電池	単3形	使用頻度による		2本	

年間交換部品・消耗品費合計　11,700 円
（除乾電池）

問合せ先

東亜ディーケーケー株式会社

〒169-8648　東京都新宿区高田馬場1-29-10
TEL　03-3202-0221
FAX　03-3202-0555
URL　http://www.toadkk.co.jp/

電気水質計（型式 EST-3X）

水温、導電率

単項目		
多項目	A	○
	B	

A：測定機器自体が多項目可
B：試薬を変えることで多項目可

特　徴

1. 検出部は耐圧性に優れている。
2. 指示部は防雨構造で、屋外使用に適応する。
3. メモリ（時刻＋測定データ）は最大500データである。
4. 汚れ、外部ノイズに強い交流9電極方式。
5. アナログ記録、プリンタ、パソコン用外部出力に対応できる。

使用上の留意点

1. 採水は不要である。水位は20 cm以上必要である。流速の影響を受けない。
2. 校正は不要である。
3. 試薬は不要である。
4. 測定時の妨害物質はない。
5. 交換部品および消耗品は必要ない。

仕　様

項　目	仕　様	
	導電率	水温
(1) 測定方法	交流9電極法	サーミスタ法
(2) 測定原理	水中に一対の金属を浸し電圧を印加すると、水の導電率に比例して電流が流れる。電流を流すことで金属界面に抵抗が生じるため、電流電極と電圧検出電極を分離し、界面抵抗の影響をなくし安定化して測定。	半導体の固有の温度特性による抵抗変化を利用し測定。
(3) 測定範囲	20～400、350～4 000 3 500～50 000 μS/cm　3段切換	－5.0～40.0℃
(4) 測定精度	フルスケール±3％	±0.1℃
(5) 再現性 （公定法比較）	フルスケール±1％	±0.05℃
(6) 自動温度補償	あり	なし
(7) 換算	25℃換算	
(8) 表示・記録方式	ディジタル表示、データメモリ（自動，手動）	
(9) 電源	乾電池（単2形　4個）／DC 12 V（オプション）	
(10) 標準液等	塩化ナトリウム標準液	
(11) 外形寸法	検出部：φ40×260 mm 指示部：80×154×190 mm	
(12) 重量	検出部：900 g　指示部：950 g（乾電池含む）	
(13) その他		
(14) 価格（標準品）	810,000～900,000円	
(15) 納入実績	最近5ヶ年（H7～11）の販売台数　100台	

問合せ先

株式会社東邦電探

〒168-0081　東京都杉並区宮前1-8-9
　TEL　03-3334-3451
　FAX　03-3332-2341

導電率計（カスタニーACT）（型式ESシリーズ）
水温、導電率

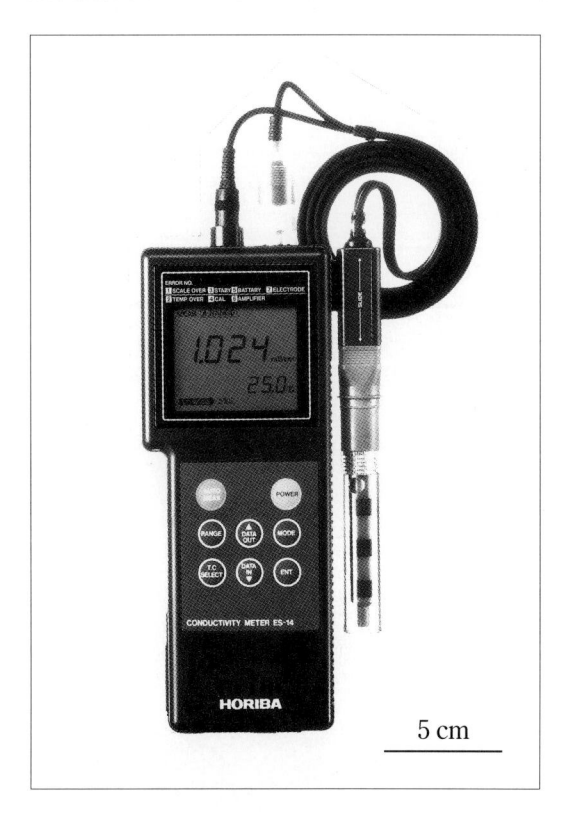

単項目		
多項目	A	○
	B	

A：測定機器自体が多項目可
B：試薬を変えることで多項目可

5 cm

特 徴
1. 小型計量でフィールドから研究室での測定まで幅広く対応する。
2. 自動レンジ切替えで幅広い測定範囲を実現している。
3. 高精度測定のために、自動の温度補償機能等を搭載している。
4. 食塩濃度換算機能により、簡単なボタン操作で食塩濃度の測定も可能である。

使用上の留意点
1. 採水は不要である。水位は5 cm以上必要であり、流速の影響を受けない。
2. 校正は不要である。
3. 試薬は不要である。
4. 測定時の妨害物質はない。
5. 交換部品は必要であるが、消耗品は必要ない（別表参照）。

仕 様

項　目	仕　　様	
	導電率	水　温
(1) 測定方法	交流2電極法	サーミスタ法
(2) 測定原理	試料中に2枚の極板を向かい合わせ、交流電流を流すことで、試料中の抵抗を測定し求める。	半導体を用いた測温体が温度によって抵抗値が変化することを利用して測定。
(3) 測定範囲	0～199.9 mS/cm（標準） ※オプションで0～1 999 mS/cm	0～100 ℃
(4) 測定精度	フルスケール 0.05 %	0.1 ℃
(5) 再現性 （公定法比較）	フルスケール ± 0.5 % ± 1 digit	± 0.1 ℃ ± 1 digit
(6) 自動温度補償	あり	
(7) 換算	食塩濃度表示	
(8) 表示・記録方式	液晶によるディジタル表示、最大10データメモリ（ES-14のみ）、アナログ出力	
(9) 電源	乾電池（6F22）／ACアダプタ接続可能（オプション）	
(10) 標準液等	亜硫酸ナトリウム（液校正の場合）	
(11) 外形寸法	W 78 × H 197 × D 55 mm	
(12) 重量	約 350 g	
(13) その他		
(14) 価格（標準品）	98,000 円～	
(15) 納入実績	最近5ヶ年（H 7～11）の販売実績　3 700台 （ESシリーズのトータルでの実績台数）	

交換部品・消耗品　※月数回測定対象

	名　称	規　格	交換期間 (年・月)毎	年間交換部品・消耗品費		
				単　価	数　量	金　額
交換部品	導電率電極	#3582	3年	60,000 円	1/3 個	20,000 円

年間交換部品・消耗品費合計　20,000 円

問合せ先

株式会社堀場製作所

〒601-8510　京都府京都市南区吉祥院宮の東町2番地
  TEL　075-313-8121
  FAX　075-321-5725
  URL　http://www.horiba.co.jp

パーソナル SC メータ（型式 SC82）
水温、導電率

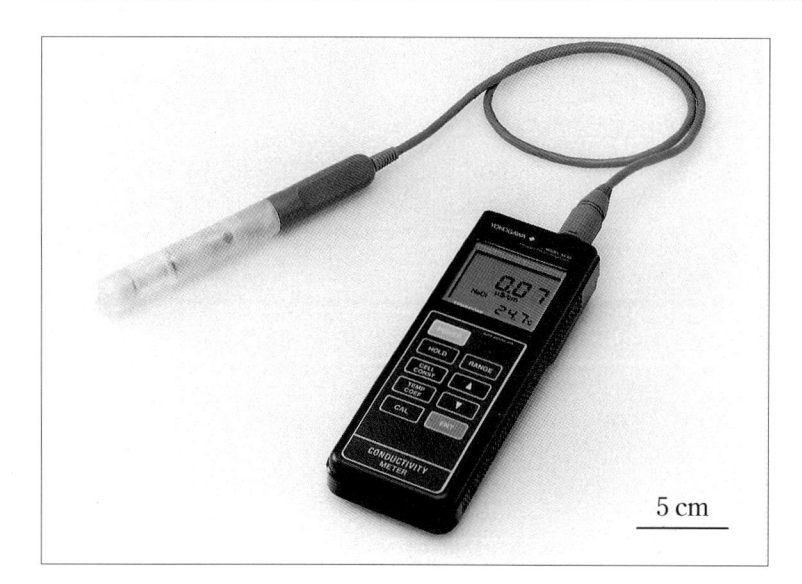

単項目	
多項目 A	○
B	

A：測定機器自体が多項目可
B：試薬を変えることで多項目可

5 cm

特 徴
1. ワイドな測定レンジと便利なオートレンジ機能。
2. 自動温度補償が可能。
3. 大型液晶表示で導電率、液温や温度係数、エラーメッセージの表示が可能。
4. 水に強い防滴構造。
5. 電極や本体の自己診断が可能。

使用上の留意点
1. 採水は必要である。水位は 10 cm 以上必要であり、流速の影響を受けない。
2. 校正は必要であり、校正に約5分必要である。
3. 試薬は必要である。試薬の廃液回収は不要である。
4. 測定時の妨害物質はない。
5. 交換部品は必要ないが、消耗品は必要である（別表参照）。
6. 繰り返し測定を行う場合、川や湖の汚れ成分が電極に付着して精度が低下する場合があるので洗浄を心がける。

仕 様

項　目	仕　様	
	導電率	水　温
(1) 測定方法	電極法	測温抵抗体
(2) 測定原理	電極法は、溶液中に対向する金属電極（SUS・白金等）を入れ、液抵抗を測定し導電率を求める交流電圧方式。電極間に交流電圧を印加し、電極間に流れる電流から比抵抗を測定し、さらに溶液の温度補償を行い25℃換算の導電率として指示および出力。	温度依存性のある抵抗体を利用。
(3) 測定範囲	0～20 μS/cm、0～20 mS/cm（5レンジ）	0～80℃
(4) 測定精度	0.01 μS/cm（0～20 μS/cmレンジ）	0.1℃
(5) 再現性（公定法比較）	±2％（0～100 mS/cm） ±5％（100 mS/cm以上）	±0.7℃（0～70℃） ±1.0℃（70℃～80℃）
(6) 自動温度補償	あり	
(7) 換算		
(8) 表示・記録方式	液晶表示（ディジタル）	
(9) 電源	乾電池（006P　1個）　連続約50時間　オートパワーオフ機能付	
(10) 標準液等	0.1規定 塩化ナトリウム標準液	
(11) 外形寸法	W 67×H 234×D 33.5 mm	
(12) 重量	約330 g（電極を除く）	
(13) その他	標準液：0.1規定　塩化ナトリウム液	
(14) 価格（標準品）	98,000円（電極付）	
(15) 納入実績	非公開	

交換部品・消耗品　※月数回測定対象

	名　称	規　格	交換期間(年・月)毎	年間交換部品・消耗品費		
				単　価	数　量	金　額
消耗品	標準液	0.1規定　塩化ナトリウム液	使用頻度による	非公開	非公開	非公開

問合せ先

横河電機株式会社

〒180-8750　東京都武蔵野市中町2-9-32
　TEL　0422-52-5617
　FAX　0422-52-0622
　URL　http://www.yokogawa.co.jp/Welcome-J.html

pH／ORP 計（型式 KP-2Z）

水温、水素イオン濃度（pH）、酸化還元電位（ORP）

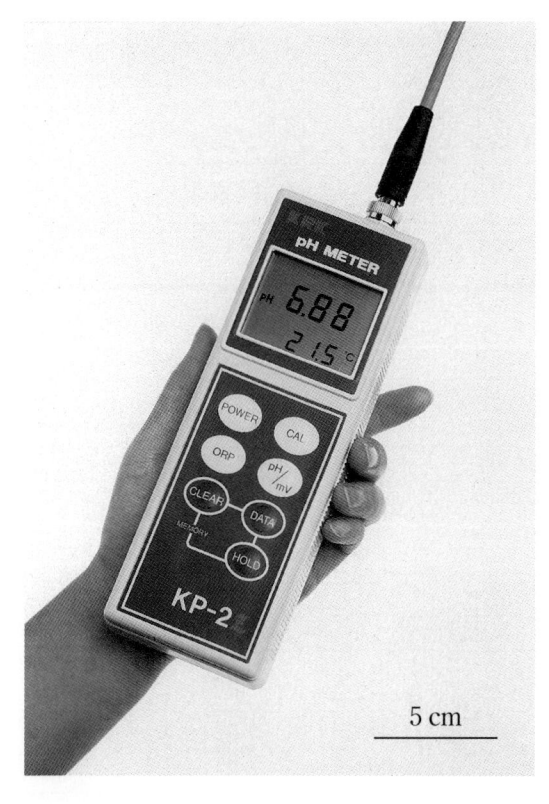

単項目		
多項目	A	○
	B	

A：測定機器自体が多項目可
B：試薬を変えることで多項目可

特 徴

1. 一本の電極でpH／ORP／水温測定ができる。
2. 自己診断機能付きである。
3. 測定値メモリ機能付きである。
4. 自動電源停止機能付きである。
5. 標準液（pH 4、pH 7）による自動校正である。

使用上の留意点

1. 採水は必要である。
2. 校正は必要であり、校正に約10分必要である。
3. 試薬は不要である。
4. 測定時の妨害物質はない。
5. 交換部品および消耗品は必要である（別表参照）。

仕 様

項　目	仕　　様		
	pH	ORP	水　温
(1) 測定方法	ガラス電極法	白金電極法	半導体温度センサ
(2) 測定原理	緩衝液と測定液の電位差により、ガラス薄膜電極に生じる膜電位差からpHを求める。	酸化還元電極（白金）と参照電極間に生じる酸化還元電位からORPを求める。	半導体の温度係数を利用して測定する。
(3) 測定範囲	pH 0.00 ～ 14.00	－1 999 ～ 1 999 mV	0 ～ 60 ℃
(4) 測定精度			
(5) 再現性（公定法比較）	± 0.01 pH ± 1 digit	± 1 mV ± 1 digit	± 0.1 ℃ ± 1 digit
(6) 自動温度補償	あり	あり	—
(7) 換算			
(8) 表示・記録方式	液晶 ディジタル表示　データメモリ最大9データ記憶可能		
(9) 電源	乾電池（DC 9 V　006P　1個）		
(10) 標準液等	pH 電極内部液 標準液 pH 4、pH 7		
(11) 外形寸法	本体：W 68 × H 30 × D 185 mm 電極：φ 16 × 183 mm（CE-105, ケーブル除く）		
(12) 重量	本体：約300g　電極：約100 g（CE-105）		
(13) その他	オプションとして投込測定用 pH/ORP 電極（CE-110）		
(14) 価格（標準品）	120,000 円 ～		
(15) 納入実績	最近5ヶ年（H 7 ～ 11）の販売台数　2 500 台		

交換部品・消耗品　※月数回測定対象

	名　称	規　格	交換期間(年・月)毎	年間交換部品・消耗品費		
				単　価	数　量	金　額
交換部品	pH/ORP 電極	pH/ORP 電極 CE-105	1 年	30,000 円	1 本	30,000 円
消耗品	pH 標準液	pH 4、pH 7 標準液 （各 500 mL）	3 ヶ月	1,500 円	各4本	12,000 円
	pH 電極内部液	pH 電極内部液 （50 mL）	3 ヶ月	1,000 円	4 本	4,000 円

年間交換部品・消耗品費合計　46,000 円

問合せ先

笠原理化工業株式会社

〒 346-0014　埼玉県久喜市吉羽1658
　TEL　0480-23-1781
　FAX　0480-23-2749
　URL　http://www.krkjpn.co.jp

ポータブル pH 計（型式 HM-20P）

水温、水素イオン濃度（pH）
HM-21P：水温、pH、酸化還元電位（ORP）

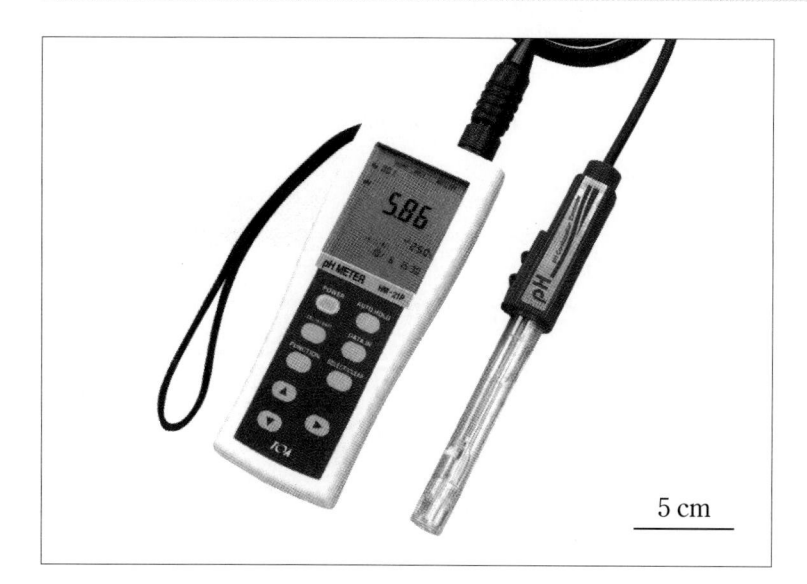

単項目		
多項目	A	○
	B	

A：測定機器自体が多項目可
B：試薬を変えることで多項目可

5 cm

特 徴

1. 低価格の普及型。
2. 防水構造（JIS C 0902・防浸型準拠）（IP67：1 m、30分浸漬可）。
3. 時計常時表示機能。
4. データメモリ機能（300データ）。
5. インターバル機能、オートホールド機能搭載。

使用上の留意点

1. 採水は不要である。水位は1 cm以上必要であり、流速の影響を受けない。
2. 校正は必要であり、校正に約5分必要である。
3. 試薬は必要である。
4. 測定時の妨害物質はない。
5. 交換部品および消耗品は必要である（別表参照）。

仕様

項　目	仕　様	
	pH	水　温
(1) 測定方法	ガラス電極法	白金測温抵抗体法
(2) 測定原理	ガラス電極と比較電極と組合せ、pH_xの値をもつ被検液に浸した時、両電極間には液のpHに比例した起電力（起電力：発生電位）Eを発生。 $E = K \times (2.303\,RT/F) \times (pH_i - pH_x) + E_a$ 　R：気体定数　T：絶対温度 　F：ファラデー定数　K：勾配係数 　E_a：不斉電位 　pH_i：ガラス電極内部のpH 上記の式から、1 pHの値は $K=1$, $E_a=0$ とすると理論発生起電力は59.15 mV（25℃）。	温度に対する抵抗変化が一定で互換性があり、温度係数が大きいこと等の条件から白金（JIS採用）が使用。一定の抵抗（Pt 100 Ω）に一定の電流（0.5〜2 mA）を流し温度変化を計測。
(3) 測定範囲	pH 0.00〜14.0	0〜99.9 ℃
(4) 測定精度		
(5) 再現性 　（公定法比較）	本体：± 0.02 pH	表示温度：− 10.0〜99.9 ℃、± 0.2 ℃
(6) 自動温度補償	自動／手動切換	
(7) 換算		
(8) 表示・記録方式	液晶表示、データメモリ300データ	
(9) 電源	アルカリ乾電池（単3形　LR6　2個）	
(10) 標準液等		
(11) 外形寸法	約 W 75 × H 187.5 × D 37.5 mm	
(12) 重量	約 300 g	
(13) その他	時計機能、防水構造、周囲温度 0〜40 ℃	
(14) 価格（標準品）	HM-20P：70,000 円　　HM-21P：95,000 円	
(15) 納入実績	非公開	

交換部品・消耗品　※月数回測定対象

	名　称	規　格	交換期間 (年・月)毎	年間交換部品・消耗品費		
				単　価	数　量	金　額
交換部品	pH電極	GST-2739C	3年	20,000円	1/3本	6,700円
消耗品	標準液	pH 4.01（500 mL）	1年	1,500円	1本	1,500円
	標準液	pH 6.86（500 mL）	1年	1,500円	1本	1,500円
	塩化カリウム溶液	塩化カリウム-3.3N（500 mL）	1年	2,000円	1本	2,000円
	アルカリ乾電池	単3形	使用頻度による		2本	

年間交換部品・消耗品費合計　11,700 円
（除乾電池）

問合せ先

東亜ディーケーケー株式会社

〒169-8648　東京都新宿区高田馬場1-29-10
　TEL　03-3202-0221
　FAX　03-3202-0555
　URL　http://www.toadkk.co.jp/

水素イオン濃度メーター（カスタニー ACT）
（型式 D-21（D-20 シリーズ））

水温、水素イオン濃度（pH）
D-22：水温、pH、酸化還元電位(ORP)
D-23：水温、pH、イオン（塩素、フッ素等イオンから1種類）
D-24：水温、導電率、pH
D-25：水温、pH、溶存酸素（DO）

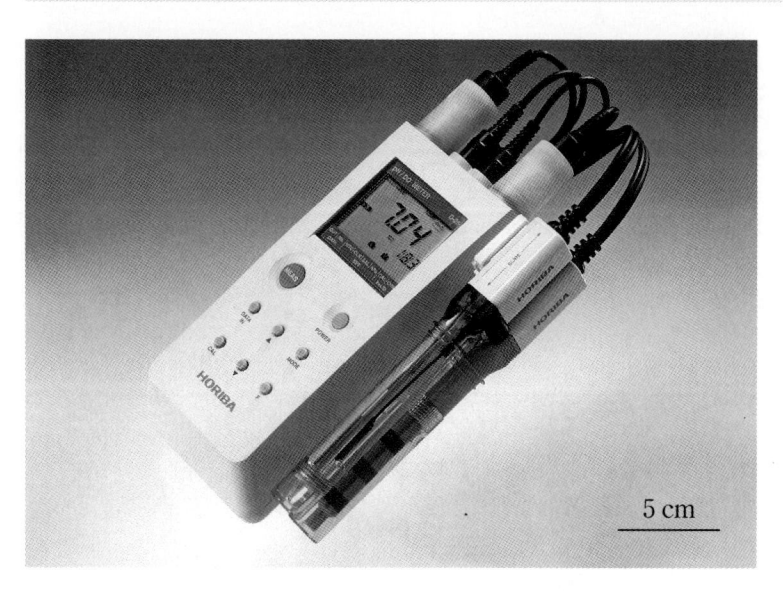

単項目	A	○
多項目	B	

A：測定機器自体が多項目可
B：試薬を変えることで多項目可

5 cm

特 徴
1. 本体と電極は、防水構造。
2. 水質3項目を1台で同時測定（pH＋導電率、pH＋イオン、pH＋DO等）。
3. 衝撃に強く割れにくいpH厚膜電極。
4. 拡張ユニットを本体に接続すればACアダプタ、アナログ出力、プリンタ出力、RS 232 Cの接続が可能である。
5. 管理作業を効率アップする「多機能」を搭載している。

使用上の留意点
1. 採水は不要である。水位は5 cm以上必要であり、DOは1 m/sec以下で流速の影響を受ける。
2. 校正は必要であり、校正に約3分を要する。
3. 試薬は不要である。
4. 測定時の妨害物質はある。イオン電極は、測定成分毎に様々な妨害成分が存在する（別途相談）。
5. 交換部品および消耗品は必要である（別表参照）。

仕 様（1）

項 目	仕 様	
	pH	水 温
(1) 測定方法	ガラス電極法	サーミスタ法
(2) 測定原理	ガラス薄膜の両側にpHの異なる溶液が接した時、両液のpHの差に比例した電位が、ガラス薄膜の両面に発生する。この電位差をpHに無関係に一定の電位を示す比較電極を利用して測定し、その電位差から求める。	半導体を用いた測温体が温度によって抵抗値が変化することを利用して測定する。
(3) 測定範囲	pH 0.00 ~ 14.00	0 ~ 100.0 ℃
(4) 測定精度	0.01 pH	0.1 ℃
(5) 再現性（公定法比較）	± 0.01 pH ± 1 digit	± 0.1 ℃ ± 1 digit
(6) 自動温度補償	あり	
(7) 換算		

仕 様（2）

項 目	仕 様			
	ORP	イオン	導電率	DO
(1) 測定方法	白金電極法	イオン電極法	交流2電極法	隔膜式ガルバニ電池法
(2) 測定原理	試料の酸化還元反応により発生する酸化還元電位差を、金属電極と一定の電位を示す比較電極を利用して測定する。	特定のイオンに感応して電位差を生じる電極（イオン電極）とイオン濃度と無関係に一定の電位を示す比較電極を利用して電位差を測定し、その電位差からイオン濃度を求める。	試料中に2枚の極板を向かい合わせ、交流電流を流すことにより試料中の抵抗を測定し求める。	酸素をよく透過するような透過膜によって試料と電解液は仕切られ、隔膜を透過し電解液中に溶解した酸素は卑金属の対極と貴金属の作用極との間で還元され、還元電流を発生する。この電流により求める。
(3) 測定範囲	− 1 600 ~ 1 600 mV	0.00 μg/L ~ 99.9 g/L	0.0 μS/m ~ 199.9 S/m	0.00 ~ 19.99 mg/L
(4) 測定精度	1 mV	有効数字3桁	フルスケール 0.05 %	0.01 mg/L
(5) 再現性（公定法比較）	± 1 mV ± 1 digit	フルスケール ± 0.5 %	フルスケール ± 0.5 %	フルスケール ± 0.5 %
(6) 自動温度補償	なし	なし	あり	なし
(7) 換算				
(8) 表示・記録方式	カスタム液晶　データメモリ30点			
(9) 電源	アルカリ乾電池（6LR6　1個）			
(10) 標準液等	pH 4、pH 7、pH 9標準液、比較内部液など			
(11) 外形寸法	本体：W 79 × H 180 × D 40 mm			
(12) 重量	本体：約325 g（機種により異なる。）			
(13) その他				
(14) 価格（標準品）	70,000 円 ~ （機種により異なる。）			
(15) 換算納入実績	最近5ヶ年（H 7 ~ 11）の販売台数　約15 000台（D-20シリーズトータルの実績）			

＊各種イオン測定範囲

硝酸イオン	NO_3^-：0.62 〜 62 000 mg/L（pH 3 〜 7）
塩化物イオン	Cl^-：0.4 〜 35 000 mg/L（pH 3 〜 11）
カルシウムイオン	Ca^{2+}：0.4 〜 40 080 mg/L（pH 5 〜 11）
フッ化物イオン	F^-：0.02 〜 19 000 mg/L（pH 4 〜 10、20 mg/L）
カリウムイオン	K^+：0.04 〜 39 000 mg/L（pH 5 〜 11、3.9 mg/L）
アンモニア	NH_3：0.1 〜 1 000 mg/L（pH 12 以上）

交換部品・消耗品　※月数回測定対象

	名　称	規　格	交換期間(年・月)毎	年間交換部品・消耗品費		
				単　価	数　量	金　額
交換部品	pH 電極	9610	3 年	28,000 円	1/3 個	9,400 円
消耗品	pH 標準液	pH 4、pH 7、pH 9（各 500 mL）		5,700 円	各 1 個	17,100 円
	pH 比較内部液	330（250 mL）		1,200 円	1 個	1,200 円

年間交換部品・消耗品費合計　27,700 円

問合せ先

株式会社堀場製作所

〒 601 - 8510　京都府京都市南区吉祥院宮の東町 2 番地
　TEL　075 - 313 - 8121
　FAX　075 - 321 - 5725
　URL　http://www.horiba.co.jp

パーソナル PH メータ（型式 pH82）

水温、水素イオン濃度（pH）、酸化還元電位（ORP）
pH 81：水温、水素イオン濃度（pH）

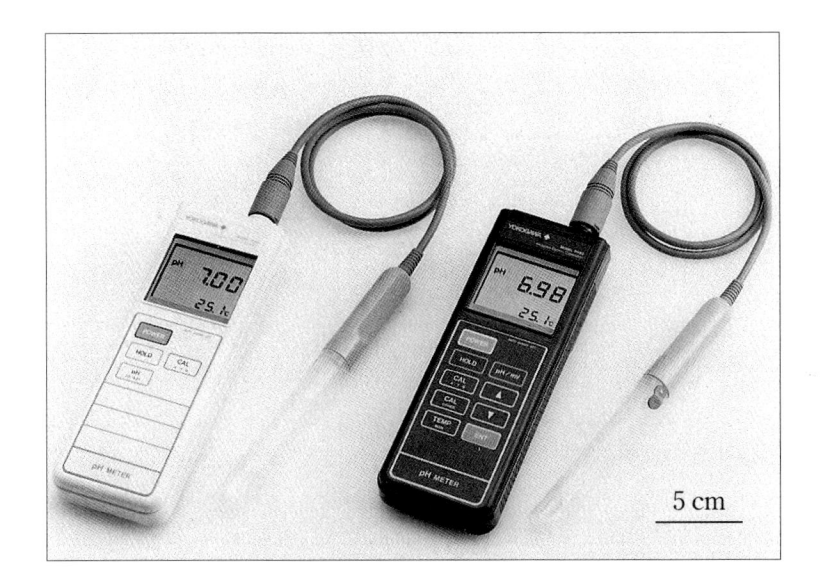

単項目		
多項目	A	○
	B	

A：測定機器自体が多項目可
B：試薬を変えることで多項目可

特 徴

1. ワンタッチで自動校正可能。
2. 長時間電源および自動電源停止機能付。
3. 大形液晶表示で、pH値と温度表示、エラーメッセージ表示。
4. 水に強い防滴構造。
5. 電極や本体の自己診断機能を搭載。

使用上の留意点

1. 採水は必要である。水位は10 cm以上必要であり、流速の影響を受けない。
2. 校正は必要であり、校正に約5分必要である。
3. 試薬は必要である。試薬の廃液回収は不要である。
4. 測定時の妨害物質はない。
5. 交換部品および消耗品は必要である（別表参照）。
6. 繰り返し測定を行う場合、川や湖の汚れ成分が電極に付着して精度が低下する場合があるので洗浄を心がける。

仕　様

項　目	仕　様		
	pH	ORP	水　温
(1) 測定方法	ガラス電極法	電極法	測温抵抗体
(2) 測定原理	ガラス電極と比較電極との組合せを、pHxの値を持つ測定液に浸した時、両電極間にはpHに比例した起電力が発生し、その値はガラス膜に発生する電位差にほぼ等しく、次式で表せる。 $\Delta E = \alpha (pHs - pHx)$ 　　α：電位勾配	金属電極（金、白金等）を用い、比較電極はpH測定用と同じものを用い、物質が他の物質と反応して電位の授受（酸化還元反応）により発生する電位差を測定。	温度依存性のある抵抗体を利用。
(3) 測定範囲	pH 0～14	0～±1 999 mV	0～80℃
(4) 測定精度	非公開	非公開	非公開
(5) 再現性 （公定法比較）	±0.01 pH ± 1 digit	±1 mV ± 1digit	
(6) 自動温度補償	あり	あり	
(7) 換算			
(8) 表示・記録方式	ディジタル液晶表示		
(9) 電源	乾電池（006P　1個） 電池寿命：連続約600時間　オートパワーオフ機能付		
(10) 標準液等	pH標準液またはORP電極チェック用試薬		
(11) 外形寸法	W 67×H 234×D 33.5 mm		
(12) 重量	約330 g（電極を除く）		
(13) その他			
(14) 価格（標準品）	pH 81：85,000円（電極付）　　pH 82：96,000円（電極付）		
(15) 納入実績	非公開		

交換部品・消耗品　※月数回測定対象

	名　称	規　格	交換期間 (年・月)毎	年間交換部品・消耗品費		
				単　価	数　量	金　額
交換部品	電極	ガラス電極 （塩化カリウム入り）	使用頻度による	非公開	非公開	非公開
消耗品	pH標準液	PH 4、pH 7、pH 9	使用頻度による	非公開	非公開	非公開
	電極内部液	3.3規定　塩化カリウム溶液	使用頻度による	非公開	非公開	非公開
	ORP電極チェック試薬	キンヒドロン試薬	使用頻度による	非公開	非公開	非公開

問合せ先

横河電機株式会社

〒180-8750　東京都武蔵野市中町2-9-32
TEL　0422-52-5617
FAX　0422-52-0622
URL　http://www.yokogawa.co.jp/Welcome-J.html

ポータブル形溶存酸素計（型式 900）
水温、溶存酸素（DO）

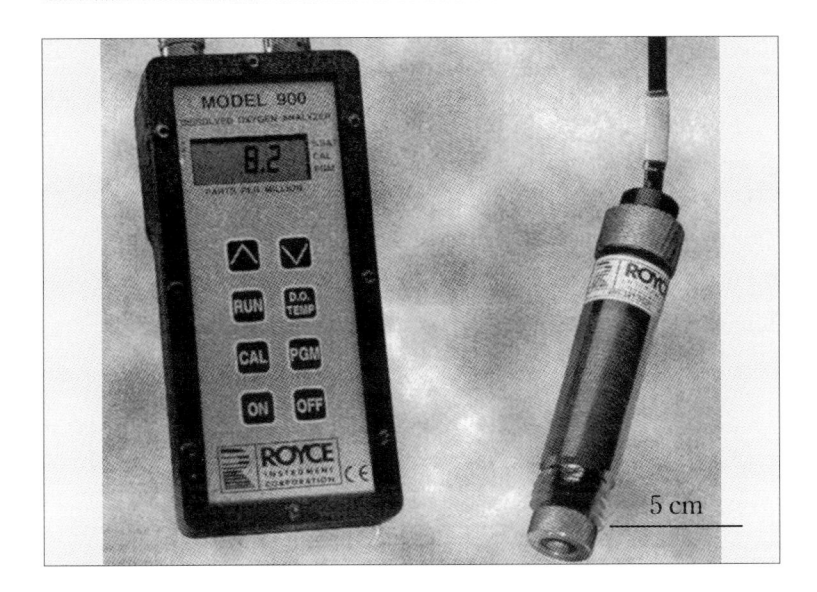

単項目		
多項目	A	○
	B	

A：測定機器自体が多項目可
B：試薬を変えることで多項目可

特 徴
1. 表示項目は水温、DO、％酸素飽和濃度である。
2. 測定範囲は $0 \sim 99.9$ ppm、$1 \sim 999$ ％飽和濃度である。
3. 軽量、頑丈、耐水性。
4. アナログ出力（$0 \sim 1$ V DC）およびディジタル出力（RS 232 C）。
5. 9 V アルカリ電池を使用し、連続 150 時間以上使用可能。

使用上の留意点
1. 採水は不要である。水位の条件はない。流速の影響を受ける。必要流速は約 0.045 m/sec 以上である。
2. 校正は必要であり、校正に約 10 分必要である。
3. 試薬は不要である。
4. 測定時の妨害物質はない。
5. 交換部品および消耗品は必要である（別表参照）。

仕　様

項　目	仕　様
(1) 測定方法	ガルバニ電池方式
(2) 測定原理	センサは白金の陰極、鉛の陽極、KCLの電解液から構成。水中の溶存酸素は次のように測定される。e^-は電子。 陰極における反応（メンブラン膜を通過する全酸素の還元反応） 　　$O_2 + 2H_2O + 4e^- \rightarrow 4OH^-$ 陽極における反応（OH^-イオンの酸化反応によりPbOを生成） 　　$2Pb + 4OH^- \rightarrow 2PbO + 2H_2O + 4e^-$ 正味の反応 　　$2Pb + O_2 \rightarrow 2PbO$
(3) 測定範囲	0.00 ～ 9.99 ppm　最小表示 0.01 ppm 10.0 ～ 99.9 ppm　最小表示 0.1 ppm 1 ～ 999 % 飽和濃度　濃度最小表示 1 %（オートレンジ）水温：0 ～ 50 ℃
(4) 測定精度	± 0.1 ppm、1 %（飽和濃度）水温：± 0.2 ℃
(5) 再現性 　（公定法比較）	± 1 %（温度一定時）
(6) 自動温度補償	あり
(7) 換算	
(8) 表示・記録方式	液晶ディスプレイにディジタル数値表示
(9) 電源	アルカリ乾電池（9 V）
(10) 標準液等	大気校正
(11) 外形寸法	アナライザ：178 × 83 × 54 mm　センサ：ϕ 30 × 150 mm
(12) 重量	アナライザ：2.2 kg　センサ：0.95 kg
(13) その他	
(14) 価格（標準品）	350,000 円
(15) 納入実績	最近 5 ヶ年（H 7 ～ 11）の販売台数　7 台

交換部品・消耗品　※月数回測定対象

	名　称	規　格	交換期間 (年・月) 毎	年間交換部品・消耗品費		
				単　価	数　量	金　額
交換部品	Oリング		6個/年		6個	2,000 円
消耗品	メンブラン膜	膜厚 1 mil または 2 mil	3ヶ月		4枚	1,500 円
	電解液	塩化カリウム液	6ヶ月		300 mL	7,000 円

※ mil：25 μ　　　　　　　　　　　　　　　　　　　年間交換部品・消耗品費合計　10,500 円

問合せ先

アクアコントロール株式会社

〒102-0073　東京都千代田区九段北 1-10-5
　TEL　03-3234-3541
　FAX　03-3234-0082

DOメーター（型式 ID-100）

水温、溶存酸素（DO）

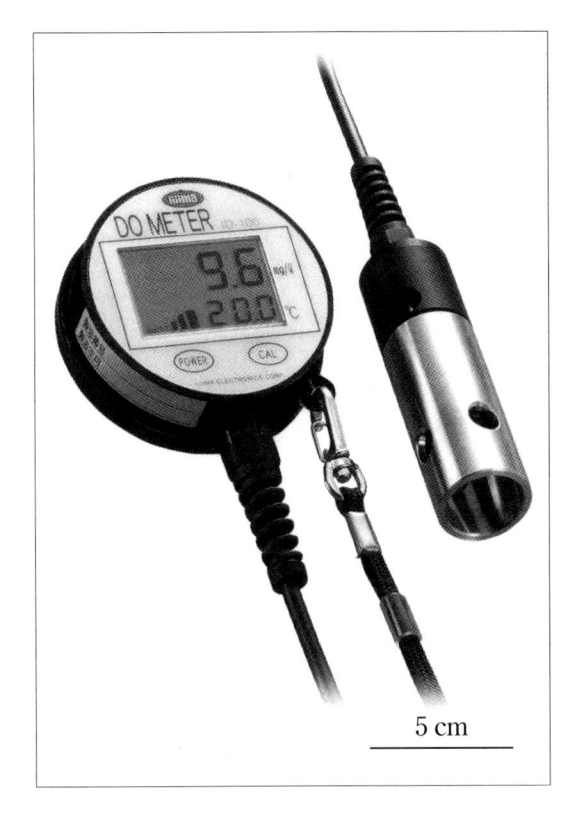

単項目		
多項目	A	○
	B	

A：測定機器自体が多項目可
B：試薬を変えることで多項目可

5 cm

特 徴
1. ワンタッチ交換式で耐温、耐圧に優れる簡易交換式DOセンサ。
2. 丸型防水構造。
3. 見易い大型液晶表示で校正も簡単。
4. 計量・コンパクト。

使用上の留意点
1. 採水は不要である。流速の影響を受ける。
2. 校正は必要であり、校正に約1分必要である。
3. 試薬は不要である。
4. 測定時の妨害物質はある。河川・ダムの測定であればほとんど問題ない。
5. 交換部品は必要であるが、消耗品は必要ない（別表参照）。

仕　様

項　目	仕　様
(1) 測定方法	隔膜形ガルバニ電池式
(2) 測定原理	貴金属の陰極と卑金属の陽極で一対の電極を構成し、電解液を満たした容器内に置き、ガス透過性の隔膜で外部と遮断。隔膜を透過してきた酸素は陰極で水素イオンに還元。陽極、陰極両極を結線すると酸素量に比例した電流が流れ、これを測定することで求める。
(3) 測定範囲	DO：① 0.00 ～ 0.99 mg/L（最小分解能（装置が持っている性能で濃度検出範囲の下限値の正確さを示す）0.01 mg/L） 　　② 1.0 ～ 20.0 mg/L（最小分解能 0.1 mg/L）　（30℃の場合） Temp（水温）：－5.0 ～ 50.0℃
(4) 測定精度	DO：± 0.02 mg/L ± 1 digit Temp：± 0.2℃ ± 1 digit
(5) 再現性（公定法比較）	
(6) 自動温度補償	
(7) 換算	
(8) 表示・記録方式	4桁ディジタル液晶表示
(9) 電源	乾電池（単4形　3個） 乾電池寿命：連続約115時間（マンガン乾電池）／連続約345時間（アルカリ乾電池）
(10) 標準液等	校正方法：空気による自動校正
(11) 外形寸法	φ 85 × 44 mm
(12) 重量	約 150 g（電池含まず）
(13) その他	応答速度：90％応答　15秒以内 塩分補正機能：淡水または海水測定可能（切り換えスイッチ）
(14) 価格（標準品）	125,000 円
(15) 納入実績	H 13.5月販売予定の新製品

交換部品・消耗品　※月数回測定対象

	名　称	規　格	交換期間(年・月)毎	年間交換部品・消耗品費		
				単　価	数　量	金　額
交換部品	ワグニット	GU-HD	非公開	非公開	非公開	非公開

問合せ先

飯島電子工業株式会社

〒443-0045　愛知県蒲郡市旭町 15-12
　TEL　0533-67-2827
　FAX　0533-69-6814

DO計（溶存酸素計）（型式 DO-2Z）

水温、溶存酸素（DO）、酸素飽和率

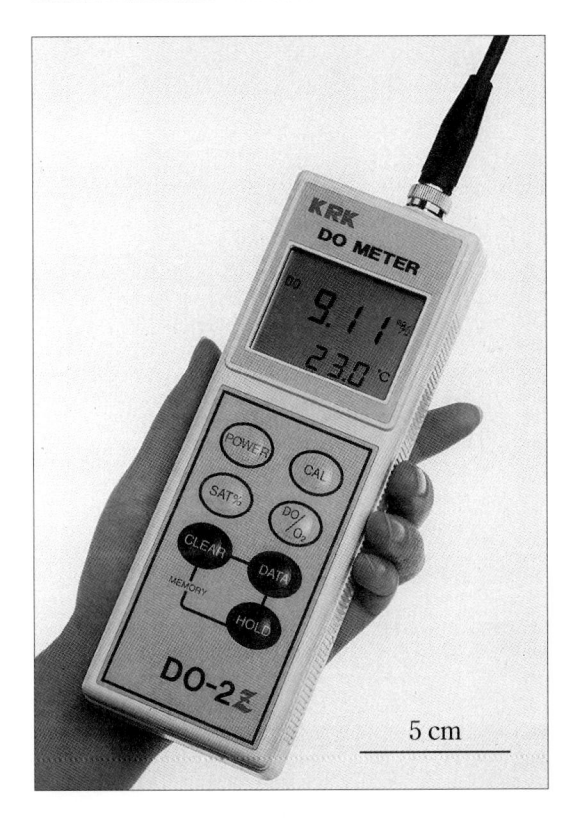

単項目		
多項目	A	○
	B	

A：測定機器自体が多項目可
B：試薬を変えることで多項目可

特徴
1. 自己診断機能付きで各種メッセージを表示する。
2. メモリ機能付きで測定データを9点記憶できる。
3. オートパワーオフ機能付きである（30分以上無操作の場合）。
4. 塩分濃度補正機能付きである。
5. 空気自動校正法である。

使用上の留意点
1. 採水は不要である。水位は30 cm以上必要である。また流速の影響を受ける。0.1 m/sec以上で一定であること。
2. 校正は必要であり、校正に約2分必要である。
3. 試薬は不要である。
4. 測定時の妨害物質はない。
5. 交換部品は必要であるが、消耗品は必要ない（別表参照）。

仕　様

項　目	仕　様		
	溶存酸素	酸素飽和率	水　温
(1) 測定方法	ガルバニ電池式		半導体温度センサ
(2) 測定原理	酸素透過性の隔膜とカソード（陽極）に Pt、アノード（陰極）に Pb、電解液に水酸化カリウム等を使用したガルバニ電池方式の原理を採用。例えば、酸素分子が隔膜を透過して電極内に入ってくると電気化学反応によって電解還元。この電極に適当な負荷抵抗を接続すると酸素の分圧に比例した電流が発生するので、この電流を測定することによって溶存酸素濃度を測定。 　　　カソード(陽極)反応　$O_2 + 2H_2O + 4^L \rightarrow 4(OH)^-$ 　　　アノード(陰極)反応　$2Pb \rightarrow 2Pb_2 + 4^{L-}$ 　　　　　　　　　　　　$2Pb^2 + 4(OH) \rightarrow 2Pb(OH)^2$ 　　　電極全体反応　　　　$O_2 + 2Pb + 2H_2O \rightarrow 2Pb(OH)_2$		半導体の温度係数を利用して測定。
(3) 測定範囲	$0.00 \sim 19.99$ mg/L	$0 \sim 199.9$ Sat %	$0 \sim 60$ ℃
(4) 測定精度	± 0.02 mg/L ± 1 digit	± 0.1 % ± 1 digit	± 0.1 ℃ ± 1 digit
(5) 再現性 （公定法比較）			
(6) 自動温度補償	あり	あり	
(7) 換算			
(8) 表示・記録方式	液晶 ディジタル表示　データメモリ最大9点記憶可能		
(9) 電源条件	乾電池（DC 9 V　006P　1個）		
(10) 標準液等			
(11) 外形寸法	本体：W 68 × H 30 × D 185 mm プローブ：φ 29 × 155 mm（ケーブル5 m以外）		
(12) 重量	本体：約300 g　プローブ：約450 g（ケーブル長標準5 m）		
(13) その他			
(14) 価格（標準品）	170,000 円～		
(15) 納入実績	最近5ヶ年（H 7～11）の販売台数　3 000台		

交換部品・消耗品　※月数回測定対象

	名　称	規　格	交換期間 (年・月)毎	年間交換部品・消耗品費		
				単　価	数　量	金　額
交換部品	DOセンサ	カートリッジ （ガルバニ電池式）GU-L	2個/年	13,000 円	2個	26,000 円

年間交換部品・消耗品費合計　26,000 円

問合せ先

笠原理化工業株式会社

〒346-0014　埼玉県久喜市吉羽1658
　TEL　0480-23-1781
　FAX　0480-23-2749
　URL　http://www.krkjpn.co.jp

水温・溶存酸素計（型式 P106P）

水温、溶存酸素(DO)

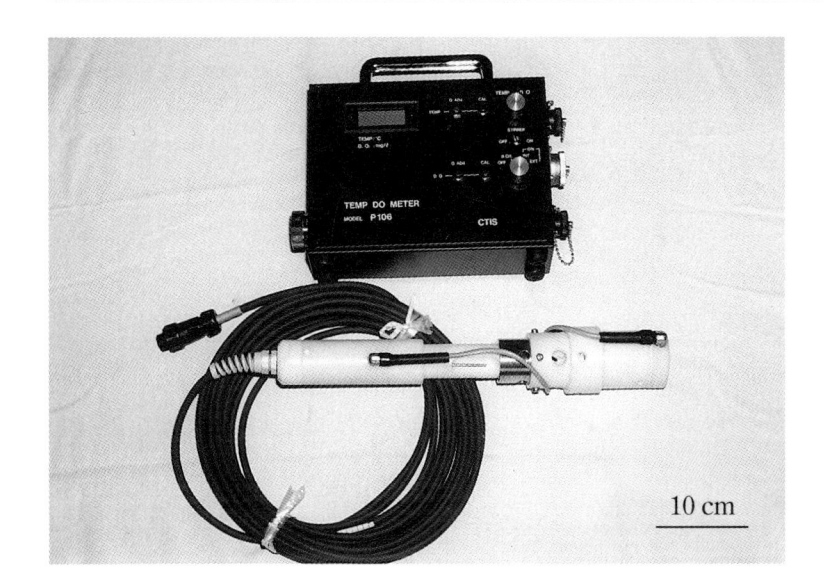

単項目		
多項目	A	○
	B	

A：測定機器自体が多項目可
B：試薬を変えることで多項目可

特 徴
1. 流速発生のため水中スターラを標準装備している。
2. アナログ出力端子の取付けが可能である。
3. 野外での使用を標準としており、乾電池駆動、液晶表示、センサ耐水圧 1MPa、補助ロープ不要の特殊強化ケーブルの設計である。

使用上の留意点
1. 採水は不要である。水位は 30 cm 以上必要で、流速の影響を受けない。
2. 校正は必要であり、校正に約 30 分必要である。
3. 試薬は必要である。試薬の廃液回収は不要である。
4. 測定時の妨害物質はない。
5. 交換部品は必要ないが、消耗品は必要である（別表参照）。

仕 様

項 目	仕 様	
	DO	水 温
(1) 測定方法	ポーラログラフ	半導体センサ
(2) 測定原理	酸素透過膜を透過した酸素は、電極面で還元され比例した電流を発生することを測定。	半導体の温度係数を利用して測定。
(3) 測定範囲	0〜20 ppm	－5〜50℃
(4) 測定精度	±0.2 ppm 以内	±0.2℃
(5) 再現性（公定法比較）	±0.1 ppm	
(6) 自動温度補償	あり	
(7) 換算		
(8) 表示・記録方式	ディジタル表示	
(9) 電源	マンガン乾電池（単2形　R14PU　4個）	
(10) 標準液等		
(11) 外形寸法	センサプローブ（スターラ含む）：φ60×400 mm 本体：262×170×94 mm	
(12) 重量	センサプローブ：0.9 kg 本体：2.5 kg	
(13) その他		
(14) 価格（標準品）	520,000 円	
(15) 納入実績	最近5ヶ年（H7〜11）の販売台数　12台	

交換部品・消耗品　※月数回測定対象

	名 称	規 格	交換期間(年・月)毎	年間交換部品・消耗品費		
				単 価	数 量	金 額
消耗品	DO内部電解液	30 mL	3ヶ月	4,000 円	4瓶	16,000 円
	DO膜		6ヶ月	2,000 円	2枚	4,000 円
	亜硫酸ナトリウム	500 g	1年	2,500 円	1瓶	2,500 円

年間交換部品・消耗品費合計　22,500 円

問合せ先

株式会社ＣＴＩサイエンスシステム

〒103－0001　　東京都中央区日本橋小伝馬町1－3
　　　TEL　03－3667－2161
　　　FAX　03－3667－2162
　　　URL　http://www.rim.or.jp/ctis/

携帯型 O_2／DO 計セット（型式 ODT-100M）

水温、溶存酸素（DO）、酸素（O_2）

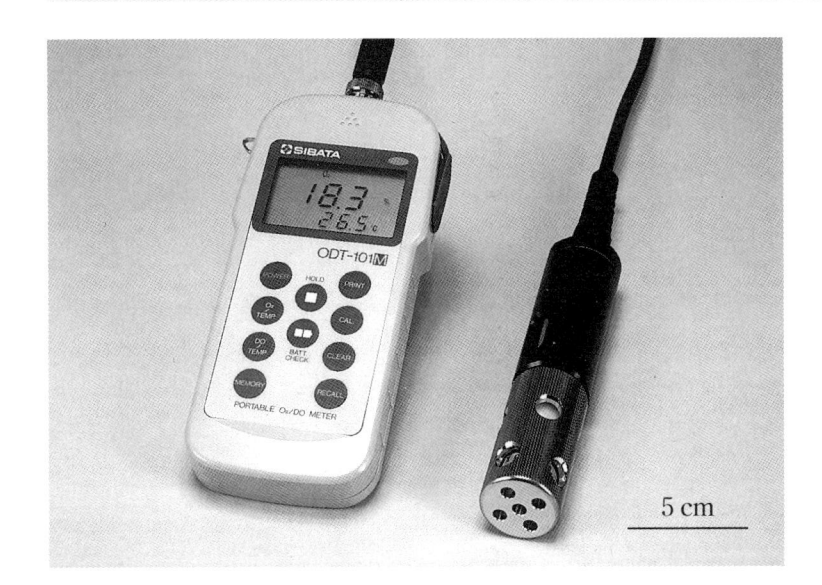

単項目		
多項目	A	○
	B	

A：測定機器自体が多項目可
B：試薬を変えることで多項目可

5 cm

特 徴

1. ワンタッチで自動校正可能。
2. 自己診断機能付き。
3. O_2 測定では酸欠計機能（警報機能）を備え付けている。
4. ワンタッチで交換できるカートリッジ式酸素検知素子を使用。
5. 測定値のホールド機能付き。

使用上の留意点

1. 採水は不要である。水位は 15 cm 以上必要であり、キャップ装着時測定のため垂直上下運動で隔膜面に対流を与え測定する。
2. 校正は必要であり、校正に約 5 分必要である。
3. 試薬は不要である。
4. 測定時の妨害物質はない。
5. 交換部品は必要であるが、消耗品は必要ない（別表参照）。

仕　様

項　目	仕　様
(1) 測定方法	ガルバニ電池方式
(2) 測定原理	測定酸素と金属鉛の不可逆反応に基づく。
(3) 測定範囲	O_2：0～25％　DO：0～20 mg/L　水温：0～40℃
(4) 測定精度	
(5) 再現性 （公定法比較）	O_2：±0.1％（±1 digit）　　DO：±0.1 mg/L（±1 digit） 水温：±1℃（±1 digit）
(6) 自動温度補償	0～40℃
(7) 換算	
(8) 表示・記録方式	測定点および温度測定値をプリントアウト（プリンタはオプション）
(9) 電源	乾電池（単3形　2個）／ACアダプタ
(10) 標準液等	
(11) 外形寸法	本体：W 76 × H 26 × D 165 mm
(12) 重量	本体約0.3 kg
(13) その他	印刷機能プリンタ別売
(14) 価格（標準品）	160,000円（標準品）
(15) 納入実績	最近5ヶ年（H7～11）の販売台数　100台

交換部品・消耗品　※月数回測定対象

	名　称	規　格	交換期間 (年・月)毎	年間交換部品・消耗品費		
				単　価	数　量	金　額
交換部品	O_2／DOセンサ	8050-2101	1年	15,000円	1個	15,000円

年間交換部品・消耗品費合計　15,000円

問合せ先

柴田科学株式会社

〒110-8701　東京都台東区池之端3-1-25
　　TEL　03-3822-2368
　　FAX　03-3822-1109
　　URL　http://www.sibata.co.jp/

溶存酸素計（型式 UC-12）

水温、溶存酸素（DO）

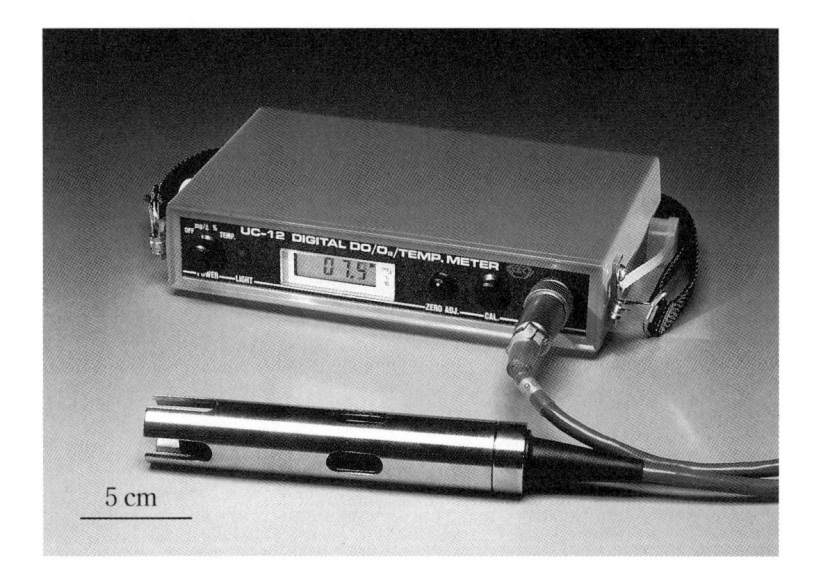

単項目		
多項目	A	○
	B	

A：測定機器自体が多項目可
B：試薬を変えることで多項目可

特 徴

1. 本体は2年間の保証付である。
2. DO電極はポーラロ方式で電極の応答性が速く高性能である。
3. 電極用隔膜は簡単に交換できるワンタッチメンブランである。
4. 本体ケースには硬質プラスチックを使用しているので腐蝕に強く防滴構造である。
5. 投込式DO電極で水深5mまでの測定が可能である。

使用上の留意点

1. 採水は不要である。水位は20 cm以上必要であり、約10 cm/sec以下で流速の影響を受ける。
2. 校正は必要であり、校正に約5分必要である。
3. 試薬は不要である。
4. 測定時の妨害物質はない。
5. 交換部品および消耗品は必要である（別表参照）。

仕　様

項　目	仕　様	
	DO	水　温
(1) 測定方法	ポーラログラフ方式	白金測温抵抗体法
(2) 測定原理	水中の酸素は高分子膜と陰極の間の液薄膜を拡散し陰極に達する。陰極において酸素は還元され、このときの電流は酸素分圧に比例。	白金線の電気抵抗が温度の上昇により増加する現象を利用して測定。
(3) 測定範囲	DO：0～20 mg/L 酸素：0～25 %	水温／気温：0～50 ℃
(4) 測定精度		
(5) 再現性 （公定法比較）	DO：± 0.1 mg/L ± 1 digit 酸素：± 0.1 % ± 1 digit	水温／気温：± 0.5 ℃
(6) 自動温度補償	0～40 ℃	―
(7) 換算		
(8) 表示・記録方式	ディジタル液晶表示　出力 0～10 mV	
(9) 電源	交／直／太陽電池（Ni-Cd 乾電池　単3形　4個、AC アダプタ兼用充電器および太陽電池式充電器付）約20時間	
(10) 標準液等	電解液　亜硫酸ナトリウム溶液	
(11) 外形寸法	本体：W 190 × H 110 × D 37 mm　電極：φ 15.5 × 122 mm	
(12) 重量	本体：約 640 g　電極：約 470 g（SUS付）	
(13) その他		
(14) 価格（標準品）	255,000 円	
(15) 納入実績	最近 5 ヶ年（H 7～11）の販売台数　1 300 台	

交換部品・消耗品　※月数回測定対象

	名　称	規　格	交換期間 (年・月)毎	年間交換部品・消耗品費		
				単　価	数　量	金　額
交換部品	DO 電極	DO 電極 SUS付	3 年	90,000 円	1/3 本	30,000 円
消耗品	電極隔膜	隔膜（5枚入/セット）	10 枚/年	2,500 円	2 セット	5,000 円
	電解液	電解液（50 mL）	1 年	2,000 円	1 本	2,000 円
	亜硫酸ナトリウム液	亜硫酸ナトリウム（500 g）	1 年	1,000 円	1 本	1,000 円

年間交換部品・消耗品費合計　38,000 円

問合せ先

セントラル科学株式会社

〒 113-0033　東京都文京区本郷 3-23-14
　TEL　03-3812-9186
　FAX　03-3814-7538
　URL　http://www.hypermedia.or.jp/CKC

溶存酸素計（型式 WQM-IR）

水温、溶存酸素（DO）

単項目		
多項目	A	○
	B	

A：測定機器自体が多項目可
B：試薬を変えることで多項目可

特 徴
1. 潜漬型センサのため、水質の変化に迅速に応答する。
2. 自動洗浄機能が付属されているため長期間安定して測定できる。

使用上の留意点
1. 採水は不要である。水位は 150 cm 以上必要であり、流速の影響を受けない。
2. 校正は必要であり、校正に約 30 分必要である。
3. 試薬は不要である。
4. 測定時の妨害物質はない。
5. 交換部品および消耗品は必要である（別表参照）。

仕　様

項　目	仕　様	
	DO	水　温
(1) 測定方法	ガルバニ電池	白金測温抵抗体
(2) 測定原理	卑金属と貴金属を組み合わせ、電解質溶液に浸すと、卑金属が溶解すると共に水中のDOが還元されて電極間に電流が流れる。この電流の量は、DO量に比例するので、測定した電流量からDO量を定量。	白金測温抵抗体の温度により変化する値の変化を電圧に変換し信号を出す。
(3) 測定範囲	0～20 mg/L	－10～40 ℃
(4) 測定精度	±0.5 mg/L	±0.1 ℃
(5) 再現性（公定法比較）	±0.25 mg/L	±0.05 ℃
(6) 自動温度補償	あり	なし
(7) 換算	塩分データから補正機能付	
(8) 表示・記録方式	ディジタル表示、外部出力	
(9) 電源	AC 100 V	
(10) 標準液等		
(11) 外形寸法	φ170×465 mm	
(12) 重量	12 kg	
(13) その他		
(14) 価格（標準品）	3,350,000 円	
(15) 納入実績	最近5ヶ年（H7～11）の販売台数　5台	

交換部品・消耗品　※月数回測定対象

	名　称	規　格	交換期間(年・月)毎	年間交換部品・消耗品費		
				単　価	数　量	金　額
交換部品	DOワグニット	GU-SW	3ヶ月	15,950円	4個	63,800円
	洗浄用ハケ		3年	2,100円	1/3個	700円
消耗品	亜硫酸ナトリウム	亜硫酸ナトリウム（0.5 g）	6ヶ月	1,100円	1瓶	1,100円

年間交換部品・消耗品費合計　65,600円

問合せ先

株式会社鶴見精機

〒230-0051　神奈川県横浜市鶴見区鶴見中央二丁目2番20号
　　TEL　045-521-5252
　　FAX　045-521-1717
　　URL　http://www.tsk-jp.com/

ポータブル溶存酸素計（型式 DO-21P）

水温、溶存酸素（DO）（または飽和率）

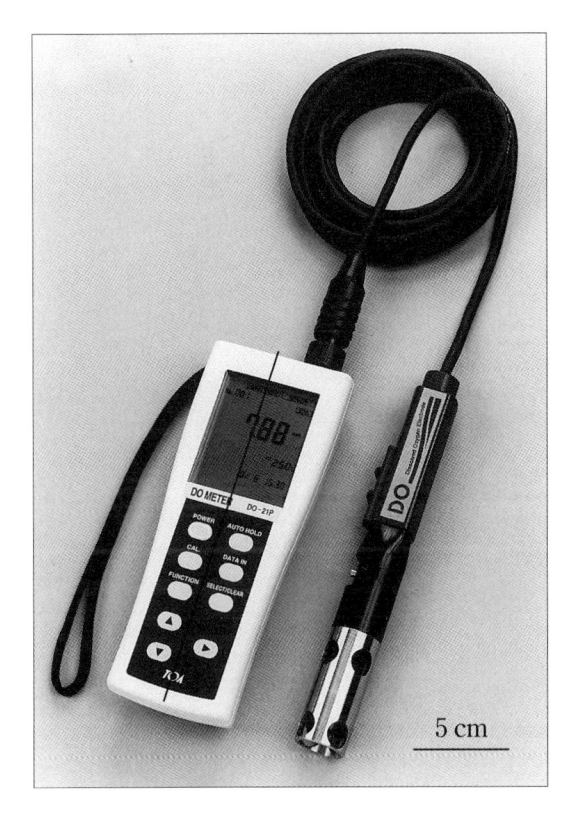

単項目	
多項目 A	○
B	

A：測定機器自体が多項目可
B：試薬を変えることで多項目可

特徴
1. 塩分、大気圧補正設定機能搭載（大気圧補正：大気圧により水溶液に溶解する酸素量（溶存酸素）が異なるため大気圧の差を補正設定できる）。
2. 生物化学的酸素要求量（BOD）測定にも利用可能。
3. 防水構造（JIS 0920 防浸形準拠）（IP67：1 m、30 分浸漬可）。
4. 校正履歴メモリ付電極採用。
5. 時計常時表示機能、データメモリ機能（300 データ）、インターバル機能、オートホールド機能搭載。

使用上の留意点
1. 採水は不要である。水位は 3 cm 以上必要であり、流速の影響を受ける。必要流速は 30 cm/sec 以上である。
2. 校正は必要であり、校正に約 5 分必要である。
3. 試薬は必要である。試薬の廃液回収は不要である。
4. 測定時の妨害物質はない。
5. 交換部品および消耗品は必要である（別表参照）。

仕　様

項　目	仕　様	
	DO	水　温
(1) 測定方法	隔膜式ガルバニ電池法	白金測温抵抗体法
(2) 測定原理	電解質溶液中に2種類の金属電極を浸し、回路を構成すれば、それぞれの電極に酸化または還元反応に応じた電流が流れる現象を利用したもので、隔膜を通した酸素により電流が生じるが、電流の大きさは隔膜を通した酸素の量に比例。	温度に対する抵抗変化が一定で互換性があり、温度係数が大きいこと等の条件から白金(JIS採用)を使用。一定の抵抗(Pt 100 Ω)に一定の電流(0.5～2 mA)を流し温度変化を計測。
(3) 測定範囲	(一般用仕様)　0～19.99 mg/L、0～199 %　(高濃度仕様)　0～50.0 mg/L、0～300 %　(オプション隔膜セット使用時)	0～50 ℃　表示範囲 −10.0～99.9 ℃
(4) 測定精度		
(5) 再現性（公定法比較）	本体　±0.02 mg/L ± 1 digit　（飽和率±2 %）	±0.2 ℃
(6) 自動温度補償	あり	
(7) 換算		
(8) 表示・記録方式	データメモリ300データ、液晶表示　印字機能：インターフェース標準装備（プリンタはオプション）　RS232C標準装備、アナログ出力標準装備	
(9) 電源	アルカリ乾電池（単3形　LR6　2個）／ACアダプタ（オプション）	
(10) 標準液等		
(11) 外形寸法	約W 75 × H 187.5 × D 37.5 mm	
(12) 重量	約310 g	
(13) その他	塩分補正、大気圧補正、時計機能、防水構造、周囲温度0～40 ℃	
(14) 価格（標準品）	150,000円	
(15) 納入実績	最近5ヶ年（H 7～11）の販売実績　5 000台	

交換部品・消耗品　※月数回測定対象

	名　称	規　格	交換期間(年・月)毎	年間交換部品・消耗品費		
				単　価	数　量	金　額
交換部品	DO電極	OE-270AA	3年	60,000円	1/3本	20,000円
消耗品	隔膜セット	OCC00001	1年	4,200円	1組	4,200円
	電解液セット	OBG00007	1年	3,000円	1組	3,000円
	アルカリ乾電池	単3形	使用頻度による		2本	

年間交換部品・消耗品費合計　27,200円
（除乾電池）

問合せ先

東亜ディーケーケー株式会社

〒169-8648　東京都新宿区高田馬場1-29-10
　TEL　03-3202-0221
　FAX　03-3202-0555
　URL　http://www.toadkk.co.jp/

溶存酸素計（水温付）（型式 DO-70X）

水温、溶存酸素（DO）

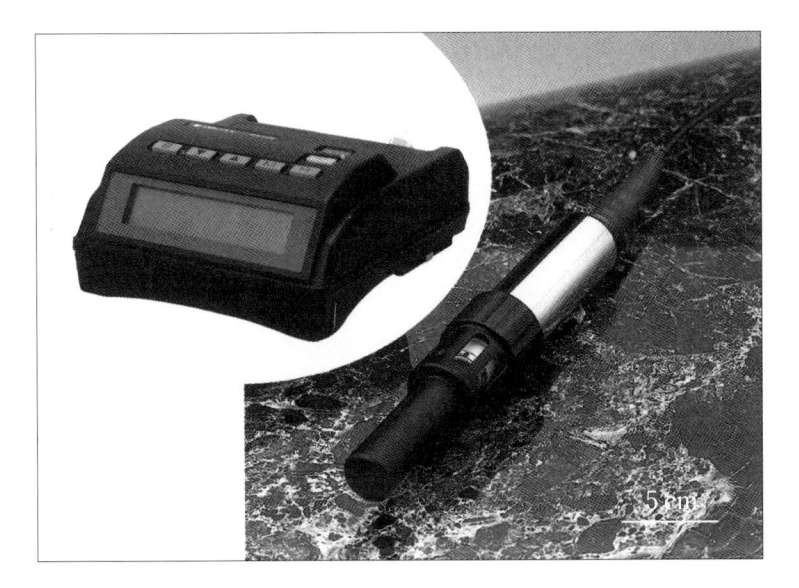

単項目		
多項目	A	○
	B	

A：測定機器自体が多項目可
B：試薬を変えることで多項目可

特徴

1. 検出部は耐圧性に優れている。
2. 指示部は防雨構造で、屋外使用に適応する。
3. メモリ（時刻＋測定データ）は最大 500 データである。
4. スターラ付で信頼性の高い測定値が得られる。
5. アナログ記録、プリンタ、パソコン用外部出力に対応できる。

使用上の留意点

1. 採水は不要である。水位は 20 cm 以上必要である。流速の影響を受けない。
2. 校正は必要であり、校正に約 20 分必要である。
3. 試薬は不要である。
4. 測定時の妨害物質はない。
5. 交換部品および消耗品は必要である（別表参照）。

仕様

項　目	仕　様	
	溶存酸素	水　温
(1) 測定方法	ポーラログラフ法	サーミスタ法
(2) 測定原理	酸素透過膜（テフロンやシリコン）を透過したDO濃度に比例して金属電極間に流れる電流値から濃度を求める。銀等を陽極、金や白金を陰極とし両極間に外部から一定の電圧を与えるとDOは膜を通過し電極内部に拡散し陰極で還元され還元反応による電解電流が流れる。	半導体の固有の温度特性による抵抗変化を利用して測定。
(3) 測定範囲	0.0 ～ 20.0 mg/L	－5.0 ～ 40.0 ℃
(4) 測定精度	± 0.4 mg/L	± 0.1 ℃
(5) 再現性（公定法比較）	± 0.2 mg/L	± 0.05 ℃
(6) 自動温度補償	あり	
(7) 換算		
(8) 表示・記録方式	ディジタル表示　データメモリ(自動、手動)	
(9) 電源	乾電池（単2形　4個）／DC 12 V（オプション）	
(10) 標準液等	校正用標準液	
(11) 外形寸法	検出部：φ49×430 mm 指示部：80×154×190 mm	
(12) 重量	検出部：800 g　指示部：950 g（乾電池含む）	
(13) その他		
(14) 価格（標準品）	1,030,000 円	
(15) 納入実績	最近5ヶ年（H 7～11）の販売台数　25台	

交換部品・消耗品　※月数回測定対象

	名　称	規　格	交換期間(年・月)毎	年間交換部品・消耗品費		
				単　価	数　量	金　額
交換部品	DO電極		3年	750,000 円	1/3本	250,000 円
	隔膜ユニット	25枚入/箱	5年	37,500 円	1/5箱	7,500 円
	内部液	50 mL	5年	15,000 円	1/5瓶	3,000 円
	Oリング	5本入/箱	5年	18,000 円	1/5箱	3,600 円
	隔膜固定リング		紛失時	6,000 円	1個	6,000 円
消耗品	DO校正用標準液	500 g　1級試薬	1年	3,200 円	1瓶	3,200 円

※3年毎に工場でのオーバーホールが必要である。費用450,000円。　　　年間交換部品・消耗品費合計　273,300 円

問合せ先

株式会社東邦電探

〒168－0081　東京都杉並区宮前1－8－9
　TEL　03－3334－3451
　FAX　03－3332－2341

溶存酸素計（カスタニー ACT）(型式 OM シリーズ)
水温、溶存酸素（DO）

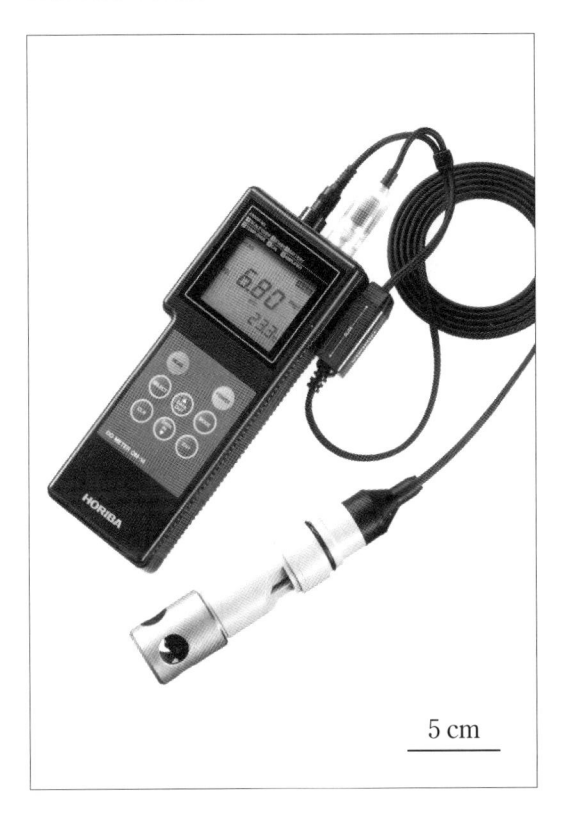

単項目		
多項目	A	○
	B	

A：測定機器自体が多項目可
B：試薬を変えることで多項目可

5 cm

特 徴
1. 小型計量でフィールドから研究室での測定まで幅広く対応する。
2. フィールドで使い易いワンタッチ大気校正を採用している。また、高精度測定のために、OM-14型にはゼロ・スパン自動校正機能を搭載している。
3. 高精度測定のために、塩分濃度補正機能や全自動の温度補償機能、気圧補正機能等を搭載している（水中の溶存酸素値は大気圧によっても微妙に変化する。OMシリーズは校正の際に気圧を設定すると自動的に補正する）。
4. センサはワンタッチで脱着交換、膜交換や液交換等が不要である。
5. 水深10 mまで測定可能なタイプもある。

使用上の留意点
1. 採水は不要である。水位は5 cm以上必要であり、流速の影響を受ける。
2. 校正は必要であり、校正に約3分を要する。
3. 試薬は不要である。
4. 測定時の妨害物質は塩分である。前処理方法は、塩分濃度設定入力で調節する。
5. 交換部品は必要であるが、消耗品は必要ない（別表参照）。

仕　様

項　目	仕　様	
	DO	水　温
(1) 測定方法	隔膜式ガルバニ電池式	サーミスタ法
(2) 測定原理	酸素をよく透過するような透過膜によって試料と電解液は仕切られている。隔膜を透過し、電解液中に溶解した試料中の酸素は、卑金属の対極と貴金属の作用極との間で還元され、還元電流を発生し、この電流を測定することで求める。	半導体を用いた測温体が温度によって抵抗値が変化することを利用して測定。
(3) 測定範囲	0 ～ 19.99 mg/L	0 ～ 50 ℃
(4) 測定精度	0.01 mg/L	0.1 ℃
(5) 再現性（公定法比較）	フルスケール ± 0.5 % ± 1 digit	0.1 ℃ ± 1 digit
(6) 自動温度補償	あり	
(7) 換算	飽和度	
(8) 表示・記録方式	液晶によるディジタル表示 最大 10 データメモリ（OM-14 のみ） アナログ出力（OM-14 のみ）	
(9) 電源	乾電池（6F22）／AC アダプタ接続可能（オプション）	
(10) 標準液等	亜硫酸ナトリウム（液校正の場合）	
(11) 外形寸法	W 78 × H 197 × D 55 mm	
(12) 重量	約 350 g	
(13) その他		
(14) 価格（標準品）	140,000 円 ～	
(15) 納入実績	最近 5 ヶ年（H 7 ～ 11）の販売台数　1 800 台 （※ OM シリーズトータルの台数）	

交換部品・消耗品　※月数回測定対象

	名　称	規　格	交換期間(年・月)毎	年間交換部品・消耗品費		
				単　価	数　量	金　額
交換部品	DO チップ	#5401 現場浸漬用	3 年	15,000 円	1/3 個	5,000 円

年間交換部品・消耗品費合計　5,000 円

問合せ先

株式会社堀場製作所

〒 601-8510　京都府京都市南区吉祥院宮の東町 2 番地
　TEL　075-313-8121
　FAX　075-321-5725
　URL　http://www.horiba.co.jp

塩分／水温計（型式 UC-78）

水温、塩化物イオン

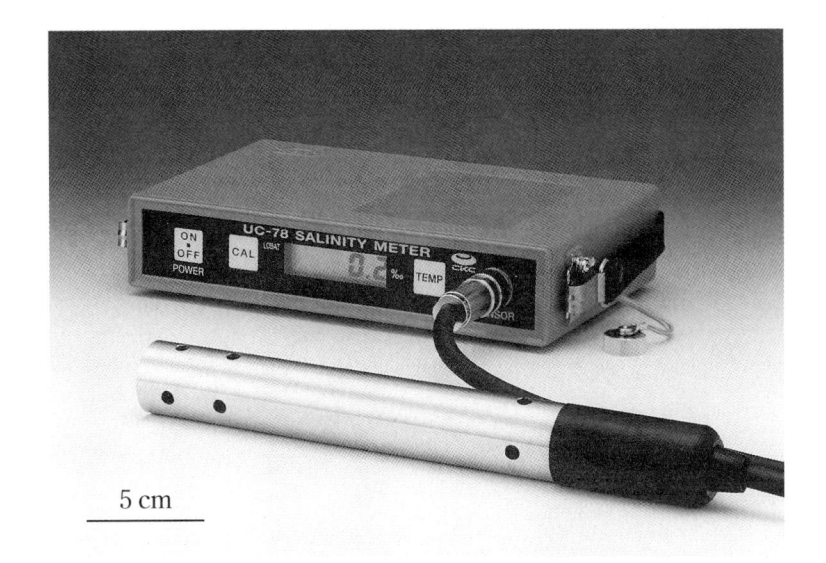

単項目		
多項目	A	○
	B	

A：測定機器自体が多項目可
B：試薬を変えることで多項目可

特 徴
1. 本体は小型、軽量、薄型で携帯に便利である。
2. 少量の標準海水で校正ができるので経済的である。
3. 本体ケースには硬質プラスチックを使用しているので腐蝕に強い防滴構造である。
4. 水深 10 m までの測定ができる。
5. タッチキー方式を採用しているため操作性が良い。

使用上の留意点
1. 採水は不要である。水位は 30 cm 以上必要であり、流速の影響を受けない。
2. 校正は必要であり、校正に約 5 分必要である。
3. 試薬は不要である。
4. 測定時の妨害物質はない。
5. 交換部品および消耗品は必要である（別表参照）。

仕 様

項 目	仕 様	
	塩 分	水 温
(1) 測定方法	導電率測定方式	白金測温抵抗体法
(2) 測定原理	検水の導電率を測定し導電率からマイクロプロセッサ演算（15℃換算）により塩分濃度を求める。	白金線の電気抵抗が温度の上昇により増加する現象を利用して測定。
(3) 測定範囲	0.0～100‰	－5.0～45.0℃
(4) 測定精度	±1.0‰	±0.3℃
(5) 再現性（公定法比較）		
(6) 自動温度補償	あり（－5.0～45.0℃）	
(7) 換算	15℃換算で塩分表示	
(8) 表示・記録方式	ディジタル表示　出力0～10mV	
(9) 電源	乾電池（単3形　4個）	
(10) 標準液等	標準海水（35‰）	
(11) 外形寸法	本体：W183×H113×D39mm　電極：φ2.5×200mm	
(12) 重量	本体：約600g　電極：約1000g（リード線　10m、SUS付）	
(13) その他		
(14) 価格（標準品）	237,000円	
(15) 納入実績	最近2ヶ年（H10～11）の販売台数　60台	

交換部品・消耗品　※月数回測定対象

	名　称	規　格	交換期間(年・月)毎	年間交換部品・消耗品費		
				単　価	数　量	金　額
交換部品	塩分センサ	塩分センサ10m（リード線）	3年	50,000円	1/3本	16,700円
消耗品	標準海水	標準海水（230mL）	1年	8,000円	1本	8,000円

年間交換部品・消耗品費合計　24,700円

問合せ先

セントラル科学株式会社

〒113-0033　東京都文京区本郷3-23-14
　　TEL　03-3812-9186
　　FAX　03-3814-7538
　　URL　http://www.hypermedia.or.jp/CKC

シーメート C／STD（型式 MODEL C-2）

水温、水深、塩化物イオン（導電率より換算）

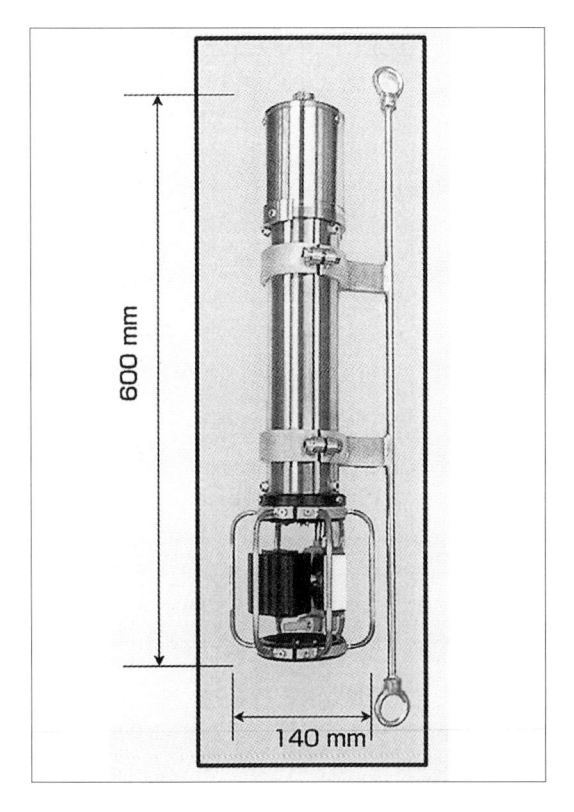

単項目		
多項目	A	○
	B	

A：測定機器自体が多項目可
B：試薬を変えることで多項目可

特 徴
1. 独自のセンサ開発により低価格である。
2. 高精度な測定ができる。
3. データ処理用パーソナルコンピュータのソフトウェアが付属している。
4. 作動用電源が切れた場合でも計測済みデータが失われない。
5. バックアップ機能付きである。

使用上の留意点
1. 採水は不要である。水位は20 cm以上必要であり、流速の影響を受けない。
2. 校正は必要であり、校正に約30分必要である。
3. 試薬は不要である。
4. 測定時の妨害物質はない。
5. 交換部品は必要ないが、消耗品は必要である（別表参照）。

仕様

項　目	仕　様		
	水　温	水　深	導電率
(1) 測定方法	白金測温抵抗体法	半導体ストレンゲージ法	電磁誘導法
(2) 測定原理	白金測温抵抗体の温度により変化する値の変化を電圧に変換し信号を出す。水深圧力によるひずみを半導体の電気抵抗として変化する性質を利用した圧力計。	水深圧力によるひずみを半導体の電気抵抗として変化する性質を利用した圧力計。	樹脂製の検出部に励起コイルと検出コイルを入れ、そのコイル間に流れる海水の導電率により変化する誘起電圧を計測し水温により温度補正する方法。
(3) 測定範囲	－2～35℃	0～1000 m	0～6.5 S/m
(4) 測定精度	±0.01℃	±0.1 m	±0.001 S/m
(5) 再現性（公定法比較）	±0.003℃	±0.05 m	±0.0003 S/m
(6) 自動温度補償			
(7) 換算			自動温度 25℃
(8) 表示・記録方式	内部メモリ（128 000 データ）		
(9) 電源	アルカリ乾電池（単 2 形）		
(10) 標準液等	塩化カリウム標準液		
(11) 外形寸法	φ140×600 mm		
(12) 重量	約 7 kg		
(13) その他	塩分は、導電率換算による。		
(14) 価格（標準品）	1,500,000 円		
(15) 納入実績	最近 5 ヶ年（H 7～11）の販売台数　10 台		

交換部品・消耗品　※月数回測定対象

	名　称	規　格	交換期間(年・月)毎	年間交換部品・消耗品費		
				単　価	数　量	金　額
消耗品	導電率標準液	塩化カリウム標準液	6 ヶ月	6,270 円	2 本	12,540 円

年間交換部品・消耗品費合計　12,540 円

問合せ先

株式会社鶴見精機

〒230-0051　神奈川県横浜市鶴見区鶴見中央二丁目 2 番 20 号
　　TEL　045-521-5252
　　FAX　045-521-1717
　　URL　http://www.tsk-jp.com/

pH・溶存酸素計（型式 PD-IR）

水素イオン濃度（pH）、溶存酸素（DO）

単項目		
多項目	A	○
	B	

A：測定機器自体が多項目可
B：試薬を変えることで多項目可

10 cm

特徴

1. ポンプ内蔵式なので流速がない所でも使用可能である。
2. 長期にわたって、安定かつ高精度に測定可能である。

使用上の留意点

1. 採水は不要である。水位は 30 cm 以上必要であり、流速の影響を受けない。
2. 校正は必要であり、校正に約 30 分必要である。
3. 試薬は不要である。
4. 測定時の妨害物質はない。
5. 交換部品および消耗品は必要である（別表参照）。

仕　様

項　目	仕　様	
	pH	DO
(1) 測定方法	ガラス電極法	ガルバニ電池
(2) 測定原理	試水中にガラス電極と比較電極を入れ両電極間に生ずる電位差を測定。水素イオン濃度の異なる2液がガラスの薄膜を隔てて接すると、水素イオンだけを通す半透膜となり2液の水素イオン濃度の差に応じた膜電位が生ずる。	卑金属と貴金属を組み合わせ、電解質溶液に浸すと、卑金属が溶解すると共に水中のDOが還元されて電極間に電流が流れる。この電流の量は、DO量に比例するので、測定した電流量からDOを定量。
(3) 測定範囲	pH 4～12	0～20 mg/L
(4) 測定精度	±0.2 pH	±0.5 mg/L
(5) 再現性（公定法比較）	±0.1 pH	±0.25 mg/L
(6) 自動温度補償	あり	あり
(7) 換算		
(8) 表示・記録方式	ディジタル表示、外部出力	
(9) 電源	AC 100 V	
(10) 標準液等	pH標準液	
(11) 外形寸法	ϕ 180×610 mm	
(12) 重量	11 kg	
(13) その他		
(14) 価格（標準品）	2,200,000 円	
(15) 納入実績	最近5ヶ年（H7～11）の販売台数　1台	

交換部品・消耗品　※月数回測定対象

	名　称	規　格	交換期間(年・月)毎	年間交換部品・消耗品費		
				単　価	数　量	金　額
交換部品	DO電極	EIL	1年	162,000円	1本	162,000円
	pH電極	6044S	1年	81,000円	1本	81,000円
	ポンプ	MD-6Z-N	3年	15,000円	1/3個	5,000円
消耗品	pH標準液	pH 4、pH 7、pH 9（各500 mL）	各1/年	2,640円	各1瓶	7,920円
	亜硫酸ナトリウム	亜硫酸ナトリウム (0.5 g)	1年	1,100円	1瓶	1,100円

年間交換部品・消耗品費合計　257,020円

問合せ先

株式会社鶴見精機

〒230-0051　神奈川県横浜市鶴見区鶴見中央二丁目2番20号
　　TEL　045-521-5252
　　FAX　045-521-1717
　　URL　http://www.tsk-jp.com/

ポータブル電気伝導率・pH メータ（型式 WM-22EP）

水温、導電率、水素イオン濃度（pH）

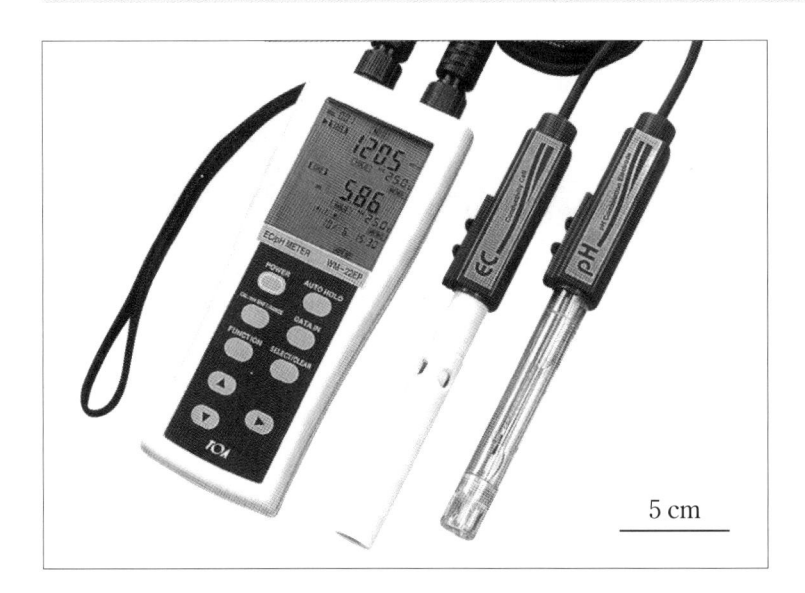

単項目		
多項目	A	○
	B	

A：測定機器自体が多項目可
B：試薬を変えることで多項目可

特徴

1. 導電率と pH の同時測定／表示。
2. 電気抵抗率、塩分換算値の表示も可能。
3. 防水構造（JIS C 0920 防浸形準拠）（IP 67：1 m、30 分浸漬可）。
4. 校正履歴メモリ付電極採用。
5. 時計常時表示機能、データメモリ機能（200 データ×2）、インターバル機能、オートホールド機能搭載。

使用上の留意点

1. 採水は不要である。水位は 3 cm 以上必要であり、流速の影響を受ない。
2. 校正は必要であり、校正に約 3 分必要である。導電率は不要である。
3. 試薬は必要である。試薬の廃液回収は不要である。
4. 測定時の妨害物質はない。
5. 交換部品および消耗品は必要である（別表参照）。

仕 様

項 目	仕 様		
	pH	導電率	水温
(1) 測定方法	ガラス電極法	交流2電極法	白金測温抵抗体法
(2) 測定原理	ガラス電極と比較電極と組合せ、pHxの値をもつ被検液に浸した時、両電極間には液のpHに比例した起電力（起電力：発生電位）を発生する。 $E = K \times (2.303\,RT/F) \times (\text{pHi} - \text{pHx}) + Ea$ R ：気体定数、 T ：絶対温度、 F ：ファラデー定数、 K ：勾配係数、 Ea ：不斉電位 pHi：ガラス電極内部のpH値 上記の式から1 pHの値は $K = 1$、$Ea = 0$ とすると理論発生起電力は59.15 mV(25℃)。	面積1 m²の2個の平面極板が距離1 mで対向している容器に電解質溶液を満たして測定した電気抵抗の逆数。流す電流は、交流。	温度に対する抵抗変化が一定で互換性があり、温度係数が大きいこと等の条件から白金(JIS採用)が使用。一定の抵抗(Pt 100 Ω)に電流(0.5～2 mA)を流し温度変化を計測。
(3) 測定範囲	pH 0.00～14.00	導電率：0～19.99 S/m 電気抵抗率： 　0.05 Ω·m～1 MΩ·m 塩分換算：0.00～4.00 %	0～99.9 ℃ （pH/ORP） 0～80 ℃（導電率）
(4) 測定精度			
(5) 再現性（公定法比較）	±0.02 pH	フルスケール±0.5 %	
(6) 自動温度補償	自動／手動　切換		
(7) 換算			
(8) 表示・記録方式	データメモリ　200データ×2、印字機能（プリンタはオプション）、アナログ出力、RS 232 C		
(9) 電源	アルカリ乾電池（単3形　LR6　2個）／ACアダプタ（オプション）		
(10) 標準液等			
(11) 外形寸法	約 W 75×H 187.5×D 37.5 mm		
(12) 重量	320 g		
(13) その他			
(14) 価格（標準品）	130,000円		
(15) 納入実績	最近5ヶ年（H 7～11）の販売実績　1 200台		

交換部品・消耗品　※月数回測定対象

	名 称	規 格	交換期間(年・月)毎	年間交換部品・消耗品費		
				単 価	数 量	金 額
交換部品	pH電極	GST-2729C	3年	22,000円	1/3本	7,400円
	セル	CT-27112B	3年	35,000円	1/3本	11,700円
消耗品	pH標準液	pH 4.01（500 mL）	1年	1,500円	1本	1,500円
	pH標準液	pH 6.86（500 mL）	1年	1,500円	1本	1,500円
	塩化カリウム溶液	3.3規定　塩化カリウム（500 mL）	1本	2,000円	1本	2,000円
	アルカリ乾電池	単3形	使用頻度による		2本	

年間交換部品・消耗品費合計　24,100円
（除乾電池）

問合せ先

東亜ディーケーケー株式会社

〒169-8648　東京都新宿区高田馬場1-29-10
　　TEL　03-3202-0221
　　FAX　03-3202-0555
　　URL　http://www.toadkk.co.jp/

ポータブル水温塩分計（型式 ACT20-D）
水温、導電率、塩化物イオン

単項目		
多項目	A	○
	B	

A：測定機器自体が多項目可
B：試薬を変えることで多項目可

特徴
1. 表示がディジタル方式なので、読み取り誤差がない。
2. 内蔵のマイコンに国際規格の実用塩分計算式が入っているので、高精度の塩分値が得られる。
3. 電源AC／DC共用なので、あらゆる現場で使用可能である。
4. 強靭な防水ポータブルタイプである。
5. 外部アナログ電圧出力が標準装備である（RS 232 C 出力も追加可能）。

使用上の留意点
1. 採水は不要である。水位は 15 cm 以上必要であり、流速の影響は受けない。
2. 校正は不要である。
3. 試薬は不要である。
4. 測定時の妨害物質はない。
5. 交換部品は必要ないが、消耗品は必要である（別表参照）。
6. 精度維持のため、年1回オーバーホール、再検定が必要である。

仕　様

項　目	仕　様		
	水　温	導電率	塩化物イオン
(1) 測定方法	白金測温抵抗体方式	電磁誘導セル方式	CPUプログラムにより演算
(2) 測定原理	白金、またはサーミスタの抵抗温度係数が大きいことを利用し、ブリッジ法によって電気抵抗を測定し、間接的に水温を測定。	センサ部の管中の海水を1本の抵抗導線を考え、これによって二つのトロイダルコイル（ドーナッツ状のコイル）を電磁的に結合させる方式（電気伝導度の変化は二次コイルに電圧変化して表れる）。	
(3) 測定範囲	－5～40℃	0～60 mS/cm	0～40
(4) 測定精度	±0.05℃	±0.05 mS/cm	±0.1
(5) 再現性（公定法比較）			
(6) 自動温度補償			
(7) 換算			
(8) 表示・記録方式	ディジタル方式		
(9) 電源	AC 100 V、充電型内蔵電池		
(10) 標準液等			
(11) 外形寸法	センサ部：φ60×272 mm　　表示部：W 200×H 300×D 195 mm		
(12) 重量	センサ部：空中 2.1 kg　水中 1.5 kg　表示部：5.2 kg		
(13) その他			
(14) 価格（標準品）	800,000 円		
(15) 納入実績	最近5ヶ年（H7～11）の販売台数　95台		

交換部品・消耗品　※月数回測定対象

	名　称	規　格	交換期間(年・月)毎	年間交換部品・消耗品費		
				単　価	数　量	金　額
消耗品	内蔵バッテリ		2年	20,000円	1/2個	10,000円

年間交換部品・消耗品費合計　10,000円

問合せ先

アレック電子株式会社

〒651-2242　兵庫県神戸市西区井吹台東町7-2-3
　　TEL　078-997-8686
　　FAX　078-997-8609

メモリーSTD（型式 AST200-PK（ASTシリーズ））

水温、水深（0～200 m）、導電率、塩化物イオン
AST500-PK：水深（0～500 m）、AST1000-PK：水深（0～1 000 m）

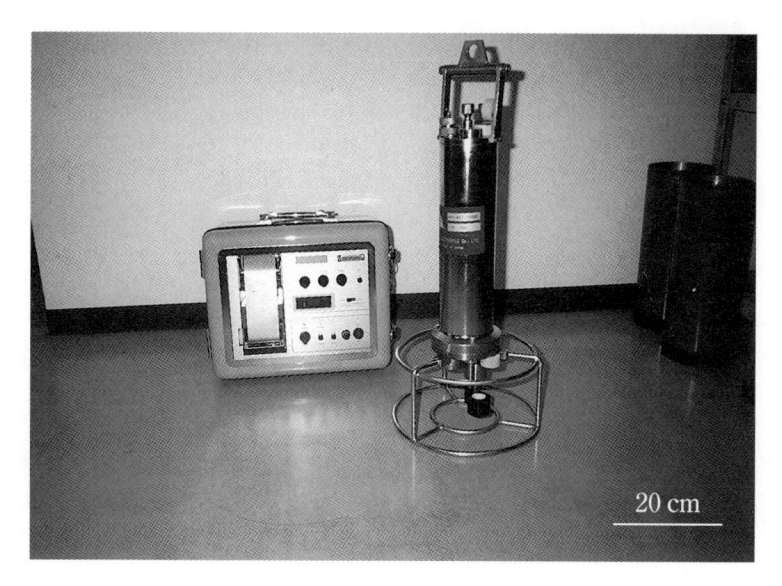

単項目		
多項目	A	○
	B	

A：測定機器自体が多項目可
B：試薬を変えることで多項目可

特 徴

1. 内蔵メモリ方式なので面倒なケーブル操作や専用ウィンチは不要である。
2. スイッチ操作、データ転送、充電等全てゾンデの外部から操作可能である。
3. ゾンデを水面に入れると約5秒間で自動的に水位ゼロとなり、正確な水深が測定可能である。
4. 水深・温度・導電率センサは、ハイレスポンス高分解能センサである。
5. 外部のパイロットランプによりスイッチの確認と電池の状況がモニタできるので失敗がない。
6. センサゾンデを水中に降ろすだけで自動的に鉛直断面データ測定可能である。

使用上の留意点

1. 採水は不要である。水位は1 m以上必要であり、流速の影響は受けない。
2. 校正は不要である。
3. 試薬は不要である。
4. 測定時の妨害物質はない。
5. 交換部品は必要ないが、消耗品は必要である（別表参照）。
6. 精度維持のため、年1回オーバーホール、再検定が必要である。

仕　様

項　目	仕　様			
	水　温	導電率	塩化物イオン	水　深
(1) 測定方法	白金測温抵抗体式	電磁誘導セル方式	CPUにて換算	水圧感知
(2) 測定原理	白金、またはサーミスタの抵抗温度係数が大きいことを利用し、ブリッジ法によって電気抵抗を測定し、間接的に温度を測定。	センサ部の管中の海水を1本の抵抗導線と考え、これによって二つのトロイダルコイル（ドーナッツ状のコイル）を電磁的に結合させる方式（電気伝導度の変化は二次コイルに電圧変化として表れる）。		圧力を受けると変化する半導体の抵抗値を測定。
(3) 測定範囲	－5～40℃	0～60 mS/cm	0～40	0～200 m
(4) 測定精度	±0.02℃	±0.05 mS/cm	±0.05	フルスケール0.11％
(5) 再現性（公定法比較）				
(6) 自動温度補償				
(7) 換算				
(8) 表示・記録方式	プリンタ出力、メモリパック記録方式			
(9) 電源	AC 100 V／DC 12 V			
(10) 標準液等				
(11) 外形寸法	ゾンデ部：φ90×566 mm　表示部：W 350×H 290×D 230 mm			
(12) 重量	ゾンデ部：空中9 kg　水中7 kg　表示部：8 kg			
(13) その他				
(14) 価格（標準品）	2,700,000 円			
(15) 納入実績	最近5ヶ年（H 7～11）の販売台数　30台　ASTシリーズとして160台			

交換部品・消耗品　※月数回測定対象

	名　称	規　格	交換期間(年・月)毎	年間交換部品・消耗品費		
				単　価	数　量	金　額
消耗品	プリンタ紙	シルバー 1890-2B	1ヶ月	700 円	12巻	8,400 円
	内蔵バッテリ	BN-18KR	1年	35,000 円	1組	35,000 円
	メモリパック内部リチウム電池		3年	10,000 円	1/3個	3,400 円

年間交換部品・消耗品費合計　46,800 円

問合せ先

アレック電子株式会社

〒651-2242　兵庫県神戸市西区井吹台東町7-2-3
　TEL　078-997-8686
　FAX　078-997-8609

塩分計（型式 STC-2X）

水温、導電率、塩化物イオン

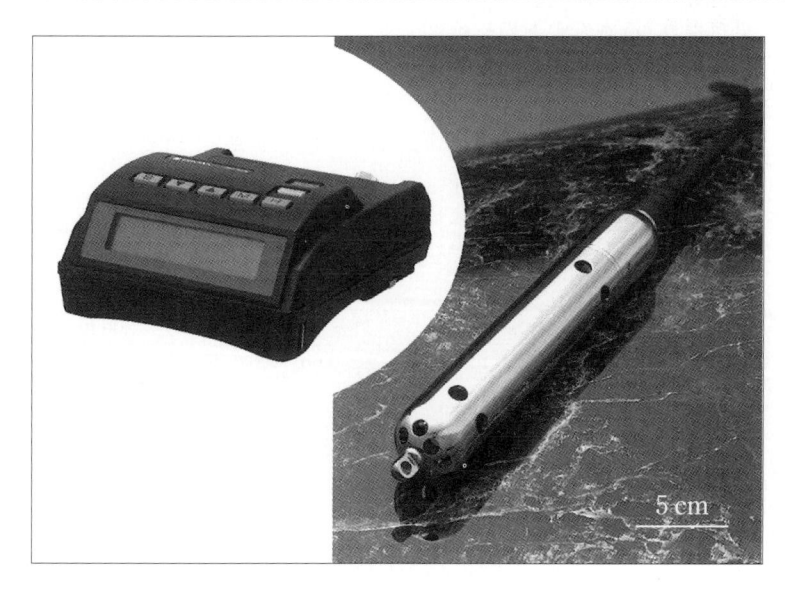

単項目		
多項目	A	○
	B	

A：測定機器自体が多項目可
B：試薬を変えることで多項目可

特 徴

1. 検出部は、耐圧性にすぐれている。
2. 指示部は、防雨構造で屋外使用に適応する。
3. メモリ（時刻＋測定データ）は最大 500 データ。
4. 汚れ、外部ノイズに強い交流 9 電極方式。
5. アナログ記録、プリンタ、パソコン用外部出力に対応できる。

使用上の留意点

1. 採水は不要である。水位は 20 cm 以上必要であり、流速の影響を受けない。
2. 校正は不要である。
3. 試薬は不要である。
4. 測定時の妨害物質はない。
5. 交換部品および消耗品は必要ない。

仕　様

項　目	仕　様			
	塩　分	塩素量	導電率	水　温
(1) 測定方法		交流9電極方式		サーミスタ方式
(2) 測定原理	水中に一対の金属を浸し電圧を印加すると導電率に比例して電流が流れることから計測。電流を流すことにより金属界面に抵抗が生じるため、電流電極と電圧検出電極を分離し界面抵抗の影響をなくし、安定化して測定。			半導体の固有の温度特性による抵抗変化を利用して測定。
(3) 測定範囲	10～40 ‰ (S)	5.5～20 ‰ (Cl)	10 000～70 000 μS/cm	－5.0～40.0 ℃
(4) 測定精度	フルスケール±0.1 ‰ (S)	フルスケール±0.05 ‰ (Cl)	フルスケール±100 μS/cm	フルスケール±0.1 ℃
(5) 再現性（公定法比較）	フルスケール±0.05 ‰ (S)	フルスケール±0.025 ‰ (Cl)	フルスケール±50 μS/cm	フルスケール±0.05 ℃
(6) 自動温度補償	あり	あり	あり	なし
(7) 換算	25℃換算			
(8) 表示・記録方式	液晶ディジタル表示、データメモリ（自動・手動）			
(9) 電源	乾電池（単2形　4個）／DC 12 V（オプション）			
(10) 標準液等	標準海水			
(11) 外形寸法	検出部：φ40×260 mm 指示部：W 80×H 154×D 190 mm			
(12) 重量	検出部：800 g　指示部：950 g（乾電池含む）			
(13) その他				
(14) 価格（標準品）	810,000～1,000,000 円			
(15) 納入実績	最近5ヶ年（H 7～11）の販売実績　18台			

問合せ先
株式会社東邦電探

〒168-0081　東京都杉並区宮前1-8-9
　TEL　03-3334-3451
　FAX　03-3332-2341

TPM クロロテック（型式 ACL2180-TPM）

水温、水深、濁度、導電率、クロロフィル

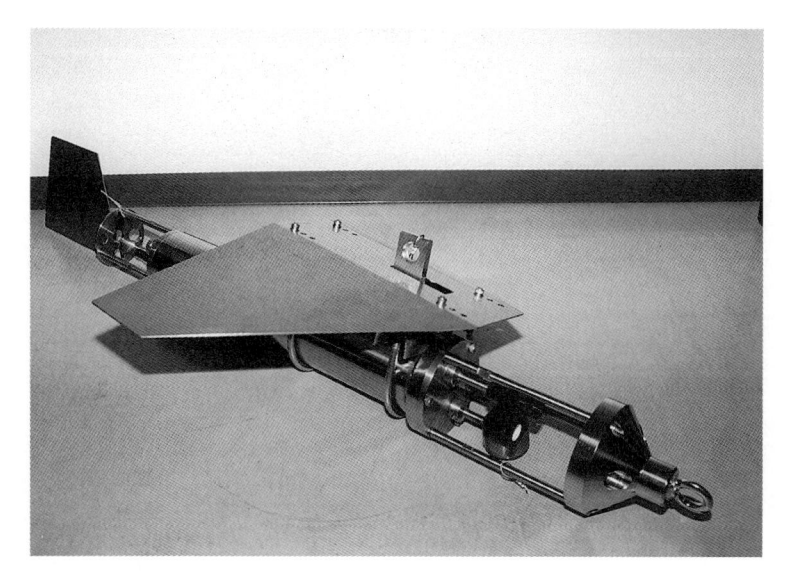

単項目		
多項目	A	○
	B	

A：測定機器自体が多項目可
B：試薬を変えることで多項目可

特 徴

1. 曳航観測、鉛直観測、係留観測の全てに対応する。
2. 専用の曳航ケーブルにより、パソコンによるリアルタイムモニタが可能である。
3. 位置表示の信号も同時取込可能である。
4. 安全保存機能採用により、データの消失がない。

使用上の留意点

1. 採水は不要である。水位は1m以上必要であり、流速の影響は受けない。
2. 校正は不要である。
3. 試薬は不要である。
4. 測定時の妨害物質はない。
5. 交換部品は必要ないが、消耗品は必要である（別表参照）。
6. 精度維持のため、年1回オーバーホール、再検定が必要である。

仕　様

項　目	仕　様				
	クロロフィル	水　温	導電率	濁　度	水　深
(1) 測定方法	蛍光測定法	白金抵抗体方式	電磁誘導セル方式	後方散乱光測定	水圧感知式
(2) 測定原理	発光部に400～480nmの励起フィルタ、受光部に677nmをピークとする蛍光フィルタを装着し、発光部からの光によって、植物プランクトン中に含まれるクロロフィルが蛍光する蛍光の強さを受光部で測定。	白金、またはサーミスタの抵抗温度係数が大きいことを利用し、ブリッジ法によって電気抵抗を測定し、間接的に温度を測定。	センサ部の管中の海水を一本の抵抗導線と考え、これによって二つのトロイダルコイル（ドーナッツ状のコイル）を電磁的に結合させる方式（電気伝導度の変化は二次コイルに電圧変化として表れる）。	中央の受光部の両側に配置した二つの発光部から、880nmの赤外光を水中に照射し、水中の懸濁粒子で散乱した赤外光を受光部で受光。	圧力を受けると変化する半導体の抵抗値を測定。
(3) 測定範囲	0.1～200μg/L	－5～40℃	0～60mS/cm	0～200ppm	0～200m
(4) 測定精度	±0.1%	±0.02℃	±0.02mS/cm	±1ppm	フルスケール±0.15%
(5) 再現性（公定法比較）					
(6) 自動温度補償					
(7) 換算			塩分0～40		
(8) 表示・記録方式	内蔵メモリ方式				
(9) 電源	内蔵充電型バッテリ				
(10) 標準液等					
(11) 外形寸法	φ90×930mm				
(12) 重量	空中10kg／水中6kg				
(13) その他					
(14) 価格（標準品）	2,600,000円				
(15) 納入実績	H12より発売の新製品である。H12の販売台数9台。				

交換部品・消耗品　※月数回測定対象

	名　称	規　格	交換期間(年・月)毎	年間交換部品・消耗品費		
				単　価	数　量	金　額
消耗品	内蔵バッテリ		1年	35,000円	1組	35,000円

年間交換部品・消耗品費合計　35,000円

問合せ先

アレック電子株式会社

〒651-2242　兵庫県神戸市西区井吹台東町7-2-3
　TEL　078-997-8686
　FAX　078-997-8609

メモリークロロテック（型式 ACL208-DK（ACL200 シリーズ））

水温、水深、濁度、塩化物イオン、クロロフィル
ACL200-DK：水温、水深、濁度、クロロフィル
ACL215-DK：水温、水深、濁度、光量子、クロロフィル

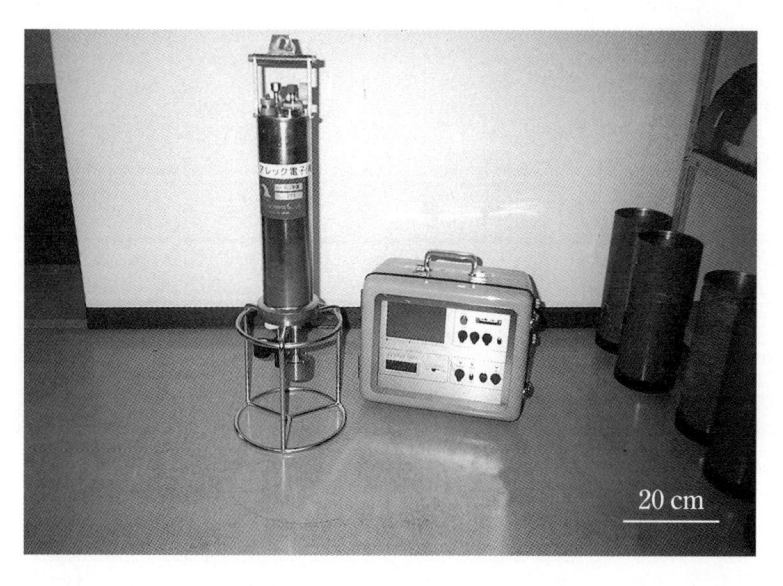

単項目		
多項目	A	○
	B	

A：測定機器自体が多項目可
B：試薬を変えることで多項目可

特 徴
1. 蛍光測定法により、サンプリングや前処理なしで直接測定可能（クロロフィル）。
2. メモリ内蔵のセンサゾンデを水中におろすだけで鉛直断面データ測定可能である。
3. 表示部メモリパックには、0.1 m 毎の鉛直断面データが自動記録される。
4. 記録されたデータはパソコンに転送し、処理が可能である。

使用上の留意点
1. 採水は不要である。水位は 50 cm 以上必要であり、流速の影響は受けない。
2. 校正は不要である。
3. 試薬は不要である。
4. 測定時の妨害物質はない。
5. 交換部品は必要ないが、消耗品は必要である（別表参照）。
6. 精度維持のため、年 1 回オーバーホール、再検定が必要である。

仕 様

項 目	仕 様				
	クロロフィル	水 温	水 深	導電率	濁 度
(1) 測定方法	蛍光測定法	白金抵抗体方式	水圧感知	電磁誘導セル方式	赤外後方散乱光式
(2) 測定原理	発光部に400〜480 nmの励起フィルタ、受光部に677 nmをピークとする蛍光フィルタを装着し、発光部からの光によって、植物プランクトン中に含まれるクロロフィルが蛍光する蛍光の強さを受光部で測定。	白金、またはサーミスタの抵抗温度係数が大きいことを利用し、ブリッジ法によって電気抵抗を測定し、間接的に温度を測定。	圧力を受けると変化する半導体の抵抗値を測定。	センサ部の管中の海水を一本の抵抗導線と考え、これによって二つのトロイダルコイル（ドーナッツ状のコイル）を電磁的に結合させる方式（電気伝導度の変化は二次コイルに電圧変化として表れる）。	中央の受光部の両側に配置した二つの発光部から、880 nmの赤外光を水中に照射し、水中の懸濁粒子で散乱した赤外光を受光部で受光。
(3) 測定範囲	0.1〜200 μg/L	−5〜40 ℃	0〜200 m	0〜60 mS/cm	0〜200 ppm
(4) 測定精度	± 0.1 %	± 0.05 ℃	± 0.2 %	± 0.05 mS/cm	± 0.2 %
(5) 再現性（公定法比較）					
(6) 自動温度補償					
(7) 換算				塩分0〜40	
(8) 表示・記録方式	ディジタル表示　メモリパック記録方式				
(9) 電源	AC 100 V／DC 12 V				
(10) 標準液等					
(11) 外形寸法	センサ：φ 101 × 650 mm 表示部：W 350 × H 290 × D 230 mm				
(12) 重量	センサ：空中10 kg／水中7 kg　表示部：8 kg				
(13) その他	塩分は、水温・導電率・水深より自動換算				
(14) 価格（標準品）	3,600,000 円				
(15) 納入実績	最近5ヶ年（H 7〜11）の販売台数　33台　ACL200シリーズとして50台				

交換部品・消耗品　※月数回測定対象

	名 称	規 格	交換期間（年・月）毎	年間交換部品・消耗品費		
				単 価	数 量	金 額
消耗品	メモリパック内部リチウム電池		3年	10,000 円	1/3 個	3,400 円
	センサゾンデ内蔵バッテリ		1年	25,000 円	1 組	25,000 円

年間交換部品・消耗品費合計　28,400 円

問合せ先

アレック電子株式会社

〒651-2242　兵庫県神戸市西区井吹台東町7-2-3
TEL　078-997-8686
FAX　078-997-8609

クロロテック(型式 ACL1180-DK (ACL100 シリーズ))

水温、水深、濁度、塩化物イオン、クロロフィル
ACL100-DK：水温、水深、クロロフィル
ACL1150-DK：水温、水深、塩化物イオン、クロロフィル
ACL1151-DK：水温、水深、塩化物イオン、クロロフィル、光量子
ACL1170-DK：水温、水深、濁度、クロロフィル

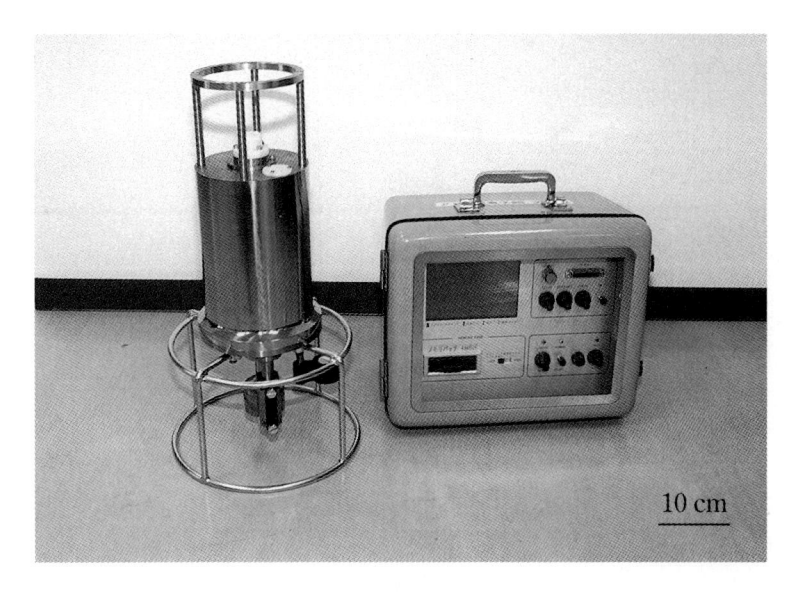

	単項目	
多項目	A	○
	B	

A：測定機器自体が多項目可
B：試薬を変えることで多項目可

特 徴
1. 蛍光測定法により、サンプリングや前処理なしで直接測定可能（クロロフィル）。
2. 深度センサがついているため、鉛直分布測定が簡単に行える。
3. 表示部メモリパックには、0.1 m 毎の鉛直断面データが自動記録される。
4. 記録されたデータはパソコンに転送し、処理が可能である。
5. パソコンによるリアルタイムモニタにも対応が可能である。

使用上の留意点
1. 採水は不要である。水位は 50 cm 以上必要であり、流速の影響は受けない。
2. 校正は不要である。
3. 試薬は不要である。
4. 測定時の妨害物質はない。
5. 交換部品は必要ないが、消耗品は必要である（別表参照）。
6. 精度維持のため、年 1 回オーバーホール、再検定が必要である。

仕様

項目	仕様				
	クロロフィル	水温	水深	導電率	濁度
(1) 測定方法	蛍光測定法	白金抵抗体方式	水圧感知	電磁誘導セル方式	赤外後方散乱光式
(2) 測定原理	発光部に400〜480 nmの励起フィルタ、受光部に677 nmをピークとする蛍光フィルタを装着し、発光部からの光によって、植物プランクトン中に含まれるクロロフィルが蛍光する蛍光の強さを受光部で測定。	白金、またはサーミスタの抵抗温度係数が大きいことを利用し、ブリッジ法によって電気抵抗を測定し、間接的に温度を測定。	圧力を受けると変化する半導体の抵抗値を測定。	センサ部の管中の海水を一本の抵抗導線と考え、これによって二つのトロイダルコイル（ドーナッツ状のコイル）を電磁的に結合させる方式（電気伝導度の変化は二次コイルに電圧変化として表れる）。	中央の受光部の両側に配置した二つの発光部から、880 nmの赤外光を水中に照射し、水中の懸濁粒子で散乱した赤外光を受光部で受光。
(3) 測定範囲	0.1〜200 μg/L	−5〜40 ℃	0〜200 m	0〜60 mS/cm	0〜200 ppm
(4) 測定精度	±0.1 %	±0.05 ℃	±0.2 %	±0.05 mS/cm	±0.2 %
(5) 再現性（公定法比較）					
(6) 自動温度補償					
(7) 換算				塩分 0〜40	
(8) 表示・記録方式	ディジタル表示　メモリパック記録方式				
(9) 電源	AC 100 V ／ DC 12 V				
(10) 標準液等					
(11) 外形寸法	センサ：φ140×375 mm 表示部：W 350×H 290×D 230 mm				
(12) 重量	センサ：空中 9 kg／水中 5 kg　表示部：8 kg				
(13) その他	塩分は、水温・導電率・水深より自動換算				
(14) 価格（標準品）	3,800,000 円				
(15) 納入実績	最近5ヶ年（H 7〜11）の販売台数　29台　ACL100シリーズとして47台				

交換部品・消耗品　※月数回測定対象

	名称	規格	交換期間(年・月)毎	年間交換部品・消耗品費		
				単価	数量	金額
消耗品	メモリパック内部リチウム電池		3年	10,000 円	1/3 個	3,400 円

年間交換部品・消耗品費合計　3,400 円

問合せ先

アレック電子株式会社

〒651-2242　兵庫県神戸市西区井吹台東町7-2-3
　TEL　078-997-8686
　FAX　078-997-8609

水質自動監視装置（型式 KW-2）

水温、水深、濁度、導電率、水素イオン濃度（pH）、溶存酸素（DO）

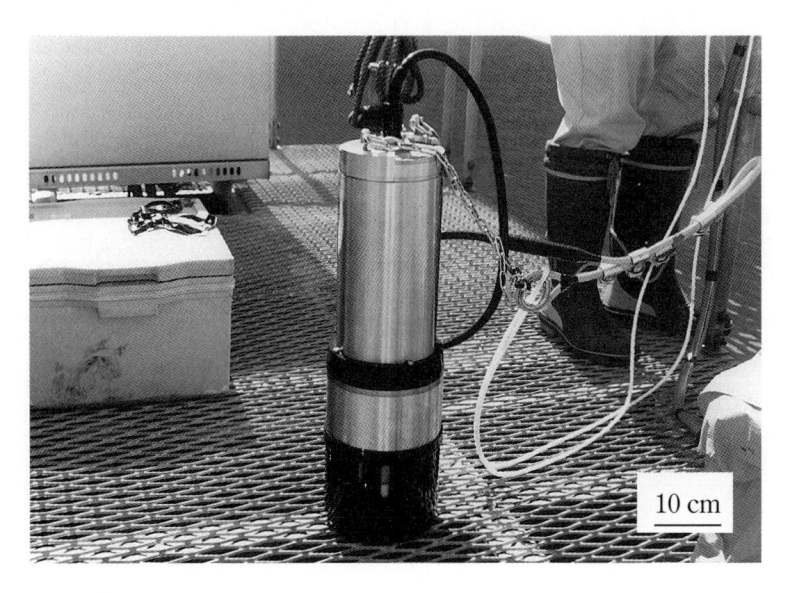

単項目		
多項目	A	○
	B	

A：測定機器自体が多項目可
B：試薬を変えることで多項目可

特 徴

1. 小型・軽量・低価格の設計である。
2. 洗浄機能付きで長期安定したデータが得られる。
3. ディジタル表示、IC メモリ、データ補正機能付きである。

使用上の留意点

1. 採水は不要である。水位は 30 cm 以上必要であり、流速の影響を受けない。
2. 校正は必要であり、校正に約 2 時間必要である。
3. 試薬は不要である。
4. 測定時の妨害物質はない。
5. 交換部品および消耗品は必要である（別表参照）。

仕　様

項　目	仕　様					
	濁度	水温	pH	DO	導電率	水深
(1) 測定方法	後方散乱光法	白金測温抵抗体法	ガラス電極法	ガルバニ電池法	電磁誘導法	半導体ストレンゲージ法
(2) 測定原理	検水に光を照射した時、検水中の微粒子によって反射される散乱光量を測定して求める。懸濁物質と散乱光量は比例する。	白金測温抵抗体の温度により変化する値の変化を電圧に変換し信号を出す。	試水中にガラス電極と比較電極を入れ両電極間に生じる電位差を測定。pHの異なる2液がガラスの薄膜を隔てて接すると、水素イオンだけを通す半透膜となり2液のpHの差に応じた膜電位が生じる。	卑金属と貴金属を組合せ、電解質溶液に浸すと、卑金属が溶解すると共に水中のDOが還元されて電極間に電流が流れる。この電流の量は、DO量に比例するので、測定した電流量からDOを定量する。	樹脂製の検出部に励起コイルと検出コイルを入れ、そのコイル間に流れる海水の導電率により変化する誘起電圧を計測し水温により温度補正する方法。	水深圧力によるひずみを半導体の電気抵抗として変化する性質を利用した圧力計。
(3) 測定範囲	0～2000 mg/L	－10～40 ℃	pH 2～12	0～20 mg/L	0～100 mS/cm	0～50 m
(4) 測定精度	フルスケール±2％	±0.2 ％℃	±0.2 pH	±0.4 mg/L	±2 mS/cm	±0.25 m
(5) 再現性（公定法比較）						
(6) 自動温度補償			あり	あり	あり	
(7) 換算						
(8) 表示・記録方式	ディジタル表示、内部メモリ					
(9) 電源	AC 100 V／DC 24 V					
(10) 標準液等	ホルマジン標準液、pH緩衝液、塩化カリウム標準液					
(11) 外形寸法	センサ：φ175×450 mm　表示器：W 457×H 330×D 152 mm					
(12) 重量	センサ：10 kg　表示器：7 kg					
(13) その他						
(14) 価格（標準品）	8,000,000 円					
(15) 納入実績	最近5ヶ年（H7～11）の販売台数　1台					

2　携帯型水質測定機器

2・2　多項目水質計

交換部品・消耗品　※月数回測定対象

	名　称	規　格	交換期間（年・月）毎	年間交換部品・消耗品費		
				単価	数量	金額
交換部品	pH電極		6ヶ月	99,000 円	2本	198,000 円
	DOエアグニット		3ヶ月	15,950 円	4個	63,800 円
	濁度計ワイパーゴム		3年	2,000 円	1/3式	700 円
	pH計ワイパーブラシ		3年	2,100 円	1/3式	700 円
	DO計ワイパーブラシ		3年	2,100 円	1/3式	700 円
消耗品	ホルマジン標準液	500度（100 mL）	6ヶ月	4,620 円	2本	9,240 円
	pH緩衝液	pH4、pH7、pH9（各500 mL）	1年	2,640 円	各1本	7,920 円
	塩化カリウム標準液	705 mS/cm	6ヶ月	6,270 円	2本	12,540 円
	無水亜硫酸ナトリウム		1年	2,500 円	1本	2,500 円

年間交換部品・消耗品費合計　296,100 円

問合せ先

株式会社鶴見精機

〒230-0051　神奈川県横浜市鶴見区鶴見中央二丁目2番20号
　　TEL　045-521-5252
　　FAX　045-521-1717
　　URL　http://www.tsk-jp.com/

水深別水質測定装置（型式 TACOM-6）

水温、水深、濁度、導電率、水素イオン濃度（pH）、溶存酸素（DO）

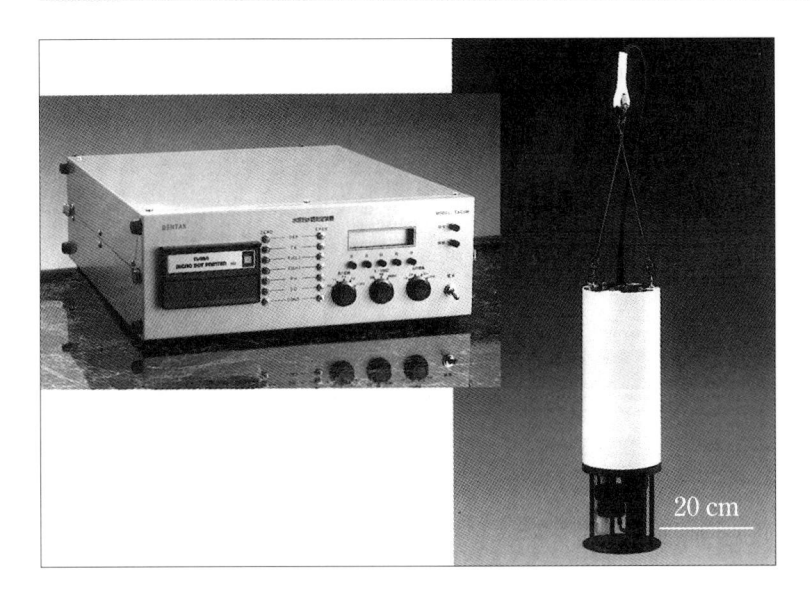

単項目		
多項目	A	○
	B	

A：測定機器自体が多項目可
B：試薬を変えることで多項目可

特 徴
1. 検出部は、小形、軽量、耐圧性に優れている。
2. 水深別分布を迅速に測定できる。
3. 流速の影響を受けずに測定可能である。

使用上の留意点
1. 採水は不要である。水位は 20 cm 以上必要である。流速の影響を受けない。
2. 校正は必要であり、校正に約 40 分必要である。
3. 試薬は不要である。
4. 測定時の妨害物質はない。
5. 交換部品および消耗品は必要である（別表参照）。

仕　様

項　目	仕　様					
	濁　度	水　温	導電率	pH	DO	水　深
(1) 測定方法	透過・散乱光演算方式	サーミスタ方式	交流9電極方式	ガラス電極方式	ポーラログラフ方式	半導体圧力方式
(2) 測定原理	光源の光を光学レンズを通して測定水中に照射する。照射された光は懸濁物質に当たり、反射散乱するもの、吸収されるもの、および透過するものに別れる。この透過光および散乱光を光源部と受光部に備えられた光検出素子により捕捉する。	半導体の固有の温度特定による抵抗変化を利用して測定。	水中に一対の金属を浸し電圧を印加すると電伝率に比例して電流が流れることから計測する。電流を流すことにより金属界面に抵抗が生じるため、電流電極と電圧検出電極を分離し界面抵抗の影響を無くし、安定化して測定する。	pH感応ガラスがpH変化に逆比例した直流電圧を発生することを利用し、ガラス面の一方を常に一定のpHの液に浸し他面を試料水に浸すことより計測。	酸素透過膜（テフロンやシリコン）を透過した液体中のDO濃度に比例して金属電極間に流れる電流値から濃度を求める。銀等を陽極、金や白金を陰極とし両極間に外部から一定の電圧を与えると、DOは膜を透過し電極内部に拡散し、陰極で還元され還元反応による電解電流が流れる。	ダイヤフラムを介し、半導体の圧力変化に対する固有抵抗の変化を利用して計測。
(3) 測定範囲	0～100 100～500 ppm	－5～40.0℃	20～2 000 μS/cm	pH 2～12	0～20 mg/L	0～100 m
(4) 測定精度	フルスケール±2 %	フルスケール±0.1℃	フルスケール±2 %	フルスケール±0.1 pH	フルスケール±0.4 mg/L	フルスケール±1 %
(5) 再現性 （公定法比較）	フルスケール±1 %	フルスケール±0.05℃	フルスケール±1 %	フルスケール±0.05 pH	フルスケール±0.2 mg/L	フルスケール±0.5 %
(6) 自動温度補償	なし	なし	あり	あり	あり	あり
(7) 換算			25℃換算			
(8) 表示・記録方式	ディジタル表示、ディジタル記録方式					
(9) 電源	DC 12 V ± 10 %、2A					
(10) 標準液等	pH 4、pH 7標準液、カオリン濁度標準液、DO校正用標準液					
(11) 外形寸法	検出部：φ 170 × 550 mm 指示・記録部：W 150 × H 560 × D 432 mm					
(12) 重量	検出部：9.5 kg　指示・記録部：10.0 kg					
(13) その他	コード巻枠付					
(14) 価格（標準品）	5,000,000 円					
(15) 納入実績	最近5ヶ年（H 7～11）の販売台数　10台					

交換部品・消耗品　※月数回測定対象

	名　称	規　格	交換期間 (年・月)毎	年間交換部品・消耗品費		
				単　価	数　量	金　額
交換部品	pH電極	pH電極、比較電極 （内部液共）	3年	253,000円	1/3式	84,400円
	DO電極		3年	750,000円	1/3本	250,000円
消耗品	pH標準液	pH 4、pH 7標準液 （各500 mL）	1年	7,600円	各1瓶	15,200円
	DO電極隔膜ユニット	25枚入/箱	5年	37,500円	1/5箱	7,500円
	DO電極内部液	50 mL	5年	15,000円	1/5瓶	3,000円
	DO電極Oリング	5本入/箱	5年	18,000円	1/5箱	3,600円
	DO電極隔膜固定リング		紛失時	6,000円	1個	6,000円
	DO校正用標準液	1級試薬（500 g）	1年	3,200円	1瓶	3,200円
	濁度カオリン標準液	精製カオリン（10 g）	1年	70,000円	1瓶	70,000円

※3年毎に工場でのオーバーホールが必要である。費用800,000円。

年間交換部品・消耗品費合計　442,900円

問合せ先

株式会社東邦電探

〒168-0081　東京都杉並区宮前1-8-9
　TEL　03-3334-3451
　FAX　03-3332-2341

メモリークロロテック (型式 ACL220-PDK)

水温、水深、濁度、溶存酸素（DO）、塩化物イオン、クロロフィル、光量子

単項目		
多項目	A	○
	B	

A：測定機器自体が多項目可
B：試薬を変えることで多項目可

特 徴
1. 蛍光測定法により、サンプリングや前処理なしで直接測定が可能（クロロフィル）。
2. メモリ内蔵のセンサゾンデを水中におろすだけで鉛直断面データ測定可能である。
3. 表示部メモリパックには、0.1 m 毎の鉛直断面データが自動記録される。
4. 記録されたデータはパソコンに転送し、処理が可能である。

使用上の留意点
1. 採水は不要である。水位は 50 cm 以上必要であり、流速の影響は受けない。
2. 校正は DO のみ必要であり、校正に約 5 分必要である。
3. 試薬は必要である。試薬の廃液回収は不要である。
4. 測定時の妨害物質はない。
5. 交換部品は必要ないが、消耗品は必要である（別表参照）。
6. 精度維持のため、年 1 回オーバーホール、再検定が必要である。

仕　様（1）

項　目	仕　様		
	水　温	導電率	濁　度
(1) 測定方法	白金測温抵抗体式	電磁誘導型セル測定	赤外後方散乱式
(2) 測定原理	白金、またはサーミスタの抵抗温度係数が大きいことを利用し、ブリッジ法によって電気抵抗を測定し、間接的に温度を測定。	センサ部の管中の海水を1本の抵抗導線と考え、これによって二つのトロイダルコイル（ドーナッツ状のコイル）を電磁的に結合させる方式（電気伝導度の変化は二次コイルに電圧変化として表れる）。	中央の受光部の両側に配置した2つの発光部から、880nmの赤外光を水中に照射し、水中の懸濁粒子で散乱した赤外光を受光部で受光。
(3) 測定範囲	$-5 \sim 40$ ℃	$0 \sim 60$ mS／cm	$0 \sim 200$ ppm
(4) 測定精度	±0.05 ℃	±0.05 mS／cm	±2 ％
(5) 再現性（公定法比較）			
(6) 自動温度補償			
(7) 換算		塩分 $0 \sim 40$	

仕　様（2）

項　目	仕　様			
	クロロフィル	光量子	DO	水　深
(1) 測定方法	蛍光強度測定	フォトダイオード	ガルバニ電極	水圧感知
(2) 測定原理	発光部に $400 \sim 480$ nmの励起フィルタ、受光部に 677 nmをピークとする蛍光フィルタを装着し、発光部からの光によって、植物プランクトン中に含まれるクロロフィルが蛍光する蛍光の強さを受光部で測定。	フラット（平面）集光器では、水平面上に入射する光を球型集光器では、1点に向かってあらゆる方向からくる光量子を内部フォトダイオードにて測定。	電極表面浸透膜を通じて、内部電解液へと溶け込んだ酸素は、金または白金の陰極でまた、鉛陽極と電解液との間で化学反応し、流れた電流を測定。	圧力を受けると変化する半導体の抵抗値を測定。
(3) 測定範囲	$0 \sim 200$ μg/L	$0 \sim 2\,000$ mEin	$0 \sim 20$ ppm	$0 \sim 200$ m
(4) 測定精度	±0.1 ％	±0.4 ％	±0.2 ppm	フルスケール ±0.3 ％
(5) 再現性（公定法比較）				
(6) 自動温度補償				
(7) 換算				
(8) 表示・記録方式	プリンタ印字、ディジタル表示方式、メモリパック記録方式			
(9) 電源	AC 100 V／DC 12 V			
(10) 標準液等				
(11) 外形寸法	センサ：φ 140 × 400 mm 表示部：W 500 × H 285 × D 230 mm			
(12) 重量	センサ：空中 11.5 kg　水中 7 kg　表示部：8 kg			
(13) その他	塩分は、水温・導電率・水深より自動換算			

交換部品・消耗品　※月数回測定対象

	名　称	規　格	交換期間 (年・月)毎	年間交換部品・消耗品費		
				単　価	数　量	金　額
消耗品	メモリパック内部リチウム電池		3年	10,000円	1/3個	3,400円
	プリンタ用紙	シルバー1890	1ヶ月	700円	12巻	8,400円
	センサゾンデ内蔵バッテリ		1年	35,000円	1組	35,000円
	DOセンサ内部液		2本/年	5,000円	2本	10,000円
	DOメンブラン		1ヶ月	300円	12枚	3,600円

年間交換部品・消耗品費合計　60,400円

問合せ先

アレック電子株式会社

〒651-2242　兵庫県神戸市西区井吹台東町7-2-3
　　TEL　078-997-8686
　　FAX　078-997-8609

水質チェッカ（型式 WQC-22A）
水温、濁度、導電率、水素イオン濃度（pH）、溶存酸素（DO）、塩化物イオン

単項目		
多項目	A	○
	B	

A：測定機器自体が多項目可
B：試薬を変えることで多項目可

特 徴
1. 6項目が一体型センサになっており水中に投げ込むだけで簡単に測定できる。
2. 河川、湖沼、ダム、海水等での水質検査に適している。
3. センサは保守しやすいカートリッジ電極。
4. 防滴構造。

使用上の留意点
1. 採水は不要である。水位は 10 cm 以上必要であり、流速の影響を受けない。DO は流速の影響を受け、必要流速は 30 cm/s 以上である。
2. 校正は pH、濁度は必要であり、校正に約 5 分必要である。
3. 試薬は必要である。試薬の廃液回収は不要である。
4. 測定時の妨害物質はない。
5. 交換部品および消耗品は必要である（別表参照）。

仕　様（1）

項　目	仕　様		
	水　温	DO	pH
(1) 測定方法	白金測温抵抗体式	隔膜ガルバニ電池式	ガラス電極法
(2) 測定原理	温度に対する抵抗変化が一定で互換性があり、温度係数が大きいこと等の条件から白金(JIS採用)を使用。一定の抵抗（Pt 100 Ω）に一定の電流（0.5～2 mA）を流し温度変化を計測。	電解質溶液中に2種類の金属電極を浸し、回路を構成すれば、それぞれの電極に酸化または還元反応に応じた電流が流れる現象を利用したもので、隔膜を通した酸素により電流が生じるが、電流の大きさは隔膜を通した酸素の量に比例。	ガラス電極と比較電極と組合せ、pHxの値をもつ被検液に浸した時、両電極間には液のpHに比例した起電力を発生する。（起電力：発生電位） $E = K \times (2.303\,RT/F) \times (pHi - pHx) + Ea$ R：気体定数　T：絶対温度　F：ファラデー定数　K：勾配係数　Ea：不斎電位　pHi：ガラス電極内部のpH値 上記の式から、1 pHの値は$K=1$, $Ea=0$とすると理論発生起電力は59.15 mV（25℃）。
(3) 測定範囲	0～50℃	0～20 mg/L	pH 0～14
(4) 測定精度			
(5) 再現性（公定法比較）	±0.1℃ ±1 digit	±0.1 mg/L ±1 digit	±0.02 pH ±1 digit
(6) 自動温度補償		0～40℃	0～50℃
(7) 換算			

仕　様（2）

項　目	仕　様		
	導電率	濁　度	塩化物イオン
(1) 測定方法	交流4電極法	90度散乱光測定式	交流4電極法
(2) 測定原理	交流電圧を加える2極と検出する2極が分離している構造で、検出部の2極間に流れる電流から、導電率を測定。分極および汚れに強い特徴をもっている。	試料中に可視光線を照射し、水中の微小粒子によって散乱した光を取り出して試料水の微小粒子の量(濁度)を測定。	
(3) 測定範囲	(Hi) 0～7 S/m 　　 (0～70 mS/cm) (Lo) 0～200 mS/m 　　 (0～2 mS/cm)	0～800 NTU 0～800 mg/L	0～4 %
(4) 測定精度			
(5) 再現性（公定法比較）	(Hi) フルスケール 　　 ±2.5 % ±1 digit (Lo) フルスケール 　　 ±2.5 % ±1 digit	フルスケール ±2 % ±1 digit	フルスケール ±2.5 % ±1 digit
(6) 自動温度補償	0～50℃　2%℃		
(7) 換算			
(8) 表示・記録方式	液晶ディジタル方式		
(9) 電源	アルカリ乾電池（単2形　LR14　6個）（連続使用時間 約50 時間）／ AC 100 V（ACアダプタ YD-12：オプション）		
(10) 標準液等			
(11) 外形寸法	指示部：約 W 250 × H 160 × D 95 mm センサケーブル長：標準 2 m　幅標準 10 m		
(12) 重量	指示部：約 2.2 kg　センサ：約 1.3 kg		

項　目	仕　　　様
(14) 価格（標準品）	300,000 円
(15) 納入実績	最近 5 ヶ年（H 7〜11）の販売実績　1 300 台

交換部品・消耗品　※月数回測定対象

	名　称	規　格	交換期間(年・月)毎	年間交換部品・消耗品費		
				単　価	数　量	金　額
交換部品	pH ガラス電極	HGS-300	3 年	5,000 円	1/3 本	1,700 円
	pH 比較電極	HS-20B	3 年	15,000 円	1/3 本	5,000 円
	DO 酸素電極	OE-20B	3 年	35,000 円	1/3 本	11,700 円
消耗品	交換膜	OCT-5020	1 年	5,000 円	1 ケ	5,000 円
	電解液	R-5C	1 年	2,500 円	1 本	2,500 円
	pH 標準液	pH 6.86（500 mL）	1 年	1,500 円	1 本	1,500 円
	pH 標準液	pH 4.01（500 mL）	1 年	1,500 円	1 本	1,500 円
	アルカリ乾電池	単 2 形　LR14	使用頻度による		6 本	

年間交換部品・消耗品費合計　28,900 円
（除乾電池）

問合せ先

東亜ディーケーケー株式会社

〒169-8648　東京都新宿区高田馬場 1-29-10
　　TEL　03-3202-0221
　　FAX　03-3202-0555
　　URL　http://www.toadkk.co.jp/

マルチ水質モニタリングシステム
（型式 W-23（W-20／U-20 シリーズ））

水温、水深、濁度、導電率、水素イオン濃度（pH）、酸化還元電位、溶存酸素（DO）、塩化物イオン（塩分）、海水比重、TDS*、イオン3種類（硝酸イオン、カルシウムイオン、塩化物イオン、フッ化物イオン、カリウムイオン、アンモニアの中から3種）
U-21：水温、濁度、導電率、pH、DO、塩化物イオン（塩分）、海水比重、水深、TDS*
U-22：水温、濁度、導電率、pH、DO、塩化物イオン（塩分）、海水比重、水深、TDS*
（*TDS：全溶存固形物量．溶液中に溶け込んでいる塩分や鉱物等の総和）

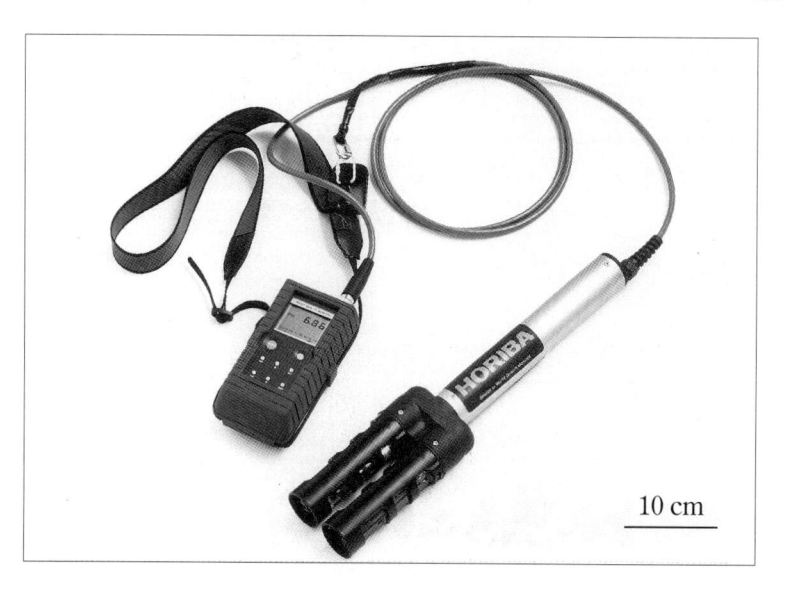

単項目		
多項目	A	○
	B	

A：測定機器自体が多項目可
B：試薬を変えることで多項目可

特徴
1. 耐圧性、長期連続測定（1ヶ月、U-21を除く）、最大13項目測定等高機能。
2. 位置表示、プリンタ、パソコンへの出力等多彩なデータ処理に対応。
3. DOセンサは、流速の影響を受けずに測定可能。
4. 検出器の大きさは、直径わずか46 mmと小型で計量である。
5. 水深100 mまで測定可能である（W-20シリーズ）。
6. W-20シリーズはセンサプローブとケーブルが脱着可能である。

使用上の留意点
1. 採水は不要である。水位は30 cm以上必要であり、流速の影響を受けない。
2. 校正は必要であり、校正に約20分必要である。
3. 試薬は不要である。
4. 測定時の妨害物質はある。イオン電極は、測定成分毎に様々な妨害成分が存在する（別途相談）。
5. 交換部品および消耗品は必要である（別表参照）。

仕　様（1）

項　目	仕　様			
	pH	DO	導電率	水　温
(1) 測定方法	ガラス電極法	隔膜式ガルバニ電池法	交流4電極法	サーミスタ法
(2) 測定原理	ガラス薄膜の両側にpHの異なる溶液が接した時、両液のpHの差に比例した電位がガラス薄膜の両面に発生。この電位差をpHに無関係に一定の電位を示す比較電極を利用して測定し、その電位差から求める。	酸素をよく透過するような透過膜によって試料と電解液は仕切られ、隔膜を透過し、電解液中に溶解した試料中の酸素は、卑金属の対極と貴金属の作用極との間で還元され、還元電流を発生。	試料中に電圧検出極および電圧印加極の計4つの電極から構成された電極に、交流電流を流すことにより試料中の抵抗をを測定し、求める。	半導体を用いた測温体が温度によって抵抗値が変化することを利用して測定。
(3) 測定範囲	pH 0～14	0～19.99 mg/L	0～9.99 S/m	0～55 ℃
(4) 測定精度	±0.1 pH	±0.2 mg/L	±3 %	±1.0 ℃
(5) 再現性（公定法比較）	±0.05 pH	±0.1 mg/L	±1 %	±0.3 ℃
(6) 自動温度補償	あり	あり	あり	あり
(7) 換算			塩分・TDS・海水比重	

仕　様（2）

項　目	仕　様			
	濁度	水深	ORP	イオン
(1) 測定方法	透過散乱法	圧力法	白金電極法	イオン電極法
(2) 測定原理	試料中に光をあて、液内部における散乱光と透過光を測定する。散乱光と透過光の比率は、試料中の懸濁物質の濃度に比例することを利用して求める。	水深に比例して水圧が上昇することから圧力を測定して求める。	試料の酸化還元反応により発生する酸化還元電位差を金属電極と一定の電位を示す比較電極を利用して測定。	特定のイオンに感応して電位差を生じる電極（イオン電極）とイオン濃度に無関係に一定の電位を示す比較電極を利用して電位差を測定し求める。
(3) 測定範囲	0～800 NTU*	0～100 m	±1 999 mV	「各種イオン測定範囲」参照
(4) 測定精度	±5 %	±5 %	±15 mV	±10 %
(5) 再現性（公定法比較）	±3 %	±3 %	±5 mV	±5 %
(6) 自動温度補償			なし	なし
(7) 換算				
(8) 表示・記録方式	液晶ディジタル表示、データメモリ、RS 232 C 出力			
(9) 電源	本体：アルカリ乾電池（6LR61　1個） センサプローブ：アルカリ乾電池（単4型　LR03　3個）			
(10) 標準液等	校正用標準液、pH比較内部液など			
(11) 外形寸法	本体：W 90 × H 169 × D 47 mm センサプローブ：φ46 × 380 mm（U-21、U-22の場合）			
(12) 重量	本体：約485 g　センサプローブ：約1.5 kg			
(13) その他				
(14) 価格（標準品）	380,000 円～			
(15) 換算納入実績	最近5ヶ年（H 7～11）の販売台数　約700台 ※U-20シリーズトータルでの実績台数			

＊NTU：濁度の国際単位

＊各種イオン測定範囲

硝酸イオン	NO_3^- ： 0.62 ～ 62 000 mg/L （pH 3 ～ 7）
塩化物イオン	Cl^- ： 0.4 ～ 35 000 mg/L （pH 3 ～ 11）
カルシウムイオン	Ca^{2+} ： 0.4 ～ 40 080 mg/L （pH 5 ～ 11）
フッ化物イオン	F^- ： 0.02 ～ 19 000 mg/L （pH 4 ～ 10、20 mg/L）
カリウムイオン	K^+ ： 0.04 ～ 39 000 mg/L （pH 5 ～ 11、3.9 mg/L）
アンモニア	NH_3 ： 0.1 ～ 1 000 mg/L （pH 12 以上）

交換部品・消耗品　※月数回測定対象

	名　称	規　格	交換期間(年・月)毎	年間交換部品・消耗品費 単価	数量	金額
交換部品	pHセンサ	＃6230	3年	10,000円	1/3個	3,400円
	DOセンサ	＃5460	3年	15,000円	1/3個	5,000円
消耗品	pH標準液	pH 4、pH 7、pH 9（各500 mL）		1,900円	6本（各2個）	11,400円
	pH比較内部液	＃330（250 mL）		3,500円	1個	3,500円

年間交換部品・消耗品費合計　23,300円

問合せ先

株式会社堀場製作所

〒601-8510　京都府京都市南区吉祥院宮の東町2番地
　　TEL　075-313-8121
　　FAX　075-321-5725
　　URL　http://www.horiba.co.jp

多成分水質計（クロロテック）（型式 ACL1183-PDK）

水温、水深、濁度、導電率、淡水導電率、水素イオン濃度（pH）、溶存酸素（DO）、クロロフィル

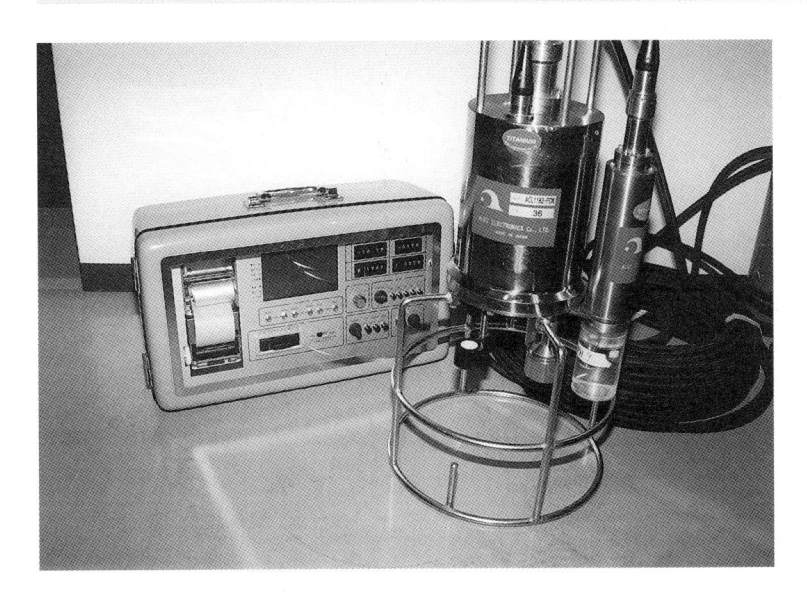

単項目		
多項目	A	○
	B	

A：測定機器自体が多項目可
B：試薬を変えることで多項目可

特 徴

1. クロロフィル・塩分・濁度等の鉛直自動測定が可能である。
2. pH、DO のマニュアルによるプリンタ印字可能である。
3. 0.1 m ピッチの測定で薄層の水塊をキャッチできる。
4. データ収録用メモリパックを標準装備している。
5. パソコン処理によるデータ鉛直分布図を自動作成する。
6. 時計機能を標準装備し、時刻をデータと共に印字できる。

使用上の留意点

1. 採水は不要である。水位は 50 cm 以上必要であり、流速の影響は受けない。
2. 校正は DO と pH と濁度のみ必要であり、校正に約 10 分必要である。
3. 試薬は必要である。試薬の廃液回収は不要である。
4. 測定時の妨害物質はない。
5. 交換部品および消耗品は必要である（別表参照）。
6. 精度維持のため、年 1 回オーバーホール、再検定が必要である。

仕　様（1）

項　目	仕　様			
	クロロフィル	水　温	水　深	導電率
(1) 測定方法	蛍光測定	白金測温抵抗体式	水圧感知	電磁誘導型セル方式
(2) 測定原理	発光部に400～480nmの励起フィルタ、受光部に677nmをピークとする蛍光フィルタを装着し、発光部からの光によって、植物プランクトン中に含まれるクロロフィルが蛍光する蛍光の強さを受光部で測定。	白金、またはサーミスタの抵抗温度係数が大きいことを利用し、ブリッジ法によって電気抵抗を測定し、間接的に温度を測定。	圧力を受けると変化する半導体の抵抗値を測定。	センサ部の管中の海水を1本の抵抗導線と考え、これによって二つのトロイダルコイル（ドーナッツ状のコイル）を電磁的に結合させる方式（導電率の変化は二次コイルに電圧変化として表れる）。
(3) 測定範囲	0～200 μg/L	−5～45 ℃	0～50 m	0～60 mS/cm
(4) 測定精度	0.1 %	±0.02 ℃	フルスケール 0.3 %	±0.05 mS/cm
(5) 再現性（公定法比較）				
(6) 自動温度補償	なし	なし	あり	あり
(7) 換算				塩分 0～40

仕　様（2）

項　目	仕　様			
	淡水導電率	濁　度	DO	pH
(1) 測定方法	電磁誘導型セル方式	赤外後方散乱光式	ガルバニ電池	複合ガラス電極式
(2) 測定原理	センサ部の管中の海水を1本の抵抗導線と考え、これによって二つのトロイダルコイル（ドーナッツ状のコイル）を電磁的に結合させる方式（導電率の変化は二次コイルに電圧変化として表れる）。	中央の受光部の両側に配置した2つの発光部から、880 nmの赤外光を水中に照射し、水中の懸濁粒子で散乱した赤外光を受光部で受光。	電極表面浸透膜を通じて、内部電解液へと溶け込んだ酸素は、金または白金の陰極でまた、鉛陽極と電解液との間で化学反応し、流れた電流を測定。	ガラス電極と比較電極との電位差を測定。
(3) 測定範囲	0～1 000 μS/cm	0～200 ppm	0～20 mg/L	pH 4～14
(4) 測定精度	±50 μS/cm	±2 %	±0.1 mg/L	±0.1
(5) 再現性（公定法比較）				
(6) 自動温度補償	なし	なし	あり	あり
(7) 換算	25 ℃換算			
(8) 表示・記録方式	液晶ディジタル表示、プリンタ印字、メモリパック記録方式			
(9) 電源	AC 100 V／DC 12 V			
(10) 標準液等	pH 7、pH 9 標準液			
(11) 外形寸法	センサゾンデ：φ140×500 mm pHゾンデ：φ76×255 mm 表示部：W 290×H 350×D 230 mm			
(12) 重量	センサゾンデ：空中 10 kg／水中 6 kg　表示部：8 kg			
(13) その他	塩素量への換算 SW 機能あり			
(14) 価格（標準品）	4,500,000 円			
(15) 換算納入実績	最近5ヶ年（H 7～11）の販売台数　60 台			

交換部品・消耗品　　※月数回測定対象

	名　称	規　格	交換期間 (年・月)毎	年間交換部品・消耗品費		
				単　価	数　量	金　額
交換部品	DO電極		1年	25,000円	1個	25,000円
	pH濃度電極		3年	150,000円	1/3個	50,000円
消耗品	メモリパック内蔵バッテリ		3年	10,000円	1/3個	3,400円
	pH標準液	pH7、pH9標準液	1ヶ月	1,800円	各24本	86,400円
	DOスターラ用電池		1ヶ月	100円	12個	1,200円
	プリンタ用紙	シルバー1	1ヶ月	700円	12巻	8,400円

年間交換部品・消耗品費合計　174,400円

問合せ先

アレック電子株式会社

〒651-2242　兵庫県神戸市西区井吹台東町7-2-3
　TEL　078-997-8686
　FAX　078-997-8609

ウォーターチェック（型式 ID-305（ID シリーズ））

水温、水深、濁度、導電率、水素イオン濃度（pH）、酸素還元電位（ORP）、溶存酸素（DO）、クロロフィル a
ID-303：水温、水深、導電率、pH、DO

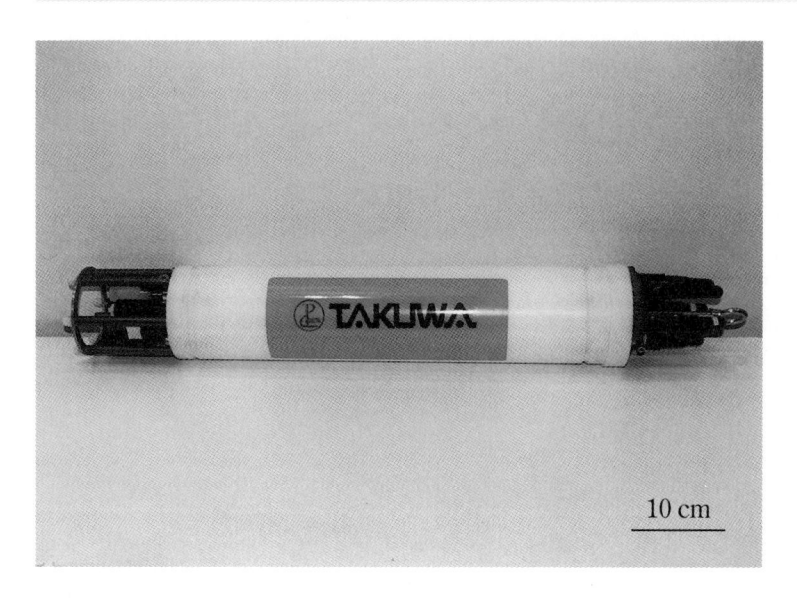

単項目		
多項目	A	○
	B	

A：測定機器自体が多項目可
B：試薬を変えることで多項目可

特徴

1. すばやい応答性をもつ。DO が数秒で計測可能である。
2. 標準耐圧 1 500 m と堅牢な設計である。
3. 高精度、高耐久性を実現。
4. 微生物付着防止機能搭載により長期安定計測が可能である。

使用上の留意点

1. 採水は不要である。水位は 20 cm 以上必要であり、流速の影響を受けない。
2. 校正は必要であり、校正に約 30 分必要である。
3. 試薬は不要である。
4. 測定時の妨害物質はない。
5. 交換部品および消耗品は必要である（別表参照）。

仕 様（1）

項 目	仕 様			
	水深	水温	導電率	DO
(1) 測定方法	圧力式	測温抵抗法	プラチナ電極法	隔膜電極法
(2) 測定原理	本体筒内のベローズ（弾性変換素子）にて圧力を電気信号に変換し、水深を求める。	金属（白金）が湿度変化により電気抵抗値が変化することを利用して湿度を求める。	電極（白金）間の電位差を測定し、導電率を求める。	隔膜（メンブレン）を透過して電極内部に拡散したDOの電位差からDOを求める。
(3) 測定範囲	0～1500 m	－1～＋49℃	0～62 mS/cm	0～50 mg/L
(4) 測定精度	測定範囲に対しフルスケール±0.03%	測定範囲に対しフルスケール±0.04%	測定範囲に対しフルスケール±0.03%	測定範囲に対しフルスケール±0.2%
(5) 再現性（公定法比較）				
(6) 自動温度補償			あり	
(7) 換算			塩化物イオン（0～40 ppt）	

仕 様（2）

項 目	仕 様			
	pH	ORP	濁 度	クロロフィルa
(1) 測定方法	ガラス電極法	酸化還元電極法	散乱強度法	吸光光度法（2波長）
(2) 測定原理	緩衝液と測定液の電位差により、ガラス薄膜電極に生じる膜電位差からpHを求める。	酸化還元電極（白金）と参照電極間に生じる酸化還元電極からORPを求める。	測定液に880 nmの光を照射し、90°に散乱する散乱光強度を検出し濁度を求める。	フィルタによりろ過された測定液に470 nmと680 nmの2波長の光を照射し、吸光度からクロロフィルaの濃度を求める。
(3) 測定範囲	pH 0～14	－1000～＋1000 mV	0～750 NTU	0～150 mg/L
(4) 測定精度	測定範囲に対しフルスケール±0.35%	測定範囲に対しフルスケール±0.5%	測定範囲に対しフルスケール±2%	測定範囲に対しフルスケール±0.22%
(5) 再現性（公定法比較）				
(6) 自動温度補償	あり			
(7) 換算				
(8) 表示・記録方式	内蔵メモリ（1500データ）RS 232 C シリアル通信			
(9) 電源	電池／外部電源（DC 12 V）			
(10) 標準液等	pH 4、pH 7 標準液、緩衝液、ホルマジン標準液、導電率センサ洗浄液			
(11) 外形寸法	ID－303：φ42×350 mm　ID－304：φ75×600 mm ID－305：φ100×750 mm			
(12) 重量	ID－303：2 kg　ID－304：4 kg　ID－305：6 kg			
(13) その他				
(14) 価格（標準品）	標準品　7,000,000 円 （クロロフィルセンサ 1,600,000 円　クロロフィルセンサ除く 5,400,000 円）			
(15) 換算納入実績	最近5ヶ年（H 7～11）の納入実績 販売台数　無			

交換部品・消耗品　※月数回測定対象

	名　称	規　格	交換期間 (年・月)毎	年間交換部品・消耗品費		
				単　価	数　量	金　額
交換部品	メンテナンスキット	Oリング、シリコングリース他	1年	20,000円	1式	20,000円
消耗品	pH電極緩衝液	塩化カリウム溶液	5瓶/年	2,000円	5瓶	10,000円
	メンブレン	DO電極用隔膜 5枚入/箱	10枚/年	5,000円	2箱	10,000円
	pH標準液	pH 4、pH 7（各450 mL）	1年	4,000円	2本 (各1本)	8,000円
	ホルマジン標準液	100NTU、50NTU （各100 mL）	1年	25,000円	2本 (各1本)	50,000円
	導電率センサ洗浄液	CON-M（100 mL）	1年	5,000円	1本	5,000円

年間交換部品・消耗品費合計　103,000円

問合せ先

株式会社拓和

〒101-0047　東京都千代田区神田1-4-15
　　TEL　03-3291-5870
　　FAX　03-3291-5226
　　URL　http://www.takuwa.co.jp

多項目水質計（型式 DR/820　〔DR/800 シリーズ〕）

濁度、水素イオン濃度（pH）、溶存酸素量（DO）、硝酸性窒素、亜硝酸性窒素等 20 項目
DR/850：50 項目　DR/890：90 項目

単項目		
多項目	A	
	B	○

A：測定機器自体が多項目可
B：試薬を変えることで多項目可

特 徴

1. 小型、軽量で現場での水質測定に最適。
2. DR/800 シリーズには 3 機種あり、測定項目に適した機種が選択できる。
3. 測定項目の検量線が内蔵されている。
4. ユーザープログラムを入力保存できる。
5. 本体は現場での過酷な使用に耐える構造である。

使用上の留意点

1. 採水は必要である。
2. 校正は不要である。
3. 試薬は必要である。試薬の廃液回収は必要である。測定項目によっては、廃液をポリタンクに回収し、処理業者に依頼する。
4. 測定時の妨害物質はある（測定項目別に測定マニュアルに記述）。
5. 交換部品は必要ないが、消耗品は必要である（別表参照）。
6. 測定項目毎に発色試薬が必要である（保存期間約 1 年）。

仕　様

項　目	仕　様
(1) 測定方法	吸光光度法
(2) 測定原理	試料水を適切な化学反応で発色させたのち、その吸光度を測定し目的成分の濃度を求める。
(3) 測定範囲	（下表参照）
(4) 測定精度	±5 %
(5) 再現性（公定法比較）	
(6) 自動温度補償	
(7) 換算	
(8) 表示・記録方式	ディジタル液晶表示、データメモリ
(9) 電源	アルカリ乾電池（4個）（寿命約6ヶ月）
(10) 標準液等	
(11) 外形寸法	本体：W 87 × H 47 × D 236 mm
(12) 重量	470 g
(13) その他	測定時間：10分以内（項目により異なる）
(14) 価格（標準品）	DR/820：200,000円　DR/850：240,000円　DR/890：280,000円
(15) 納入実績	最近2ヶ年（H 10～11）の販売台数　150台

(3) 測定範囲

測定項目	測定範囲	測定回数
全塩素	0～5.00 mg/L	25
硝酸性窒素（カドミウム還元法）	0～30.0 mg/L	100
亜硝酸性窒素	0～0.350 mg/L	100
溶存酸素	0～15.0 mg/L	25
pH（フェノールレッド法）	pH 6.5～8.5	50
リン酸（アミノ酸法）	0～30.00 mg/L	100
濁度	0～1 000 FTU	
揮発性酸	0～2 800 mg/L	90

交換部品・消耗品　※月数回測定対象

	名　称	規　格	交換期間(年・月)毎	年間交換部品・消耗品費 単価	数量	金額
消耗品	セル	サンプルセルキャップ付（25 mL　6個入）	1年	6,000円	1セット	6,000円

年間交換部品・消耗品費合計　6,000円

問合せ先

セントラル科学株式会社

〒113-0033　東京都文京区本郷3-23-14
　TEL　03-3812-9186
　FAX　03-3814-7538
　URL　http://www.hypermedia.or.jp/CKC

ポータブル水質計（型式942シリーズ）

溶存酸素（DO）、窒素化合物、りん酸、塩化物イオン、シアン、六価クロム等34項目

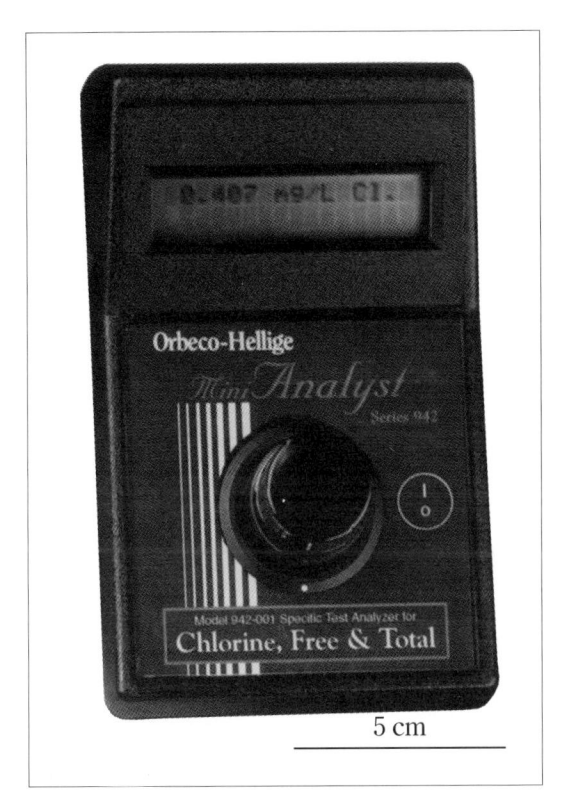

単項目		
多項目	A	
	B	○

A：測定機器自体が多項目可
B：試薬を変えることで多項目可

特徴

1. 簡単な操作で迅速に測定できる。
2. 項目別の検量線が不要である。
3. 便利で安全な試薬錠剤を使用。
4. 高精度で機能的で低コストである。
5. 測定結果を mg/L で直読ディジタル表示である。

使用上の留意点

1. 採水は必要である。試料水として 10 mL 以上必要である。
2. 校正は不要である。
3. 試薬は必要である。試薬の廃液回収は必要である。測定項目により異なる。
4. 測定時の妨害物質はない。
5. 交換部品および消耗品は必要である（別表参照）。

仕　様

項　目	仕　様	
(1) 測定方法	吸光光度法	
(2) 測定原理	発色試薬による吸光光度法	
(3) 測定範囲	測定項目	測定範囲
	アンモニウム態窒素	0～6.8 mg/L
	塩化物イオン	0～250 mg/L
	六価クロム	0～1.4 mg/L
	シアン化合物	0～0.04 mg/L
	硝酸態窒素	0～1.0 mg/L
	亜硝酸態窒素	0～0.5 mg/L
	DO	0～14 mg/L
	リン酸	0～4.0 mg/L
(4) 測定精度	±3％	
(5) 再現性（公定法比較）	±2％	
(6) 自動温度補償		
(7) 換算		
(8) 表示・記録方式	2行16桁液晶表示	
(9) 電源	アルカリ乾電池（単3形　4個）	
(10) 標準液等	測定項目による試薬	
(11) 外形寸法	W 91.4 × H 53 × D146 mm	
(12) 重量	360 g	
(13) その他	検出器：シリコンフォトダイオード　ケース：耐腐食、耐水	
(14) 価格（標準品）	80,000 円	
(15) 納入実績	最近5ヶ年（H7～11）の販売台数　100台	

交換部品・消耗品　※月数回測定対象

	名　称	規　格	交換期間(年・月)毎	年間交換部品・消耗品費		
				単　価	数　量	金　額
交換部品	光源ランプ	タングステン電球	3年	15,000 円	1/3 ヶ	5,000 円
	サンプルセル	キャップ付ガラス瓶 径28 mm	3年	4,500 円	1/3 箱（4入）	1,500 円
	サンプルセル	キャップ付プラスチック瓶 径28 mm	3年	2,400 円	1/3 箱（4入）	800 円
消耗品	試薬	測定項目による			1箱（90入）	使用頻度による

年間交換部品・消耗品費合計　7,300 円
（除試薬）

問合せ先

株式会社センコム

〒110-0016　東京都台東区台東4-1-9
　TEL　03-3839-6321
　FAX　03-3839-6324

多項目水質計（型式 LASA-20）

濁度、溶存酸素（DO）、窒素化合物、りん酸、シアン、フェノール、クロム等 50 項目以上

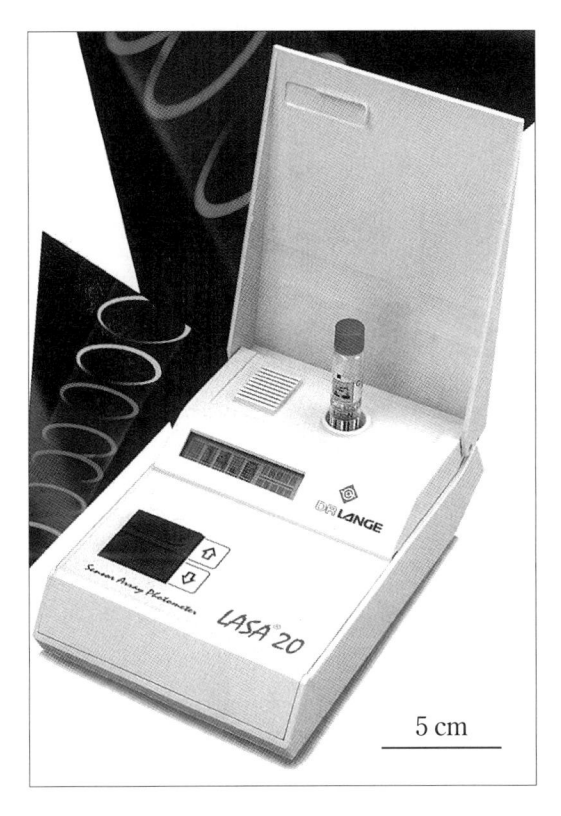

単項目		
多項目	A	
	B	○

A：測定機器自体が多項目可
B：試薬を変えることで多項目可

特 徴

1. 分析項目 50 点以上、広範な分析に対応。
2. JIS法等と比べ、取り扱いが簡単。
3. 安全性を配慮した専用の試薬パック。
4. 自動波長選択。
5. 小型・軽量・省エネタイプ。
6. 簡単ゼロ校正、mg/L 単位直読。

使用上の留意点

1. 採水は必要である。試料水は 1 mL 以上必要である。
2. 校正は必要であり、校正に約 2 分必要である。
3. 試薬は必要である。試薬の廃液回収は必要である。測定終了したものは、容器（キュベット）をメーカーへ返却し、メーカーで処理する。
4. 測定時の妨害物質は要問合せ。
5. 交換部品は必要ないが、消耗品は必要である。分析項目により使用試薬が決まる。

仕　様

項　目		仕　様	
(1) 測定方法		2光路比較吸光光度法（RBT、Reference Beam Path）	
(2) 測定原理		測定項目に応じた発色試薬を入れ、反応した発色濃度を吸光光度法で測定。	
(3) 測定範囲		測定項目	測定範囲
	あ	亜硝酸（NO_2-N/NO_2）	0.015～0.6(N) mg/L
		アンモニア（NH_4-N/NH_4）	0.015～130(N) mg/L
		塩化物イオン（Cl^-）	1.0～70 mg/L
	か	カドミウム（Cd）	0.02～0.3 mg/L
		クロム（Cr）	0.03～1.0 mg/L
	さ	シアン化物（CN）	0.1～0.5 mg/L
		COD−Cr	5～10,000 mg/L
		硝酸（NO_3-N/NO_3）	0.23～35 (N) mg/L
		全窒素（TN）	1.0～100 mg/L
	た	濁度（Turb）	10～400 TE/F mg/L
		TOC	2～735 mg/L
	な	鉛（Pb）	0.1～2.0 mg/L
	は	フェノール類	0.05～60 mg/L
	や	溶存酸素（DO）	2.0～10 mg/L
	ら	りん酸（オルト、PO_4-P/PO_4）	0.05～30 (P) mg/L
(4) 測定精度		1 %以下（Abs.＝1.000にて）　安定性：± 0.001 Abs/h	
(5) 再現性（公定法比較）			
(6) 自動温度補償			
(7) 換算			
(8) 表示・記録方式			
(9) 電源		AC 100 V、50／60 Hz／DC 6 V（Ni-Cd乾電池　単3型　5個）（消費電力 約3.6 W）	
(10) 標準液等			
(11) 外形寸法		約 W 117 × H 65 × D 185 mm	
(12) 重量		約 485 g	
(13) その他		光源：ハロゲンランプ 測定波長：自動波長選択方法	
(14) 価格（標準品）		540,000 円	
(15) 納入実績		最近5ヶ年（H 7～11）の販売実績　50台	

問合せ先

東亜ディーケーケー株式会社

　〒169-8648　東京都新宿区高田馬場1-29-10
　　TEL　03-3202-0221
　　FAX　03-3202-0555
　　URL　http://www.toadkk.co.jp/

ポータブル水質計（型式 975MP シリーズ）

水素イオン濃度（pH）、溶存酸素（DO）、窒素化合物、りん酸、塩化物イオン、シアン化合物、フェノール等80項目

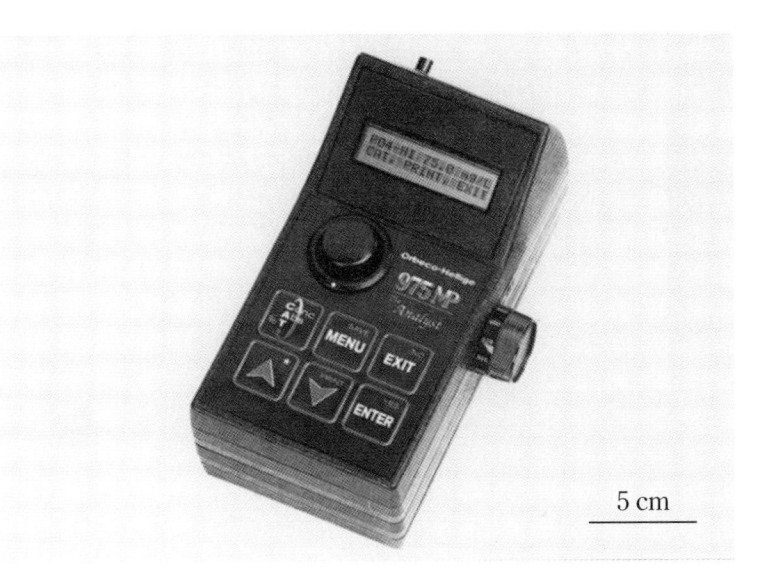

単項目		
多項目	A	
	B	○

A：測定機器自体が多項目可
B：試薬を変えることで多項目可

5 cm

特 徴
1. 80種の全テストがあらかじめ永久的に検量線が記憶されている。
2. スタンダードキャリブレーションが不要である。
3. 液晶表示により波長とバッテリー容量の確認ができる。
4. 演算装置の制御による mg/L、Abs、％T の直読方式である。
5. 操作は機器の簡単な表示に応えるだけで使用できる。

使用上の留意点
1. 採水は必要である。
2. 校正は不要である。
3. 試薬は必要である。試薬の廃液回収は必要である。測定項目により異なる。
4. 測定時の妨害物質はない。
5. 交換部品および消耗品は必要である（別表参照）。

仕　様

項　目		仕　様	
(1) 測定方法		分光光度法（測定波長　420～640 nm）	
(2) 測定原理		発色試薬による吸光光度法	
(3) 測定範囲		測定項目	測定範囲
		アンモニア性窒素	0～6.8 mg/L
		塩化物イオン	0～500 mg/L
		クロム	0～60 mg/L
		COD（重クロム酸塩作用）	5～4 500 mg/L
		シアン化合物	0～0.4 mg/L
		亜硝酸塩	0～1 500 mg/L
		溶存酸素	0～14 mg/L
		pH	pH 0.5～10.0
		フェノール	0～1.0 mg/L
		りん酸塩	0～100 mg/L
		濁度、FTU	0～800 mg/L
(4) 測定精度		±3 %	
(5) 再現性（公定法比較）		±2 %	
(6) 自動温度補償			
(7) 換算			
(8) 表示・記録方式		2行16桁液晶表示	
(9) 電源		アルカリ乾電池（単3形　4個）	
(10) 標準液等		測定項目による試薬	
(11) 外形寸法		W 102×H 89×D 187 mm	
(12) 重量		0.8 kg	
(13) その他		検出器：シリコンフォトダイオード　ケース：耐腐食、耐水	
(14) 価格（標準品）		80,000円	
(15) 納入実績		最近5ヶ年（H 7～11）の販売台数　100台	

交換部品・消耗品　※月数回測定対象

	名　称	規　格	交換期間(年・月)毎	年間交換部品・消耗品費		
				単　価	数　量	金　額
交換部品	光源ランプ	タングステン電球	3年	15,000円	1/3ヶ	5,000円
	サンプルセル	キャップ付ガラス瓶 径28 mm	3年	4,500円	1/3箱(4入)	1,500円
	サンプルセル	キャップ付プラスチック瓶 径28 mm	3年	2,400円	1/3箱(4入)	800円
消耗品	試薬	測定項目による			1箱（90入）	使用頻度による

年間交換部品・消耗品費合計　7,300円
（除試薬）

問合せ先

株式会社センコム

〒110-0016　東京都台東区台東 4-1-9
　TEL　03-3839-6321
　FAX　03-3839-6324

3. 現地据付型水質自動測定装置

3.1 単項目水質自動測定装置

小型メモリー水温計（型式 MDS-MKV/T（MKV-シリーズ））

水温
MDS MKV／L：照度
MDS MKV／D：水深

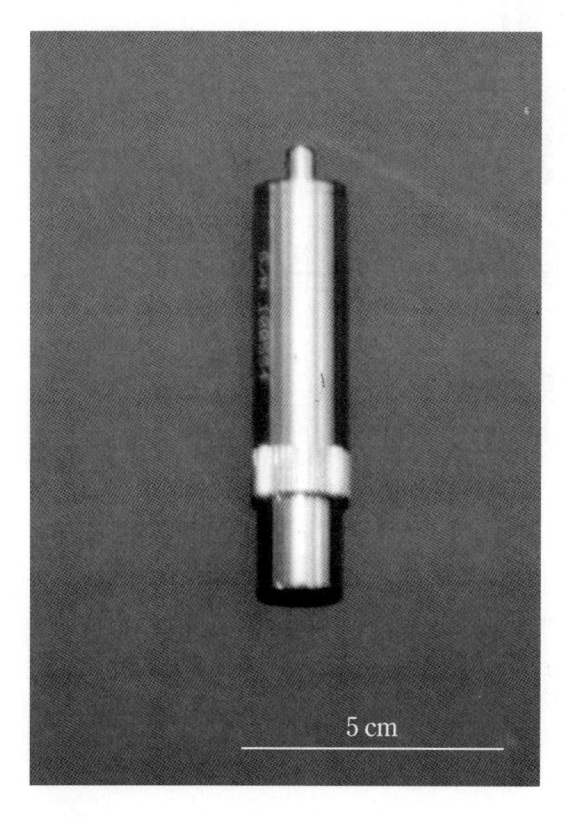

単項目	○
多項目	
採水式 A	
採水式 B	
採水式 C	
潜漬式	○

A：連続自動採水
B：間欠自動採水
C：その他

特 徴
1. 小型（手のひらサイズ）・軽量である。
2. 安全保存機能採用により取得データの消失がない。
3. 大容量メモリ（約50万データ）により2年の計測が可能である。
4. チタンを採用し腐蝕の心配がない。

使用上の留意点
1. 装置は屋外設置であるが、ブイ上または筏上への設置は不可である。
2. 校正は不要である。
3. 試薬は不要である。
4. 測定時の妨害物質はない。
5. 保守点検は、3ヶ月毎に行う。保守点検作業は30分必要である。
6. 交換部品は必要ないが、消耗品は必要である（別表参照）。
7. 精度維持のため、年1回オーバーホール、再検定が必要である。

仕　様

項　目	仕　様
(1) 測定方法	サーミスタ方式
(2) 測定原理	白金、またはサーミスタの抵抗温度係数が大きいことを利用し、ブリッジ法によって電気抵抗を測定し、間接的に温度を測定
(3) 測定範囲	レンジ −4～40℃
(4) 電極精度	0.05℃（分解能 0.015℃）
(5) 応答速度	1秒
(6) 電源条件	リチウム電池
(7) 外観・構造	φ18×80mm　空中42g／水中24g　耐圧：2000m
(8) 表示・記録方式	2Mバイトフラッシュメモリ記録方式
(9) 価格（標準品）	98,000円
(10) 納入実績	最近5ヶ年（H7～11）の納入実績　河川・ダム・㊙湖沼㊙・㊙その他㊙ H11より発売の新製品である。H11の販売台数　100台

交換部品・消耗品　※1日24回測定対象

	名　称	規　格	交換期間 (年・月)毎	年間交換部品・消耗品費		
				単　価	数　量	金　額
消耗品	Oリング		1年	70円	1本	70円
	バッテリ	2CR	1年	1,800円	1個	1,800円

年間交換部品・消耗品費合計　1,870円

問合せ先

アレック電子株式会社

〒651-2242　兵庫県神戸市西区井吹台東町7-2-3
　TEL　078-997-8686
　FAX　078-997-8609

小型メモリー水温深度計（型式 COMPACT-TD）
水温、水深

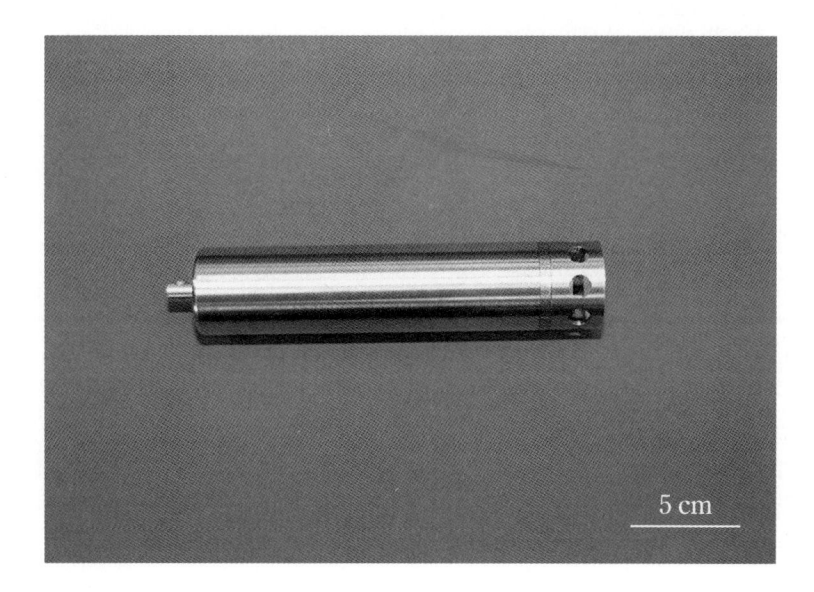

単項目	○
多項目	

採水式	A	
	B	
	C	

潜漬式	○

A：連続自動採水
B：間欠自動採水
C：その他

特 徴
1. 小型・軽量である。
2. 安全保存機能採用により取得データの消失がない。
3. 大容量メモリ（約17万データ）により2年の計測が可能である。
4. チタンを採用し腐蝕の心配がない。

使用上の留意点
1. 装置は屋外設置であるが、ブイ上または筏上への設置は不可である。
2. 校正は不要である。
3. 試薬は不要である。
4. 測定時の妨害物質はない。
5. 保守点検は、3ヶ月毎に行う。保守点検作業は約30分必要である。
6. 交換部品は必要ないが、消耗品は必要である（別表参照）。
7. 精度維持のため、年1回オーバーホール、再検定が必要である。

仕　様

項　目	仕　様	
	水　温	水　深
(1) 測定方法	サーミスタ方式	水圧感知方式
(2) 測定原理	白金、またはサーミスタの抵抗温度係数が大きいことを利用し、ブリッジ法によって電気抵抗を測定し、間接的に温度を測定。	圧力を受けると変化する半導体の抵抗値を測定。
(3) 測定範囲	－5～40℃	0～40／100／200／500 m 選択
(4) 電極精度	±0.05℃（分解能 0.001℃）	±0.03％フルスケール（分解能フルスケール×1/65 000）
(5) 応答速度	1秒	1秒
(6) 電源条件	CR2型リチウムバッテリ	
(7) 外観・構造	φ40×202 mm　空中 500 g／水中 265 g	
(8) 表示・記録方式	2 M バイトフラッシュメモリ記録方式	
(9) 価格（標準品）	300,000 円	
(10) 納入実績	最近5ヶ年（H7～11）の納入実績 ㊀河川・ダム・湖沼・㊀その他H 12より発売の新製品である。H 12の販売台数　50台	

交換部品・消耗品　※1日24回測定対象

	名　称	規　格	交換期間(年・月)毎	年間交換部品・消耗品費		
				単　価	数　量	金　額
消耗品	Oリング		1年	80 円	1本	80 円
	バッテリ	CR2	1年	1,200 円	1個	1,200 円

年間交換部品・消耗品費合計　1,280 円

問合せ先

アレック電子株式会社

〒651-2242　兵庫県神戸市西区井吹台東町7-2-3
　TEL　078-997-8686
　FAX　078-997-8609

SS 濃度計（型式 7011A）

浮遊物質量（SS）

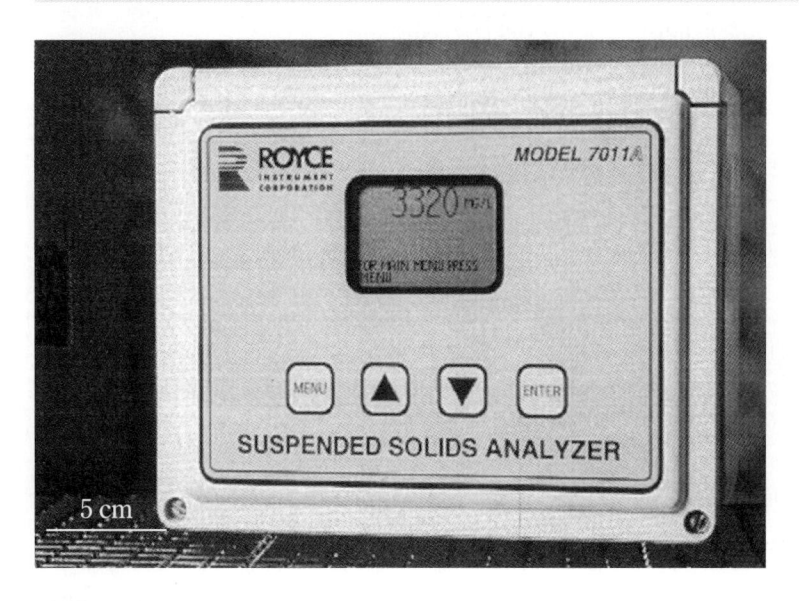

単項目	○
多項目	
採水式 A	
採水式 B	
採水式 C	
潜漬式	○

A：連続自動採水
B：間欠自動採水
C：その他

特 徴

1. 4機種のセンサにより、0～10 ppm から 0～80 000 ppm までのワイドレンジ。
2. 計測部は屋外で使用可能な全天候型。
3. プログラム制御でセンサ自動洗浄可能。
4. アナログ出力（4～20 mA、DC、DC 0～1 V）、ディジタル出力（RS-485）。
5. 自己診断機能。

使用上の留意点

1. 装置は屋外設置であり、ブイ上または筏上への設置も可能である。
   設置施設として次の設備が必要となる。
   　電気・コンプレッサ（圧空源：3気圧以上）
2. 校正は必要であり、1ヶ月毎の周期で行う。校正に約20分必要である。
3. 試薬は不要である。
4. 測定時の妨害物質はない。
5. 保守点検は1ヶ月毎に行う。保守点検作業は約20分必要である。
6. 交換部品および消耗品は必要ない。

仕 様

項 目	仕 様
(1) 測定方法	透過光方式
(2) 測定原理	低濃度（例 0 ～ 10 ppm レンジ）の場合は透過光と 90 度散乱光の組合せ
(3) 測定範囲	0 ～ 80 000 ppm、0 ～ 999 NTU（NTU：濁度の国際単位）
(4) 電極精度	Model 72A：表示値の± 5 %または、± 5 ppm（1.7 NTU）のいずれか大きい方 Model 73A：表示値の± 5 %または、± 100 ppm のいずれか大きい方 Model 74：表示値の± 5 %または、± 150 ppm のいずれか大きい方
(5) 再現性	72A：表示値の± 1 %または± 2 ppm（0.5 NTU）いずれか大きい方 73A：表示値の± 1 %または± 20 ppm 74：表示値の± 1 %または± 30 ppm 動作条件　　温度 0 ～ 50 ℃ 　　　　　　　圧力 0 ～ 3.5 kg/cm^2
(6) 電源条件	AC 100 V　50／60 Hz
(7) 外観・構造	235 × 130 × 185 mm　2.5 kg
(8) 表示・記録方式	液晶表示 56 × 38 mm 出力 DC 4 ～ 20 mA または 0 ～ 1 V RS-485
(8) その他	自動洗浄　圧水または圧空による光学窓自動洗浄
(9) 価格（標準品）	800,000 ～ 1,420,000 円
(10) 納入実績	最近 5 ヶ年（H 7 ～ 11）の納入実績　11 台 　　　　　河川・ダム・湖沼・⦅その他⦆

問合せ先

アクアコントロール株式会社

〒102-0073　東京都千代田区九段北 1-10-5
　TEL　03-3234-3541
　FAX　03-3234-0082

浮遊物質自動測定装置（型式 SS-208）
浮遊物質量（SS）

単項目	○
多項目	

採水式	A	
	B	
	C	○

潜漬式	

A：連続自動採水
B：間欠自動採水
C：その他

50 cm

特 徴
1. JISに基づく重量法を全自動化したもので信頼性の高い値が得られる。
2. 試料水導入後、数10分でSS測定が可能である。
3. 誤動作防止機能をそなえた実用重視の設計である。
4. 装置の設定、測定内容、測定値バーグラフ、異常箇所等の印字ができる。
5. 試料の前処理と流路の自動洗浄が可能な設計である。

使用上の留意点
1. 装置は屋内設置であるが、ブイ上または筏上への設置は可能である。
   設置施設として次の設備が必要となる。
   　　局舎・上水道・電気・採水設備・排水設備
2. 校正は必要であり、半月毎の周期で行う。校正に約1時間必要である。
3. 試薬は不要である。
4. 測定時の妨害物質はない。
5. 保守点検は、2週間毎に行う。保守点検作業は約2時間必要である。
6. 交換部品および消耗品は必要である（別表参照）。

仕様

項　目	仕　　様
(1) 測定方法	JIS K 0102 に基づくろ過分離重量法
(2) 測定原理	回転テーブルの駆動によりろ紙を天秤、ろ過筒、乾燥筒に回転移動して測定を行う。測定動作として、予備乾燥したろ紙をろ紙交換機構を下降駆動しろ紙吸引弁に吸引採取して天秤にのせろ紙重量をはかり記憶する。次に回転テーブルを駆動しろ紙をろ過筒に移動し、ろ過筒にはさみこみ、あらかじめ計量した試料水をろ過筒に流し込むとともに、負圧吸引ろ過し、さらに栓上水を流しろ紙面を洗浄する。その後、ろ紙を乾燥筒に移動して上部より熱風をあてて乾燥させた後、さらに天秤までろ紙を移動し重量をはかる。SSの測定値はこの重量から先にはかったろ紙の重量を差し引き、試料水容量（500 mL）に対して演算して試料水中のSS濃度を測定する。
(3) 測定範囲	0～100 mg/L（標準）（問合せにより、その他のレンジも製作可能）
(4) 測定再現性	フルスケール±4％以内
(5) 制御方式	マイクロコンピュータ制御、全自動
(6) 測定周期	内部スタート（1H、2H、3H）
(7) 表示・記録方式	ディジタル表示：工程数／工程残り時間／濃度／レンジ／測定値異常設定値／前回測定時のろ紙重量／時刻 発光ダイオード表示：制御モード／動作モード／警報／ディジタル表示の選択用 印字内容：測定値、設定値、日報、電源断、各種警報マーク印字等 警報接点出力：無電圧a接点出力(常時接点が開で、異常時接点が閉となる)、測定値異常／電源断／洗浄水断／計器異常／試料水断（オプション）／保守中 外部スタート：無電圧a接点入力（2秒以上） 測定値電圧出力：DC 0～1 V（非絶縁） 測定値電流出力：DC 4～20 mA（絶縁）…オプション
(8) 計量方式	負圧吸引計量方式 試料水の濃度により、100～500 mLまで採水量可変可能
(9) ろ紙予備乾燥方式	熱風による定温乾燥式（約110℃）（ろ紙収容枚数 約100枚）
(10) ろ紙採取方式	電動駆動によるろ紙吸引方式による2重給紙防止装置付
(11) 試料ろ過方式	採取筒密閉による試料吸引方式
(12) 試料乾燥方式	乾燥筒での温風吸引による乾燥（約110℃で約10分間乾燥）
(13) 重量測定方式	電子自動上皿天秤による（読取限度は1 mg）
(14) 電源条件	AC 100 V±10 V　50／60 Hz±1 Hz（漏電ブレーカ内蔵）
(15) 消費電力	約700 VA（最大負荷時）
(16) 外形寸法	W 900×D 650×H 1 600 mm（チャンネルベース式）
(17) 重量	約180 kg
(18) 価格（標準品）	6,400,000 円
(19) 納入実績	最近5ヶ年（H7～11）の納入実績　河川・ダム・湖沼・その他 販売台数　13台

交換部品・消耗品　※1日24回測定対象

	名　称	規　格	交換期間 (年・月)毎	年間交換部品・消耗品費		
				単　価	数　量	金　額
交換部品	テフロンチューブ	内径2×外径4 mm 1 m	5本/年	800 円	5本	4,000 円
	テフロンチューブ	内径4×外径6 mm 1 m	6本/年	1,100 円	6本	6,600 円
	Zチューブ	ZPE-8	10本/年	500 円	10本	5,000 円
	Zチューブ	ZPE-6	5本/年	700 円	5本	3,500 円
	ダイヤフラムセット*1	MX-808ST-W	4個/年	12,000 円	4個	48,000 円
	ローエンスチューブ	内径4×外径7 mm 1 m	2本/年	750 円	2本	1,500 円
	ローエンスチューブ	内径5×外径9 mm 1 m	5本/年	800 円	5本	4,000 円

名称	規格	交換期間 (年・月)毎	年間交換部品・消耗品費		
			単価	数量	金額
交換部品					
ローエンスチューブ	内径6×外径12 mm 1 m	1年	1,750円	1本	1,750円
ローエンスチューブ	内径10×外径15 mm 1 m	2本/年	1,800円	2本	3,600円
シリコンチューブ	内径15×外径19 mm 1 m	1年	8,000円	1本	8,000円
シリコンチューブ	内径8×外径13 mm 1 m	2本/年	3,000円	2本	6,000円
シリコンチューブ E種	内径5×外径7 mm 1 m	6ヶ月	1,200円	2本	2,400円
スリーブ*2	シリコン 外径4 mm用 20個入	1年	2,300円	1個	2,300円
スリーブ*2	シリコン 外径3 mm用 20個入	1年	2,000円	1個	2,000円
電磁弁	AB41017-3A DC 24 V	3個/年	19,000円	3個	57,000円
ピンチバルブ	PK-0802 DC 24 V	1年	6,600円	1個	6,600円
ピンチバルブ	EPK-1502NC AC 100 V	1年	33,000円	1個	33,000円
ピンチバルブ	EPK-1005-NO AC 100 V	1年	25,000円	1個	25,000円
試料計量管	パイレックス	1年	29,300円	1個	29,300円
ろ紙乾燥電球	シゼットレフランプ	2個/年	500円	2個	1,000円
吸盤	シリコンゴム	12個/年	650円	12個	7,800円
上下ベアリング	SS3-05-006	1年	3,000円	1個	3,000円
消耗品	グラスファイバーろ紙	GS-25（100枚入り）		8,000円	80枚	640,000円
	パッキン（ろ過筒用）	SS3-04-007	5個/年	2,000円	5個	10,000円
	フィルタ	SS3-03-003	6ヶ月	13,000円	2枚	26,000円
	記録紙	AY-10（10巻入）	10巻/年	12,000円	1本	12,000円

年間交換部品・消耗品費合計　949,350円

*1 ダイヤフラム：エアーポンプの種類でダイヤフラム式ポンプがあり、それに使用するダイヤフラムを指す。
*2 スリーブ：配管をジョイントに接合する時に配管を固定する配管固定補助具。

問合せ先

株式会社アナテック・ヤナコ

〒611-0041　京都府宇治市槙島町十一96-3
　TEL　0774-24-3171
　FAX　0774-24-3173
　URL　http://www.yanaco.co.jp/

メモリーパック式濁度計（型式 ATU5-8M（ATU-8M シリーズ））

濁度（0～200 ppm、0～2,000 ppm）
ATU 3-8M：濁度（0～200 ppm、0～20,000 ppm）
ATU40-8M：水温、濁度（0～200 ppm）

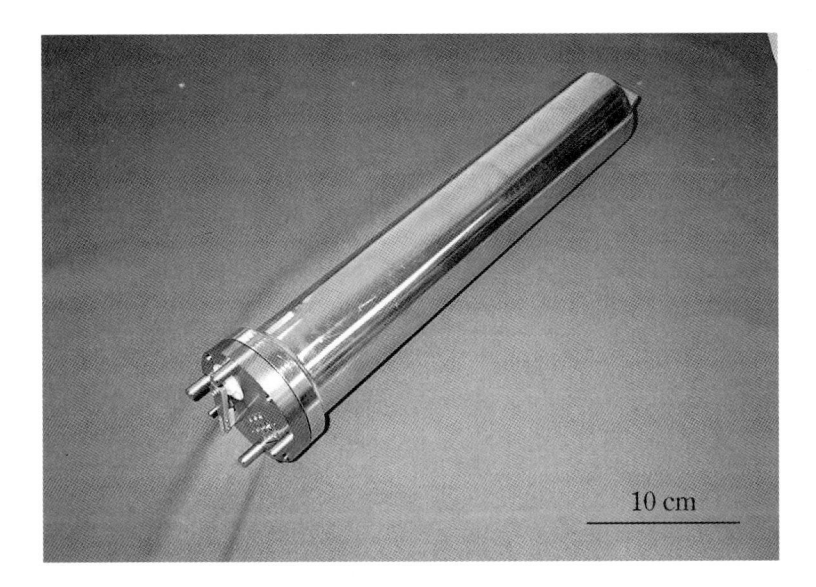

単項目	〇	
多項目		
採水式	A	
	B	
	C	
潜漬式	〇	

A：連続自動採水
B：間欠自動採水
C：その他

特 徴
1. 光学センサガラス部に藻類等の付着や汚れを取り除くためのワイパーが装備されており、長期連続観測が可能である。
2. 記録部は、着脱可能なメモリパック方式のデータロガを内蔵しており500 000 データの記録が可能である。
3. メモリパックに記録されたデータは汎用のパソコンで処理可能である。

使用上の留意点
1. 装置は潜漬式であり、ブイ上または筏上への設置は不可である。
2. 校正は不要である。
3. 試薬は不要である。
4. 測定時の妨害物質はない。
5. 保守点検は、1ヶ月毎に行う。保守点検作業は約30分必要である。
6. 交換部品は必要ないが、消耗品は必要である（別表参照）。
7. 精度維持のため、年1回オーバーホール、再検定が必要である。

仕　様

項　目	仕　様
(1) 測定方法	赤外後方散乱方式
(2) 測定原理	中央の受光部の両側に配置した2つの発光部から、880 nmの赤外光を水中に照射し、水中の懸濁粒子で散乱した赤外光を受光部で受光。
(3) 測定範囲	0～200、0～2 000 ppm（2 ch）オプション
(4) 電極精度	±2％（分解能0.1 ppm）
(5) 応答速度	0.2秒
(6) 電源条件	専用リチウムパック電池使用
(7) 外観・構造	φ 89×581 mm　空中10 kg／水中6 kg
(8) 表示・記録方式	メモリパック記録方式
(9) 価格（標準品）	1,200,000 円
(10) 納入実績	最近5ヶ年（H 7～11）の納入実績　河川・ダム・湖沼・その他 販売台数80台

交換部品・消耗品　※1日24回測定対象

	名　称	規　格	交換期間 (年・月)毎	年間交換部品・消耗品費		
				単　価	数　量	金　額
消耗品	メモリパック内蔵電池		3年	10,000円	1/3個	3,400円
	バッテリ	BL08	6ヶ月	23,000円	2個	46,000円
	ワイパーゴム		3ヶ月	800円	4個	3,200円
	電食亜鉛 （係留金具取付用）	Z-100（2個）	2ヶ月	1,500円	12個	18,000円

年間交換部品・消耗品費合計　70,600円

問合せ先

アレック電子株式会社

〒651-2242　兵庫県神戸市西区井吹台東町7-2-3
　TEL　078-997-8686
　FAX　078-997-8609

表面散乱光式濁度計（型式 TR-301B）
濁度

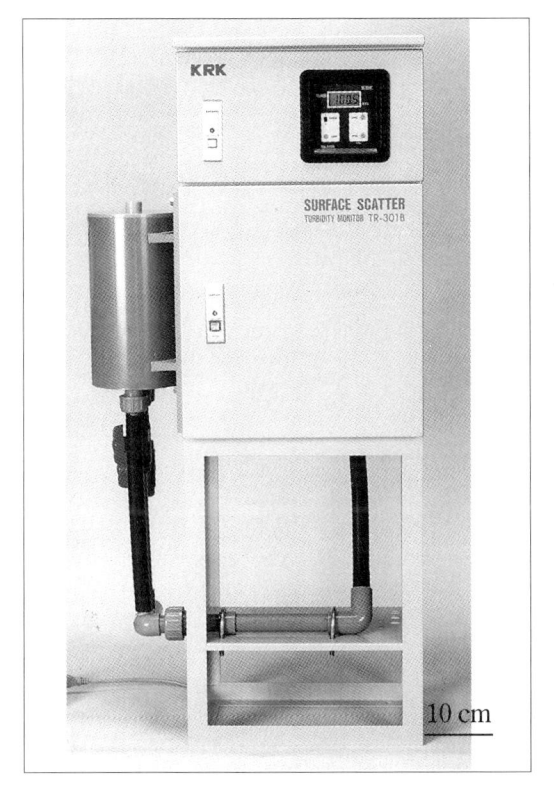

単項目	○
多項目	
採水式 A	
採水式 B	
採水式 C	○
潜漬式	

A：連続自動採水
B：間欠自動採水
C：その他

特徴
1. 第一標準は標準液であるが、第二標準は標準散乱板により校正が容易で数分でできる。
2. フル装備の検出器ユニットで試料水の入口（13 A）と排出水（20 A）をそれぞれ接続するだけで設備工事や移動が容易である。
3. 脱泡槽により測定水の気泡を排除し、測定精度が向上するため、表示や出力が安定する。
4. 測定水と光学部の接触がないため、ガラスセル窓等の汚れによる誤差がない優れた表面散乱光方式である。
5. オプションにより測定範囲 0～5 000 mg/L にて連続測定が可能である。

使用上の留意点
1. 装置は屋内設置であり、ブイ上または筏上への設置は不可である。
   設置施設として次の設備が必要となる。
      局舎・電気・採水設備・排水設備
2. 校正は必要であり、約 2 ヶ月の周期で行う。校正に約 10 分必要である。
3. 試薬は不要である。
4. 測定時の妨害物質はない。
5. 保守点検は、約 10 日毎に行う。保守点検作業は約 30 分必要である。
6. 交換部品は必要であるが、消耗品は必要ない（別表参照）。

仕様

項目	仕様
(1) 測定方法	表面散乱光測定方式
(2) 測定原理	脱泡槽を経由して、濁度検出部に導入された試料水は測定槽上部より、さざ波が少ない、安定した水面を形成しながら、ドレン側に排出される。一方において、測定槽の斜め上部に配置された投光部よりの光束は測定槽の水面に照射され、濁度濃度に比例した散乱光が発生する。この散乱光が上部検出器に導かれて光量が検出され、変換器を介して濃度表示される。また、測定槽の水面において、散乱を受けずに透過する光束は測定槽壁面において迷光にならないよう屈折して測定槽の斜め方向に直進する。
(3) 測定範囲	カオリン濁度：0.0～199.9 mg/L（標準仕様） フォルマジン濁度：0.0～199.9 mg/L（オプション） その他のレンジ：フルスケール、50、500、1000、2000
(4) 伝送出力（2レンジ式）	レンジ1：DC 4～20 mA（0～199.9 mg/L または NTU） レンジ2：DC 4～20 mA（0～19.9 mg/L または NTU）
(5) 周囲条件	温度 0～40℃、湿度 相対湿度 0～85％以下
(6) 精度	フルスケール±2％以内
(7) 応答速度	30秒以内
(8) 試料条件	温度：0～40℃（凍結しないこと）　圧力：0.2～3 kg/cm^2、 流量：0.5～5 L/min
(9) 電源条件	検出器：AC 100 V±10 V　50／60 Hz（AC 200 Vはオプション） 　　　　消費電力 30 VA 指示変換器：AC 100 V±10 V　50／60Hz
(10) 外観・構造	
① 計測部	W 350×D 270×H 1 008 mm　約26 kg
② 指示増幅部	計測部に組込み
③ 採水洗浄制御部	W 150×D 220×H 800 mm（計測部正面より左奥に取付）
(11) 表示・記録方式	ディジタル：液晶　4桁（記録計はオプション）
(12) 校正方式	第一標準：カオリン標準液（またはフォルマジン） 第二標準：校正散乱板
(13) 標準構成	検出器ユニット（脱泡槽、配管ユニット）、スパン校正散乱板、ゼロ校正用キャップ
(14) 標準外付属品	スパン校正ユニット（チューブ、バルブ付ミニポンプ）標準液5Lまたは標準液用粉末5袋（5L用）　採水ポンプ
(15) 価格（標準品）	1,050,000円～
(16) 納入実績	最近5ヶ年（H7～11）の納入実績　河川・ダム・湖沼・その他 販売台数　100台

交換部品・消耗品　※1日24回測定対象

	名称	規格	交換期間 (年・月)毎	年間交換部品・消耗品費		
				単価	数量	金額
交換部品	光源ランプ	発光ダイオード 取付マウントコネクタ付	1年	15,000円	1個	15,000円

年間交換部品・消耗品費合計　15,000円

問合せ先

笠原理化工業株式会社

〒346-0014　埼玉県久喜市吉羽1658
　TEL　0480-23-1781
　FAX　0480-23-2749
　URL　http://www.krkjpn.co.jp

90° 散乱光式濁度計（型式 TR-301Z）

濁度

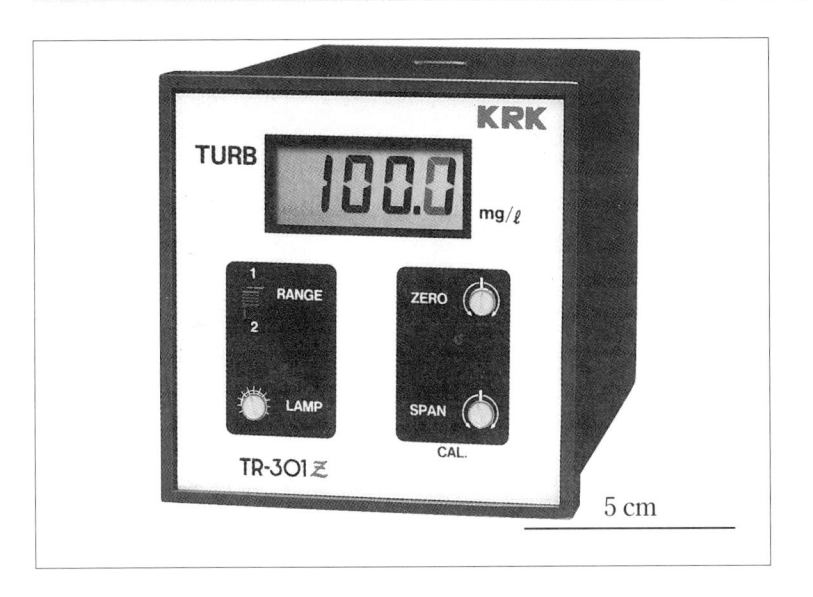

単項目	○
多項目	

採水式	A	
	B	
	C	

| 潜漬式 | ○ |

A：連続自動採水
B：間欠自動採水
C：その他

特 徴

1. 外部光に強い近赤外パルス変調光方式である。
2. AC 100 V ～ 240 V のフリー電源付で計装が簡単である。
3. 2レンジ手動切換式である。
4. 伝送出力が絶縁型である。

使用上の留意点

1. 装置は屋内設置であり、ブイ上または筏上に設置は不可である。
   設置施設として次の設備が必要となる。
   　電気（制御盤等のパネルに取付ける）
2. 校正は必要であり、約半年の周期で行う。校正に約30分必要である。
3. 試薬は不要である。
4. 測定時の妨害物質はない。
5. 保守点検は、約1週間毎に行う。保守点検作業は約30分必要である。
6. 交換部品および消耗品は必要ない。

仕様

項　目	仕　様
(1) 測定方法	90度散乱光測定方式
(2) 測定原理	近赤外線発光ダイオード光源、および散乱光受光器がそれぞれ90度の角度に配置された防水構造濁度検出器から検水中に近赤外パルス光束が照射され、浮遊物質・濁度物質に比例して発生した散乱光が光受光器に到達する。この入射光は検出器で光電変換され → 増幅 → 演算 → mg/L 表示する。検水の色調や外部光の影響は、ほとんど受けずに高精度測定できる。
(3) 測定範囲	カオリン濁度：0～199.9／0～19.99 mg/L（標準仕様）
(4) 周囲条件	温度 −5～45℃　湿度　相対湿度85％以下（但し、結露が無いこと）
(5) 検出器精度	フルスケール±2％以内
(6) 伝送出力	DC4～20 mA（絶縁型）
(7) 検水条件	温度5～40℃（有機溶剤の存在する検水は測定厳禁）
(7) 電源条件	AC 100～240 V　消費電力 約10 VA
(8) 外観・構造	
①計測部	検出器：没水型（TRD-100）φ45×189 mm（標準ケーブル6 m付）
②指示増幅部	W 96×D 163×H 96 mm　約1.3 kg
(9) 表示・記録方式	ディジタル：液晶 $3\frac{1}{2}$ 伝送出力：DC 4～20 mA（絶縁型）付（記録計はオプション）
(10) 周囲温湿度	−5～45℃、相対湿度 85％以下（但し、結露しないこと）
(11) 検出器型式	①没水型TRD-100（標準）　②浸漬型TRD-200H（オプション） ③インライン型TRD-100F（TRD-FHと一緒に使用）
(12) 価格（標準品）	700,000 円～
(13) 納入実績	最近5ヶ年（H 7～11）の納入実績　河川・ダム・湖沼・その他 販売台数　100台

問合せ先

笠原理化工業株式会社

　〒346-0014　埼玉県久喜市吉羽1658
　　TEL　0480-23-1781
　　FAX　0480-23-2749
　　URL　http://www.krkjpn.co.jp

濁度計（型式 LQ141）
濁度

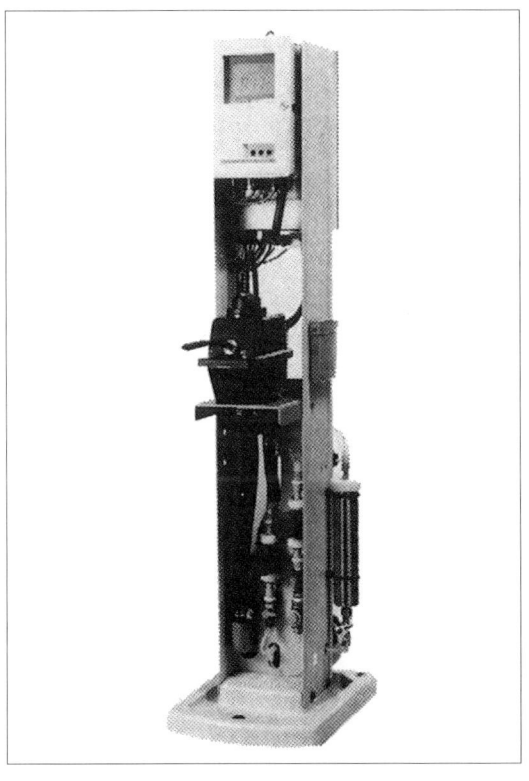

単項目	○
多項目	

採水式	A	○
	B	
	C	

潜漬式	

A：連続自動採水
B：間欠自動採水
C：その他

50 cm

特 徴
1. 表面散乱光方式のため光学セル窓が非接液で汚れによる測定誤差がない。
2. 各種診断機能、折れ線近似による濁度補正機能を標準装備。
3. オプションで自動洗浄、自動校正機能がある。

使用上の留意点
1. 装置は屋内設置であり、ブイ上または筏上への設置は不可である。
   設置施設として次の設備が必要となる。
   　局舎・上水道・電気・採水設備
2. 校正は必要であり、1ヶ月毎の周期で行う。校正に約30分必要である。
3. 試薬は不要である。
4. 測定時の妨害物質はない。
5. 保守点検は、1ヶ月毎に行う。保守点検作業は約30分必要である。
6. 交換部品は必要であるが、消耗品は必要ない（別表参照）。

仕様

項　目		仕　様
(1) 測定対象		水中の濁度
(2) 測定方式		表面散乱光測定方式
(3) 測定原理		表面散乱光測定方式は、測定液面に光を照射し、その液面からの散乱光を測定し、その散乱光の強さが液中の懸濁物質の濃度に比例することを利用して濁度を測定する方式である。
(4) 測定範囲	単レンジ	0～2、0～5、0～10、0～20、0～50、0～100、0～200、0～500、0～1000、0～2000（選択可：mg/L、ppm、度）
	2レンジ切換	0～2／20、0～5／50、0～10／100、0～20／200、0～50／500、0～100／1 000、0～200／2 000（選択可：mg/L、ppm、度）
	3レンジ切換	0～2／5／10、0～5／10／50、0～20／100／500、0～50／200／2 000（選択可：mg/L、ppm、度）
(5) 繰り返し性		±1％フルスケール（標準散乱板にて）
(6) 直線性		±3％フルスケール（カオリン標準液にて）
(7) 応答速度		90％応答2分以内（試料水入により試料水流量3 L/min にて）
(8) 校正方式		ゼロ水、水道水、ランプOFF、標準散乱板により校正 ゼロ：ゼロ水フィルタろ過水、水道水、ランプOFF スパン：標準散乱板
(9) 検水条件		水温：0～40℃（凍結しないこと）　圧力：0.02～0.3 MPa　流量：2～7 L/min
(10) 水道水		脱泡槽、測定槽、配管洗浄用およびゼロ校正用 水温：0～40℃（凍結しないこと）　濁度：0.5 mg/L 以下 圧力：0.02～0.3 MPa　流量：2～7 L/min
(11) 電源条件		AC 100 V ±10％、50／60 Hz　消費電力約60 VA（標準仕様のとき）
(12) 外形構造		W 380 × D 500 × H 1 500 mm　約40 kg
(13) 価格（標準品）		非公開
(14) 納入実績		最近5ヶ年（H 7～11）の納入実績　河川・ダム・湖沼　その他 販売台数　400台

交換部品・消耗品　※1日24回測定対象

	名　称	規　格	交換期間 (年・月)毎	年間交換部品・消耗品費		
				単　価	数　量	金　額
交換部品	光源ランプ	タングステンランプ	1年	非公開	1本	非公開
	活性炭筒	ゼロ水フィルタ用	1年	非公開	1本	非公開

問合せ先

株式会社東芝
公共システム第一部公共システム計装機器担当

〒105-8001　東京都港区芝浦1-1-1（東芝ビルディング）
　TEL　03-3457-4455
　FAX　03-5444-9290

水質連続監視装置（型式 MA-3000 シリーズ）
濁度

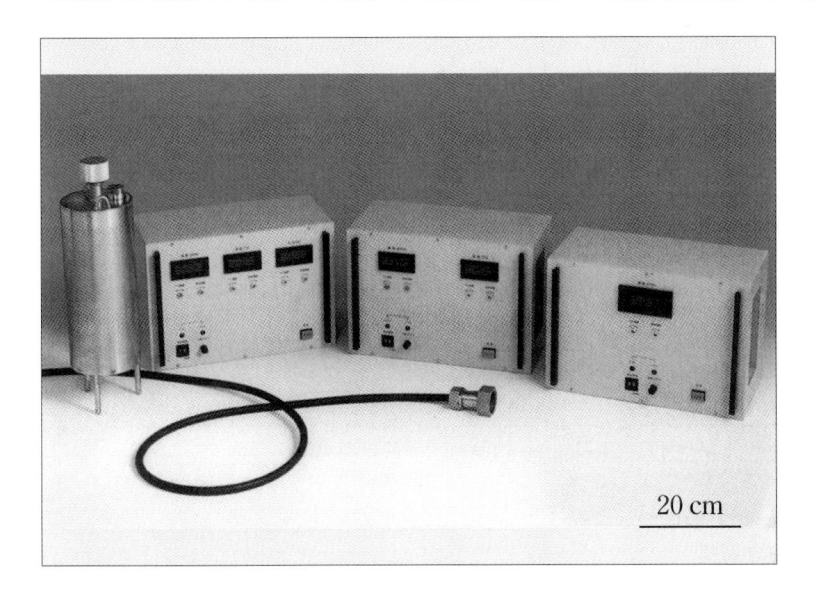

単項目	◯
多項目	

採水式	A	
	B	
	C	

潜漬式	◯

A：連続自動採水
B：間欠自動採水
C：その他

特徴
1. 外部出力機能を有し、遠隔地でのデータ監視に最適な全自動方式である。
2. 軽量・コンパクトで淡水、海域のどちらにも設置でき、メンテナンスも容易である。
3. オプション機能が多彩で警報出力・オートレンジ機能により多目的用途に対応可能である。
4. 測定要素の追加、測定範囲の選択が自由で水質の多角監視が可能である。

使用上の留意点
1. 装置は屋内および屋外設置であり、ブイ上または筏上への設置も可能である。
   設置施設として次の設備が必要となる。
   　局舎・商用電源・屋外用収納ボックス
2. 校正は不要である。
3. 試薬は不要である。
4. 測定時の妨害物質はない。
5. 保守点検は、1年毎に行う。保守点検作業は約3時間必要である。
6. 交換部品は必要ないが、消耗品は必要である（別表参照）。

仕　様

項　目	仕　様
(1) 測定方法	散乱光方式
(2) 測定原理	赤外線波長の発光ダイオードを交流変調し、それを光源として用いて散乱光の量を測定し濁度をディジタル表示する方法。
(3) 測定範囲	0～50／0～100／0～500／0～1 000／0～2 000 mg/Lより選択
(4) 外部出力	測定範囲に対して4～20 mA（電圧出力可）
(5) 測定精度	±2％/フルスケール以内
(6) 応答速度	約10秒
(7) 電源条件	AC 100 V±10％　50／60Hz　50 VA
(8) 外観・構造	制御部：約 W 360×D175×H 249 mm　約5 kg 検出部：約φ 127×300 mm（ステンレス製）　約11 kg 注）海水用（塩ビ製）約φ 140×230 mm　約5 kg 　　（取手・コネクタ部・脚部は除く）
(9) 信号ケーブル	クロロプレンキャプタイヤ　12芯×0.3 mm^2 外形φ 14±1.0 mm　10 m付（延長可）
(10) 表示・記録方式	ディジタル7セグメント 発光ダイオード3桁半
(11) 価格（標準品）	2,100,000～2,450,000円
(12) 納入実績	最近5ヶ年（H 7～11）の納入実績　(河川)・ダム・湖沼・(その他) 販売台数　48台

交換部品・消耗品　※1日24回測定対象

	名　称	規　格	交換期間 (年・月)毎	年間交換部品・消耗品費		
				単　価	数　量	金　額
消耗品	ワイパーブラシ		1年	3,000円	1個	3,000円

年間交換部品・消耗品費合計　3,000円

問合せ先

北斗理研株式会社

〒189-0026　東京都東村山市多摩湖町1-25-2
　TEL　042-394-8101
　FAX　042-395-8731
　URL　http://www.hokuto-riken.co.jp

濁度計（型式 MEIAQUAS TUD-101）
濁度

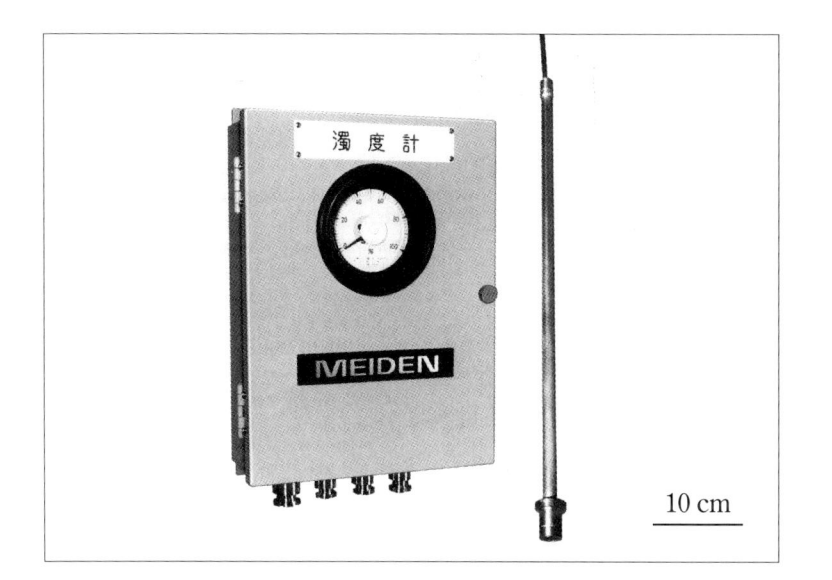

単項目	○
多項目	
採水式 A	
採水式 B	
採水式 C	
潜漬式	○

A：連続自動採水
B：間欠自動採水
C：その他

特 徴
1. 色度の影響を受けない（近赤外光式）。
2. 外光の影響を受けない（矩形波発光式で受光も交流成分のみ取り込み）。
3. 安定した出力が得られる（発光強度をフィードバックしコントロール）。

使用上の留意点
1. 装置は屋外設置であり、ブイ上または筏上への設置も可能である。
   設置施設として次の設備が必要となる。
      電気
2. 校正は必要であり、3ヶ月の周期で行う。校正に約30分必要である。
3. 試薬は不要である。
4. 測定時の妨害物質はない。
5. 保守点検は、1週間毎に行う。保守点検作業は、約30分必要である。
6. 交換部品および消耗品は必要である（別表参照）。

仕　様

項　目	仕　様
(1) 測定方法	散乱光測定式
(2) 測定原理	近赤外発光ダイオードに矩形波電流を流し、検水中に近赤外光を入射する。検水中に懸濁物がある場合には、散乱光が濁度検出用フォトダイオードに入射する。また、太陽光、電灯の光など外光も、フォトダイオードの光入力となる。フォトダイオードの出力は検出部内で増幅された後、変換増幅部でフィルタ回路を通る。このフィルタ回路では、発光の周波数の入力だけをとり出すので、電灯の光、太陽光による影響が除かれる。さらに、近赤外光の吸収を補償する温度補償回路を通った後、出力回路へ導かれる。 発光ダイオードの光出力の一部は、比較用フォトダイオードに受けられ、その出力で発光ダイオードの発光電流の制御を行っている。したがって、発光ダイオード、フォトダイオードの発光効率、受光効率の経時変化、温度変化を補償することができ、安定した出力が得られる。
(3) 測定範囲	0～10／0～30／0～100／0～500度（カオリン）
(4) 電極精度	出力直線性：フルスケール±2％（カオリン標準）
(5) ①検水条件	試料水温度：0～45℃
②電源条件	AC 100 V±10％　50／60 Hz　単相
(6) 外観・構造	検出器 φ62×500／1 000／1 500／2 000／2 500／3 000 mm 変換器 W 350×D 140×H 430 mm
(7) 表示・記録方式	アナログメータ表示　外部出力信号：測定信号DC 4～20 mA
(8) 価格（標準品）	3,440,000 円（販売価格）
(9) 納入実績	最近5ヶ年（H 7～11）の納入実績　河川・ダム・㊙湖沼㊙・㊙その他㊙ 販売台数　44台

交換部品・消耗品　※1日24回測定対象

	名　称	規　格	交換期間 (年・月)毎	年間交換部品・消耗品費		
				単　価	数　量	金　額
交換部品	洗浄ブラシ	純正	3年	6,000 円		6,000 円
消耗品	ホルマジン	400FTU（500 mL）	1年	4,000 円	1本	4,000 円

年間交換部品・消耗品費合計　10,000 円

問合せ先
株式会社明電舎

〒103-0015　東京都中央区日本橋箱崎町36-2 リバーサイドビル
　TEL　03-5641-7000
　FAX　03-5641-7001

表面散乱形濁度計（型式 TB400G）
濁度

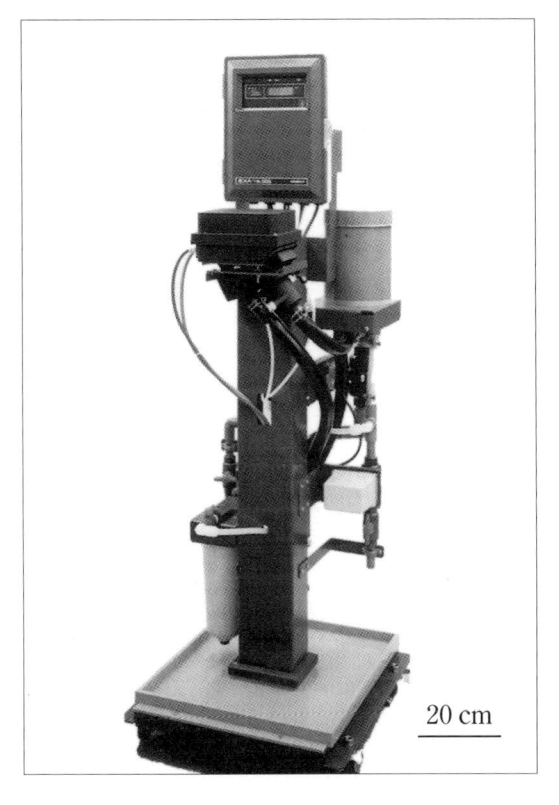

単項目		○
多項目		
採水式	A	○
	B	
	C	
潜漬式		

A：連続自動採水
B：間欠自動採水
C：その他

特 徴
1. 演算装置を搭載し高性能・高信頼性を実現。
2. ランプ断線検出、変換器のチェック機能、上下限警報等の自己診断機能の充実。
3. 自動洗浄、レンジフリー、自動ゼロ校正等の多機能を装備。
4. 小型軽量化、前面アクセスで保守が簡単。
5. 気泡対策を考慮した信号出力機能がある。

使用上の留意点
1. 装置は屋内設置であり、ブイ上または筏上への設置は不可である。
   設置施設として次の設備が必要となる。
     局舎・上水道・電気・採水設備・排水設備
2. 校正は必要であり、1ヶ月毎の周期で行う。校正に約30分必要である。
3. 試薬は不要である。
4. 測定時の妨害物質はない。
5. 保守点検は、1ヶ月毎に行う。保守点検作業は約2時間必要である。
6. 交換部品は必要であるが、消耗品は必要ない（別表参照）。

仕　様

項　　目	仕　　　　様
(1) 測定対象	上・下水道、河川および一般プロセス等における水の濁度
(2) 測定方法	表面散乱光測定方式
(3) 測定原理	密閉された検出部内部のタングステンランプは、レンズ群を通して測定水液面に光を照射する。照射された光は、液面表面で透過光・反射光・散乱光に分かれる。透過光および反射光は、黒体に相当する暗室で消滅する。散乱光の強さ（L）は、次式に示すように濁度に比例する。 　　　　$L = K \cdot Q \cdot S$　　　K：濁度に起因する定数　S：濁度　Q：ランプ光量 この散乱光を検出部内部のレンズで集光して濁度素子（シリコンフォトダイオード）で検出し、変換器に出力する。
(4) 測定範囲	$0 \sim 2\,000 / 0 \sim 1\,000$ mg/L 以下のレンジ
(5) 直線性	測定レンジ最大値の±2 % 測定レンジ最大値の±5 % ただし、パーシャルレンジの場合は最大測定レンジとした時の割合
(6) 繰り返し性	測定レンジ最大値の 2 %
(7) 電源電圧の影響	測定レンジ最大値の±1 %／定格電圧の±10 %以内
(8) 表示・記録方式	3 レンジ切換：リモート切換／ローカル切換（標準）（選択可） 　　　　　　　オートレンジ／マニュアルレンジ（標準）（選択可） 　　　　　　　（オートレンジの場合、レンジ切換ポイントの設定可） 　　　　　　　パーシャルレンジ設定可（ただし、スパンはレンジ上限設定値の 　　　　　　　　20 % 異常、または 2 mg/L の大きい方） 4 桁発光ダイオード表示、出力信号：DC 4 ～ 20 mA　RS 232 C 接点出力：保守中、ファイル、出力レンジ
(9) 機能	自動洗浄：水ジェット洗浄方式（洗浄時間、洗浄周期は任意設定可） 自動校正：ゼロ水によるゼロ点校正　手動校正：ゼロ校正、スパン校正 異常検出：濃度レンジオーバ、ランプ断線、ランプ電圧異常、AD 回路異常、メモリ異常、CPU 異常 チェック：変換器の動作チェック その他：折れ線出力、上下限警報、出力のダンピング設定
(10) 周囲温度	$-5 \sim 50$ ℃（凍結対策が必要）、保存温度：$-30 \sim 70$ ℃
(11) 周囲湿度	相対湿度 5 ～ 95 %（結露しないこと）
(12) 設置場所	屋内（屋外設置には別途防雨処置が必要）
(13) 測定水	流量：2 ～ 10 L/min　圧力：20 ～ 500 kPa（0.2 ～ 5 kgf/cm^2） 温度：0 ～ 50 ℃（ただし周囲温度＋30 ℃以下）
(14) ゼロ水・洗浄水 （水道水）	水質：濁度 2 mg/L 以下　温度：0 ～ 50 ℃（ただし周囲温度＋30 ℃以下） 圧力：100 ～ 500 kPa（1 ～ 5 kgf/cm^2）　流量：ゼロ水：2 ～ 10 L/min 洗浄水：3 ～ 6 L/min
(15) 応答速度	90 % 応答 2 分以内（サンプリング込）
(16) 電源条件	AC 100／110 V、50／60 Hz または AC 200／220 V、50／60 Hz
(17) 消費電力*	検出器、変換器単体：50 VA 以下サンプリング装置付：200 VA 以下（フルスペック）
(18) 外観・構造	検出器：W 245 × D 200 × H 250 mm 計測部：W 530 × D 550 × H 1 450 mm 変換部：W 260 × D 150 × H 340 mm 架台付：W 530 × D 550 × H 1 450 mm　約 50 kg
(19) 価格（標準品）	非公開
(20) 納入実績	非公開

交換部品・消耗品　※ 1 日 24 回測定対象

	名　称	規　格	交換期間 (年・月)毎	年間交換部品・消耗品費		
				単　価	数　量	金　額
交換部品	ランプ		1 年	非公開	1 個	非公開
	1 μm フィルタ		1 年	非公開	1 個	非公開
	ヒューズ	1 A	1 年	非公開	1 個	非公開

	名　称	規　格	交換期間 (年・月)毎	年間交換部品・消耗品費		
				単　価	数　量	金　額
交換部品	ヒューズ	3 A	1年	非公開	1個	非公開
	排水用チューブ		1年	非公開	1本	非公開

問合せ先

横河電機株式会社

〒180-8750　東京都武蔵野市中町2-9-32
TEL　0422-52-5617
FAX　0422-52-0622
URL　http://www.yokogawa.co.jp/Welcome-J.html

導電率計（型式 131E／103E）

導電率

単項目	○
多項目	
採水式 A	○
採水式 B	
採水式 C	
潜漬式	

A：連続自動採水
B：間欠自動採水
C：その他

特 徴
1. ディジタル表示の変換器。
2. セル定数（セルの寸法で決定される固有の定数）機能付で、変換器の良否判断も可能。

使用上の留意点
1. 装置は屋外設置であるが、ブイ上または筏上への設置は不可である。
   設置施設として次の設備が必要となる。
   　局舎・電気・採水設備
2. 校正は不要である。
3. 試薬は不要である。
4. 測定時の妨害物質はない。
5. 保守点検は、1ヶ月毎に行う。保守点検作業は約30分必要である。
6. 交換部品および消耗品は必要ない。

仕 様

項 目		仕 様
(1) 測定方式		交流二電極法
(2) 測定原理		交流二電極法は、溶液に二つの電極を接液させ、この電極間の溶液抵抗から導電率を求める。電極面における分極容量および分極抵抗の影響を避けるため、交流方式を採用している。温度補償用センサが内蔵され、25℃換算した導電率表示になっている。
(3) 測定範囲		0～2、0～5、0～10、0～20、0～50、0～100、0～200、0～500、0～1 000 μS/cm　0～2、0～5、0～10 mS/cm（NaCl 25℃換算）のいずれか1レンジ
(4) 繰り返し性		±1％フルスケール
(5) 応答速度		90％応答　10秒以内
(6) 温度補償	範　囲	0～55／25～85／55～120℃のいずれか一つを指定
	温度係数	NaCl溶液の温度係数で補償
	精　度	±2％フルスケール以内（等価入力による）
(7) 検水条件		水温：0～120℃　圧力：1 MPa　流量：0.5～10 L/min
(8) 電源条件		AC 100 V±10 V　50／60 Hz　消費電力 約5 VA
(9) 外観・構造		計測部：W 100×D 100×H 320mm　約4 kg 指示増幅部：W 120×D 240×H 130mm　約3.5 kg
(10) 価格（標準品）		非公開
(11) 納入実績		最近5ヶ年（H 7～11）の納入実績　100台　　河川・ダム・湖沼・⦅その他⦆

問合せ先

株式会社東芝
　公共システム第一部公共システム計装機器担当

〒105-8001　東京都港区芝浦1-1-1（東芝ビルディング）
　TEL　03-3457-4455
　FAX　03-5444-9290

pH計（型式 流通形 LQ111／LQ101）
水素イオン濃度（pH）

単項目	○	
多項目		
採水式	A	○
	B	
	C	
潜漬式		

A：連続自動採水
B：間欠自動採水
C：その他

特 徴
1. 5種類のpH標準液のデータを内蔵メモリに記憶しているのでワンタッチの校正ができる。
2. 標準液校正時の電極特性から電極の良否を判断、エラーメッセージを表示。
3. 検出器には流通形と浸漬形があり、浸漬形には揺動形、固定形がある。揺動形検出器は検出器の形状や揺動から洗浄なしでも汚れの付着が少なく保守しやすい（本ガイドブックでは流通形のみ掲載）。

使用上の留意点
1. 装置は屋内設置であり、ブイ上または筏上への設置は不可である。
   設置施設として次の設備が必要となる。
      局舎・電気・採水設備
2. 校正は必要であり、1ヶ月毎の周期で行う。校正に約30分必要である。
3. 試薬は必要である。試薬の廃液回収は不要である。
4. 測定時の妨害物質はない。
5. 保守点検は、1ヶ月毎に行う。保守点検作業は約30分必要である。
6. 交換部品および消耗品は必要である（別表参照）。

仕様

項　目	仕　　様
(1) 測定方式	ガラス電極法（複合電極を使用）
(2) 測定原理	ガラス電極法は、ガラス膜の両側に二種の異なった溶液が接したとき、両液のpHの差に比例した電位がこのガラス薄膜の両面に発生することを利用したものである。
(3) 測定範囲	pH：pH 2～12／4～10／0～14 のいずれか1レンジ 　　　（1 pH単位の5 pH幅以上で任意設定可能） 電極起電力：－600～＋600 mV 温度：0～＋100℃（電極起動力、温度は表示のみで出力はなし）
(4) 繰り返し性	±0.03 pH 以内（等価入力にて）
(5) 直線性	±0.06 pH 以内（等価入力にて）
(6) 応答速度	90％応答 10秒以内
(7) 温度補償範囲	0～＋100℃、温度補償抵抗（10 kΩ at 25℃）付の電極でガラス電極の温度特性を自動補償
(8) 校正方式	測定範囲内のpH標準液によりワンタッチ校正標準液　JIS法による標準液 　　　　　　　　　　　　　（標準液用粉末1袋を純水500 mLに溶解して調製）
(9) 検水条件	温度：0～95℃　流量：0.5～10 L/min　圧力：0～3.5 MPa
(10) 電源条件	AC 100 V±10 V　50／60 Hz　消費電力 約5 VA
(11) 外観・構造	計測部：W 300×D 230×H 520 mm　約7 kg 指示増幅部：W 120×D 240×H 130 mm　約3.5 kg
(12) 価格（標準品）	非公開
(13) 納入実績	最近5ヶ年（H 7～11）納入実績　300台 　　　　　　　　　　　　　　　　河川・ダム・湖沼・その他

交換部品・消耗品　※1日24回測定対象

	名　称	規　格	交換期間 (年・月)毎	年間交換部品・消耗品費		
				単　価	数　量	金　額
交換部品	pH電極		1年	非公開	1本	非公開
消耗品	pH標準液	pH 7、500 mL用 （5袋入）	6ヶ月	非公開	2	非公開
	pH標準液	pH 4、500 mL用 （5袋入）	6ヶ月	非公開	2	非公開
	内部液用試薬	500 mL用	3ヶ月	非公開	4	非公開

問合せ先

株式会社東芝
　公共システム第一部公共システム計装機器担当

〒105-8001　東京都港区芝浦1-1-1（東芝ビルディング）
　TEL　03-3457-4455
　FAX　03-5444-9290

DO計（型式 LQ122／LQ102）

溶存酸素（DO）

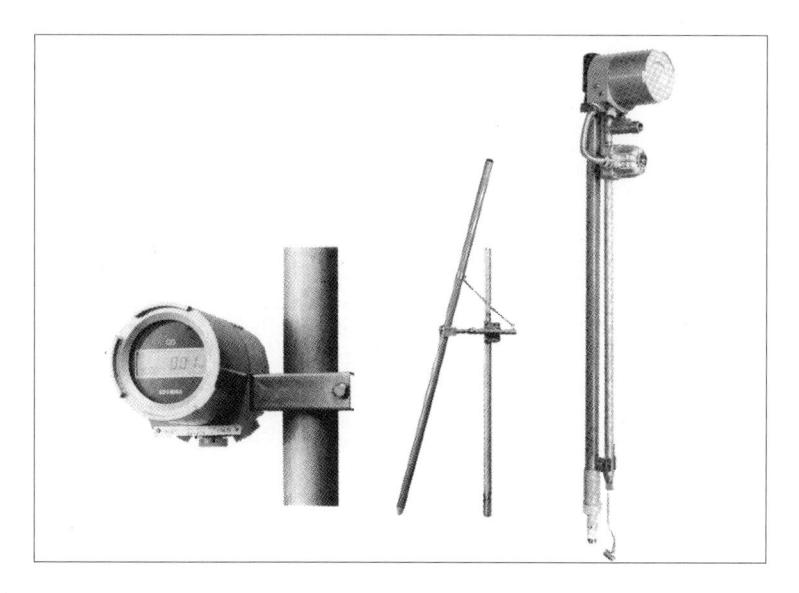

単項目	○
多項目	

採水式	A	
	B	
	C	

| 潜漬式 | ○ |

A：連続自動採水
B：間欠自動採水
C：その他

特 徴

1. 飽和溶存酸素量のデータを内蔵メモリに記憶しているので、ワンタッチで校正ができる。
2. 校正時に電極特性の良否を判断し、エラーメッセージを表示。
3. 検出器は潜漬形で揺動形と固定形の2種類あり、揺動形は検出器の形状や揺動から、洗浄なしでも汚れの付着が少なく保守も容易。

使用上の留意点

1. 装置は屋外設置であるが、ブイ上または筏上への設置は不可である。
   設置施設として次の設備が必要となる。
   　局舎・電気・採水設備
2. 校正は必要であり、1ヶ月毎の周期で行う。校正に約30分必要である。
3. 試薬は必要である。試薬の廃液回収は不要である。
4. 測定時の妨害物質はない。
5. 保守点検は、1ヶ月毎に行う。保守点検作業は約30分必要である。
6. 交換部品および消耗品は必要である（別表参照）。

仕様

項　目	仕　　様
(1) 測定方式	隔膜式ポーラログラフ法
(2) 測定原理	隔膜式ポーラログラフ法の電極は、酸素に対する透過性の高い隔膜で電極と電解液を試料水から遮断した構造になっている。電極内部の電解液中の二電極間に規定の電圧を印加し、隔膜を透過した酸素分子の作用電極上での還元反応による電流から酸素濃度を測定する。
(3) 測定範囲	0〜1、0〜2、0〜5、0〜10、0〜15、0〜20 mg/Lのいずれか1レンジ
(4) 繰り返し性	±0.05 mg/L以内（等価入力にて）
(5) 直線性	±0.05 mg/L以内（等価入力にて）
(6) 応答速度	90％応答60秒以内
(7) 温度補償範囲	0〜＋45℃、温度補償抵抗（10 kΩ at 25℃）付の電極で温度特性を自動補償
(8) 校正方式	標準液または空気飽和水および大気により校正 ゼロ標準液：500 mLの水道水に25 gの無水亜硫酸ナトリウムを溶解した水溶液 スパン標準液：空気飽和水（または大気校正）
(9) 洗浄方式	揺動形：試料水流れの検出器揺動による自動洗浄 固定形：ジェット洗浄（水または空気）
(10) 検水条件	温度範囲：0〜＋45℃　流速：0.1 m/s以上　圧力：大気圧
(11) 電源条件	AC 100 V±10 V　50／60 Hz　消費電力　約5 VA
(12) 外観・構造	計測部：W 120×D 250×H 1 000 mm　約7 kg 指示増幅部：W 120×D 240×H 130 mm　約3.5 kg
(13) 価格（標準品）	非公開
(14) 納入実績	最近5ヶ年（H7〜11）納入実績　250台　　河川・ダム・湖沼・その他

交換部品・消耗品　※1日24回測定対象

	名　称	規　格	交換期間 (年・月)毎	年間交換部品・消耗品費		
				単　価	数　量	金　額
交換部品	DO電極		3年	非公開	1本	非公開
消耗品	無水亜硫酸ナトリウム	500 g	1年	非公開	1本	非公開
	内部液	50 mL	6ヶ月	非公開	1本	非公開
	交換用隔膜	5枚、1組	6ヶ月	非公開	1組	非公開

問合せ先

株式会社東芝
公共システム第一部公共システム計装機器担当

〒105-8001　東京都港区芝浦1-1-1（芝浦ビルディング）
　TEL　03-3457-4455
　FAX　03-5444-9290

明電ディジタル計 DO 計（型式 MEIAQUAS DOP-510／510F）

溶存酸素（DO）

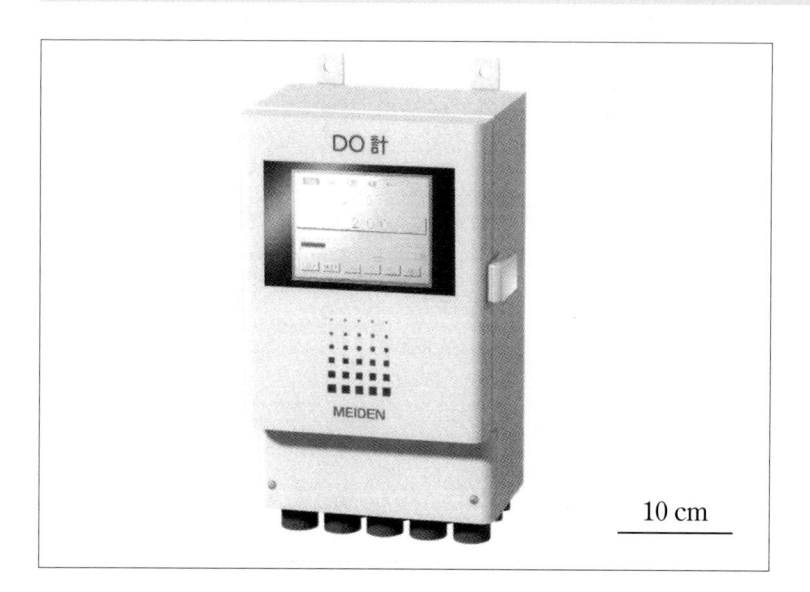

単項目	○
多項目	
採水式 A	
採水式 B	
採水式 C	
潜漬式	○

A：連続自動採水
B：間欠自動採水
C：その他

特 徴

1. 気泡洗浄の影響が極めて小さいので洗浄中でも計測できる。
2. 気泡洗浄で電極に流速を与えるので、静止水でも安定した計測ができる。
3. 各種の補正（海抜補正、塩化物イオン補正等）が可能である。
4. 自己診断機能内蔵により、機器の状態把握ができる。
5. 対話方式なので、設定等が容易である。

使用上の留意点

1. 装置は屋外設置であり、ブイ上または筏上への設置も可能である。
   設置施設として次の設備が必要となる。
   　電気
2. 校正は必要であり、3ヶ月の周期で行う。校正に約10分必要である。
3. 試薬は必要である。試薬の廃液回収は不要である。
4. 測定時の妨害物質はない。
5. 保守点検は、2ヶ月毎に行う。保守点検作業は、約30分必要である。
6. 交換部品および消耗品は必要である（別表参照）。

仕様

項目	仕様
(1) 測定方法	隔膜ポーラログラフ式
(2) 測定原理	隔膜を浸透してきた酸素分子が、陽極表面で還元され、陰極表面で当量の酸化反応を生ずる。両電極間を流れる電流の強さから酸素濃度を測定できる。ポーラログラフでは、両電極間に外部から電圧を印加する。
(3) 測定範囲	0～3 mg/L ～ 0～20 mg/L（フルスケール）（1 mg/Lごとに設定可能）
(4) 温度補償	フルスケール±0.3 %/℃
(5) 再現性	±0.1 mg/L以内
(6) 応答速度	90 %応答　約60秒（25℃）
(7) ①検水条件	測定液温度 0～40℃（ただし凍結しないこと）
②電源条件	AC 100 V±10 %　50／60 Hz　単相
(8) 外観・構造	
①計測部	寸法：電極部　φ 30×107 mm（DOP-510） 　　　　　　φ 203 mm（DOP-510F） 　　：電極ホルダ　L＝1 000、1 500、2 000、2 500、3 000 mm
②指示増幅部	寸法：変換器 W 212×D 150×H 390 mm
③採水洗浄制御部	寸法：気泡洗浄器　φ 112×200 mm
(9) 表示・記録方式	ディジタル表示 外部出力信号：測定信号DC 4～20 mA　上下限警報、異常警報
(10) その他	必要空気量：20～40 L/mm（潜漬時）（DOP-510） 必要流速：20 cm/sec以上（DOP-510F）
(11) 価格（標準品）	2,390,000円（販売価格）
(12) 納入実績	最近5ヶ年（H 7～11）の納入実績　河川・ダム・湖沼・その他 販売台数　7台

交換部品・消耗品　※連続測定対象

	名　称	規　格	交換期間 (年・月)毎	年間交換部品・消耗品費		
				単　価	数　量	金　額
交換部品	隔　膜	テフロン （10枚単位で販売）	3ヶ月	18,000円		18,000円
消耗品	電解液	50 mL	3ヶ月	1,500円	4本	6,000円

年間交換部品・消耗品費合計　24,000円

問合せ先

株式会社明電舎

〒103-0015　東京都中央区日本橋箱崎町36-2 リバーサイドビル
　TEL　03-5641-7000
　FAX　03-5641-7001

溶存酸素計（型式 DO402G）

溶存酸素（DO）

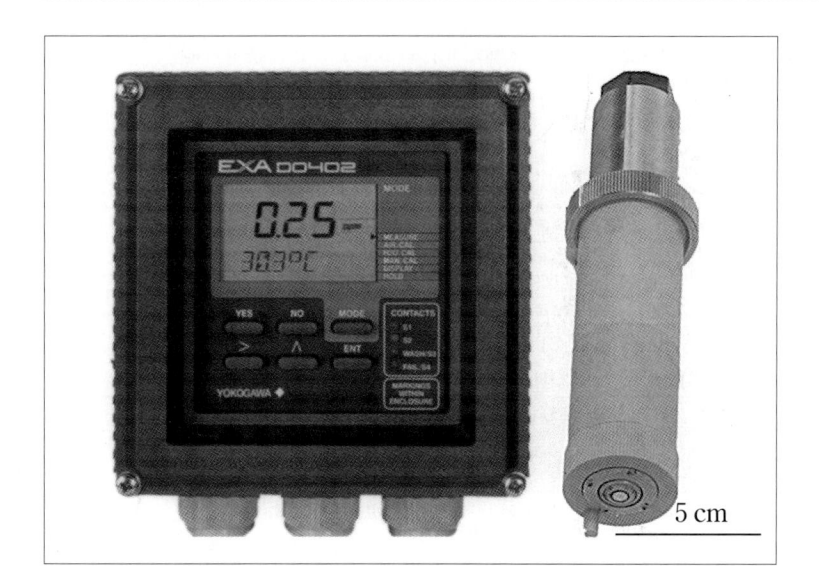

単項目	◯
多項目	
採水式	A
	B
	C
潜漬式	◯

A：連続自動採水
B：間欠自動採水
C：その他

特徴

1. 測定範囲は 0 〜 50 mg/L で、出力レンジは最小スパン 1 mg/L。
2. 塩分補償、大気圧補償を内蔵し、高精度測定を実現。
3. 空気または飽和溶液によるワンタッチキャリブレーション。
4. DO センサ等、各種自己診断機能を充実。
5. 特殊内部液を使用した DO センサは、初期電解時間が短く、長期間安定な測定を実現。

使用上の留意点

1. 装置は屋外設置であり、ブイ上または筏上への設置も可能である。
   設置施設として次の設備が必要となる。
      電気
2. 校正は必要であり、1ヶ月毎の周期で行う。校正に約10分必要である。
3. 試薬は必要である。試薬の廃液回収は不要である。
4. 測定時の妨害物質はない。
5. 保守点検は、1ヶ月毎に行う。保守点検作業は約2時間必要である。
6. 交換部品および消耗品は必要である（別表参照）。

仕　様

項　目	仕　様
(1) 測定対象	下水、工場排水などの処理プラントにおける曝気槽内の溶存酸素濃度
(2) 測定方法	ガルバニルセル方式
(3) 測定原理	DO402Gは、水中に溶存している酸素を検出するために、薄膜で覆った電気化学センサを使用する。溶存している気体酸素が薄膜を通過して拡散し、電極で反応が起こる。その結果生じる電流は、測定液中の酸素濃度に比例した電流が流れる。DO402Gはガルバニルセンサとポーラログラフィックセンサのどちらでも使用でき、そのぶん機能性が高まり用途が広がる。
(4) 測定範囲	0～50 mg/L、0～50 ppm、または0～300％飽和
(5) 測定液温度	0～40℃
(6) 測定液圧力	0～100 kPa（0～1 kgf/cm^2）
(7) 温度補償	0～50℃
(8) 繰り返し性	測定レンジの3％
(9) 応答速度	90％応答2分以内
(10) 電源条件	AC 100、115、230 V±15％　50／60 Hz
(11) 外観・構造	W 144×D 135×H 144 mm　2.5 kg
(12) 表示・記録方式	ディジタル表示 　出力信号：2出力　DC 4～20 mA（最大負荷抵抗600Ω） 出力レンジ 　溶存酸素出力：任意設定 　　最小スパン：1 mg/L、1 ppm、または1％飽和 　　最大スパン：50 mg/L、50 ppm、または300％飽和 　温度出力：最小スパン25℃、最大スパン50℃で任意設定 接点出力 　接点数：4点 　接点形式：リレー接点出力（無電圧接点） 　接点容量：AC 250 V、2 A　最大100 VA 　　　　　　DC 250 V、2A　最大50 VA 　接点入力：1点、洗浄スタート用
(13) 周囲温度	−10～55℃
(14) 周囲湿度	相対湿度10～90％（結露しないこと）
(15) 価格（標準品）	非公開
(16) 納入実績	非公開

交換部品・消耗品　※1日24回測定対象

	名　称	規　格	交換期間(年・月)毎	年間交換部品・消耗品費		
				単　価	数　量	金　額
交換部品	隔膜セット		6ヶ月	非公開	2個	非公開
消耗品	内部液		6ヶ月	非公開	50 mL	非公開
	ゼロ点用試薬	亜硫酸ナトリウム	1年	非公開	500 g	非公開
	研磨剤	銀電柱研磨用	1年	非公開	30 g	非公開

問合せ先

横河電機株式会社

〒180-8750　東京都武蔵野市中町2-9-32
　TEL　0422-52-5617
　FAX　0422-52-0622
　URL　http://www.yokogawa.co.jp/Welcome-J.html

現場設置型 BOD 計測器（型式 BOD-3300）

生物化学的酸素要求量（BOD）

単項目	○
多項目	

採水式	A	
	B	○
	C	

潜漬式	

A：連続自動採水
B：間欠自動採水
C：その他

50 cm

特 徴
1. BOD の連続モニタができる。
2. 自動洗浄機能付ろ過装置により浮遊物質（SS）成分による目詰り等のトラブルを低減化。
3. 薬液収納部には電子冷却装置を装備し、標準液の交換頻度が長い。
4. 測定値をはじめ最小値、最大値、平均値等の日報を印字する。
5. 標準液による校正は定期的に自動校正を行う。

使用上の留意点
1. 装置は屋内設置であり、ブイ上または筏上への設置は不可である。
   設置施設として次の設備が必要となる。
   　　局舎・上水道・電気・採水設備・排水設備
2. 校正は必要であり、1日毎の周期で行う。校正に約1時間半必要である。
3. 試薬は必要である。試薬の廃液回収は不要である。
4. 測定時の妨害物質はない。
5. 保守点検は、1週間毎に行う。保守点検作業は約1時間必要である。
6. 交換部品および消耗品は必要である（別表参照）。

仕　様

項　目	仕　様
(1) 測定方法	バイオセンサ方式
(2) 測定原理	検水中の有機物を酵母が資化することによって生じる呼吸活性の変化を酸素電極でモニタして生物化学的酸素要求量を計測する。酵母菌として「トリコスポロン」を用い、これを固定して酸素電極に装着している。生物化学的酸素要求量センサに有機物を含む溶液を流すと微生物は有機物を摂取するため、呼吸が活発になり酸素を消費する。このため、微生物膜を通過する酸素量は減少し、溶存酸素電極の出力電流が変化する。その変化の大きさが有機物濃度に対応する。
(3) 固定化微生物	トリコスポロンクタネウム IFO-10466
(4) 測定範囲	水中の溶解性 生物化学的酸素要求量成分 0～100／0～200／0～500 mg/L
(5) 分解能	0.1 mg/L
(6) 再現性	0～100／200 mg/L にてフルスケール±3％ 0～500 mg/L にてフルスケール±5％ （各測定レンジとも60分測定モードにおいて）
(7) 測定周期	30分／60分
(8) 検水条件	水温：5～35℃　流量：50～100 mL/min（送液ポンプによる連続注入）
(9) 濾過装置洗浄水	水道水：圧力 200～600 kPa
(10) 恒温方式	加熱・冷却制御による32℃恒温槽
(11) 温度制御	ヒータおよびペルチェ併用での加熱・冷却 PID 制御
(12) 周囲温度	0～40℃、湿度5～95％（結露しないこと）
(13) 外観・構造	W 700 × D 600 × H 1600 mm　約 210 kg 屋根キュービック型、床設置式、吊上げアイボルト×4付 上段：操作部　中段：測定検出部（照明灯付）引出し可 下段：薬液収納部（電子冷却装置付）引出し可 中下段片開き扉付
(14) 表示・記録方式	表示法：320×240 ドット液晶グラフィック表示 プリンタ：ラインサーマルプリンタ　80 mm 記録紙 記録計：記録紙 100 mm 折たたみ式、6打点アナログ記録、定刻印字（ディジタル）、 　　　　発光ダイオードカラー表示、熱電対入力 電源：AC 100 V　50／60 Hz　消費電力 20 VA 操作部：マイコン内蔵タッチ入力キーボード、大型液晶表示器で操作手順を一括表示 演算部：BOD 換算式（回帰式）は $Y = aX + b$ の係数設定可能 警報：濃度異常警報ランプ表示、液不足警報ランプ表示（緩衝液） 〔標準液はオプション〕、接点容量（A接点）AC 125 V　2 A 信号出力：微生物電極 DC 0～10 V、BOD 値出力 DC 4～20 mA 　　　　　負荷抵抗 250 Ω　RS 232 C インターフェース 日報処理：日毎の平均値処理は流路毎に実行（最大5ラインまで）
(15) 溶液消費量	BOD 標準液2 L を2～3週間、リン酸緩衝液 20 L を1週間、電極洗浄水 20 L を1週間（測定周期60分において0～100 mg/L レンジ使用時）
(16) 価格（標準品）	6,980,000 円
(17) 納入実績	最近2ヶ年（H 10～11）納入実績　5台 河川・ダム・湖沼・その他

交換部品・消耗品　※1日24回測定対象

	名　称	規　格	交換期間 (年・月)毎	年間交換部品・消耗品費		
				単価	数量	金額
交換部品	溶存酸素電極	DO 電極	3年	41,000 円	1/3 本	13,700 円
	チューブ	シリコンチューブ 内径2×外径4 mm 5 m	4ヶ月	1,300 円	3本	3,900 円
	チューブ	シリコンチューブ 内径1×外径3 mm 5 m	4ヶ月	1,400 円	3本	4,200 円

交換部品・消耗品　※1日24回測定対象

	名　称	規　格	交換期間 (年・月)毎	年間交換部品・消耗品費		
				単　価	数　量	金　額
交換部品	チューブ	ファーメドチューブ 内径2×外径4 mm 1 m	3ヶ月	6,500 円	4本	26,000 円
消耗品	微生物膜	微生物膜 (5枚入/セット)	10枚/年	30,000 円	2セット	60,000 円
	DO電解液	電解液（50 mL）	1年	2,000 円	1本	2,000 円
	BOD標準液	5 000 mg/L　BOD標準液 (500 mL)	3ヶ月	3,000 円	4本	12,000 円
	りん酸緩衝液	0.5M　りん酸緩衝液 (5 L)	3ヶ月	10,700 円	4本	42,800 円
	プリンタ用紙	プリンタ用紙 (3巻入/セット)	12巻/年	3,980 円	4セット	15,920 円
	記録紙	記録紙 (10冊入/セット)	10冊/年	17,000 円	1セット	17,000 円

年間交換部品・消耗品費合計　197,520 円

問合せ先

セントラル科学株式会社

〒113-0033　東京都文京区本郷3-23-14
TEL　03-3812-9186
FAX　03-3814-7538
URL　http://www.hypermedia.or.jp/CKC

COD自動測定装置（型式 COD-308）

化学的酸素要求量（COD）

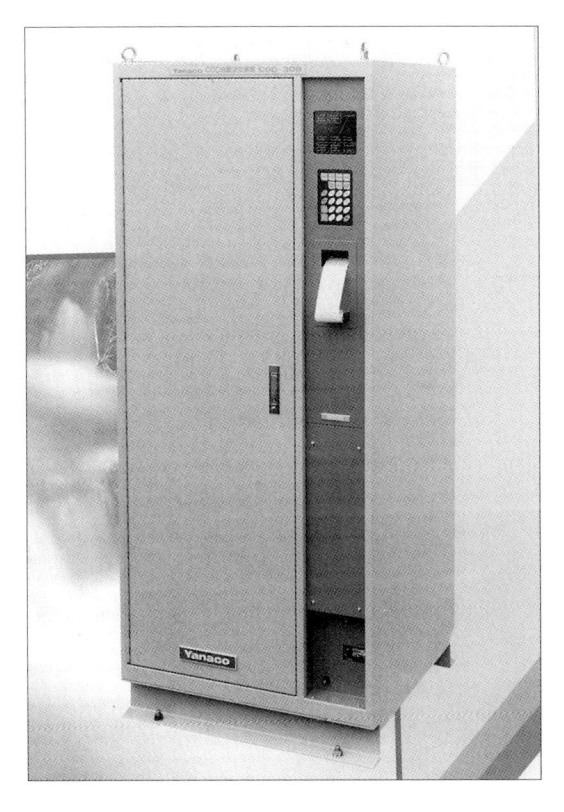

単項目	○	
多項目		
採水式	A	
	B	○
	C	
潜漬式		

A：連続自動採水
B：間欠自動採水
C：その他

50 cm

特 徴

1. JIS 法の COD 測定方法に最も準拠したものである。
2. マイコン制御方式により装置の設定、測定内容・測定周期の設定、データや異常箇所の印字ができる。
3. 的確に終点をとらえる独自の終点検出方式を採用している。
4. 2系列試料や高濃度の COD 試料にも拡大対応が可能である。
5. 試料水の自動前処理測定が可能である。

使用上の留意点

1. 装置は屋内設置であるが、ブイ上または筏上への設置は可能である。
   設置施設として次の設備が必要となる。
   　局舎・上水道・電気・採水設備・排水設備
2. 校正は必要であり、半月毎の周期で行う。校正に約5時間必要である。
3. 試薬は必要である。試薬の廃液回収は必要であり、別途回収である（オプション）。計器の外にタンクを設けそこに廃液をためる。廃液は pH 2 以下の強酸であり、アルカリ溶液により中和処理する。
4. 測定時の妨害物質はない。
5. 保守点検は、2週間毎に行う。保守点検作業は約6時間必要である。
6. 交換部品および消耗品は必要である（別表参照）。

仕 様

項 目	仕 様
(1) 測定方式	沸騰水浴中30分間加熱方式 ① 酸性過マンガン酸カリウム法 ② 酸性過マンガン酸カリウム法（硝酸銀添加） ③ アルカリ性過マンガン酸カリウム法　　　　　　　　①②③は任意選択
(2) 測定原理	本装置の測定原理は JIS K 0102「100℃における過マンガン酸カリウムによる化学的酸素要求量測定法を基礎に自動化したもので、下記の三つの測定法に対応できます。 ○ 酸性過マンガン酸カリウム法（銀塩無添加法） ○ 酸性過マンガン酸カリウム法（銀塩添加法） ○ アルカリ性過マンガン酸カリウム法
(3) 測定範囲	0～20、40、50、100、200、300、500 mg/Lの内1レンジ指定
(4) 測定再現性	0～200 mg/L測定時、フルスケールに対して±2％
(5) 加熱方式	加熱時沸騰水循環方式
(6) 試料水・試薬計量	負圧吸引計量方式（計量吐出方式を含む：負圧吸引方式の変形で、液量を計量する時に加圧空気で液を排出せずにレベル差で液を戻す方式）
(7) 終点検出	酸化還元電位の終点微分検出法（定電流分極電位差法）
(8) 塩素イオン対策	1) 酸性法：硝酸銀添加法（フルスケールの150倍以下のこと） 2) アルカリ性法：アルカリ条件による
(9) 制御方式	マイクロコンピュータ制御、全自動
(10) 測定周期	1) 内部スタート（1H、2H、3H） 2) 外部スタート
(11) 表示・記録方式	ディジタル表示：工程数／工程残り時間、濃度 mg/L、レンジ mg/L、測定値異常設定値 mg/L、前回測定時の最大分極電位／ビュレット下限時の電圧／終点時の電圧、時刻 発光ダイオード表示：制御モード、動作モード、各種警報（警報出力に同じ）、ディジタル表示の選択用発光ダイオード 印字内容：測定値、手分析換算化学的酸素要求量値（換算式 $Y = a + bX$ 設定による）、測定値バーグラフ、設定値、校正値、日報、電源断、終点検出電位曲線、各種警報／異常箇所個別マーク印字等 測定値出力：DC 0～1V、DC 4～20 mA（オプション）、測定値（電圧、電流）出力は、バー／ホールド表示選択式*1 警報接点出力：無電圧a接点出力*2、測定値異常（オプション）／試料水断（オプション）／洗浄水断／試薬断（オプション）／計器異常／電源断／保守中 外部スタート：無電圧a接点入力（2秒以上）
(12) 校正方式	標準液を検量線作成工程で測定し、校正の印字値をキー入力する。
(13) 連続測定	測定周期を1時間として、試薬補充なしで2週間連続測定可能
(14) 電源条件	AC 100 V ± 10 V　50／60 Hz ± 1 Hz（漏電ブレーカ内蔵）
(15) 消費電力	約 900 VA（最大負荷時）
(16) 外観・構造	W 700 × D 650 × H 1 650 mm（屋内設置型チャンネルベース式）
(17) 重量	約 120 kg
(18) 価格（標準品）	3,100,000 円
(19) 納入実績	最近5ヶ年（H7～11）納入実績　河川・ダム・湖沼・その他 販売台数　202台

*1 バー／ホールド表示：バーとは、測定器が指示値を測定した後ある時間だけでその値を一定に保つ。ホールドとは、測定値が次の指示値を測定するまで前回の測定値を保つ。
*2 無電圧a接点出力：常時接点が開で、異常時接点が閉となる。

交換部品・消耗品　※1日24回測定対象

	名　称	規　格	交換期間 (年・月)毎	年間交換部品・消耗品費		
				単　価	数　量	金　額
交換部品 (酸性法・ アルカリ法 とも)	テフロンチューブ	内径2×外径4 mm 1 m	5/年	800 円	5	4,000 円
	テフロンチューブ	内径4×外径6 mm 1 m	2/年	1,100 円	2	2,200 円
	ダイヤフラム*3	GA-380V用	1 年	4,000 円	1	4,000 円

	名称	規格	交換期間 (年・月)毎	年間交換部品・消耗費		
				単価	数量	金額
交換部品 (酸性法・アルカリ法とも)	シート弁	GA-380V用	1年	3,500円	1	3,500円
	ミニYパッキン	MY-11	2/年	660円	2	1,320円
	Oリング	P10 バイトン	1年	120円	1	120円
	Oリング	P70 バイトン	2/年	900円	2	1,800円
	インター注射器	硬質ガラス10 mL TOP	1年	1,700円	1	1,700円
	シリコンチューブ	内径12×外径6 mm 1 m	6ヶ月	2,450円	2	4,900円
	シリコンチューブ E種	内径5×外径7 mm 1 m	6ヶ月	1,200円	2	2,400円
	スリーブ*4	P.P. 外径4 mm用 20個入	1年	1,350円	1	1,350円
	スリーブ*4	P.P. 外径6 mm用 20個入	1年	1,500円	1	1,500円
	ヒータ	SL-75E AC 100 V	1年	12,000円	1	12,000円
	ピンチバルブ	PK-0802-NO-YA DC 24 V	1年	6,600円	1	6,600円
	軸受け	ニューライト	1年	2,800円	1	2,800円
	電磁弁	SVC-201-S DC 24 V PT1/8	1年	9,000円	1	9,000円
	計量管A(大) 50〜100	硬質ガラス	3年	7,700円	1/3	2,600円
交換部品 (アルカリ法)	終点検出電極	TY-7030 アルカリ性法	1年	81,000円	1	81,000円
	反応槽(セル)	パイレックス	1年	43,300円	1	43,300円
	攪拌軸	パイレックス	1年	12,100円	1	12,100円
消耗品 (酸性法・アルカリ法とも)	塩酸	特級 500 mL		700円	1	700円
	塩酸ヒドロキシルアミン	特級 25 g		1,000円	1	1,000円
	1/40N 過マンガン酸カリウム	10 L		9,000円	10	90,000円
	1/40N シュウ酸ナトリウム	10 L		9,000円	8	72,000円
	1+2硫酸	10 L		8,000円	8	64,000円
	電極洗浄液	1 L		2,000円	2	4,000円
	記録紙	AY-10 (10巻入)		12,000円	1	12,000円
消耗品 (酸性法硝酸銀添加)	アンモニア水	特級 500 mL		600円	40	24,000円
	硝酸銀	特級 500 g		時価	9	時価
消耗品 (アルカリ法)	水酸化ナトリウム	特級 500 g		1,000円	4	4,000円

年間交換部品・消耗品費合計　酸性法：305,490円　酸性法（硝酸銀添加）：329,490円（除硝酸銀）
アルカリ法：445,890円

注) 終点電極の標準品（TY-7015）は酸性法化学的酸素要求量測定に使用する。価格は66,000円。
*3 ダイヤフラム：エアーポンプノ種類デダイヤフラム式ポンプガアリソレニ使用スルダイヤフラムを指す。
*4 スリーブ：配管をジョイントに接合する時に配管を固定する配管固定補助具。

問合せ先

株式会社アナテック・ヤナコ

〒611-0041　京都府宇治市槙島町十一96-3
　TEL　0774-24-3171
　FAX　0774-24-3173
　URL　http://www.yanaco.co.jp/

有機汚濁濃度計（型式 YUV-308）

有機汚濁（COD換算）

単項目	○
多項目	

採水式	A	○
	B	
	C	

潜漬式	

A：連続自動採水
B：間欠自動採水
C：その他

特徴

1. 2波長4光路法により長期間安定測定ができる。
2. 測定セルはラバー洗浄等により効果的な自動洗浄が可能である。
3. 校正フィルタによるワンタッチ校正が可能である。
4. COD換算機構を標準装備している。
5. すべての測定条件および自己診断信号のディジタル表示が可能である。

使用上の留意点

1. 装置は屋内設置であるが、ブイ上または筏上への設置は可能である。
   設置施設として次の設備が必要となる。
      局舎・上水道・電気・採水設備・排水設備
2. 校正は必要であり、半月毎の周期で行う。校正に約1時間必要である。
3. 試薬は不要である。
4. 測定時の妨害物質は、試料の濁りである。前処理方法は低濃度であれば2波長方式により差引演算できる。
5. 保守点検は、2週間毎に行う。保守点検作業は約2時間必要である。
6. 交換部品は必要であるが、消耗品は必要ない（別表参照）。
7. COD換算のために、検量線を作成する必要がある。

仕　様

項　目	仕　様
(1) 測定対象	排水中の紫外線吸収可能な有機汚濁物質
(2) 測定方法	2波長・4光路吸光光度法（波長…紫外光254 nm／可視光）
(3) 測定原理	2波長・4光路法により有機物を測定するもので、測定には低圧水銀ランプから得られる紫外光（Usam）および可視光（Vsam）を利用して測定する。すなわち、測定セルを通過した光に対して、有機物等の光吸収を受けたUsam信号と、濁り成分について光吸収を受けたVsam信号をそれぞれ測定し、両者を差し引き演算して、濁り成分の影響を補正した有機物における紫外線吸収を測定する。
(4) 測定範囲	吸光度　0～0.5／0～1.0 Abs（角形10 mmセル相当）等
(5) 測定再現性	フルスケール±2％以内
(6) 安定性	ゼロ校正　　フルスケール±2％／日 スパン校正　フルスケール±2％／週
(7) 応答性	90％応答　30秒以内
(8) 指示内容	5桁ディジタル表示／発光ダイオード表示
(9) 表示・記録方式	ディジタル表示：UV値、換算COD値（直線回帰式 $Y = a + bX$　$Y = a + bx$ 設定による）、ゼロおよびスパン校正値、COD換算係数（a および b）、測定値上限警報レベル、洗浄周期 発光ダイオード表示：動作モード／各種警報／ディジタル表示の選択用 外部出力（測定値信号）：UV／COD値またはU値……DC 0～1 V、DC 4～20 mA（オプション）（洗浄時は直前信号ホールド式） 外部出力（警報接点出力）：無電圧a接点出力[*1]、保守中／電源断／計器異常／試料水断（オプション）／洗浄中／測定値上限警報
(10) 洗浄方法	ラバーによるピストン駆動洗浄
(11) 洗浄周期	1 H、2 H、4 H、8 H、12 H、24 H任意設定
(12) 校正方式	ゼロ…………純水による指示値のワンタッチセットまたは4桁キー設定 入力スパン…校正フィルタによる指示値のワンタッチセットまたは4桁キー設定入力
(13) 光源ランプ	オゾンカット低圧水銀ランプ
(14) 電源条件	AC 100 V±10 V　50／60 Hz±1 Hz（漏電ブレーカ内蔵）
(15) 消費電力	約100 VA（最大負荷時）
(16) 外観・構造	W 410×D 405×H 1 400 mm（屋内設置型チャンネルベース式）
(17) 重量	約50 kg
(18) 価格（標準品）	1,730,000 円
(19) 納入実績	最近5ヶ年（H 7～11）納入実績　⒜河川⒝・ダム・湖沼・⒞その他⒟ 販売台数　46台

*1) 無電圧a接点出力：常時接点が開で、異常時接点が閉となる。

交換部品・消耗品　※1日24回測定対象

	名　称	規　格	交換期間 (年・月)毎	年間交換部品・消耗品費		
				単　価	数　量	金　額
交換部品	Oリング	IN25　バイトン	1年	900円	1個	900円
	Oリング	IN35　バイトン	1年	900円	1個	900円
	Oリング	セル長20 mm用 バイトン	1年	1,200円	1個	1,200円
	グリーンホース	内径15×外径20 mm 1 m	1年	730円	1個	730円
	シリカゲル	10 g（6ヶ入）	1年	550円	1個	550円
	洗浄ラバー	バイトン20 mm セル用6枚入り	1年	2,700円	1個	2,700円
	測定セル	セル長20 mm用 石英	1年	22,300円	1個	22,300円
	ローンエースチューブ	内径15×外径21 mm 1 m	1年	4,200円	1個	4,200円
	ローンエースチューブ	内径20×外径28 mm 0.2 m	1年	1,000円	1個	1,000円

	名　称	規　格	交換期間 (年・月)毎	年間交換部品・消耗品費		
				単　価	数　量	金　額
交換部品	ローンエースチューブ	内径30×外径38 mm 0.2 m	1年	1,300円	1個	1,300円

年間交換部品・消耗品費合計　35,780円

問合せ先

株式会社アナテック・ヤナコ

〒611-0041　京都府宇治市槇島町十一 96-3
　TEL　0774-24-3171
　FAX　0774-24-3173
　URL　http://www.yanaco.co.jp/

COD 自動測定装置（型式 C-3000NT）
化学的酸素要求量（COD）

単項目	○
多項目	
採水式 A	
採水式 B	○
採水式 C	
潜漬式	

A：連続自動採水
B：間欠自動採水
C：その他

50 cm

特 徴
1. 薬液の定量から洗浄まで全自動化装置である。
2. 30分で測定可能。
3. 薬液の飛び散りによる腐蝕がなく安全である。

使用上の留意点
1. 装置は屋内設置であり、ブイ上または筏上に設置は不可である。
   設置施設として次の設備が必要となる。
   　局舎・電気・採水ポンプ・N_2ガス
2. 校正は必要であり、1ヶ月の周期で行う。校正に約30分必要である。
3. 試薬は必要である。試薬の廃液回収は必要であり、装置内での回収である。廃液は廃液処理業社に依頼する。
4. 測定時の妨害物質はある（要問合せ）。
5. 保守点検は、1週間毎に行う。保守点検作業は約30分必要である。
6. 交換部品および消耗品は必要ない。

仕　様

項　目	仕　様
(1) 測定方法	JIS K 0101、および K 0102 に準ずる電量滴定法二クロム酸カリウム法
(2) 測定原理	JIS K 0101、K 0102 に準ずる。
(3) 測定範囲	200、500 mg/L レンジよりスイッチにて選択 200 mg/L レンジ：0～400 mg/L　　500 mg/L レンジ：0～1 000 mg/L
(4) 再現性	フルスケールの±5％（ただし、一定条件による）
(5) 使用薬液	No.4：二クロム酸カリウム溶液　　[1/40 規定 $K_2Cr_2O_7$] No.5：硫酸第二鉄溶液　　[$Fe_2(SO_4)_3$] 硫酸：特級 濃硫酸　　[H_2SO_4] 蒸留水：希釈・洗浄用
(6) 使用ガス	窒素ガス（N_2）：撹拌・液排出用供給圧力　0.5 kg/cm^2 以上
(7) 薬液排出量	約 170 mL/回
(8) 使用 N_2 ガス量	約 7.2 L/回（供給圧力　0.5 kg/cm^2 設定時）
(9) 薬液補充	2 時間測定周期で 7 日間測定可（標準付属ビン使用時）
(10) 加熱方法	金属製加熱ブロックにて加熱 加熱時間：10 分（または 2 時間） 加熱温度：160 ℃（最大 100～200 ℃）任意設定可能
(11) 測定周期	30 分、1、2、3、4、6 時間より、スイッチで選択
(12) ブランク補正	ブランク補正方法をスイッチにより選択 COD 値測定 1 回/日、1 回/週、1 回/月、毎に自動ブランク値測定し補正。自動ブランク値測定なしの設定も可（手動設定機能有り）
(13) 補正式	補正式　$Y = aX + b$（$a = 1.000 \pm 1.000$, $b = 0 \pm 9.99$）にて、COD 測定値を補正 補正式は手動により設定
(14) 記録方式	滴定日時、COD 値を　・サーマルプリンタに印字 　　　　　　　　　　・メモリ記憶（最大 500 件） メモリに記憶されたデータはパーソナルコンピュータにて読み出し可能
(15) 使用環境	5～40 ℃、結露しない室内
(16) 電源条件	AC 100 V±10％　50／60 Hz　消費電力　500 VA（最大）
(17) 外観・構造	W 720 × D 640 × H 1500 mm
(18) 重量	制御部：約 20 kg　測定部：約 90 kg（薬液ビン、タンクは除く）
(19) 価格（標準品）	非公開
(20) 納入実績	最近 5 ヶ年（H 7～11）の販売台数　国内販売の実績なし

問合せ先

飯島電子工業株式会社

〒443-0045　愛知県蒲郡市旭町 15-12
　TEL　0533-67-2827
　FAX　0533-69-6814

UV／COD モニター（型式 UV-2000）
化学的酸素要求量（COD）換算

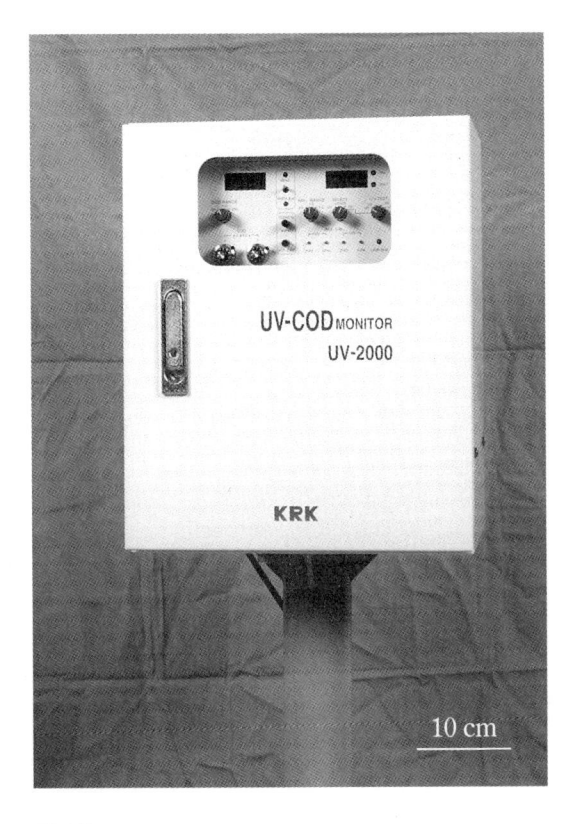

単項目	○
多項目	

採水式	A	
	B	
	C	○

| 潜漬式 | |

A：連続自動採水
B：間欠自動採水
C：その他

特徴

1. 紫外線吸光度値（UV値）とCOD値の同時表示、同時測定である。
2. 紫外線吸光度（UV）とCOD、各3レンジ切換え測定である。
3. 保守のためのテスター機能付である。
4. 自動洗浄／ホールド（指示値の固定）機能付である。
5. 伝送出力がUV／COD、各DC 4～20 mAおよびDC 0～1 Vである。

使用上の留意点

1. 装置は屋内設置であり、ブイ上または筏上に設置は不可である。
   設置施設として次の設備が必要となる。
   　局舎・電気・採水設備・排水設備
2. 校正は必要であり、約半月の周期で行う。校正に約30分必要である。
3. 試薬は不要である。
4. 測定時の妨害物質はない。
5. 保守点検は、約1ヶ月毎に行う。保守点検作業は約1時間必要である。
6. 交換部品は必要であるが、消耗品は必要ない（別表参照）。
7. 光学系オーバーホールを1～3年に1度行う（約250,000円）。

仕様

項　目	仕　　様
(1) 測定方法	紫外線吸光度計測法　高安定型2波長　4光路方式
(2) 測定原理	低圧水銀ランプからの放射光は3方向に取り出される。その1つは測定セルを透過後、ハーフミラーで2つの光束UとVに分けられる。残る2つはU′とV′光束として、それぞれUとVの参照光束となる。光束UとU′は254nm（紫外光）のみを透過する光学フィルタを通して検出しUV用対数増幅器へ、光束VとV′は546 nm（可視光）のみを透過する光学フィルタを通して検出し、VIS用対数増幅器へそれぞれ到達し吸光度が得られる。UVとVISの信号は対数増幅器で直線信号に変換され差動増幅器に入る。ここで得られた3つの信号（UV、VIS、UV-VIS）の1つを選択して、電圧電流変換器や減衰器を経て出力信号となる。
(3) 試料採水方式	汲み上げ式
(4) 測定範囲	紫外線吸光度：0～0.5／0～1.0／0～2.0 Abs COD：0～50／0～100／0～200 mg/L　3レンジ手動切替（標準仕様）
(5) 周囲条件	周囲条件：温度0～40℃、湿度：相対湿度95 %（結露しないこと） （直射日光を避けること）
(6) 電極精度	再現性：フルスケール±2 %以内 安定性：ゼロ校正　　フルスケール±2 %以内/週 スパン校正：フルスケール±2 %以内/週　直線性：フルスケール±2 %以内
(7) COD換算機能	回帰直線（$aX+b$）の定数a、係数bの設定マルチダイヤルによる設定。10回転
(8) セル長	10mm石英（標準）
(9) 検水条件	湿度：0～40℃（凍結しないこと）、圧力：0.5～5 kg/cm以内、 流量：2～5 L/min
(10) 電源条件	AC 85～240 V　50／60 Hz　消費電力 100 VA以下
(11) 外観・構造	
①計測部	本体部：W 360×D 300×H 440 mm　20 kg以下 日除けカバー付：W 430×D 420×H 470 mm
②指示増幅部	取付ポールスタンド：65 A×800（H）65 Aフランジ付
③採水洗浄制御部	検水槽：φ140×350 mm（計測部正面より左奥に取付）
(12) 表示・記録方式	ディジタル：液晶　$3\frac{1}{2}$桁 記録計および計録計収納ユニットはオプション 表示①：吸光度表示液晶$3\frac{1}{2}$桁　内容 UV, VIS, M<U-V>吸光度電圧表示 UVR, UVS, VIS-R, VIS-S の1/V電圧 表示②：COD値表示液晶$3\frac{1}{2}$桁 出力信号A：記録計出力 0～1V（出力保護抵抗100 Ω）AbsとCODの2点同時出力 　　　　　　①U.V.M（U-V）の中の1点をレンジに比例したスパンで出力 　　　　　　②COD値レンジに比例したスパンで出力 　　　　　B：電流出力 DC 4～20 mA（負荷抵抗500 Ω以下）AbsとCODの2点同時出力 　　　　　　①U.V.M(U-V)の中の1点をレンジに比例したスパンで出力 　　　　　　②COD値をレンジに比例したスパンで出力 接点出力：①光源断：無電圧1a接点* 120 V　1 A（抵抗負荷） 　　　　　②電源断：無電圧1a接点 120 V　1 A（抵抗負荷） 　　　　　③保守中：無電圧1a接点 120 V　1 A（抵抗負荷） 　　　　　　　　　　　　　　　　　　　　（MAINTE MODEで動作）
(13) 校正方式	手動　ゼロ校正：純水または水道水スパン校正：標準装備の校正フィルタ 0.8 Abs（基準フィルタ／フタル酸カリ標準液使用可能）
(14) 価格（標準品）	1,700,000 円～
(15) 納入実績	最近5ヶ年（H 7～11）の納入実績　河川・ダム・湖沼・その他 販売台数　50台

＊ 無電圧1a接点……無電圧で1点の接点出力

交換部品・消耗品　※1日24回測定対象

	名　称	規　格	交換期間 (年・月)毎	年間交換部品・消耗品費		
				単　価	数　量	金　額
交換部品	水銀ランプ	取付マウントコネクタ付	1年	60,000円	1個	60,000円

年間交換部品・消耗品費合計　60,000円

問合せ先
笠原理化工業株式会社

〒346-0014　埼玉県久喜市吉羽1658
　　TEL　0480-23-1781
　　FAX　0480-23-2749
　　URL　http://www.krkjpn.co.jp

COD 自動計測装置（型式 VS-3951）
化学的酸素要求量（COD）

単項目	○
多項目	

採水式	A	
	B	○
	C	

潜漬式	

A：連続自動採水
B：間欠自動採水
C：その他

50 cm

特徴
1. 予備測定方式により、0 ～ 100 mg/L の広い範囲で自動に希釈し、測定できる。
2. 計測毎に酸化側電位および還元側電位を測定し、滴定終点電位を設定するので、水質の変化によらず正確な終点検出ができる。
3. 自己診断機構によりトラブルメッセージがプリント出力されるので、故障箇所がすぐ判断できる。
4. 逆洗浄機構を備えているので、試料流路の汚れや目詰りが少なくてすむ。

使用上の留意点
1. 装置は屋内設置であるが、ブイ上または筏上への設置は可能である。
   設置施設として次の設備が必要となる。
   　局舎・上水道・電気・エアコン・採水設備・排水設備
2. 校正は必要であり、半月毎の周期で行う。校正に約2時間必要である。
3. 試薬は必要である。試薬の廃液回収は必要であり、別途回収である。廃液は廃液処理業者へ依頼する。
4. 測定時の妨害物質はない。
5. 保守点検は、2週間毎に行う。保守点検作業は約3時間必要である。
6. 交換部品および消耗品は必要である（別表参照）。

仕　様

項　目		仕　様
(1)	測定方法	100℃酸性過マンガン酸カリウム法（試料を硫酸酸性とし、酸化剤として過マンガン酸カリウムを加え、沸騰水浴中で反応させる） 終点検出酸化還元電位差中間点電位検出法（酸化電位と還元電位を測定し、その中間電位を終点として滴定する）
(2)	測定範囲	0～10 から 0～100 ppm（自動希釈機能）
(3)	再現性	1/800規定シュウ酸ナトリウム溶液にて±0.5 ppm
(4)	①検水条件	定時自動採水、採水量 1.5 L/回
	②電源条件	AC 100 V ± 10 V　50／60Hz　消費電力 約400 VA（通常）
(5)	外観・構造	W 570 × D 630 × H 1 440 mm　約120 kg　形状：SPCC鋼製床立箱形
(6)	測定周期	60分（毎正時より測定）
(7)	データ処理	マイクロプロセッサによる処理
(8)	表示・記録方式	ディジタル印字 テレメータ出力信号 ①濃度信号　DC 0～1 V ②無電圧a接点出力信号（電源断、動作不良、調整中）各状態の時、接点が"閉"になる接点信号 ③無電圧a接点入力信号（外部スタート）測定を開始するとき、接点を"閉"にすると測定が開始される信号
(9)	価格（標準品）	4,000,000円～
(10)	納入実績	最近5ヶ年（H7～11）の納入実績　河川・ダム・湖沼・その他 納入実績　10台

交換部品・消耗品　※1日24回測定対象

	名　称	規　格	交換期間 (年・月)毎	年間交換部品・消耗品費		
				単　価	数　量	金　額
交換部品	ポンプチューブ	VP-6485-16 ファーメドチューブ	6ヶ月	2,500円	3 m	7,500円
	ポンプチューブ	VP-6485-17 ファーメドチューブ	4ヶ月	2,500円	1.5 m	3,750円
	電磁弁チューブ	内径6×外径8 mm シリコンチューブ	6ヶ月	1,500円	1 m	1,500円
	電磁弁チューブ	内径3×外径5 mm シリコンチューブ	6ヶ月	1,200円	2 m	2,400円
	反応槽ビーカ	VR-395B21	1年	20,000円	1個	20,000円
	ORP指示電極	VSE-395-1 白金電極	1年	30,000円	1本	30,000円
	ORP比較電極	VSE-395-2	1年	15,000円	1本	15,000円
消耗品	プリンタ記録紙	890-2B　放電記録紙	2ヶ月	1,000円	6巻	6,000円
				年間交換部品・消耗品費合計		86,150円

※消耗品の試薬類は含まれていない。

問合せ先

紀本電子工業株式会社

〒543-0024　大阪府大阪市天王寺区舟橋町3-1
　　TEL　06-6768-3401
　　FAX　06-6764-7040
　　URL　http://www.kimoto-electric.co.jp/

島津水質監視用紫外線吸光度自動計測器
（型式 UVM-402 タイプⅣ）

紫外線吸光度（有機汚濁、COD 換算）

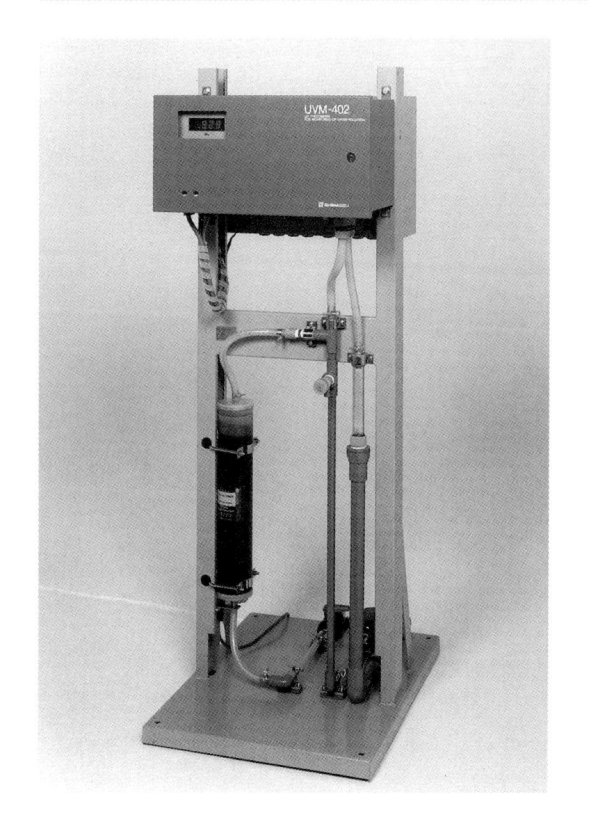

単項目		○
多項目		
採水式	A	○
	B	
	C	
潜漬式		

A：連続自動採水
B：間欠自動採水
C：その他

特徴
1. 10 mm セル長換算で、0.2〜4 吸光度フルスケールまで可能である。
2. ゼロ校正用精製器内蔵、自動ゼロ校正可能である。
3. スパン校正水は内臓の校正用光学フィルタで容易に行える。
4. 自動洗浄式セルは保守が容易である。
5. 2 波長測定法により長期に安定している。

使用上の留意点
1. 装置は屋内設置であり、ブイ上または筏上への設置は不可である。
   設置施設として次の設備が必要となる。
   　局舎・上水道・電気・採水設備・排水設備
2. 校正は必要であり、1 週間の周期で行う。校正に約 10 分必要である。
   （自動校正可）
3. 試薬は不要である。
4. 測定時の妨害物質はない。
5. 点検は、1 週間毎に行う。点検作業は約 10 分必要である。保守は、4 ヶ月毎に行う。保守作業は約 30 分必要である。また、1 年毎に行う場合、保守作業は約 1 時間 40 分必要である。
6. 交換部品および消耗品は必要である（別表参照）。

仕　様

	項　　目	仕　　　　様
(1)	測定方法	連続流通形紫外線式吸光光度法紫外光—可視光、紫外光、可視光吸光度の測定
(2)	測定原理	低圧水銀ランプからの放射光は、測定セル通過後、ハーフミラーで2つの光束に分けられる。1つは、紫外光（254 nm）のみを通過する光学フィルタを通って可視光検出器へ到達。検出器で透過光の強度に比例して発生した電気信号はそれぞれの対数増幅器で直線出力に変換された後、差動増幅器に入る。差動増幅を出た信号は、V／I変換器を経て出力信号になる。紫外光の吸光度と可視光の吸光度の差が出力信号として出る。 紫外光は、有機物濃度に比例。可視光は、有機物に応答しない。その差が溶存有機物濃度を示す。
(3)	測定対象	水中の有機汚濁物質
(4)	測定範囲	紫外線吸光度：0～0.5／0～1.0／0～2.0／0～2.5 Abs　なお、10 mmセル長換算吸光度表示では、25 mmセル付では0～0.2／0～0.4／0～0.8／0～1.0 Abs。6 mmセル付では0～0.83／0～1.67／0～3.33／0～4.17 Abs。
(5)	測定セル	流通形セル、セル長25 mmまたは6 mm
(6)	再現性	フルスケール±2％以内
(7)	安定性	ゼロ校正：フルスケール±2％／日以内 スパン校正：フルスケール±2％／週以内（ただし校正時の周囲温度の±10℃において）
(8)	直線性	フルスケール±3％以内（最大レンジでは、フルスケール±5％以内）
(9)	応答速度	90％応答：30秒以内（流量2 L/min以上において）
(9)	表示・記録方式	ディジタル吸光度表示（3つの吸光度を切換表示） 紫外光／可視光／紫外光—可視光同時出力 DC4～20 mA（負荷抵抗750 Ω以下） DC 0～1 V（負荷抵抗100 Ω以上） 保守中信号／電源断信号／測定値信号／保持中信号／光源ランプ断信号
(10)	洗浄方式	セル窓内面を自動洗浄（シリコンゴムクリーナ）洗浄周期は2, 4, 8, 24時間の可変。洗浄中は、洗浄直前の計測値をホールド。
(11)	光源方式	オゾンレス形低圧水銀ランプ使用。定電流式電源回路、およびランプ温度制御により、光源輝度を安定化。
(12)	校正方式	ゼロ校正 　タイプⅠ．Ⅱ．Ⅲ．Ⅴ．Ⅵ…外部からゼロ校正水を供給して手動校正 　タイプⅣ．Ⅶ…装置内の活性炭純水器から供給されるゼロ校正水により自動校正 スパン校正…装置内のスパン校正フィルタによる手動校正
(13)	電源条件	AC 100 V±10 V　50／60 Hz（切換可能）
(14)	供給水条件	（ゼロ校正用）流量：2～5 L/min 圧力：0.25～2.0 kg/cm²G 水質：上水、または上水と同等の水質
(15)	許容周囲温度	0～40℃
(16)	価格（標準品）	1,910,000円
(17)	納入実績	最近5ヶ年（H7～11）納入実績　150台

河川・ダム・湖沼・その他

交換部品・消耗品　※完全連続測定対象

	名　称	規　格	交換期間(年・月)毎	年間交換部品・消耗品費 単価	数量	金額
交換部品	UVランプ	測定光源	1年	69,600円	1個	69,600円
	オイルシート	セルシール用	1年	330円	1個	330円
消耗品	クリーナセット	セル窓洗浄用	4ヶ月	2,400円	3個	7,200円
	純水器	カートリッジ形	1年	37,800円	1個	37,800円

※レコーダ使用の場合、レコーダ消耗品として50,000円必要。　　　年間交換部品・消耗品合計　114,930円

問合せ先

株式会社島津製作所

〒604-8511　京都市中京区西ノ京桑原町1
　　TEL　075-823-1258
　　FAX　075-841-9325
　　URL　http://www.shimadzu.co.jp

3 現地据付型水質自動測定装置

3・1 単項目水質自動測定装置

COD 自動測定装置（型式 SW-207C）

化学的酸素要求量（COD）

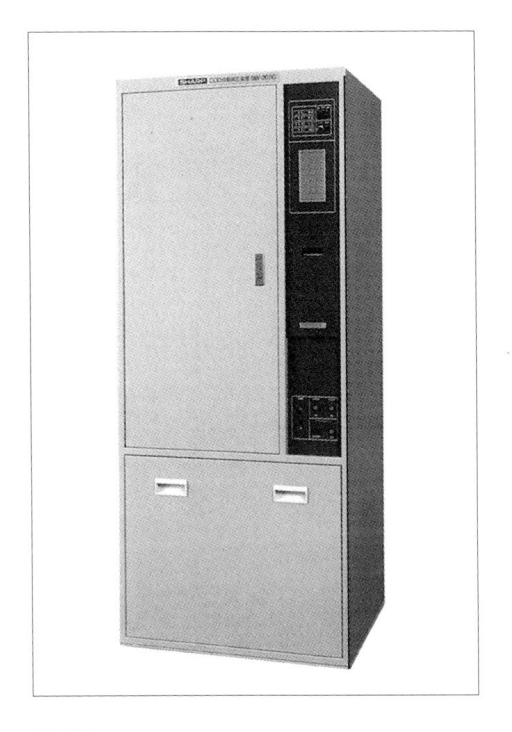

単項目	○	
多項目		
採水式	A	
	B	○
	C	
潜漬式		

A：連続自動採水
B：間欠自動採水
C：その他

50 cm

特 徴

1. 本装置は河川水または、工場排水等の水質を知る上で重要なパラメータであるCODの測定をJIS法または、下水試験法に基づいて自動化した装置で、試料水の採水 → COD値の測定 → 測定部洗浄の操作を行うものである。
2. バックライト式液晶表示ユニットにタッチパネルを採用し、タッチ操作による様々な操作が容易である。
3. 約1ヶ月分のデータ蓄積が可能である。
4. 日報・週報印字が可能。一度印字した日報・週報等のデータの連続再印字ができる。
5. 内容量10Lの大型試薬タンクを採用。1回の試薬補充で約2週間の連続運転ができる。

使用上の留意点

1. 装置は屋内設置であり、ブイ上または筏上の設置は不可である。
   設置施設として次の設備が必要となる。
   　局舎・上水道・電気・エアコン・採水設備・排水設備
2. 校正は必要であり、約半月の周期で行う。校正に約6時間必要である。
3. 試薬は必要である。試薬の廃液回収は必要であり、別途回収である。廃液は、装置の外に廃液タンクを設け回収する。
4. 測定時の妨害物質は高濃度の塩素イオンである。前処理方法は、アルカリ性過マンガン酸カリウム法のアルカリ性下での加熱反応や銀添加法の硝酸銀添加によるマスキングを行う。
5. 保守点検は、約2週間毎に行う。保守点検作業は約7時間必要である。
6. 交換部品および消耗品は必要である（別表参照）。

仕　様

項　目	仕　　様
(1) 測定方法	硫酸酸性過マンガン酸カリウム法　アルカリ性過マンガン酸カリウム法
(2) 測定原理	一定量の試料水に硫酸酸性過マンガン酸カリウム溶液を添加し、100℃で30分間加熱。これに一定量のシュウ酸ナトリウム溶液を添加し、残存している過マンガン酸イオンと反応させ、さらに過剰のシュウ酸ナトリウム溶液を標準過マンガン酸カリウム溶液で滴定すると、次のような反応式で酸化還元電位が当量点まで変化する。 $2 KMnO_4 + 5 Na_2C_2O_4 + 8 H_2SO_4 \rightarrow$ 　　　$K_2SO_4 + 5 Na_2SO_4 + 2 MnSO_4 + 10 CO_2 + 8 H_2O$ この変化を利用して滴定の終点を検出し、終点時までの過マンガン酸カリウムの滴定量をCOD値とする。
(3) 測定範囲	$0 \sim 20 / 0 \sim 50 / 0 \sim 100 / 0 \sim 200 / 0 \sim 500$ mg O/L
(4) 周囲条件	温度 5～35℃
(5) 測定精度	フルスケール±3％　但し、校正液（シュウ酸ナトリウム）に対して
(6) 終点検出	酸化還元電位差滴定法
(7) 測定周期	標準1時間1測定（但し、時間単位で任意設定可能）
(8) 試料条件	試料温度：2～40℃　供給水圧：$0.2 \sim 0.5$ kg/cm^2、供給水量：3～5 L/min
(9) 電源条件	AC 100 V ± 10 %　50／60 Hz（付属の電源ケーブル 3 m） 消費電力　約 600 VA（定常運転時の最大）
(10) 外観・構造	W 700 × D 650 × H 1 650 mm
(11) 表示・記録方式	・グラフィックタイプ液晶表示（分解能 240 × 128 ドット） ・グラフィック対応サーマルプリンタ（日報および週報印字、警報印字、ORP 電位記録、過去データ再印字機能） ・記録紙　ロール巻き感熱紙　紙幅 60 mm ・ディジタル値／アナログ値（バーグラフ）一括印字　日報（日最大、最小、平均）週報（週最大、最小、平均） 日報集計時刻設定機能付（1～24 時指定） 週報集計曜日設定機能付（月～日指定） ・過去データ（最高1ヶ月）再印字機能（測定データ・ORP 電位＜最新 24 データ・異常 10 データ・1回/日 14 データ＞） ・外部出力 測定値出力 DC 0～1 V（DC 4～20 mA はオプション）接点出力（無電圧 a 接点、接点容量 AC 100／DC 30 V 1 A 以下）装置電源断、保守中、測定値異常、試料水断、試薬断（オプション）
(12) 測定周期設置	スケジュール方式（1週間単位）
(13) 使用周囲温度	3～35℃
(14) 価格（標準品）	3,800,000 円～　（標準仕様本体価格。付帯設備、オプションは除く）
(15) 納入実績	最近5ヶ年（H 7～11）の納入実績　河川・ダム・湖沼・その他 販売台数　24台

交換部品・消耗品　※1日24回測定対象

	名　称	規　格	交換期間(年・月)毎	年間交換部品・消耗品費		
				単　価	数　量	金　額
交換部品	白金電極		1年	36,000 円	1個	36,000 円
	比較電極（KCl）		1年	17,000 円	1個	17,000 円
	比較電極（G）	酸性法	6ヶ月	6,600 円	2個	13,200 円
		アルカリ法	3ヶ月	6,600 円	4個	26,400 円
	測定槽（蓋・Oリング付）	酸性法	1年	20,800 円	1個	20,800 円
		アルカリ法	4ヶ月	20,800 円	3個	62,400 円
	タイゴンチューブ	内径1/16"×外径3/16"×肉圧5/16"	6ヶ月	1,700 円	2 m	3,400 円
	シリコンチューブ	6/8 φ	6ヶ月	2,625 円	2 m	5,250 円
	シリコンチューブ	10/13 φ	6ヶ月	3,200 円	2 m	6,400 円
	テフロンチューブ	2/4 φ（スリーブ付）	6ヶ月	1,700 円	4 m	6,800 円
	テフロンチューブ	4/6 φ（スリーブ付）	6ヶ月	1,700 円	4 m	6,800 円

	名　称	規　格	交換期間 (年・月)毎	年間交換部品・消耗品費		
				単　価	数　量	金　額
消耗品	シュウ酸ナトリウム溶液	1/40 N　f＝1.10 10L			約200 L	
	過マンガン酸カリウム溶液	1/40 N　f＝1.10 10L			約150 L	
	硫酸	(1＋2)			約100 L	
	水酸化ナトリウム溶液	2％（アルカリ法）			約100 L	
	シリコンオイル		1年	5,000円	1本	5,000円
	記録紙	感熱プリンタ用	2ヶ月	880円	6個	5,280円

年間交換部品・消耗品費合計　　酸性法：125,930円
　　　　　　　　　　　　　　　アルカリ法：180,730円
　　　　　　　　　　　　　　　　　　（除試薬）

問合せ先

シャープ株式会社

〒545-0013　大阪府大阪市阿倍野区長池町22-22
　　TEL　06-6625-1986
　　FAX　06-6621-2597
　　URL　http://www.sharp.co.jp/

COD 自動測定装置（型式 CODMS-OF）
化学的酸素要求量（COD）

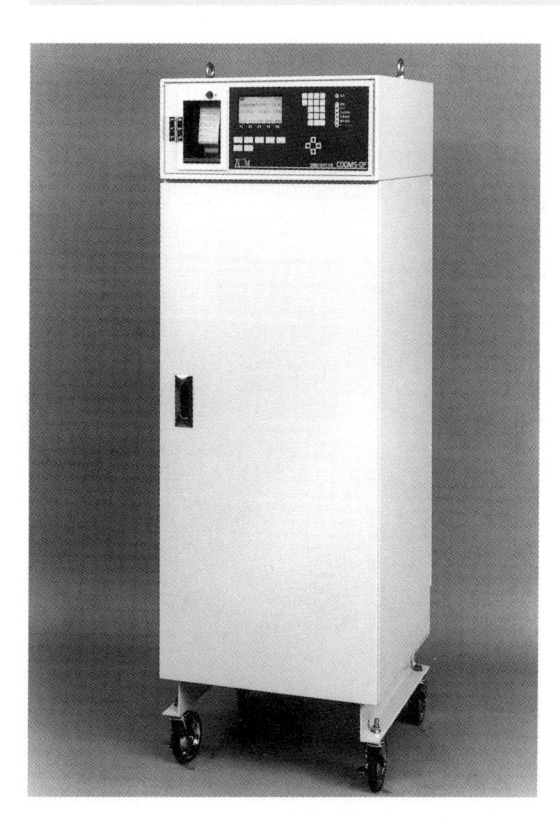

単項目	○
多項目	

採水式	A	○
	B	
	C	

| 潜漬式 | |

A：連続自動採水
B：間欠自動採水
C：その他

50 cm

特 徴
1. 豊富な自己診断機能で高い信頼性と安定性を確保。
2. 表示パネルに大型液晶を採用。
3. 1ヶ月の無保守運転が可能。

使用上の留意点
1. 装置は屋内設置であり、ブイ上または筏上への設置は不可である。
   設置施設として次の設備が必要となる。
      局舎・上水道・電気・採水設備・排水設備
2. 校正は必要であり、1ヶ月毎の周期で行う。校正に約1時間必要である。
3. 試薬は必要である。試薬の廃液回収は必要であり、別途回収である。廃液は強酸性のため中和が必要である。
4. 測定時の妨害物質はない。
5. 保守点検は、3ヶ月毎に行う。保守点検作業は約1日必要である。
6. 交換部品および消耗品は必要である（別表参照）。

仕　様

	項　目	仕　様
(1)	測定方法	硫酸酸性過マンガン酸カリウム法
(2)	測定原理	試料を硫酸酸性とし、酸化剤として過マンガン酸カリウムを加え、約100℃のオイルバスで30分間反応すると試料の有機物の量分が過マンガン酸カリウムを消費する。残量の過マンガン酸カリウムをシュウ酸と反応させる。シュウ酸は残量の過マンガン酸カリウム分消費する。次に残量のシュウ酸を過マンガン酸カリウムで滴定する。このときの滴定に使用した量と試料の有機物とが同じになることから、CODを測定する。
(3)	測定範囲	0～20/0～50/0～100/0～200/0～500/0～1 000/0～2 000 mgO/L
(4)	電極精度	フルスケール±2％以内（校正液による、0～500 mg/Lまでの各レンジ）
(5)	応答速度	1計測/1時間
(6)	①検水条件	圧力 0.01～0.05 MPa　温度 2～40℃　流量 2～10 L/min
	②電源条件	AC 100 V±10 V　50／60 Hz　消費電力 650 VA（最大）
(7)	周囲条件	・温度 0～40℃（凍結しないこと）、湿度 85％以下 ・振動、衝撃が少なく腐食性ガス・粉塵等がないこと ・水道水条件　圧力 0.03～0.5 MPa、流量 2～3 L/min（最大）、 ・消費量 5～10 L/1測定（地下水の場合はCOD値 3 mg/L・硬度 100 mg/L以下） ・排水量　洗浄排水で 5～10 L/1測定　4～8m³/月排水は自然流下式で背圧がかからないこと
(8)	外観・構造	屋内自立型　約W 600×D 600 ×H 1 600 mm　約150 kg
(9)	外部出力信号	（テレメータ）DC 4～20 mA、DC 0～1 V、RS 232 C インターフェース
(10)	価格（標準品）	3,500,000 円
(11)	納入実績	最近5ヶ年（H 7～11）の納入実績　河川・ダム・湖沼・その他 販売台数　200 台

交換部品・消耗品　※1日24回測定対象

	名　称	規　格	交換期間(年・月)毎	年間交換部品・消耗品費		
				単　価	数量	金　額
交換部品	白金電極	TP-200	1年	29,000 円	1	29,000 円
	比較電極	HS-305D	1年	9,000 円	1	9,000 円
	ジャンクション電極	JC-180	1年	9,000 円	1	9,000 円
	滴定器用シリンジ		1年	4,000 円	1	4,000 円
	反応槽	0829-T1	1年	21,500 円	1	21,500 円
	滴定ノズル	08649-T1	1年	6,500 円	1	6,500 円
	ドレイン管	08965-T1	1年	1,500 円	1	1,500 円
	撹拌棒	08648-T1	1年	7,500 円	1	7,500 円
消耗品	チューブ類		1年	28,800 円	1	28,800 円
	電気部品		1年	25,300 円	1	25,300 円
	シリコンオイル	KF96-50（1 L缶）	1年	13,250 円	4	53,000 円
	パッキング類他		1年	31,400 円	1	31,400 円
	試薬			1,400,000 円	1	1,400,000 円

年間交換部品・消耗品費合計　1,626,500 円

問合せ先

東亜ディーケーケー株式会社

〒169-8648　東京都新宿区高田馬場 1-29-10
　TEL　03-3202-0221
　FAX　03-3202-0555
　URL　http//www.toadkk.co.jp/

全自動COD測定装置（型式 COD-1500）

化学的酸素要求量（COD）

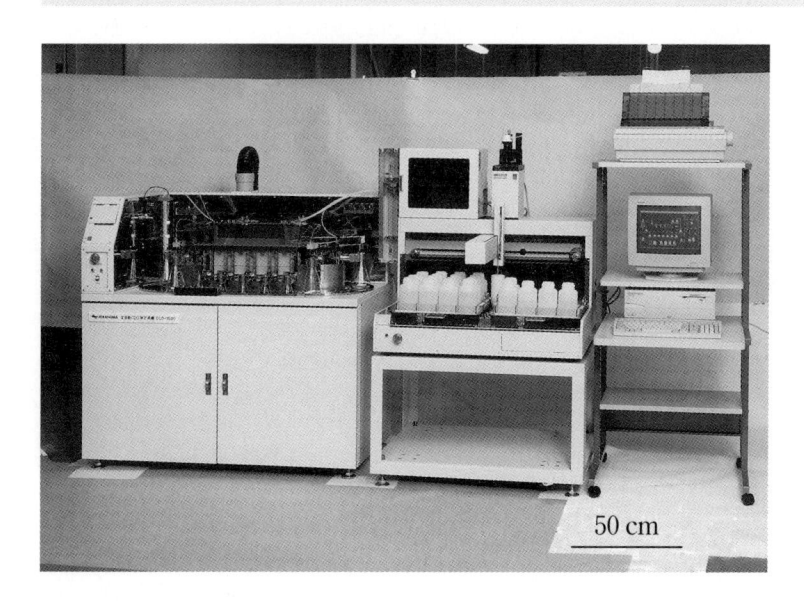

単項目	○
多項目	
採水式 A	
採水式 B	
採水式 C	○
潜漬式	

A：連続自動採水
B：間欠自動採水
C：その他

特 徴
1. サンプリングからフラスコ洗浄まで完全自動化。
2. ウォータバスの液面レベル検知、温度監視等の安全対策を備える。
3. 動作モニタ機能を備え、工程の進行状況が一目で監視できる。
4. 自動再測定機能により、測定効率、作業効率が向上できる。
5. 塩化物イオン自動マスキングユニット（オプション）により、さらに正確な測定ができる。

使用上の留意点
1. 装置は屋内設置であり、ブイ上または筏上への設置は不可である。
   設置施設として次の設備が必要となる。
     局舎・上水道・電気・排水設備・専用容器への採水
     ① 純水および余剰サンプルは、廃液ピットへ排水
     ② サンプル（含 試薬）は廃液タンク（20 L）へ貯液
2. 校正は不要である。
3. 試薬は必要である。試薬の廃液回収は必要である。純水、および余剰サンプルは、廃液ピットへ、その他はシステム外の20Lポリタンクへ貯液する。
4. 測定時の妨害物質は塩化物イオンである。前処理方法は、硝酸銀でマスキングを行う。
5. 保守点検は、1年毎に行う。保守点検作業は約8時間必要である。
6. 交換部品および消耗品は必要である（別表参照）。

仕　様

項　目	仕　様
(1) 測定方法	100 ℃における KM_nO_4 による酸素消費量（$CODM_n$）（JIS K 0102 に準拠）
(2) 測定原理	（JIS K 0102 に準拠）酸化還元滴定法（終点検出法：電位差検出法）
(3) 測定範囲	0 ～ 1 000 mg O/L
(4) 測定時間	32 試料　約 240 分（1 検体　約 6 分）
(5) ① 検水条件	① 50 ～ 100 mL 採取時：約 200 mL ② 1 ～ 50 mL 採取時：約 50 mL ＋採取量
② 電源条件	① AC 100 V　50/60 Hz　消費電力 1 000 VA ② AC 200 V　50/60 Hz　消費電力 2 000 VA
(6) 外観・構造	① システムマネージャ部：W 650 × D 650 × H 1 800 mm　約 50 kg ② 自動サンプラ部：W 1 000 × D 680 × H 920 mm　約 100 kg ③ 本体：W 1 240 × D 650 × H 1 350 mm　約 200 kg
① 計測部	本体（洗浄を含む）
② 指示増幅部	システムマネージャ（パソコン）
③ 採水洗浄制御部	自動サンプラ部
(7) 表示・記録方式	構成のパソコン、プリンタによる
(8) 価格（標準品）	13,800,000 円
(9) 納入実績	最近 5 ヶ年（H 7 ～ 11）の納入実績　河川・ダム・湖沼・その他 販売台数　37 台

交換部品・消耗品　※1日24回測定対象

	名　称	規　格	交換期間 (年・月)毎	年間交換部品・消耗品費 単価	数量	金額
交換部品	測定用ポリ瓶	ポリ瓶 500 mL（10 本入）	都度必要に応じて補充（自動補給）	100 円	250 本	25,000 円
	ノズル（分注用・滴定用）			50,000 円	1	50,000 円
	チューブオサエ		6 ヶ月	2,450 円	2	4,900 円
	サンプルポンプ用チューブ		1 年	1,500 円	1	1,500 円
	試薬チューブ		6 ヶ月	700 円	2	1,400 円
	サンプラ試料配管		6 ヶ月	3,550 円	2	7,100 円
消耗品	電極内部液	0.35 mg/L　硫酸カリウム内部液（20 mL）		420 円	10 本	4,200 円
	純水	JIS K 0577 に定める A4 水	都度必要に応じて補充（自動補給）			50,000 円
	水道水					18,000 円
	電力	AC 100 V および AC 200 V				96,000 円
	試薬類	H_2硫酸、50 W/V % $AgNO_3$、5 mmol/L KM_nO_4	都度必要に応じて補充（自動補給）			1,080,000 円
	チャート紙　TR-80	3 巻入り/箱		3,000 円	5 箱	15,000 円
	プリンタ用紙		都度必要に応じて補充（自動補給）	1 円	1 000 枚	1,000 円
その他	メンテナンス費		6 ヶ月			300,000 円

年間交換部品・消耗品費合計　1,654,100 円

問合せ先
平沼産業株式会社

〒310-0836　茨城県水戸市元吉田町1739番地
　TEL　029-247-6411
　FAX　029-247-6942

自動 COD 測定装置（型式 CODA-211、CODA-212）
化学的酸素要求量（COD）

単項目		○
多項目		
採水式	A	○
	B	
	C	
潜漬式		

A：連続自動採水
B：間欠自動採水
C：その他

特 徴
1. JIS 法に準拠した COD 測定方法を完全自動化。
2. 試料水が海水等塩素イオンを含む場合のためにアルカリ性過マンガン酸カリウム法を用いた CODA-212 型もある。
3. 自動校正機能や自己診断システムを標準装備し、連続監視に最適。
4. 試薬の補給周期を1ヶ月にする等、長期間メンテナンスフリーを実現している。

使用上の留意点
1. 装置は屋内設置であり、ブイ上または筏上への設置は不可である。
   設置施設として次の設備が必要となる。
   　局舎・上水道・電気・採水設備・排水設備
2. 校正は必要であり、1週間毎の周期で行う。校正に約5時間必要である。
3. 試薬は必要である。試薬の廃液回収は必要であり、別途回収である。廃液は中和処理槽等で pH 6～8 に中和後廃棄する。
4. 測定時の妨害物質はない。
5. 保守点検は、1週間毎に行う。保守点検作業は約1時間必要である。
6. 交換部品および消耗品は必要である（別表参照）。

仕　様

項　目	仕　様
(1) 測定方法	CODA-211：酸性過マンガン酸カリウム法（JIS 0806準拠） CODA-212：アルカリ性過マンガン酸カリウム法
(2) 測定原理	CODA-211：JIS K 0806 に規定。沸騰水中でサンプルと過マンガン酸カリウムを反応させた後、逆滴定法で消費した過マンガン酸カリウムの量から COD 値を求める。 CODA-212：海水のような塩素を含むサンプルに用いる。アルカリ性にした後、沸騰水中でサンプルと過マンガン酸カリウムを反応させ、逆滴定で消費した過マンガン酸カリウムの量から COD 値を求める。
(3) 測定範囲	0～20、30、40、50、100、200、500 mgO/L ＊いづれかを選択。0～1 000、2 000 mgO/L も可能。
(4) 再現性	フルスケール±1.5 %（0～20 mg O/Lレンジの場合） フルスケール±2.0 %（0～30 から 500 mg O/Lレンジの場合） フルスケール±5.0 %（上記以外のレンジ）
(5) 測定時間	1時間
(6) ① 検水条件	水温：2～40 ℃　流量：5～20 L/min 酸性法の場合塩素イオン濃度に条件がある。カタログ参照
② 電源条件	AC 100 V ± 10V
(7) 外観・構造	計測部、指示部を架台まとめ W 700 × H 1 585 × D 500 mm　約 180 kg 採水洗浄制御部（採水部について別途相談）
(8) 表示・記録方式	アナログ出力（測定値信号）DC 4～20 mA、DC 0～16 mV、DC 0～1 V 接点出力（警報など信号）
(9) 価格（標準品）	3,700,000 円
(10) 納入実績	最近5ヶ年（H 7～11）の納入実績　(河川)・ダム・(湖沼)・(その他) 販売台数　約100台

交換部品・消耗品　※1日24回測定対象

	名　称	規　格	交換期間(年・月)毎	年間交換部品・消耗品費 単価	数量	金額
交換部品	ミストキャッチャー		1年	非公開	1個	非公開
	電磁弁		1年	非公開	1個	非公開
	ダイヤフラム類		1年	非公開	1式	非公開
	配管類		1年	非公開	1式	非公開
	継手類		1年	非公開	1式	非公開
	モーター類		1年	非公開	1式	非公開
消耗品	硫酸試薬	500 mL 入り		非公開	57個	非公開
	過マンガン酸カリウム試薬	25 g		非公開	6個	非公開
	シュウ酸ナトリウム試薬	25 g		非公開	7個	非公開
	硫酸ナトリウム試薬	500 g 入り		非公開	1個	非公開
	硝酸銀試薬	180 g 入り		非公開	48個	非公開
	KCl内部液			非公開	1式	非公開

問合せ先

株式会社堀場製作所

〒601-8510　京都府京都市南区吉祥院宮の東町2番地
TEL　075-313-8121
FAX　075-321-5725
URL　http://www.horiba.co.jp

有機汚濁物質測定装置（型式 OPSA-120）

有機性汚濁物質（化学的酸素要求量COD換算（オプション））

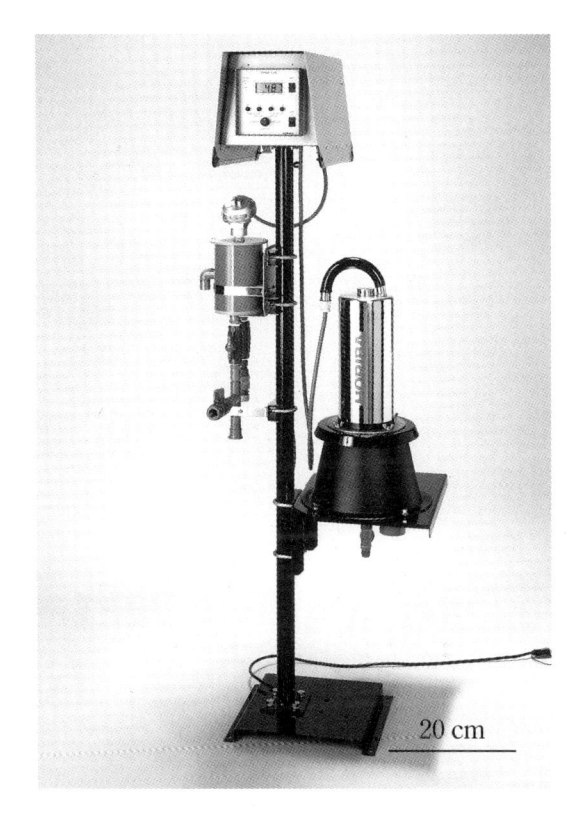

単項目		○
多項目		
採水式	A	○
	B	
	C	
潜漬式		

A：連続自動採水
B：間欠自動採水
C：その他

特 徴

1. 紫外線吸光を利用することにより有機性汚濁物質を連続測定する。CODへの換算値出力も可能である。
2. 独自の回転セル長方式を採用し、原理的にゼロ点変動がなく、長期安定性に優れている。
3. 独自のワイパー方式洗浄機構により測定セルの連続洗浄が可能である。
4. 画期的なセル構造によりセルの清掃等日常保守に手間がかからない。
5. 校正にはあらかじめ計量されたアンプル液を使用するので、手間がかからない。

使用上の留意点

1. 装置は屋内設置であり、ブイ上または筏上への設置は不可である。
設置施設として次の設備が必要となる。
　　局舎・上水道・電気・採水設備・排水設備
2. 校正は必要であり、1週間の周期で行う。校正に約30分必要である。
3. 試薬は不要である。
4. 測定時の妨害物質は濁度である。前処理方法は、濁度補正で調整する。
5. 保守点検は、1週間毎に行う。保守点検作業は約1時間必要である。
6. 交換部品および消耗品は必要である（別表参照）。

仕　様

項　　目	仕　　様
(1) 測定方法	回転セル長変調方式紫外線吸光光度計
(2) 測定原理	2つの石英円筒セル（一方には光源、他方には検出器を設置）を偏心させ、回転することで円筒間の長さ（セル長）が周期的に変化するセル長変調方式である。光源から検出器に入る信号は、最大セル長時と最小セル長時の吸光度（出力）の差を振幅とする交流信号となる。この信号の中には、振幅の中心（平均値）の出力をもつ直流信号が含まれる。これらの信号は、増幅器で増幅された後、ハイパスフィルタで交流信号のみを取出し、測定値信号として使用する。一方、ローパスフィルタでは直流信号を取出し、補正信号（コントロール信号）として、光学系補正に利用する。補正信号は比較器によって基準電圧と比較され、基準電圧と等しくなるよう（平均値補正）増幅器を制御する。これによって、光学系の補正が行われ、測定信号はこれらの光学系の影響を受けることなく安定した測定値が得られる。
(3) 測定範囲	0～1 Abs または 0～0.5 Abs （0～2 Abs オプション）
(4) 電極精度	再現性：フルスケール±2％ ゼロ校正：±0.02 Abs/day　スパン校正：±0.02 Abs/day
(5) 応答速度	1分以内（T90 流量5 L/min の場合）
(6) ①検水条件	水温：2～40℃
②電源条件	AC 100 V ± 10 V　50／60 Hz
(7) 外観・構造	分析部・操作部・オーバーフロー槽をポールに取付けまとめた構造 屋外設置用スタンドにまとめた場合 W 460 × D 445 × H 1 483 mm　約60 kg
①計測部	約φ260 × 400 mm　約25 kg
②指示増幅部	操作部 W 144 × D 272 × H 144 mm　約20 kg
③採水洗浄制御部	オーバーフロー槽　約φ150 × 160 mm　約7 kg
(8) 外部出力信号 （テレメータ）	アナログ出力（測定値信号）DC 4～20、DC 0～1 V 接点出力（保守中、電源断）、無電圧メーク接点
(9) 価格（標準品）	1,500,000円～
(10) 納入実績	最近5ヶ年（H 7～11）の納入実績　河川・ダム・湖沼・その他 販売台数　約600台

交換部品・消耗品　※1日24回測定対象

	名　称	規　格	交換期間 (年・月)毎	年間交換部品・消耗品費		
				単　価	数　量	金　額
交換部品	光源ランプ		1年	非公開	1式	非公開
	洗浄ワイパー		1年	非公開	1式	非公開
	Oリング類		1年	非公開	1式	非公開
	ヒューズ類		1年	非公開	1式	非公開
消耗品	校正液				24個	
	セル乾燥剤		1年	非公開	1式	非公開

問合せ先

株式会社堀場製作所

〒601-8510　京都府京都市南区吉祥院宮の東町2番地
　　TEL　075-313-8121
　　FAX　075-321-5725
　　URL　http://www.horiba.co.jp

シアン自動測定装置（型式 CN-105）

シアンイオン

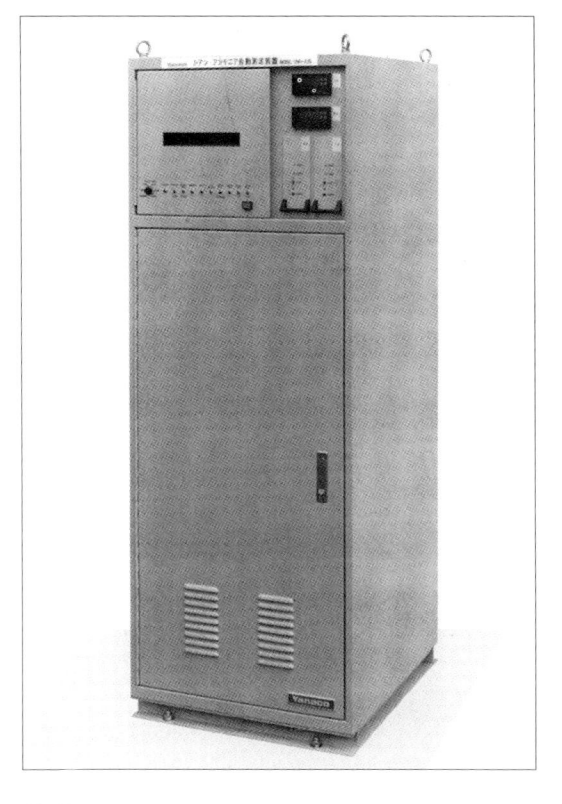

単項目	○
多項目	

採水式	A	
	B	○
	C	
潜漬式		

A：連続自動採水
B：間欠自動採水
C：その他

特 徴

1. 試料採水後、約20分で測定が可能である。
2. アルカリ溶液等の試薬の消耗は著しく少なく、廃液回収も少なくてすむ。
3. 低濃度のシアンの測定が可能である。

使用上の留意点

1. 装置は屋内設置であるが、ブイ上または筏上への設置は可能である。
   設置施設として次の設備が必要となる。
   　　局舎・上水道・電気・採水設備・排水設備
2. 校正は必要であり、半月毎の周期で行う。校正に約1時間必要である。
3. 試薬は必要である。試薬の廃液回収は必要である。廃液は、測定に使用するアルカリ濃度に匹敵する硝酸溶液を測定工程で導入して中和排水する。
4. 測定時の妨害物質は還元性物質、亜硫酸イオン、ハイドロキノンやイオウイオン（S^{2-}）、ヨウ素イオン（I^-）である。前処理方法は蒸留処理して測定する全シアン測定装置（型式 TCN-508、p.222参照）と同法を採用する。
5. 保守点検は、2週間毎に行う。保守点検作業は約2時間必要である。
6. 交換部品および消耗品は必要である（別表参照）。

仕　様

項　目	仕　様
(1) 測定方式	アルカリ条件―シアンイオン電極測定法
(2) 測定原理	試料水および水酸化ナトリウム溶液をそれぞれの計量管に負圧吸引計量方式により計量した後、測定槽に導入して、pHをアルカリ性にした後、イオン電極によりシアン等を自動温度補償して測定する。電極等は測定後に自動的に洗浄する。
(3) 測定対象	水中の遊離シアン
(4) 測定範囲	0.03～3.0 mg/L
(5) 測定再現性	フルスケール±3％以内（標準液による測定として）
(6) 検水条件	水温：5～40℃　流量：1～5 L/min
(7) 温度補償	周囲温度：5～35℃　周囲湿度：90％以下（自動温度補償式）
(8) 制御方式	プログラマによる全自動および手動操作式
(9) 測定周期	30 M、60 M、90 M、120 M、180 M、任意選択
(10) 連続測定	測定周期を1時間として試薬補充なしで30日間連続測定可能
(11) 測定値表示	ディジタルパネルメータによる濃度直読ホールド表示式
(12) 計量方式	負圧吸引計量方式
(13) 電極洗浄式	測定毎水攪拌洗浄式
(14) 電源条件	AC 100 V±10 V　50／60 Hz±1 Hz　消費電力 約300 VA（最大負荷時）
(15) 外観・構造	W 600×D 650×H 1 650 mm（屋内設置チャンネルベース式）
(16) 測定値出力	DC 0～1 V（非絶縁） DC 4～20 mA（絶縁）……オプション
(17) 接点出力	測定値異常／電源断／洗浄水断／計器異常／試料水断（オプション）／保守中／外部スタート入力
(18) 価格（標準品）	2,800,000円
(19) 納入実績	最近5ヶ年（H 7～11）納入実績　河川・ダム・湖沼・その他　販売台数　33台

交換部品・消耗品　※1日24回測定対象

	名　称	規　格	交換期間(年・月)毎	年間交換部品・消耗品費 単価	数量	金額
交換部品	シアンイオン電極	7000-2.0P	1年	42,400円	1	42,400円
	カロメル電極（比較）	MR-101	1年	15,000円	1	15,000円
	シリコンチューブ E種	内径5×外径7 mm 1 m	2/年	1,200円	2	2,400円
	テフロンチューブ	内径2×外径4 mm 1 m	5/年	800円	5	4,000円
	テフロンチューブ	内径4×外径6 mm 1 m	2/年	1,100円	2	2,200円
	ダイヤフラム*1	GA-380V用	1年	4,000円	1	4,000円
	シート弁	GA-380V用	1年	3,500円	1	3,500円
	スリーブ*2	P.P.外径4 mm 20個入	1年	1,350円	1	1,350円
	スリーブ*2	P.P.外径6 mm 20個入	1年	1,500円	1	1,500円
	ピンチバルブ	PK-0802-NO-YA DC 24 V	1年	6,600円	1	6,600円
	試料計量管	大	3年	15,000円	1/3	5,000円
	試料計量管 (A)5～10	硬質ガラス	2年	5,400円	1/2	2,700円
	電磁弁	SVC-201-S DC 24 V PT1/8	1年	9,000円	1	9,000円
	電磁弁	YDV2-1/8　4φ DC 24 V	1年	9,790円	1	9,790円
	分岐管3方	Y型	3年	2,500円	1/3	900円

	名　称	規　格	交換期間 (年・月)毎	年間交換部品・消耗品費		
				単　価	数　量	金　額
消耗品	水酸化ナトリウム	特級　500 g		1,000 円	4	4,000 円

年間交換部品・消耗品費合計　114,340 円

＊1　ダイヤフラム：エアーポンプの種類でダイヤフラム式ポンプがあり、それに使用するダイヤフラムを指す。
＊2　スリーブ：配管をジョイントに接合するときに配管を固定する配管固定補助具。

問合せ先

株式会社アナテック・ヤナコ

〒611-0041　京都府宇治市槙島町十一 96-3
　　TEL　0774-24-3171
　　FAX　0774-24-3173
　　URL　http://www.yanaco.co.jp/

全シアン自動測定装置（型式 TCN-508）
全シアン

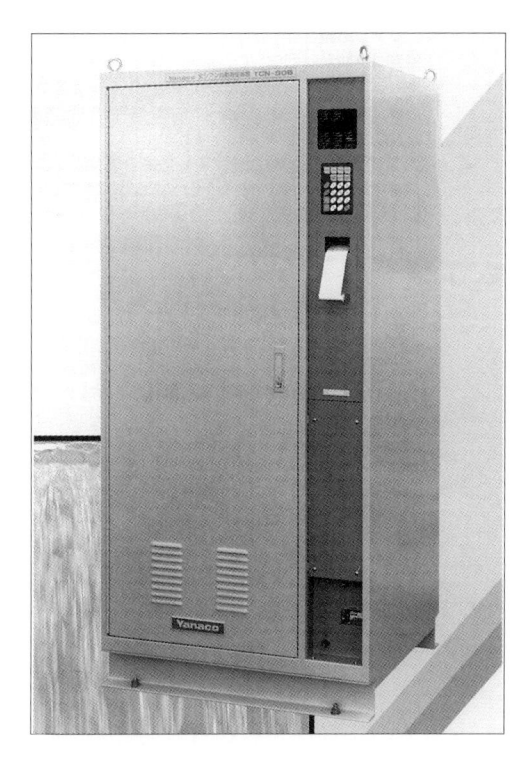

単項目	○
多項目	

採水式	A	
	B	○
	C	

潜漬式	

A：連続自動採水
B：間欠自動採水
C：その他

50 cm

特 徴
1. 独特の技術による負圧通気蒸留―シアンイオン電極測定法により、30分以内に0.01 mg/Lからの全シアン測定が可能である。
2. 銅塩等の添加条件下の負圧通気蒸留法によりシアンイオン電極に対する妨害物質をマスキング処理し、信頼性の高い測定結果が得られる。
3. オプションによりシアン標準液による自動校正が可能である。
4. 装置の設定、測定内容、測定値バーグラフ、異常箇所等の印字ができる。
5. 試料の前処理と流路の自動洗浄が可能な設計である。

使用上の留意点
1. 装置は屋内設置であるが、ブイ上または筏上への設置は可能である。
   設置施設として次の設備が必要となる。
   　局舎・上水道・電気・採水設備・排水設備
2. 校正は必要であり、半月毎の周期で行う。校正に約5時間必要である。
3. 試薬は必要である。試薬の廃液回収は必要であり、別途回収である（オプション）。装置の外にタンクを設けそこに廃液をためる。銅塩を含む強酸廃液、強アルカリ廃液を個別に回収した廃液は凝集沈殿、中和処理する。
4. 測定時の妨害物質はない。
5. 保守点検は、2週間毎に行う。保守点検作業は約6時間必要である。
6. 交換部品および消耗品は必要である（別表参照）。

仕　様

項　目	仕　様
(1) 測定方式	負圧通気蒸留―シアンイオン電極測定法
(2) 測定原理	一定量の試料水、銅塩溶液およびりん酸溶液を、各計量管を介して加熱槽に導入して約20分間負圧通気蒸留し、この際に生じたシアン化水素ガスをあらかじめ測定槽に用意した少容量の水酸化ナトリウム溶液に吸収して濃縮し、シアンイオン電極で測定する。測定のための試料採取から通気蒸留、測定値の印字および系内の洗浄などの一連の操作を約30分で行う。
(3) 測定対象	水中の遊離およびシアン錯化合物のシアン
(4) 測定範囲	0～2.0 mg/L（有効測定範囲：0.01 mg/L～）（その他のレンジも製作可能）
(5) 測定再現性	フルスケール±3％以内（対数出力の当分換算として）
(6) 制御方式	マイクロコンピュータ制御、全自動
(7) 測定周期	0.5H、1H、2H、任意選択
(8) 表示・記録方式	ディジタル表示：工程数／工程残り時間／濃度 mg/L／レンジ mg/L／測定値異常設定値 mg/L／前回測定時の電極電位／時刻 発光ダイオード表示：制御モード／動作モード／各種警報／ディジタル表示の選択用 印字内容：測定値、測定値バーグラフ、シアン回収曲線、設定値、校正値、日報、電源断、各種異常箇所個別マーク印字など 測定値出力：DC 0～1 V、DC 4～20 mA（オプション）、測定値（電圧、電流）出力は、バー／ホールド表示選択式[*1] 警報接点出力：無電圧a接点出力[*2]、測定値異常／電源断／洗浄水断／計器異常／試料水断（オプション）／試薬断（オプション）／保守中外部スタート：無電圧a接点入力（2秒以上）
(9) 試料水、試薬計量	負圧吸引計量方式
(10) 連続測定	測定周期を1時間として試薬補充なしで2週間連続測定可能
(11) 校正方式	標準液を検量線作成工程で測定し、校正の印字値をキー入力する。
(12) 加熱槽	石英ガラス製（ヒータ加熱による）（空炊き防止センサ付）
(13) 蒸留方式	加熱条件下負圧通気蒸留によるシアン化水素ガス回収式
(14) 測定槽	パイレックス褐色ガラス製
(15) 電源条件	AC 100 V±10 V　50／60 Hz±1 Hz（漏電ブレーカ内蔵）
(16) 消費電力	約 700 VA（最大負荷時）
(17) 外観・構造	W 800×D 650×H 1 650 mm（屋内設置型チャンネルベース式）
(18) 重量	約 130 kg
(19) 価格（標準品）	4,800,000 円
(20) 納入実績	最近5ヶ年（H 7～11）納入実績　河川・ダム・湖沼・その他 販売台数　41台

[*1] バー／ホールド表示：バーとは測定器が指示値を測定した後ある時間だけその値を一定に保つ。ホールドとは測定値が次の指示値を測定するまで前回の測定値を保つ。
[*2] 無電圧a接点出力：常時接点が開で、異常時接点が閉となる。

交換部品・消耗品　※1日24回測定対象

	名　称	規　格	交換期間 (年・月)毎	年間交換部品・消耗品費		
				単　価	数　量	金　額
交換部品	タイゴンチューブ	内径3/16×外径5/16 ×肉厚1/16　1 m	2/年	1,450 円	2	2,900 円
	テフロンチューブ	内径2×外径4 mm 1 m	5/年	800 円	5	4,000 円
	テフロンチューブ	内径4×外径6 mm 1 m	2/年	1,100 円	2	2,200 円
	ダイヤフラム[*3]	GA-380V用	1年	4,000 円	1	4,000 円
	シート弁	GA-380V用	1年	3,500 円	1	3,500 円
	3方電磁弁	AG31022E-DC 24 V	1年	15,000 円	1	15,000 円
	エアーストン	硬質ガラス	1年	7,600 円	1	7,600 円
	カロメル電極（比較）	MR-101	1年	15,000 円	1	15,000 円

	名　称	規　格	交換期間 (年・月)毎	年間交換部品・消耗品費		
				単　価	数　量	金　額
交換部品	シアンイオン電極	7000-2.0P	2/年	42,400 円	2	84,800 円
	スリーブ*4	P.P.外径 4 mm 用 20 個入	1年	1,350 円	1	1,350 円
	スリーブ*4	P.P.外径 6 mm 用 20 個入	1年	1,500 円	1	1,500 円
	バンドヒータ	200 W　内径 70 mm	1年	10,700 円	1	10,700 円
	ローンエースチューブ	内径 5×外径 9 mm 1 m	2/年	575 円	2	1,150 円
	計量管 A(大) 50〜100	硬質ガラス	3年	7,700 円	1/3	2,600 円
	電磁弁	SVC-201-S DC 24 V　PT1/8	1年	9,000 円	1	9,000 円
消耗品	塩酸	特級　500 mL		700 円	45	31,500 円
	水酸化ナトリウム	特級　500 g		1,000 円	4	4,000 円
	塩化第一銅	特級　500 g		5,100 円	4	20,400 円
	りん酸	特級　500 mL		1,400 円	58	81,200 円
	記録紙	AY-10　10 巻入		12,000 円	1	12,000 円

年間交換部品・消耗品費合計　314,400 円

＊3　ダイヤフラム：エアーポンプの種類でダイヤフラム式ポンプがありそれに使用するダイヤフラムを指す。
＊4　スリーブ：配管をジョイントに接合する時に配管を固定する配管固定補助具。

問合せ先

株式会社アナテック・ヤナコ

〒611-0041　京都府宇治市槙島町十一 96-3
　　TEL　0774-24-3171
　　FAX　0774-24-3173
　　URL　http://www.yanaco.co.jp/

全シアン自動計測装置（型式 VS-3910）
全シアン

単項目	○
多項目	

採水式	A	○
	B	
	C	

潜漬式	

A：連続自動採水
B：間欠自動採水
C：その他

50 cm

特徴
1. 全シアンに迅速に応答し、かつ連続測定方式であり、リアルタイムの監視に最適である。
2. 紫外線照射による錯体分解法を採用しているため、加熱蒸留法のように加熱容器が破損しない。
3. 検出器にマグネティックスターラ（MS）型研磨電極を採用しているため、長期間安定で正確な計測が可能である。
4. 紫外線照射を止めることにより、遊離シアンのみを測定することが可能である。
5. 分析部を温調し、試薬との反応や電極の応答を安定化している。

使用上の留意点
1. 装置は屋内設置であるが、ブイ上または筏上への設置は可能である。
   設置施設として次の設備が必要となる。
   　局舎・上水道・電気・エアコン・採水設備・排水設備
2. 校正は必要であり、半月毎の周期で行う。校正に約2時間必要である。
3. 試薬は必要である。試薬の廃液回収は必要であり、別途回収である。
4. 測定時の妨害物質は硫化物である。前処理方法は、銅イオン（硫酸銅）を添加し、硫化物のマスキングを行う。
5. 保守点検は、2週間毎に行う。保守点検作業は約3時間必要である。
6. 交換部品および消耗品は必要である（別表参照）。
7. ガス透過分離管イオン電極指示部の交換頻度は、高濃度のシアンを常時測定した場合の周期であり、河川等の使用では、1年以上使用可能である。
   （運転用試薬は含まれていない）

仕 様

項 目	仕 様
(1) 測定方法	紫外線照射錯体分解―ガス透過膜分離 MS型シアンイオン電極法（試料に紫外線を照射して分解し、特殊なガス透過性の膜を用い、シアンを分離濃縮させ、シアンイオン電極により検出する）
(2) 測定範囲	0.01～10 ppm CN
(3) 再現性	±0.1 ppm CN 以内（指示値の約±20％以内）
(4) 応答速度	20分以内（90％指示応答）
(5) ①検水条件	検水採水量：約10 mL/min
②電源条件	AC 100V±10V（50／60 Hz）消費電力 約200 VA（通常）
(6) 外観・構造	W 500×D 450×H 1 500 mm　約85 kg 形状：SPCC鋼製床立箱形
(7) 洗浄周期	1～99時間毎、1～10日間毎に1回
(8) 洗浄時間	1～10分間
(9) 表示・記録方式	ディスプレイ表示、記録紙（連続値） テレメータ出力信号 　①濃度値　DC 0～1 V 　②無電圧a接点出力（電源断、動作不良、調整中）各状態の時、接点が"閉"になる接点信号
(10) 価格（標準品）	4,500,000円～
(11) 納入実績	最近5ヶ年（H 7～11）の納入実績　河川・ダム・湖沼・その他 納入実績　15台

交換部品・消耗品　※1日24回測定対象

	名　称	規　格	交換期間 (年・月)毎	年間交換部品・消耗品費		
				単　価	数　量	金　額
交換部品	ポンプチューブ	VP-6485-16 ファーメードチューブ	6ヶ月	2,000円	3 m	6,000円
	紫外線照射管	VP-GL10	6ヶ月	3,000円	2本	6,000円
	ガス透過分離管	VR-039A20	6ヶ月	48,000円	2本	96,000円
	イオン電極指示部	VPE-3910-W	6ヶ月	180,000円	2本	360,000円
消耗品	記録紙	DL-5000-S (12巻入/箱)	12巻/年	16,800円	1箱	16,800円
	インクカートリッジ	PHZH2002	1年	10,000円	1本	10,000円

※消耗品の試薬類は含まれていない。　　　　　　　　　年間交換部品・消耗品費合計　494,800円

問合せ先

紀本電子工業株式会社

〒543-0024　大阪府大阪市天王寺区舟橋町3-1
　TEL　06-6768-3401
　FAX　06-6764-7040
　URL　http://www.kimoto-electric.co.jp/

全シアン自動測定装置（型式 SW-702CN）
全シアン

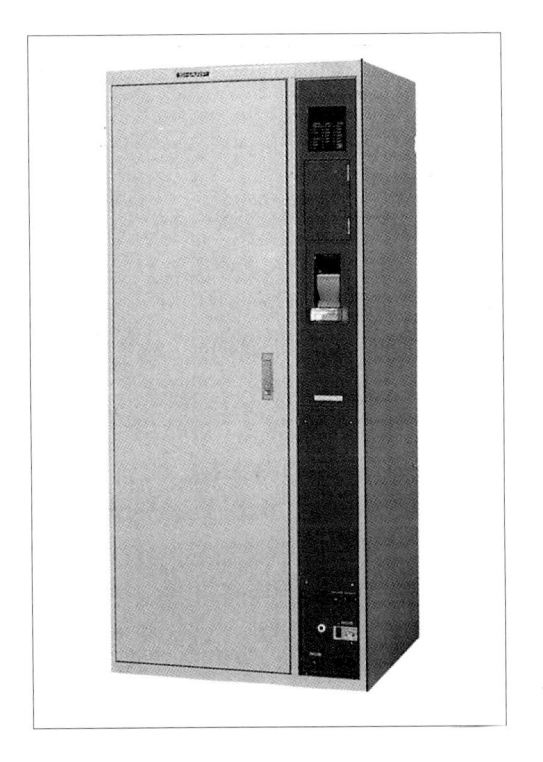

単項目	○
多項目	
採水式 A	
採水式 B	
採水式 C	○
潜漬式	

A：連続自動採水
B：間欠自動採水
C：その他

50 cm

特徴
1. 本装置は、河川水や排水施設、および下水等を対象とした全シアンを測定するものである。
2. 負圧通気蒸留法—シアンイオン電極測定法により、約30分間で高精度な測定ができる。
3. 銅塩添加—負圧通気蒸留法による効果的なマスキングで、測定妨害物質の共存している試料水でも、ほとんど影響を受けることなく測定できる。
4. 測定結果や測定の各種測定値をはじめ、日最大値・日最小値・日平均値等の日報もプリンタで出力できる。
5. 試料水の前処理と流路の自動洗浄が可能な設計となっている。

使用上の留意点
1. 装置は屋内設置であり、ブイ上または筏上への設置は不可である。
   設置施設として次の設備が必要となる。
   　　局舎・上水道・電気・エアコン・採水設備・排水設備
2. 校正は必要であり、約半月の周期で行う。校正に約5時間必要である。
3. 試薬は必要である。試薬の廃液回収は必要であり、別途回収である。廃液は、装置の外にタンク（オプション）を設け、回収する。
4. 測定時の妨害物質はない。
5. 保守点検は、約2週間毎に行う。保守点検作業は約6時間必要である。
6. 交換部品および消耗品は必要である（別表参照）。

仕　様

項　　目	仕　　　　様
(1) 測定方法	負圧通気蒸留―シアンイオン電極測定法
(2) 測定原理	一定量の試料水、銅塩溶液およびリン酸溶液を、各計量管を介して加熱槽に導入して約20分間負圧通気蒸留し、この際に生じたシアン化水素ガスを予め測定槽に用意した小容量の水酸化ナトリウム溶液に吸収して濃縮し、シアンイオン電極で測定します。
(3) 測定範囲	0～2.0 mg/L（指定レンジはオプションにて対応可能）
(4) 周囲条件	温度 5℃～35℃
(5) 再現性	フルスケール±3％（但し、標準液による対数出力の等分換算として）
(6) ①検水条件	温度：5～40℃　流量：1～5 L/min
②電源条件	AC 100 V　50／60 Hz　消費電力 約 700 VA（最大負荷時）
(7) 外観・構造	W 800×D 650×H 1 650 mm　約 130 kg
(9) 試薬補充	測定周期1時間で14日間無補充連続測定可能
(10) 表示・記録方式	ディジタル表示　工程数／工程残り時間／濃度／レンジ／測定値異常設定値／前回測定時の電極電位／時刻 発光ダイオード表示　制御モード／動作モード／警報／ディジタル表示の選択用感熱記録紙 外部出力　測定値電圧出力 DC 0～1 V（DC 4～20 mA はオプション）警報接点出力 無電圧 a 接点出力 ①測定値異常②電源断③保守中④洗浄水断⑤計器異常 外部入力　外部スタート入力　無電圧 a 入力
(11) 価格（標準品）	6,000,000 円～（標準仕様本体価格。付帯設備、オプションは除く）
(12) 納入実績	最近5ヶ年（H 7～11）の納入実績　⦅河川⦆・ダム・湖沼・その他 販売台数　4 台

交換部品・消耗品　※1日24回測定対象

	名　称	規　格	交換期間(年・月)毎	年間交換部品・消耗品費 単価	数量	金額
交換部品	タイゴンチューブ	内径 3/16×外径 5/16×肉厚 1/16	1年	1,950 円	2 m	3,900 円
	テフロンチューブ	内径 2×外径 4 mm	1年	1,050 円	5 m	5,250 円
	テフロンチューブ	内径 4×外径 6 mm	1年	1,450 円	2 m	2,900 円
	3方電磁弁		1年	19,700 円	1個	19,700 円
	スリーブ	P.P.外径 4 mm 用	1年	90 円	20個	1,800 円
	スリーブ	P.P.外径 6 mm 用	1年	100 円	20個	2,000 円
	エアーストン	硬質ガラス	1年	10,000 円	1個	10,000 円
	シート弁	吸引ポンプ用	1年	4,600 円	1個	4,600 円
	バンドヒータ	200 W　70 mm	1年	14,100 円	1個	14,100 円
	ローンエースチューブ	内径 5 mm×外径 9 mm	1年	800 円	2 m	1,600 円
	ダイヤフラム	吸引ポンプ用	1年	5,250 円	1個	5,250 円
	カロメル電極（比較）		1年	19,700 円	1個	19,700 円
	シアンイオン電極		1年	55,700 円	2個	111,400 円
	計量管 A	硬質ガラス 50～100 mL	3年	10,100 円	1/3個	3,400 円
	電磁弁		1年	11,900 円	1個	11,900 円
消耗品	塩　酸	特級　500 mL			45本	
	水酸化ナトリウム	特級　500 g			4本	
	塩化第一銅	特級　500 g			4本	
	りん酸	特級　500 mL			58本	
	記録紙	10 巻入		15,800 円	1箱	15,800 円

年間交換部品・消耗品費合計　233,300 円（除試薬）

問合せ先

シャープ株式会社

〒 545-0013　大阪府大阪市阿倍野区長池町 22-22
　　TEL　06-6625-1986
　　FAX　06-6621-2597
　　URL　http://www.sharp.co.jp/

全シアン濃度監視装置（型式 TCNMS-2）
全シアン

単項目	〇
多項目	

採水式	A	〇
	B	
	C	

潜漬式	

A：連続自動採水
B：間欠自動採水
C：その他

50 cm

特 徴
1. 常時監視の連続測定方式。
2. イオン電極起電力表示で電極の寿命の判別。
3. 日常保守の少ない自動洗浄方式。

使用上の留意点
1. 装置は屋内設置であり、ブイ上または筏上への設置は不可である。
   設置施設として次の設備が必要となる。
   　　局舎・上水道・電気・採水設備・排水設備
2. 校正は必要であり、1ヶ月の周期で行う。校正に約1時間必要である。
3. 試薬は必要である。試薬の廃液回収は別途回収である。廃液はアルカリ性であるため中和処理が必要である。
4. 測定時の妨害物質はない。
5. 保守点検は、3ヶ月毎に行う。保守点検作業は約1日必要である。
6. 交換部品および消耗品は必要である（別表参照）。

仕　様

項　目		仕　様
(1)	測定方法	りん酸酸性煮沸蒸留方式、シアンイオン電極測定方式、連続測定方式
(2)	測定原理	密閉状態の反応槽に採水した試料にりん酸を加え加熱することにより試料に含まれるシアン分をすべてシアンガスとして、アルカリ液に吸着させる。そのアルカリ液の中にシアンイオン電極を入れて、シアンイオンの濃度に比例した起電力（発生電位）を測定しシアンイオン濃度を測定する。理由はシアンイオンは金属イオン（Fe とか Cu）と簡単に結合（錯体）となるため、イオン濃度のみの測定ではこの結合した分は検出できないため分解するために加熱蒸留の前処理として行う。
(3)	測定範囲	0～2 mg/L（標準）　フルスケール値2～10 mg/L内で任意変更可
(4)	電極精度	±0.1％以内
(5)	応答速度	調整槽より30分以内
(6)	①検水条件	水温5～40℃　SS濃度30 mg/L以下　pH6～8
	②電源条件	AC 100 V±10 V　50／60 Hz　消費電力 約500 VA
(7)	周囲条件	温度2～40℃、湿度85％以下（結露しないこと）、その他直射日光、振動衝撃、腐食ガス、ダスト、誘導障害のないこと
(8)	外観・構造	屋内自立型　約W 600×D 650×H 1 800 mm　約350 kg
(9)	外部出力信号（テレメータ）	DC 4～20 mA または DC 0～1 V（要指定）
(10)	価格（標準品）	5,500,000 円
(11)	納入実績	最近5ヶ年（H 7～11）の納入実績　河川・ダム・湖沼・その他 販売台数　15台

交換部品・消耗品　※1日24回測定対象

	名　称	規　格	交換期間 (年・月) 毎	年間交換部品・消耗品費		
				単　価	数　量	金　額
交換部品	シアン電極	CN-125B	6ヶ月	37,000 円	2	74,000 円
	比較電極	HS-510C	6ヶ月	34,000 円	2	68,000 円
	TCNヒータ		3ヶ月	22,000 円	4	88,000 円
	チューブ類		1年	81,000 円	1	81,000 円
	パッキン他		1年	46,800 円	1	46,800 円
消耗品	記録紙	PEX00DL1	1年	18,000 円	1	18,000 円
	記録ペン（ヘッド）	PHZH1001	6ヶ月	11,000 円	2	22,000 円
	シアン標準液	CNl　500mL	1ヶ月	3,000 円	12	36,000 円
	比較電極内部液	3.3規定　KCL	1年	2,000 円	1	2,000 円
	試薬		1年	267,100 円	1	267,100 円

年間交換部品・消耗品費合計　702,900 円

問合せ先

東亜ディーケーケー株式会社

〒169-8648　東京都新宿区高田馬場1-29-10
　TEL　03-3202-0221
　FAX　03-3202-0555
　URL　http//www.toadkk.co.jp/

プロセス成分測定装置シアン計（型式 model 8810・30）

シアンイオン

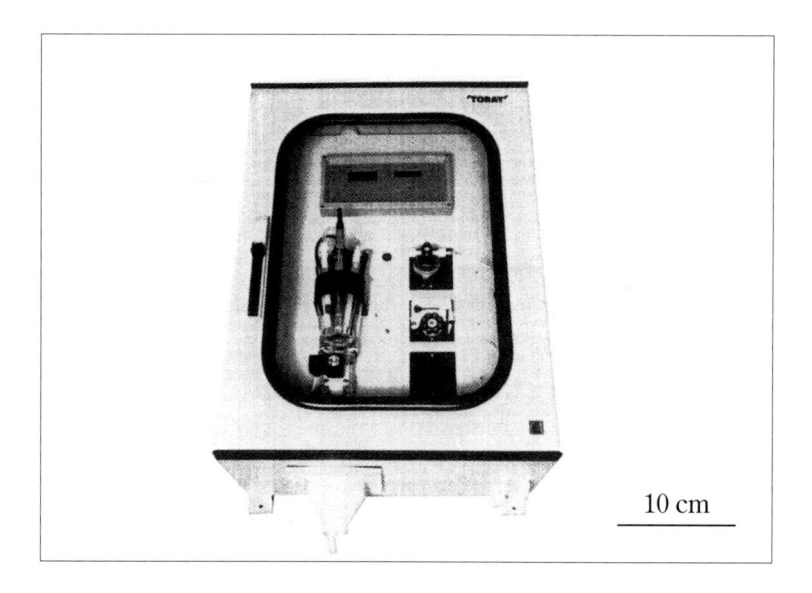

単項目	○
多項目	

採水式	A	
	B	○
	C	

潜漬式	

A：連続自動採水
B：間欠自動採水
C：その他

10 cm

特 徴
1. 長期に亘って安定な測定が可能（イオン電極方式でシンプルな構成）。
2. 設置が容易（フィルタ等の前処理不要）、オフライン測定も可能。
3. 信頼性の高い測定が可能（自動洗浄と自己診断機能装備、恒温機能）。
4. 豊富なオプション（流路切換機能、自動希釈、恒温機能、オフライン測定、通信機能他）。

使用上の留意点
1. 装置は屋内設置であるが、ブイ上または筏上への設置は可能である。
   設置施設として次の設備が必要となる。
   　局舎・上水道・電気・コンプレッサ・採水設備
2. 校正は必要であり、2週間毎の周期で行う。校正に約10分必要である。
3. 試薬は必要である。試薬の廃液回収は必要であり、別途回収である。
4. 測定時の妨害物質は水素イオン、アルミニウムイオンである。前処理方法は、
   ・水素イオンは水酸化ナトリウムを自動添加し pH 9～10.5 にする
   ・アルミニウムイオンは pH 調整試薬に EDTA を入れマスキングする
   以上の化学処理を行う。
5. 保守点検は、1週間毎に行う。保守点検作業は約1時間必要である。
6. 交換部品および消耗品は必要である（別表参照）。

仕様

項目	仕様
(1) 測定方式	イオン電極法
(2) 測定原理	自動的に洗浄したのち、一定量の測定試料水を計量する。pH調整試薬（水酸化ナトリウム溶液）を添加し、pH調整する。シアンイオン電極でイオン電流を測定演算処理してシアンイオン（CN⁻）濃度値として表示、出力する。
(3) サンプル　流路数	1
温　度	5〜50℃
圧　力	0.05〜0.6 MPa（0.5〜6 kgf/cm^2）
流　量	40〜300 L/hr
注入量	200〜1 000 mL
(4) 測定範囲	0〜1 mg/L
(5) 精　度	±2〜4 %（測定成分により異なる）
(6) 繰り返し性	±2〜4 %（測定成分により異なる）
(7) 測定周期	8分以上
(8) 表示方式	液晶4桁、ディジタル表示、バックライト付 伝送出力：0〜20、または4〜20 mA×2 接点出力：上下限：2点　警報：1点
(9) 温度補償	有（0〜50℃）、液温10℃以下の時には恒温機能要付加
(10) 電極精度	フルスケール±2 %
(11) 応答速度	測定周期5分〜999分任意可変
(12) ① 検水条件	0.2〜0.6 MPa、40〜300 L/hr
② 電源条件	AC 95〜120 V　消費電力 約100 VA
(13) ユーティリティ　電　源	AC 100 V、100 VA
計装圧空	4〜7 kgf/cm^2
試　薬	アプリケーション例を参照
洗浄液	0.1規定　塩酸 or 硫酸 or 硝酸
リンス液	純水または水道水
(14) 外観・構造	W 600 × D 300 × H 800 mm　約30 kg
(15) 価格（標準品）	4,000,000 円
(16) 納入実績	最近5ヶ年（H 7〜11）納入実績　河川・ダム・湖沼・その他

交換部品・消耗品　※1日24回測定対象

	名　称	規　格	交換期間(年・月)毎	年間交換部品・消耗品費 単価	数量	金額
交換部品	ポンプチューブ	359090、70015	4ヶ月	4,000 円	3本	12,000 円
消耗品	水酸化ナトリウム 塩酸	特級	4ヶ月	30,000 円	1式	30,000 円

年間交換部品・消耗品費合計　42,000 円

問合せ先

東レエンジニアリング株式会社

〒103-0021　東京都中央区日本橋本石町3-3-16
　TEL　03-3241-8461
　FAX　03-3241-1702
　URL　http://www.toray_eng.co.jp

水中 VOC 測定ガスクロマトグラフ（型式 GC1000）
水質基準の基準項目と監視項目の成分（23成分）

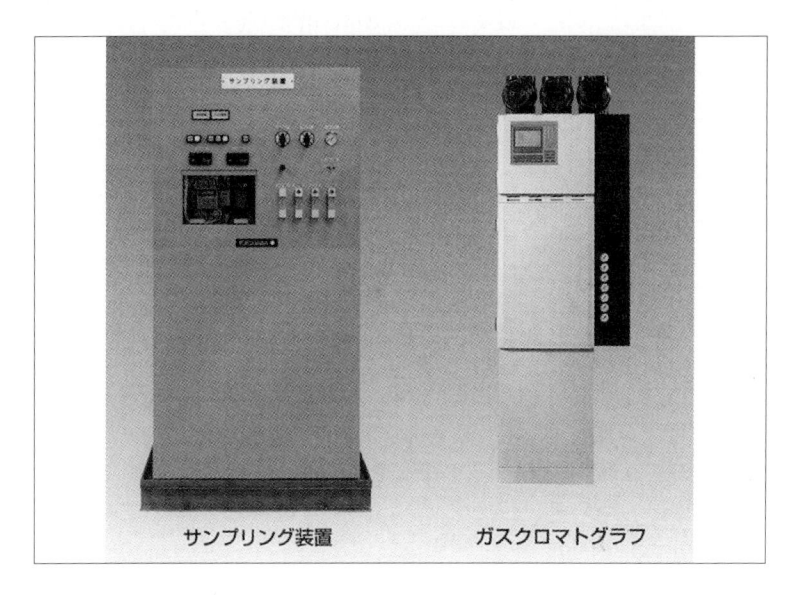

単項目	〇	
多項目		
採水式	A	
	B	
	C	〇
潜漬式		

A：連続自動採水
B：間欠自動採水
C：その他

特 徴
1. mg/L以下の濃度の揮発性有機化合物（VOC）を自動測定可能。
2. プロセスガスクロマトグラフ（一定周期に連続して測定するガスクロマトグラフ）を使用した高精度、高信頼設計。

使用上の留意点
1. 装置は屋内設置であり、ブイ上または筏上への設置は不可である。
   設置施設として次の設備が必要となる。
     局舎・上水道・電気・コンプレッサ・キャリアガスとして窒素ボンベまたは窒素発生装置・検出器用ガスとして水素ボンベまたは水素発生装置
2. 校正は必要であり、6ヶ月毎の周期で行う。校正に約2時間必要である。
3. 試薬は不要である。
4. 測定時の妨害物質はガスクロマトグラフにおいて測定成分と分離できない成分である。
5. 保守点検は、1ヶ月毎に行う。保守点検作業は約1時間必要である。
6. 交換部品は必要であるが、消耗品は必要ない（別表参照）。

仕　様

項　目	仕　　様
(1) 測定対象	気体または液体
(2) 測定方法	水素イオン化検出器を搭載したガスクロマトグラフ
(3) 測定原理	成分分離方式… 溶出展開法（混合ガス（または液）をキャリアを呼ばれるガスでカラムに流し、そのカラムにて沸点順、極性別、分子量別等の違いで成分ごとに分離する方法） 検出方式……… TCD、FID、FPD検水を一定温度とし、これに窒素ガスを吹き込むことで気相に移動する揮発性有機化合物（VOC）をガスクロマトグラフで各成分毎に分離し測定する。
(4) 測定範囲	0.002 mg/L ～ 0.1 mg/L
(5) 流路数	Max 31（標準サンプルを含む）
(6) 測定成分数	Max 225
(7) 分析周期	Max 99 999.9 秒
(8) 繰返し性	変動係数 10 % 以下（0.05 mg/L）
(9) 応答速度	1分析/1時間
(10) ① 検水条件	原水（スクリーンろ過後）
② 電源条件	AC 200 V　消費電力 3.1 kVA ＋ AC 100 V　消費電力 2 kVA
(11) 外観・構造	サンプリング装置とガスクロマトグラフより構成される ガスクロマトグラフ寸法：616 × 355 × 1 650 mm（保守スペースを含まず） サンプリング装置寸法：800 × 800 × 1 700 mm
(12) 表示・記録方式	ディジタル表示/アナログ入力・出力：4 ～ 20 mA DC／クロマトグラフ出力／PC通信出力（専用ソフトウェア使用）／接点入力・出力／シリアル通信
(13) その他	アナライザ：内圧防爆構造（危険ガスが発火（爆火）する可能性がある箇所において、空気を対流させ危険ガスを外部に排出する仕組み）、防滴・防塵構造、質量120kg 動作周囲条件（− 10 ～ 50 ℃、95 % 相対湿度以下） 恒温槽：内容積 40 L、設定温度（55 ～ 225 ℃）、PID 制御 昇温槽：内容積 8.6 L、設定温度（5 ～ 320 ℃ 冷却装置付）、PID 制御付 ユーティリティ：計装エア（工場で使用される圧縮空気）（圧力 350 ～ 900 kPa、流量 GC1 000 D：150 l/min　GC 1000 S：100 l/min）キャリアガス（水素、窒素、ヘリウムの1種か2種、消費量 60 ～ 300 mL/min）
(14) 価格（標準品）	非公開
(15) 納入実績	最近5ヶ年（H 7 ～ 11）の納入実績　河川・ダム・湖沼・その他 販売台数　13 台

交換部品・消耗品　※1日24回測定対象

	名　称	規　格	交換期間 (年・月)毎	年間交換部品・消耗品費		
				単　価	数　量	金　額
交換部品	バルブ部品		5年	非公開	非公開*	非公開
	フィルタ部品		1年	非公開	非公開*	非公開
	ヒータ部品		5年	非公開	非公開*	非公開
	ポンプ部品		1年	非公開	非公開*	非公開
	カラム部品		1年	非公開	非公開*	非公開

＊ 測定流路数、システム数により決定。

問合せ先

横河電機株式会社

〒180-8750　東京都武蔵野市中町2-9-32
　　TEL　0422-52-5617
　　FAX　0422-52-0622
　　URL　http://www.yokogawa.co.jp/Welcome-J.html

連続 VOC モニタ（型式 VM500）

水中の全揮発性有機化合物（VOC）濃度（トリクロロエチレン、またはテトラクロロエチレン換算濃度）

単項目		○
多項目		
採水式	A	○
	B	
	C	
潜漬式		

A：連続自動採水
B：間欠自動採水
C：その他

50 cm

特徴
1. 小形、低価格で取扱いが容易な連続揮発性有機化合物測定器。
2. 環境基準レベルの検出感度を有するPID（光イオン検出器）方式。
3. 低メンテナンス負荷。
4. 通信機能を持ち、広域ネットワーク監視システム構築可能。

使用上の留意点
1. 装置は屋内設置であり、ブイ上または筏上への設置は不可である。
   設置施設として次の設備が必要となる。
   　採水設備(導水管)、排水設備、清浄な空気を得られない場合はエアーボンベ必要
2. 校正は必要であり、1ヶ月毎の周期で行う。校正に約30分必要である。
3. 試薬は必要である。試薬の廃液回収は不要である。
4. 測定時の妨害物質は凝集剤PAC（ポリ塩化アルミニウム）等の浮遊物質成分である。前処理方法はろ過処理を行う。
5. 保守点検は、3ヶ月毎に行う。保守点検作業は約1時間必要である。
6. 交換部品は必要であるが、消耗品は必要ない（別表参照）。

仕　様

項　目	仕　様
(1) 測定方法	10.6 eV 光イオン化検出器（PID）
(2) 測定原理	スパージャにより水中 VOC 成分を連続気化抽出し抽出ガスを PID に導入してガス中の VOC 成分（10.6 eV・UV 光でイオン化される成分）を UV 光でイオン化し、イオン電流として測定する。
(3) 測定範囲	0～10 mg/L（トリクロロエチレン換算）
(4) 電極精度	±10 %
(5) 応答速度	30 分以下（90 %応答）
(7) 電源条件	消費電力 AC 1.5 kW
(8) 外観・構造	約 W 500 × D 500 × H 1 500 mm　自立、一体形
(9) 表示・記録方式	① アナログ出力（4～20 mA）、数値ディスプレイ表示 ② Ithernet 出力、レコーダ表示、メモリ機能付
(10) 価格（標準品）	非公開
(11) 納入実績	最近 5 ヶ年（H 7～11）の納入実績　河川・ダム・湖沼・その他

交換部品・消耗品　※1 日 24 回測定対象

	名　称	規　格	交換期間 (年・月)毎	年間交換部品・消耗品費		
				単　価	数　量	金　額
交換部品	UV ランプ	10.6 eV	1 年		1 個	約 70,000 円
	導入ポンプダイアフラム		2 年		2 枚	約 10,000 円

年間交換部品・消耗品費合計　約 80,000 円

問合せ先
横河電機株式会社

〒180-8750　東京都武蔵野市中町 2-9-32
　　TEL　0422-52-5617
　　FAX　0422-52-0622
　　URL　http://www.yokokawa.co.jp/Welcome-J.html

油分自動測定装置（型式 OIL-808）
油分

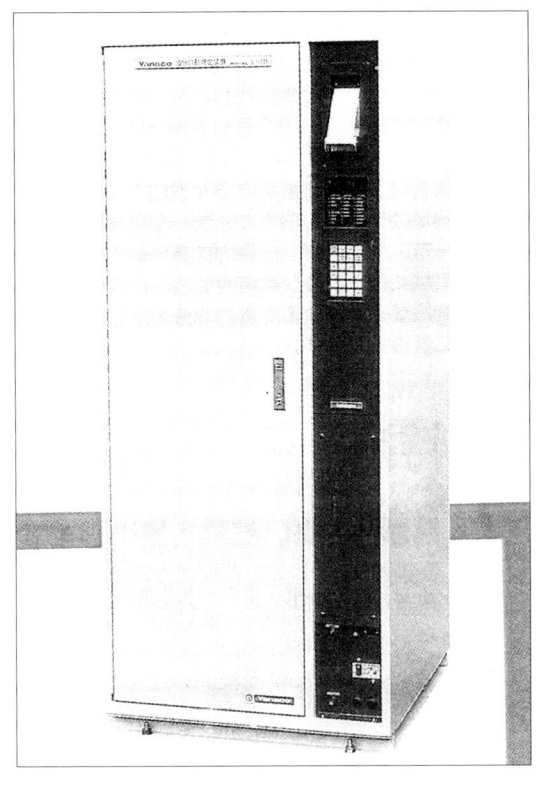

単項目	○
多項目	
採水式 A	
採水式 B	○
採水式 C	
潜漬式	

A：連続自動採水
B：間欠自動採水
C：その他

50 cm

特 徴
1. JIS に準拠した測定法で、信頼性の高い値が得られる。
2. 測定毎に抽出溶媒による自動零点校正を行い、低濃度も安定して測定できる。
3. オプションにより抽出溶媒を自動再生することができる。
4. 装置の設定、測定内容、測定値バーグラフ、異常箇所等の印字ができる。
5. 試料の前処理と流路の自動洗浄が可能な設計である。

使用上の留意点
1. 装置は屋内設置であるが、ブイ上または筏上への設置は可能である。
   設置施設として次の設備が必要となる。
   　　局舎・上水道・電気・採水設備・排水設備
2. 校正は必要であり、半月毎の周期で行う。校正に約 4 時間必要である。
3. 試薬は必要である。試薬の廃液回収は必要であり、装置内での回収である（オプション）。抽出溶媒自動再生装置を用いて、使用済の抽出溶媒を自動的に再生する。廃液は有機溶媒が排出されるが、自動的に分離回収して再生使用している。
4. 測定時の妨害物質はない。
5. 保守点検は、2 週間毎に行う。保守点検作業は約 5 時間必要である。
6. 交換部品および消耗品は必要である（別表参照）。

仕　様

項　目	仕　様
(1) 測定方式	抽出溶媒—赤外線分析法（JIS K 0102法による）
(2) 測定原理	一定量の試料水、塩析剤溶液および抽出溶媒は各計量管を介して撹拌槽に導入し、試料中の油分を抽出溶媒に抽出した後、分離した抽出溶媒を水分除去フィルタを介してNDIR検出器に導入して、3.4～3.5 μm の波長による赤外線吸収を測定し、試料水中の油分を測定する。測定のために試料水採取から油分の抽出、NDIR検出器の抽出溶媒によるゼロ点校正および測定、測定値の印字および系内の洗浄など一連の操作はすべて自動的に行う。
(3) 測定対象	クロロトリフルオロ系溶媒で抽出可能な油分（抽出溶媒にクロロトリフルオロ系溶媒使用）
(4) 測定範囲	0～10 mg/L（その他のレンジも製作可能）
(5) 測定再現性	フルスケール±3％（抽出溶媒に溶解した標準溶液による）
(6) 制御方式	マイクロコンピュータ制御、全自動
(7) 測定周期	1 H、2 H、3 H、任意設定
(8) 連続測定	測定周期を1時間として試薬補充なしで2週間連続測定可能
(9) 表示・記録方式	ディジタル表示：工程数／工程残り時間／濃度 mg/L／レンジ mg/L／測定値異常設定値 mg/L／前回測定時のオートゼロ値／ピーク値／時刻 発光ダイオード表示：制御モード／動作モード／各種警報／ディジタル表示選択用 印字内容：測定値、設定値、校正値、日報、電源断、各種警報マーク印字等 警報接点出力：無電圧a接点出力*1／測定値異常／試料水断（オプション）／洗浄水断／試薬断（オプション）／計器異常／電源断／保守中 測定値出力：DC 0～1 V、DC 4～20 mA（オプション）、測定値（電圧、電流）出力は、バーグラフ表示 外部スタート：無電圧a接点入力（2秒以上）
(10) 試料水、試薬計量	負圧吸引計量方式
(11) 校正方式	ゼロ……測定毎自動ゼロ点校正 スパン…標準液を検量線作成工程で測定し、校正の印字値をキー入力する。
(12) 電源条件	AC 100 V±10 V　50／60 Hz±1 Hz指定（漏電ブレーカ内蔵）
(13) 消費電力	約 500 VA（最大負荷時）
(14) 外観・構造	W 700×D 650×H 1 600 mm
(15) 価格（標準品）	4,800,000円～
(16) 納入実績	最近5ヶ年（H 7～11）納入実績　河川・ダム・湖沼・その他 販売台数　12台

＊1　無電圧a接点出力：常時接点が開で、異常時接点が閉となる。

交換部品・消耗品　※1日24回測定対象

	名　称	規　格	交換期間 (年・月)毎	年間交換部品・消耗品費		
				単　価	数　量	金　額
交換部品	テフロンチューブ	内径4×外径6 mm 1 m	2/年	1,100円	2	2,200円
	ダイヤフラム*2	GA-380V用	1年	4,000円	1	4,000円
	シート弁	GA-380V用	1年	3,500円	1	3,500円
	ガラスフィルタ	No.3／溶媒再生部用	1年	12,700円	1	12,700円
	スリーブ*3	バイトン外系3 mm用	4/年	200円	4	800円
	フィルタ	PF020　外径21 mm 20P/S	1年	8,000円	1	8,000円
	ポリフロンろ紙／溶媒再生	PF020 外径70 mm 10 P/S	1年	9,000円	1	9,000円
	注射筒	30 mL用	1年	2,200円	1	2,200円

	名　称	規　格	交換期間 (年・月)毎	年間交換部品・消耗品費		
				単　価	数　量	金　額
消耗品	シリカゲル	青色中粒（500 g）		2,000 円	5	10,000 円
	ビーズ活性炭	500 g　BAC－L		18,000 円	2	36,000 円
	フロロカーボン系化合物	1 kg入　CFC－316 (0.57 mL)		25,000 円	8	200,000 円
	塩化ナトリウム	特級　500 g		1,200 円	2	2,400 円
	記録紙	AY－10（10巻入）		12,000 円	1	12,000 円

年間交換部品・消耗品費合計　302,800 円

*2　ダイヤフラム：エアーポンプの種類でダイアフラム式ポンプがありそれに使用するダイヤフラムを指す。
*3　スリーブ：配管をジョイントに接合する時に配管を固定する配管固定補助具。

問合せ先
株式会社アナテック・ヤナコ

〒611-0041　京都府宇治市槇島町十一 96-3
　TEL　0774-24-3171
　FAX　0774-24-3173
　URL　http://www.yanaco.co.jp/

島津陸上用油分濃度計（型式 ET-35AL）
油分

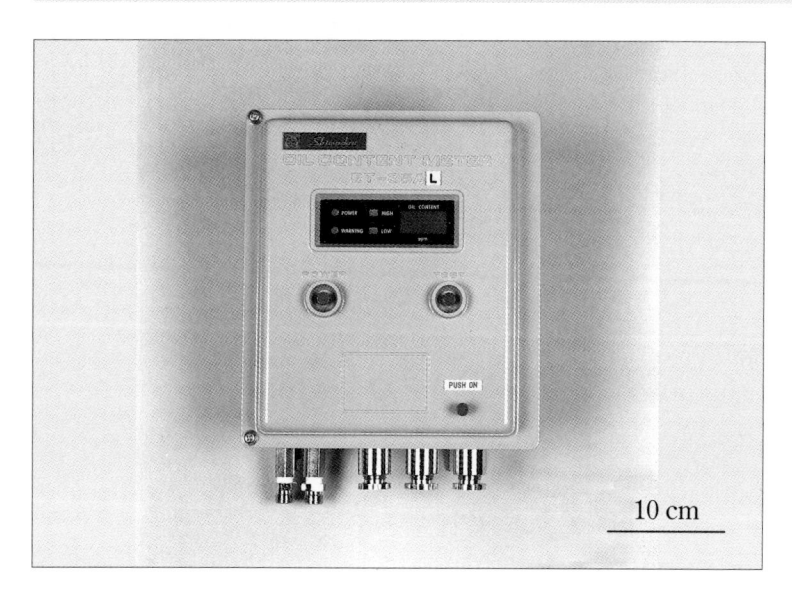

単項目	○	
多項目		
採水式	A	
	B	
	C	○
潜漬式		

A：連続自動採水
B：間欠自動採水
C：その他

10 cm

特徴
1. 超音波を利用した油分の乳化濁度測定法式であり、小形、軽量で取扱いは簡単である（乳化濁度測定方式：超音波によって試料水に含まれる油を乳化させその濁度を測定することにより、試料水中の油の濃度を測定する方式）。
2. ゼロ点補正や浮遊物質（SS）の濁度補正も自動的に行うので、必要で十分な精度を得られる。
3. 流路部はテフロン系のブロック配管、本体は鋳物ケースで作られており、腐蝕の心配はない。また薬品や面倒な保守も不要である。
4. 油分濃度をディジタル表示し、さらに警報設定点以上／以下を、赤／緑色発光ダイオードで表示するので見やすく半永久的な耐久度を持っている。
5. 濃度警報信号のほかに、装置の動作状態を示す注意信号も表示する。

使用上の留意点
1. 装置は屋内設置であり、ブイ上または筏上への設置は不可である。
   設置施設として次の設備が必要となる。
      上水道・電気・採水設備（導水管、採水ポンプ）・排水設備
2. 校正は不要である。
3. 試薬は不要である。
4. 測定時の妨害物質はない。
5. 保守点検は、1ヶ月毎に行う。保守点検作業は約1時間必要である。
6. 交換部品は必要であるが、消耗品は必要ない（別表参照）。

仕 様

項 目	仕 様
(1) 測定方法	超音波による乳化前後の濁度測定
(2) 測定原理	試料水に含まれる油の濃度は、超音波によって油を測定することによって知ることができる。濁度は、試料水の透過方向の光の強さ（i_0）と$\theta°$方向の散乱光の強さ（i_θ）との比（i_θ/i_0）で測定できる。通常、試料水中では油は比較的大きな油滴となっているが、これに超音波を照射すると、油滴は非常に細かく（乳化）なり、散乱光が強くなって濁度が増す。油の量が多いと超音波照射によって油滴の数も増えるので、散乱光も強くなり、濁度測定によって油分濃度を知ることができる。
(3) 測定範囲	低濃度（L）：0～30 ppm、高濃度（H）：0～120 ppm（スイッチで選択）
(4) 周囲温度条件	温度 0～45 ℃
(5) 測定精度	15 ppmで±5 ppm、100 ppmで±20 ppm、
(6) 応答速度	15秒、2分、4分、10分（スイッチで選択）
(7) ①検水条件	清水／試料水 0.3～2 kg/cm²（0.3 kg/cm²以上にて自動運転） 流量 0.9～2.5 L/min 清水、試料温度 2～40 ℃
②電源条件	AC 100、110、115、220 V ± 10 %　50／60 Hz
(8) 外観・構造	W 245 × D 141 × H 310 mm　約 8 kg
(9) 表示・記録方式	警報出力／油分濃度警報接点出力 2 C（C設定出力2個）、不具合時警報接点出力 1 C（C設定出力1個）（容量 250 V、1 A） 出力信号／ディジタル3桁 BCD（binary-coded-decimal、各々の10進数字が2進数字で表現される2進表記法）、桁シリアル、アナログ 0～DC 1 V（L：0～30 ppm で DC 1 V、H：0～120 ppm で DC1V） データ出力／液晶ディジタル表示による油分濃度表示 警報設定点　Low レンジ：5、10、15 ppm 　　　　　　High レンジ：20、50、100 ppm
(10) 価格（標準品）	1,300,000 円
(11) 納入実績	最近5ヶ年（H7～11）の納入実績　595台 河川・ダム・湖沼・(その他)

交換部品・消耗品
※1日150回測定対象（応答速度が最長10分のため、最小1日150回測定）

	名　称	規　格	交換期間 (年・月)毎	年間交換部品・消耗品費		
				単　価	数　量	金　額
交換部品	測定セル	パイレックス製 φ 16 × 20	1年	1,100 円	1個	1,100 円
	超音波振動子	—	1年	49,500 円	1個	49,500 円
	O リング	1A P12.5 （$d=12.5$）　2個	1年	130 円	2個	260 円
	O リング	1A P14 （$d=14$）　2個	1年	130 円	2個	260 円
	O リング	1A P16 （$d=16$）　2個	1年	130 円	2個	260 円

年間交換部品・消耗品費合計　51,380 円

問合せ先

株式会社島津製作所

〒 604-8511　京都市中京区西ノ京桑原町 1
　TEL　075-823-1258
　FAX　075-841-9325
　URL　http://www.shimadzu.co.jp

油膜センサ（型式 ZYX）
油分

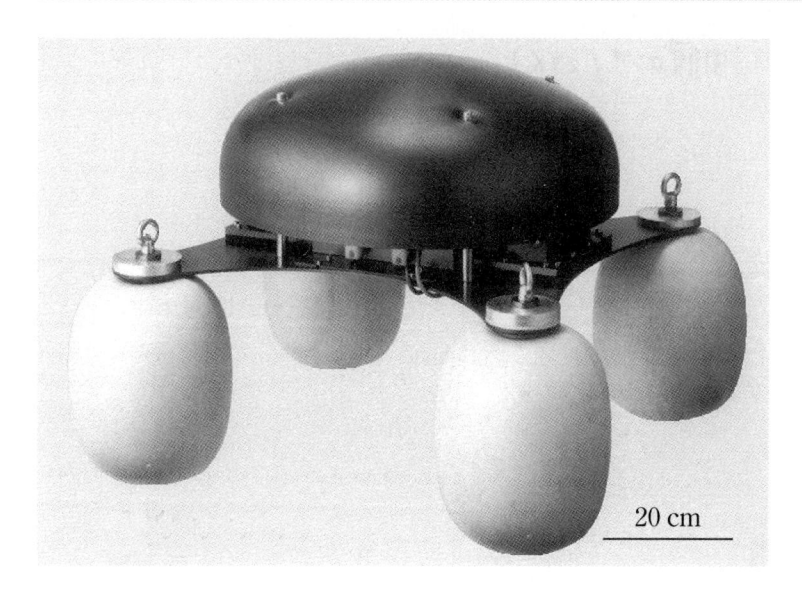

単項目	○	
多項目		
採水式	A	
	B	
	C	
潜漬式	水面浮上型	

A：連続自動採水
B：間欠自動採水
C：その他

特徴
1. 水面上の油膜を24時間連続監視することができ、油の流出事故を早期に発見し、迅速な対応を可能にする。
2. レーザー偏光解析法という独自の原理により、水面の波立ち、異物の影響を受けにくい。
3. 非接触な測定であるため、汚れの影響が少なくメンテナンスが容易。
4. 目視を上回る高感度（A重油膜厚 $0.05\ \mu m$）により、拡散流下してくる初期の油汚染の検知が可能。
5. 応答時間が1分以内と速い。

使用上の留意点
1. 装置は屋外設置であるが、水面浮上型のためブイ上または筏上への設置は不可である。
   設置施設として次の設備が必要となる。
   　　電気・水面上への係留機構（ロープ係留等）・台風、洪水時の引き上げ機構、設置条件
   　　（水深50 cm以上、風速 8 m/sec 以下、流速 0.5 m/sec 以下、波振幅10 cm周期1秒以内）
2. 校正は不要である。
3. 試薬は不要である。
4. 測定時の妨害物質はない。
5. 保守点検は、半年毎に行う（サンプル水の状態による）。保守点検作業は、約3時間必要である。
6. 交換部品および消耗品は必要である（別表参照）。

仕　様

項　目	仕　様
(1) 測定方法	レーザー偏光解析法
(2) 測定原理	レーザー光線を水面上にあて、反射光のS偏光（たて振動成分）とP偏光（横振動成分）の比である偏光比（S/P）を計測する。この偏光比は水と油で異なるため、油膜の有無を判定できる。
(3) 測定範囲	水面上の1点
(4) 測定限界	A重油膜厚 0.05 μm 相当以上
(5) 応答間隔	1分以内
(6) 試料水条件	温度：0～35℃（凍結なきこと）　濁度：1 000 mg/L以下
(7) 設置条件	周囲温度：－10～45℃（凍結なきこと）　周囲湿度：0～95 % 水深：50 cm以上　流速：0.5 m/秒以下　風：8 m/秒以下 波：振幅10 cm、周期1秒以内　水位変動1 m以内
(8) 異物影響	なし（透明ビニール等がセンサ下部に停滞すると誤信号。通過の場合は警報を発しない。）
(9) 濁度影響	濁質に油が取り込まれると感度低下
(10) 表示・記録方式	測定値出力：アナログ　DC 4～20 mA、絶縁、許容負荷抵抗550 Ω以下 接点出力：無電圧 1a　接点容量 DC 30 V／5 A、AC 250 V／3 A、コモン共通 　①油膜警報　②出力測定不能　③レーザー切れ　④レーザー温度異常
(11) 電源条件	AC 100 V±10 %、50／60 Hz　消費電力 500 VA以下 （凍結防止用ヒータ含む）
(12) 外観・構造	W 850×D 850×H 600 mm　約25 kg
(13) 価格（標準品）	4,000,000円（設置工事費 別途）
(14) 納入実績	最近5ヶ年（H7～11）の納入実績（フィールド試験中）

交換部品・消耗品　※1日24回測定対象

	名　称	規　格	交換期間 (年・月)毎	年間交換部品・消耗品費		
				単　価	数　量	金　額
交換部品	半導体レーザーユニット	波長650 nm、1 mw、APC制御	2年	133,000円	1/2個	66,500円
	浮き	EVA樹脂	2年	19,000円	1/2セット	9,500円
	電源信号ケーブル	DC 5 V	5年	12,000円	1/5セット	2,400円
消耗品	シリカゲル	一般乾燥用	1セット	16,000円	1セット	16,000円
	パッキン類	Oリング、その他	1年	12,000円	1セット	12,000円

年間交換部品・消耗品費合計　106,400円

問合せ先

富士電機株式会社

〒191-8052　東京都日野市富士町1番地
TEL　042-585-6140
FAX　042-585-6159
URL　http://www.fujielectric.co.jp

微量水中油分モニタ（型式 QS1000）
油分

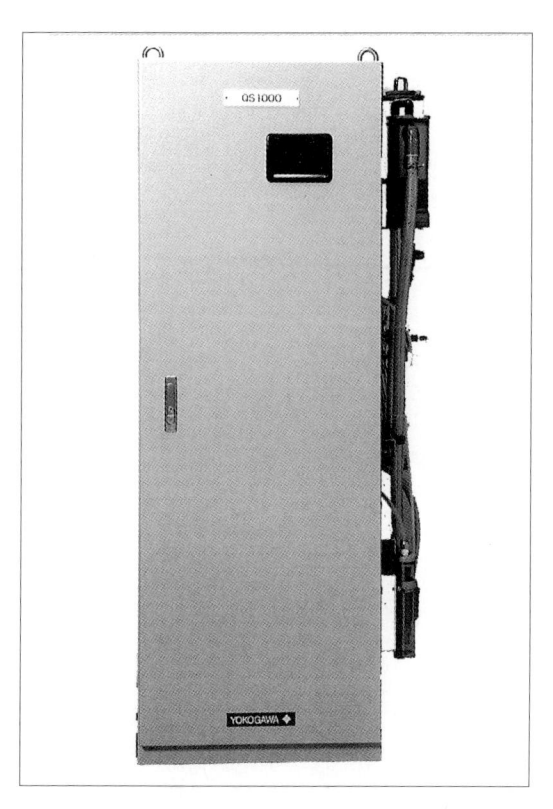

単項目	○
多項目	

採水式	A	○
	B	
	C	
潜漬式		

A：連続自動採水
B：間欠自動採水
C：その他

特 徴
1. 原水中の水中油分を常時モニタし、異常があると15分以内に警報を出力する。
2. 人間の嗅覚に匹敵する高感度である。
3. 水晶振動子式においセンサの採用により油以外の物質に対する感度を最小限に押さえる。
4. 油膜にならずに完全に水中に溶存している油分も検出できる。

使用上の留意点
1. 装置は屋内設置であり、ブイ上または筏上への設置は不可である。
   設置施設として次の設備が必要となる。
   　局舎・上水道・電気・コンプレッサ・採水設備・排水設備
2. 校正は必要であり、1ヶ月毎の周期で行う。校正に約2時間必要である。
3. 試薬は不要である。
4. 測定時の妨害物質はない。
5. 保守点検は、1ヶ月毎に行う。保守点検作業は約4時間必要である。
6. 交換部品および消耗品は必要である（別表参照）。

仕様

項　目	仕　様
(1) 測定項目	原水中の微量揮発性物質（灯油、軽油、重油等）
(2) 測定方法	水晶振動子式
(3) 測定原理	センサ表面の感応膜に吸着した揮発性物質の質量を測定するセンサであり、気体中の揮発性物質濃度に対応する共振周波数の変化として検出する。
(4) 測定サンプル	圧力：100～500 kPa 流量：5～10 L/min 水温：0～30 ℃
(5) 測定サンプル処理方式	スパージング気化方式（サンプルをスパージャーすることにより揮発性物質を気化する方式）
(6) 最小検出感度	灯油で約10 μg/L（酢酸-n-ペンチル換算）
(7) 測定範囲	油分濃度0～20 mg/L（酢酸-n-ペンチル基準）
(8) 応答時間	15分以内（警報発生まで）
(9) 繰り返し性	測定レンジの±5％
(10) 応答速度	15分以内
(11) ① 検水条件	流量5～10 mL/min、圧力100～500 kPa、温度0～30 ℃
② 電源条件	100±10 V AC　50／60 Hz　消費電力1.8 kVA（最大）
(12) 外観・構造	屋内用自立形キュービクル 寸法：W 650 × D 660 × H 1 800 mm　約200 kg
(13) 表示・記録方式	液晶ディジタル表示 出力信号：DC 4～20 mA 警報出力：校正中、機器異常、保守中、油分濃度警報、油分濃度上々限警報、5点 （油分濃度警報、校正中、機器異常、保守中、上々限警報）
(14) 価格（標準品）	非公開
(15) 納入実績	非公開

交換部品・消耗品　※1日24回測定対象

	名　称	規　格	交換期間 (年・月)毎	年間交換部品・消耗品費		
				単価	数量	金額
交換部品	センサ素子	3個1組	1年	非公開	4組	非公開
	活性炭フィルタ		1年	非公開	1個	非公開
	冷却ファン		2年	非公開	2個	非公開
	スパーシャヒータ （気化器）		1年	非公開	1個	非公開
	原水配管		1年	非公開	1本	非公開
	エアー配管		1年	非公開	1本	非公開
	O-リング		1年	非公開	2個	非公開
	ポンプダイヤフラム		1年	非公開	1個	非公開
	チャッキ弁		1年	非公開	1個	非公開
	バルブセット		1年	非公開	1組	非公開
消耗品	ろ砂		1年	非公開	1袋	非公開

問合せ先

横河電機株式会社

〒180-8750　東京都武蔵野市中町2-9-32
　TEL　0422-52-5617
　FAX　0422-52-0622
　URL　http://www.yokogawa.co.jp/Welcome-J.html

フェノール自動測定装置（型式 PNL-708）
フェノール類

単項目	○
多項目	

採水式	A	
	B	○
	C	

潜漬式	

A：連続自動採水
B：間欠自動採水
C：その他

50 cm

特 徴
1. 公定法による4-アミノアンチピリン吸光光度法を自動化した測定であるため、フェノール誘導体の影響を受けない。
2. 測定毎に試料水にてゼロを取り、濁りの影響を受けることなく低濃度の測定が安定して得られる。
3. 装置の設定、測定内容、測定値バーグラフ、異常箇所等の印字ができる。
4. 試料水の前処理と流路の自動洗浄が可能な設計となっている。

使用上の留意点
1. 装置は屋内設置であるが、ブイ上または筏上への設置は可能である。
   設置施設として次の設備が必要となる。
   　　局舎・上水道・電気・採水設備・排水設備
2. 校正は必要であり、半月毎の周期で行う。校正に約2時間必要である。
3. 試薬は必要である。試薬の廃液回収は別途回収である（オプション）。装置の外にタンクを設けそこに廃液をためる。廃液は錯シアン含有廃液でありシアン処理する。
4. 測定時の妨害物質は酸化性物質、硫黄化合物、油分およびタール類である。前処理方法は蒸留前処理して測定する（全シアン測定装置型式TCN-708Dを採用する）。
5. 保守点検は、2週間毎に行う。保守点検作業は約3時間必要である。
6. 交換部品および消耗品は必要である（別表参照）。

仕 様

項 目	仕 様
(1) 測定方法	4-アミノアンチピリン吸光光度法（非蒸留・直説法）
(2) 測定原理	試料水（50 mL）（PNL-708型） ←塩化アンモニウム・アンモニア緩衝液 5 mL ←4-アミノアンチピリン溶液 2 mL ←フェリシアン化カリウム溶液 2 mL ↓ 発色待機 ↓ 吸光度測定 ↓ 演算濃度印字 ↓ 洗 浄
(3) 測定範囲	0～5.0 mg/L オプション：試料の希釈法により0～10、20、50 mg/Lの測定可能
(4) 測定再現性	フルスケール±3 %（標準液による測定として）
(5) 制御方式	マイクロコンピュータ制御、全自動
(6) 測定周期	30 M、1 H、2 H 任意選択
(7) 表示・記録方式	ディジタル表示：工程数／工程残り時間／濃度／レンジ／測定値異常設定値／前回測定時の吸光度／時刻 発光ダイオード表示：制御モード／動作モード／警報／ディジタル表示の選択用 印字内容：測定値、測定値バーグラフ、設定値、動作条件、校正値日報、電源断、吸光光度計、チェックポイント電圧、各種警報／異常箇所マーク印字等 測定値出力：DC 0～1 V（非絶縁） DC 4～20 mA（オプション） 測定値（電圧、電流）出力はバー／ホールド表示選択式*1 警報接点出力：無電圧a接点出力*2 測定値異常／電源断／洗浄水断／計器異常／光源断／試料水断／保守中 外部スタート：無電圧a接点入力（0.5秒以上）
(8) 試料水、試薬計量	負圧吸引計量方式（計量吐出方式を含む：負圧吸引方式の変形で、液量を計量する時に加圧空気で液を排出せずにレベル差で液を戻す方式）
(9) 吸光光度計	二光路式による自動ドリフト補正式（ゼロ点の測定が不安定な時電気的に安定化させ直線となるよう自動的に補正する）
(10) ゼロ点補正	測定毎発色前試料の吸光度測定した後差引演算補正式
(11) 連続測定	測定周期を1時間として試薬補充なしで14日間連続測定可能
(12) 電源条件	AC 100 V±10 V 50／60 Hz±1 Hz（漏電ブレーカ内蔵）
(13) 消費電力	約500 VA（最大負荷時）
(14) 外観・構造	W 700×D 650×H 1 650 mm（屋内設置型チャンネルベース式）
(15) 重量	約110 kg
(16) 価格（標準品）	4,000,000 円
(17) 納入実績	最近5ヶ年（H 7～11）納入実績 ㊀河川㊀・ダム・湖沼・㊀その他㊀ 販売台数 10台

＊1 バー／ホールド表示：バーとは、測定器が指示値を測定した後ある時間だけその値を一定に保つ。ホールドとは、測定値が次の指示値を測定するまで前回の測定値を保つ。

＊2 無電圧a接点出力：常時接点が開で、異常時接点が閉となる。

交換部品・消耗品　※1日24回測定対象

	名　称	規　格	交換期間 (年・月)毎	年間交換部品・消耗品費		
				単　価	数　量	金　額
交換部品	タイゴンチューブ	内径3/16× 外径5/16× 肉厚1/16　1m	2/年	1,450円	2本	2,900円
	テフロンチューブ	内径2×外径4 mm 1 m	5/年	800円	5本	4,000円
	テフロンチューブ	内径4×外径6 mm 1 m	2/年	1,100円	2本	2,200円
	ダイヤフラム*3	GA-380V用	1年	4,000円	1個	4,000円
	シート弁	GA-380V用	1年	3,500円	1個	3,500円
	シリコンチューブ E種	内径5×外径7 mm 1 m	6ヶ月	1,200円	2本	2,400円
	スリーブ*4	P.P.　外径4 mm用 20個入	1年	1,350円	1個	1,350円
	スリーブ*4	P.P.　外径6 mm用 20個入	1年	1,500円	1個	1,500円
	ピンチバルブ	PK-0802-NO-YA DC24V	1年	6,600円	1個	6,600円
	計量管A(大) 50～100	硬質ガラス	3年	7,700円	1/3個	2,600円
	電磁弁	SVC-201-S DC 24 V　PT 1/8	1年	9,000円	1個	9,000円
消耗品	4-アミノアンチピリン	特級　25 g		4,000円	8本	32,000円
	アンモニア水	28%　500 mL		1,200円	16本	19,200円
	塩化アンモニウム	特級　500 g		2,000円	2本	4,000円
	フェリシアン化カリウム	特級　500 g		9,000円	2本	18,000円
	記録紙	AY-10（10巻入）		12,000円	1本	12,000円

年間交換部品・消耗品費合計　125,250円

＊3　ダイヤフラム：エアーポンプの種類でダイヤフラム式ポンプがありそれに使用するダイヤフラムを指す。
＊4　スリーブ：配管をジョイントに接合する時に配管を固定する配管固定補助具。

問合せ先

株式会社アナテック・ヤナコ

〒611-0041　京都府宇治市槙島町十一 96-3
　　TEL　0774-24-3171
　　FAX　0774-24-3173
　　URL　http://www.yanaco.co.jp/

フェノール自動測定装置（型式 PNL-708D）
フェノール類

単項目	○
多項目	

採水式	A	
	B	○
	C	
潜漬式		

A：連続自動採水
B：間欠自動採水
C：その他

50 cm

特 徴
1. 公定法を自動化した測定であるため、手分析と同様な値が得られる。
2. 測定毎に試料水にてゼロを取り、濁りの影響を受けることなく低濃度の測定が安定して得られる。
3. 装置の設定、測定内容、測定値バーグラフ、異常箇所等の印字ができる。
4. 試料水の前処理と流路の自動洗浄が可能な設計となっている。

使用上の留意点
1. 装置は屋内設置であるが、ブイ上または筏上への設置は可能である。
   設置施設として次の設備が必要となる。
      局舎・上水道・電気・採水設備・排水設備
2. 校正は必要であり、半月毎の周期で行う。校正に約6時間必要である。
3. 試薬は必要である。試薬の廃液回収は必要であり別途回収である（オプション）。装置の外にタンクを設けそこに廃液をためる。廃液は銅塩、錯シアンを含有する強酸廃液であり重金属、シアンの錯塩を試薬として用いるため、シアン処理した後中和処理する。
4. 測定時の妨害物質はない。
5. 保守点検は、2週間毎に行う。保守点検作業は約7時間必要である。
6. 交換部品および消耗品は必要である（別表参照）。

仕 様

項　目	仕　様
(1) 測定方法	4-アミノアンチピリン吸光光度法（蒸留法）
(2) 測定原理	試料水（100 mL）（PNL-708D 型） 　　↓　←（希釈水） 　　　　←1＋24 りん酸 10 mL 　　　　←硫酸銅溶液 10 mL 　加熱蒸留 → ゼロ液吸光度測定 → 試料液吸光度測定 　　↓ 　流出試料 　　↓　←塩化アンモニウム・アンモニア緩衝液 5 mL 　　　　←4-アミノアンチピリン溶液 2 mL 　　　　←フェリシアン化カリウム溶液 2 mL 　発色待機 　　↓ 　吸光度測定 　　↓ 　演算濃度印字 　　↓ 　洗　浄
(3) 測定範囲	0～5.0 mg/L オプション：試料の希釈法により 0～10、20、50 mg/L の測定可能
(4) 測定再現性	フルスケール±3％（標準液による測定として）
(5) 制御方式	マイクロコンピュータ制御、全自動
(6) 測定周期	1 H、2 H、3 H、任意選択
(7) 表示・記録方式	ディジタル表示：工程数／工程残り時間／濃度／レンジ／測定値異常設定値／前回測定時の吸光度／時刻 発光ダイオード表示：制御モード／動作モード／警報／ディジタル表示の選択用 印字内容：測定値、測定値バーグラフ、設定値、動作条件、校正値日報、電源断、吸光光度計、チェックポイント電圧、各種警報／異常箇所マーク印字等 測定値出力：DC 0～1 V（非絶縁） DC 4～20 mA（オプション） 　　　　　　測定値（電圧、電流）出力はバー／ホールド表示選択式＊1 警報接点出力：無電圧 a 接点出力＊2　測定値異常／電源断／洗浄水断／計器異常／光源断／試料水断／保守中 外部スタート：無電圧 a 接点入力（0.5 秒以上）
(8) 試料水、試薬計量	負圧吸引計量方式
(9) 加熱蒸留方式	石英ガラス槽によるヒータ加熱
(10) 吸光光度計	二光路式による自動ドリフト補正式（ゼロ点の測定が不安定な時電気的に安定化させ直線となるよう自動的に補正する）
(11) ゼロ点補正	測定毎発色前試料の吸光度測定した後差引演算補正式
(12) 連続測定	測定周期を1時間として試薬補充なしで 14 日間連続測定可能
(13) 電源条件	AC 100 V ± 10 V　50／60 Hz ± 1 Hz（漏電ブレーカ内蔵）
(14) 消費電力	約 700 VA（最大負荷時）
(15) 外観・構造	W 800 × D 650 × H 1 650 mm（屋内設置型チャンネルベース式）
(16) 重量	約 120 kg
(17) 価格（標準品）	5,200,000 円
(18) 納入実績	最近 5 ヶ年（H 7～11）納入実績　河川・ダム・湖沼・⦿その他 販売台数　1 台

＊1　バー／ホールド表示：バーとは、測定器が指示値を測定した後ある時間だけその値を一定に保つ。ホールドとは、測定値が次の指示値を測定するまで前回の測定値を保つ。
＊2　無電圧 a 接点出力：常時接点が開で、異常時接点が閉となる。

交換部品・消耗品　※1日24回測定対象

	名　称	規　格	交換期間 (年・月)毎	年間交換部品・消耗品費		
				単　価	数　量	金　額
交換部品	タイゴンチューブ	内径3/16× 外径5/16× 肉厚1/16　1 m	2/年	1,450 円	2 本	2,900 円
	テフロンチューブ	内径2×外径4 mm 1 m	5/年	800 円	5 本	4,000 円
	テフロンチューブ	内径4×外径6 mm 1 m	2/年	1,100 円	2 本	2,200 円
	ダイヤフラム*3	GA-380 V用	1年	4,000 円	1 個	4,000 円
	シート弁	GA-380 V用	1年	3,500 円	1 個	3,500 円
	シリコンチューブ E 種	内径5×外径7 mm 1 m	6ヶ月	1,200 円	2 本	2,400 円
	スペースヒータ	200 W 外径90 mm 厚さ10 mm	2年	16,600 円	1/2 個	8,300 円
	スリーブ*4	P.P.　外径4 mm用 20個入	1年	1,350 円	1 個	1,350 円
	スリーブ*4	P.P.　外径6 mm用 20個入	1年	1,500 円	1 個	1,500 円
	ハンドヒータ	200 W 内径70 mm	2年	10,700 円	1/2 個	5,350 円
	ピンチバルブ	PK-0802-NO-YA DC 24 V	1年	6,600 円	1 個	6,600 円
	計量管A(大) 50～100	硬質ガラス	3年	7,700 円	1/3 個	2,600 円
	電磁弁	SVC-201-S DC 24 V　PT 1/8	1年	9,000 円	1 個	9,000 円
消耗品	4-アミノアンチピリン	特級　25 g		4,000 円	8 本	32,000 円
	アンモニア水	28 %　500 mL		1,200 円	16 本	19,200 円
	塩化アンモニウム	特級　500 g		2,000 円	2 本	4,000 円
	硫酸銅(II)5水和物	特級　500 g		2,000 円	2 本	4,000 円
	りん酸	特級　500 mL		1,400 円	7 本	9,800 円
	フェリシアン化カリウム	特級　500 g		9,000 円	2 本	18,000 円
	記録紙	AY-10（10巻入）		12,000 円	1 本	12,000 円

年間交換部品・消耗品費合計　152,700 円

*3　ダイヤフラム：エアーポンプの種類でダイヤフラム式ポンプがありそれに使用するダイヤフラムを指す。
*4　スリーブ：配管をジョイントに接合する時に配管を固定する配管固定補助具。

問合せ先

株式会社アナテック・ヤナコ

〒611-0041　京都府宇治市槇島町十一 96-3
　TEL　0774-24-3171
　FAX　0774-24-3173
　URL　http://www.yanaco.co.jp/

六価クロム自動測定装置（型式 CR-608）

六価クロム

単項目	○
多項目	

採水式	A	
	B	○
	C	

潜漬式	

A：連続自動採水
B：間欠自動採水
C：その他

50 cm

特 徴
1. 公定法を自動化した測定であるため、手分析と同様な値が得られる。
2. 測定毎に試料水にてゼロを取り、濁りの影響を受けることなく低濃度の測定が安定して得られる。
3. 装置の設定、測定内容、測定値バーグラフ、異常箇所等の印字ができる。
4. 試料水の前処理と流路の自動洗浄が可能な設計である。

使用上の留意点
1. 装置は屋内設置であるが、ブイ上または筏上への設置は可能である。
   設置施設として次の設備が必要となる。
   　　局舎・上水道・電気・採水設備・排水設備
2. 校正は必要であり、半月毎の周期で行う。校正に約2時間必要である。
3. 試薬は必要である。試薬の廃液回収は必要であり、別途回収である（オプション）。装置の外にタンクを設けそこに廃液をためる。廃液は酸性であり中和処理する。
4. 測定時の妨害物質はない。
5. 保守点検は、2週間毎に行う。保守点検作業は約3時間必要である。
6. 交換部品および消耗品は必要である（別表参照）。

仕　様

項　目	仕　様
(1) 測定方式	ジフェニルカルバジド吸光光度法
(2) 測定原理	六価クロム試料（六価クロム測定）／CR-608型 ↓ ←硫酸溶液 5 mL 試料液吸光度測定 ↓ ←ジフェニルカルバジド溶液 4 mL 呈色待機 ↓ 吸光度測定 ↓ 演算濃度印字 ↓ 洗　浄
(3) 測定範囲	CR6……0～0.5 mg/L
(4) 測定再現性	フルスケール±3％（標準液による測定として）
(5) 制御方式	マイクロコンピュータ制御、全自動
(6) 測定周期	30 M、1 H、2 H、任意選択
(7) 表示・記録方式	ディジタル表示：工程数／工程残り時間／濃度／レンジ／測定値異常設定値／前回測定時の吸光度／時刻 発光ダイオード表示：制御モード／動作モード／警報／ディジタル表示の選択用 印字内容：測定値、測定値バーグラフ、設定値、動作条件、校正値日報、電源断、吸光光度計、チェックポイント電圧、各種警報／異常箇所マーク印字等 測定値出力：DC 0～1 V（非絶縁）DC 4～20 mA（オプション） 測定値（電圧、電流）出力はバー／ホールド表示選択式*1 警報接点出力：無電圧a接点出力*2　　測定値異常／電源断／洗浄水断／計器異常／光源断／試料水断／保守中 外部スタート：無電圧a接点入力（0.5秒以上）
(8) 試料水、試薬計量	負圧吸引計量方式
(9) 反応セル	直接透過方式
(10) 吸光光度計	二光路式による自動ドリフト補正式（ゼロ点の測定が不安定な時電気的に安定化させ直線となるよう自動的に補正する）
(11) ゼロ点補正	測定毎発色前試料の吸光度測定した後差引演算補正式
(12) 連続測定	測定周期を1時間として試薬補充なしで14日間連続測定可能
(13) 電源条件	AC 100 V±10 V　50／60 Hz±1 Hz（漏電ブレーカ内蔵）
(14) 消費電力	約500 VA（最大負荷時）
(15) 外観・構造	W 700×D 650×H 1 650 mm（屋内設置型チャンネルベース式）
(16) 重量	約110 kg
(17) 価格（標準品）	3,800,000円
(18) 納入実績	最近5ヶ年（H 7～11）納入実績　(河川)・ダム・湖沼・(その他) 販売台数　16台

＊1　バー／ホールド表示：バーとは、測定器が指示値を測定した後ある時間だけその値を一定に保つ。ホールドとは、測定値が次の指示値を測定するまで前回の測定値を保つ。
＊2　無電圧a接点出力：常時接点が開で、異常時接点が閉となる。

交換部品・消耗品　※1日24回測定対象

分類	名称	規格	交換期間 (年・月)毎	年間交換部品・消耗品費 単価	数量	金額
交換部品	タイゴンチューブ	内径3/16×外径5/16×肉厚1/16　1m	2/年	1,450円	2本	2,900円
	テフロンチューブ	内径2×外径4mm　1m	5/年	800円	5本	4,000円
	テフロンチューブ	内径4×外径6mm　1m	2/年	1,100円	2本	2,200円
	ダイヤフラム*3	GA-380V用	1年	4,000円	1個	4,000円
	シート弁	GA-380V用	1年	3,500円	1個	3,500円
	シリコンチューブ E種	内径5mm×外径7mm　1m	6ヶ月	1,200円	2本	2,400円
	スリーブ*4	P.P.　外径4mm用　20個入	1年	1,350円	1個	1,350円
	スリーブ*4	P.P.　外径6mm用　20個入	1年	1,500円	1個	1,500円
	ピンチバルブ	PK-0802-NO-YA　DC 24V	1年	6,600円	1個	6,600円
	計量管A（大）50～100	硬質ガラス	3年	7,700円	1/3個	2,600円
	電磁弁	SVC-201-S　DC 24V　PT 1/8	1年	9,000円	1個	9,000円
消耗品	アセトン	特級　500mL		1,000円	12	12,000円
	エチルアルコール	特級　500mL		2,400円	26	62,400円
	ジフェニールカルバジド	有害金属測定用25g		10,000円	4	40,000円
	硫酸	特級　500mL		1,000円	6	6,000円
	記録紙	AY-10（10巻入）		12,000円	1本	12,000円

年間交換部品・消耗品費合計　172,450円

*3　ダイヤフラム：エアーポンプの種類でダイヤフラム式ポンプがありそれに使用するダイヤフラムを指す。
*4　スリーブ：配管をジョイントに接合する時に配管を固定する配管固定補助具。

問合せ先

株式会社アナテック・ヤナコ

〒611-0041　京都府宇治市槙島町十一96-3
　　TEL　0774-24-3171
　　FAX　0774-24-3173
　　URL　http://www.yanaco.co.jp/

全クロム自動測定装置（型式 TCR-608）
全クロム、六価クロム

単項目	○
多項目	

	A	
採水式	B	○
	C	

潜漬式	

A：連続自動採水
B：間欠自動採水
C：その他

50 cm

特 徴
1. 公定法を自動化した測定であるため、手分析と同様な値が得られる。
2. 測定毎に試料水にてゼロを取り、濁りの影響を受けることなく低濃度の測定が安定して得られる。
3. 低濃度の六価クロムおよび全クロムが同時に測定できる。
4. 装置の設定、測定内容、測定値バーグラフ、異常箇所等の印字ができる。
5. 試料水の前処理と流路の自動洗浄が可能な設計である。

使用上の留意点
1. 装置は屋内設置であるが、ブイ上または筏上への設置は可能である。
   設置施設として次の設備が必要となる。
   　　局舎・上水道・電気・採水設備・排水設備
2. 校正は必要であり、半月毎の周期で行う。校正に約6時間必要である。
3. 試薬は必要である。試薬の廃液回収は必要であり、別途回収である（オプション）。装置の外にタンクを設けそこに廃液をためる。廃液は強酸性であり中和処理する。
4. 測定時の妨害物質はない。
5. 保守点検は、2週間毎に行う。保守点検作業は約7時間必要である。
6. 交換部品および消耗品は必要である（別表参照）。

仕 様

項　目	仕　様
(1) 測定方式	全クロム「TCR-608」 酸化処理後、ジフェニルカルバジド吸光光度法
(2) 測定原理	試料水（100 mL）（TCR-608型） 　↓←硫酸溶液 10 mL 　　←過マンガン酸カリウム溶液 2 mL 加熱酸化 　↓ 六価クロム試料（六価クロム測定） 　↓ 試料液吸光度測定 　　←尿素溶液 10 mL（全クロム工程のみ） 　　←亜硝酸ナトリウム溶液 5 mL（全クロム工程のみ） 　　←ジフェニルカルバジド溶液 4 mL 　↓ 呈色待機 　↓ 吸光度測定 　↓ 演算濃度印字 　↓ 洗　浄
(3) 測定範囲	CR6……0～0.5 mg/L TCR……0～1.0 mg/L
(4) 測定再現性	フルスケール±3％（標準液による測定として）
(5) 制御方式	マイクロコンピュータ制御、全自動
(6) 測定周期	1 H、2 H、3 H、任意選択
(7) 表示・記録方式	ディジタル表示：工程数／工程残り時間／濃度／レンジ／測定値異常設定値／前回測定時の吸光度／時刻 発光ダイオード表示：制御モード／動作モード／警報／ディジタル表示の選択用 印字内容：測定値、測定値バーグラフ、設定値、動作条件、校正値日報、電源断、吸光光度計、チェックポイント電圧、各種警報／異常箇所マーク印字等 測定値出力：DC 0～1 V（非絶縁） DC 4～20 mA（オプション） 　　　　　測定値（電圧、電流）出力はバー・ホールド表示選択式＊1 警報接点出力：無電圧a接点出力＊2　測定値異常／電源断／洗浄水断／計器異常／光源断／試料水断／保守中 外部スタート：無電圧a接点入力（0.5秒以上）
(8) 試料水、試薬計量	負圧吸引計量方式
(9) 加熱蒸留方式	過マンガン酸カリウム混入条件によるヒータ加熱酸化処理
(10) 吸光光度計	二光路式による自動ドリフト補正式（ゼロ点の測定が不安定な時電気的に安定化させ直線となるよう自動的に補正する）
(11) ゼロ点補正	測定毎発色前試料の吸光度測定した後差引演算補正式
(12) 連続測定	測定周期を1時間として試薬補充なしで14日間連続測定可能
(13) 電源条件	AC 100 V±10 V　50／60 Hz±1 Hz（漏電ブレーカ内蔵）
(14) 消費電力	約 600 VA（最大負荷時）
(15) 外観・構造	W 800×D 650×H 1 650 mm（屋内設置型チャンネルベース式）
(16) 重量	約 120 kg
(17) 価格（標準品）	4,500,000 円
(18) 納入実績	最近5ヶ年（H 7～11）納入実績　㋱河川・ダム・湖沼・㋱その他 販売台数　10台

＊1 バー／ホールド表示：バーとは、測定器が指示値を測定した後ある時間だけその値を一定に保つ。ホールドとは、測定値が次の指示値を測定するまで前回の測定値を保つ。
＊2 無電圧a接点出力：常時接点が開で、異常時接点が閉となる。

交換部品・消耗品　※1日24回測定対象

	名　称	規　格	交換期間(年・月)毎	年間交換部品・消耗品費 単価	数量	金額
交換部品	タイゴンチューブ	内径3/16×外径5/16×肉厚1/16　1 m	2/年	1,450 円	2	2,900 円
	テフロンチューブ	内径2×外径4 mm　1 m	5/年	800 円	5	4,000 円
	テフロンチューブ	内径4×外径6 mm　1 m	2/年	1,100 円	2	2,200 円
	ダイヤフラム*3	GA-380 V用	1年	4,000 円	1	4,000 円
	シート弁	GA-380 V用	1年	3,500 円	1	3,500 円
	シリコンチューブE種	内径5×外径7 mm　1 m	6ヶ月	1,200 円	2	2,400 円
	スリーブ*4	P.P.　外径4 mm用　20個入	1年	1,350 円	1	1,350 円
	スリーブ*4	P.P.　外径6 mm用　20個入	1年	1,500 円	1	1,500 円
	タイゴンチューブ	内径1/4"×外径3/8"×肉厚1/16"　1 m	1年	2,300 円	1	2,300 円
	テフロンチューブ	内径6×外径8 mm　1 m	1年	1,320 円	1	1,320 円
	ピンチバルブ	PK-0802-NO-YA DC 24 V	1年	6,600 円	1	6,600 円
	計量管A（大）50～100	硬質ガラス	3年	7,700 円	1/3	2,600 円
	電磁弁	SVC-201-S DC 24 V　PT 1/8	1年	9,000 円	1	9,000 円
消耗品	1/10N 過マンガン酸カリウム	500 mL		950 円	12	11,400 円
	亜硝酸ナトリウム	特級　500 g		1,400 円	1	1,400 円
	アセトン	特級　500 mL		1,000 円	21	21,000 円
	エチルアルコール	特級　500 mL		2,400 円	48	115,200 円
	ジフェニールカルバジド	有害金属測定用　25 g		10,000 円	10	100,000 円
	尿素	特級　500 g		1,100 円	18	19,800 円
	硫酸	特級　500 mL		1,000 円	35	35,000 円
	記録紙	AY-10　10巻入		12,000 円	1	12,000 円

年間交換部品・消耗品費合計　359,470 円

*3　ダイヤフラム：エアーポンプの種類でダイヤフラム式ポンプがありそれに使用するダイヤフラムを指す。
*4　スリーブ：配管をジョイントに接合する時に配管を固定する配管固定補助具。

問合せ先

株式会社アナテック・ヤナコ

〒611-0041　京都府宇治市槇島町十一 96-3
　TEL　0774-24-3171
　FAX　0774-24-3173
　URL　http://www.yanaco.co.jp/

6価クロムモニタ（型式 CRM-2C）

六価クロム

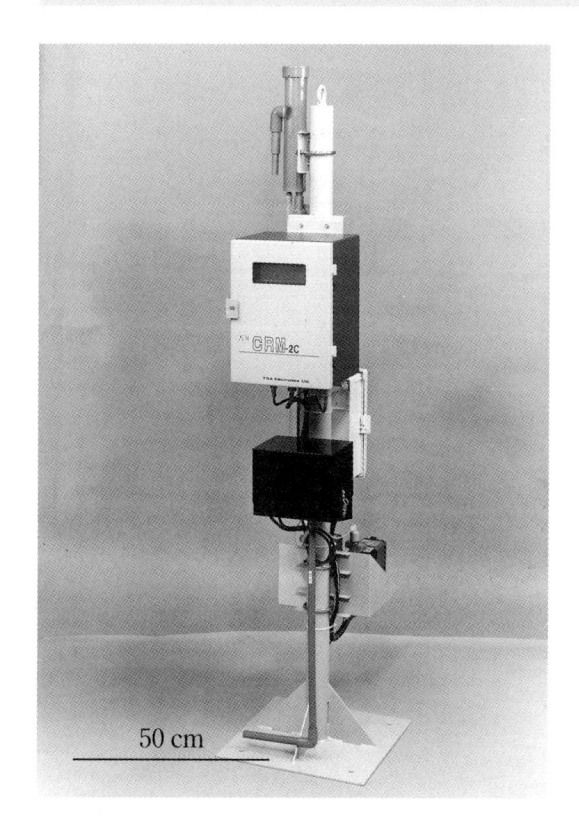

単項目	○
多項目	

採水式	A	○
	B	
	C	

潜漬式	

A：連続自動採水
B：間欠自動採水
C：その他

特 徴

1. 回転式測定セルの採用により、電磁弁・攪拌器が不要となる。
2. 光源に発光ダイオードを採用により、発信器による交流点灯が可能になる。
3. データ処理機能付き日報、月報等のデータ処理が可能となる。

使用上の留意点

1. 装置は屋内設置であり、ブイ上または筏上への設置は不可である。
   設置施設として次の設備が必要となる。
   　局舎・上水道・電気・採水設備・排水設備
2. 校正は必要であり、2週間の周期で行う。校正に約1時間必要である。
3. 試薬は必要である。試薬の廃液回収は不要である。
4. 測定時の妨害物質はない。
5. 保守点検は、3ヶ月毎に行う。保守点検作業は約1日必要である。
6. 交換部品および消耗品は必要である（別表参照）。

仕 様

項 目	仕 様
(1) 測定方法	ジフェニルカルバジド試薬による光電比色自動間欠連続測定
(2) 測定原理	試料水を酸性にして、ジフェニルカルバジドを加えると6価クロムの濃度に比例した赤色発色をする反応を利用し、その発色濃度の検出から、6価クロムの濃度を検出する。(JIS K 0102 に準拠)
(3) 測定範囲	0～0.5／0～1.0 mg/L　2レンジ手動切替
(4) 電極精度	フルスケール±5％以内（標準液にて）
(5) 応答速度	約5分～120分の間で任意設定
(6) ① 検水条件	温度0～40℃（凍結しないこと）、圧力0.02～0.08 MPa
② 電源条件	AC 100 V±10 V　50／60 Hz　消費電力 約60 VA
(7) 周囲条件	温度5～40℃、湿度90％以下振動衝撃、腐食ガス、ダスト、誘導障害のないこと（誘導障害：ポンプとかモータ等で大電力を消費するような機械の配線を計測器の配線の近くにあるとそのポンプやモータの開閉時にその影響を受けること）
(8) 外観・構造	屋内自立型　約W 400×D 550×H 1 650 mm　約30 kg
(9) 外部出力信号（テレメータ）	DC 4～20 mA、DC 0～1 V
(10) 価格（標準品）	1,850,000 円
(11) 納入実績	最近5ヶ年（H 7～11）の納入実績　河川・ダム・湖沼・その他 販売台数　50台

交換部品・消耗品　※1日24回測定対象

	名　称	規　格	交換期間(年・月)毎	年間交換部品・消耗品費 単価	数量	金額
交換部品	試薬ポンプダイヤフラム	CRM-4005	2/年	6,000 円	2	12,000 円
	バルブユニット		4/年	5,400 円	4	21,600 円
	測定セル		1年	80,000 円	1	80,000 円
	検水注入用電磁弁	HB41-8-7-05A	1年	42,000 円	1	42,000 円
消耗品	チューブ類		1年	8,500 円	1	8,500 円
	パッキン他		1年	2,080 円	1	2,080 円
	試薬類			63,600 円	1	63,600 円

年間交換部品・消耗品費合計　229,780 円

問合せ先

東亜ディーケーケー株式会社

〒169-8648　東京都新宿区高田馬場1-29-10
TEL　03-3202-0221
FAX　03-3202-0555
URL　http//www.toadkk.co.jp/

水銀自動測定装置（型式 HGM-108）
水銀

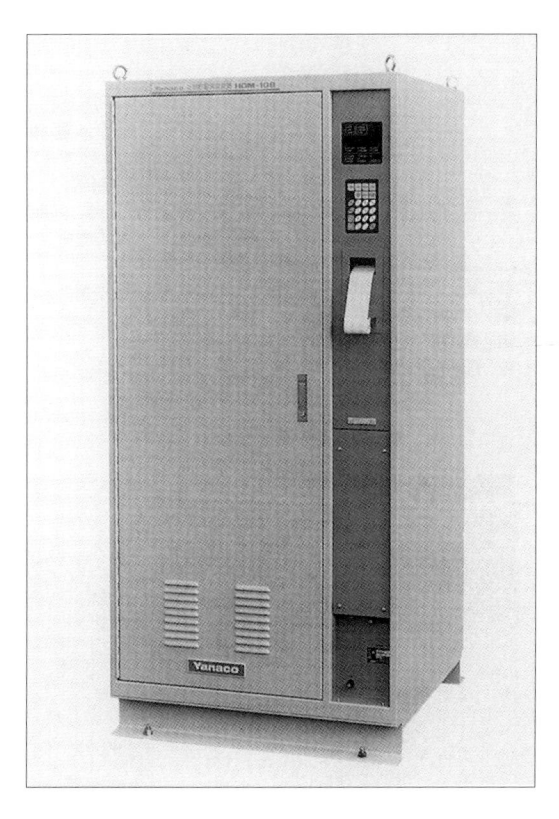

単項目	○
多項目	
採水式 A	
採水式 B	○
採水式 C	
潜漬式	

A：連続自動採水
B：間欠自動採水
C：その他

50 cm

特 徴
1. 測定毎に自動ゼロ点補正を行っており、0.5 μg/Lからの水銀の測定が安定してできる。
2. 装置の設定、測定内容、測定値バーグラフ、異常箇所等の印字ができる。
3. 試料水の前処理と流路の自動洗浄が可能な設計である。

使用上の留意点
1. 装置は屋内設置であるが、ブイ上または筏上への設置は可能である。
   設置施設として次の設備が必要となる。
   　　局舎・上水道・電気・採水設備・排水設備
2. 校正は必要であり、半月毎の周期で行う。校正に約3時間必要である。
3. 試薬は必要である。試薬の廃液回収は必要であり、別途回収である（オプション）。装置の外にタンクを設けそこに廃液をためる。廃液は酸性であり中和処理する。
4. 測定時の妨害物質は塩素イオンである。前処理方法は、無機水銀が対象で有機水銀等を含めた全水銀は測定できない。別途に酸化前処理した後、測定する必要がある。
5. 保守点検は、2週間毎に行う。保守点検作業は約4時間程度必要である。
6. 交換部品および消耗品は必要である（別表参照）。

仕　様

項　目	仕　様
(1) 測定方式	還元気化原子吸光光度法
(2) 測定原理	試料水（100 mL 計量）→ ←過マンガン酸カリウム溶液 $KMnO_4$　20 mL → 撹拌分解 → ←塩化ヒドロキシルアンモニウム溶液 $(NH_3OH)Cl$　10 mL → 反応待機 → ←塩化第一錫溶液 $SnCl_2$　10 mL → 通気還元気化 ─ 原子吸光度測定 → ←水酸化ナトリウム溶液 $NaOH$　20 mL → 洗　浄
(3) 測定範囲	0 ～ 10 または 20 μg/L
(4) 温度補償	周囲温度：5 ～ 35 ℃　湿度：90 % 以下
(5) 測定再現性	フルスケール±5 %（但し、標準液による）
(6) 測定周期	内部スタート（0.5 H、1 H、2 H）任意選択
(7) 連続測定	測定周期を1時間として試薬補充なしで14日間連続測定可能
(8) 検水条件	水温：5 ～ 40 ℃　流量：1 ～ 5 L/min
(9) 表示・記録方式	ディジタル表示：工程数／工程残り時間／濃度／レンジ／測定値異常設定値／前回測定時のオートゼロ／ピーク電圧／時刻 発光ダイオード表示：制御モード／動作モード／警報／ディジタル表示の選択用 印字内容：測定値、測定値バーグラフ、設定値、内部SW、校正値、日報、電源断各種警報／異常箇所マーク印字等
(10) 計量方式	負圧吸引計量方式（計量吐出方式を含む：負圧吸引方式の変形で、液量を計量する時に加圧空気で液を排出せずにレベル差で液を戻す方式）
(11) 電源条件	AC 100 V ± 10 V　50／60 Hz ± 1 Hz（漏電ブレーカ内蔵）
(12) 消費電力	約 500 VA（最大負荷時）
(13) 外観・構造	W 800 × D 650 × H 1 650 mm（屋内設置型チャンネルベース式）
(14) 価格（標準品）	5,300,000 円
(15) 納入実績	最近5ヶ年（H 7 ～ 11）納入実績　河川・ダム・湖沼・⦅その他⦆ 販売台数　7台

交換部品・消耗品　※1日24回測定対象

	名　称	規　格	交換期間(年・月)毎	年間交換部品・消耗品費 単価	数量	金額
交換部品	タイゴンチューブ	内径3/16×外径5/16×肉厚1/16　1m	2/年	1,450円	2	2,900円
	テフロンチューブ	内径2×外径4mm　1m	5/年	800円	5	4,000円
	テフロンチューブ	内径4×外径6mm　1m	2/年	1,100円	5	5,500円
	ダイヤフラム*1	GA-380V用	1年	4,000円	1	4,000円
	活性炭	ビーズ500g入り	1年	18,000円	1	18,000円
	シート弁	GA-380V用	1年	3,500円	1	3,500円
	シリコンチューブE種	内径5×外径7mm　1m	6ヶ月	1,200円	2	2,400円
	スリーブ*2	P.P.　外径4mm用　20個入	1年	1,350円	1	1,350円
	スリーブ*2	P.P.　外径6mm用　20個入	1年	1,500円	1	1,500円
	パーフロンチューブ	内径5×外径8mm　1m	2年	18,500円	1/2	9,250円
	ピンチバルブ	PK-0802-NO-YA DC 24V	1年	6,600円	1	6,600円
	計量管A(大)50～100	硬質ガラス	3年	7,700円	1/3	2,600円
	電磁弁	SVC-201-S DC 24V　PT 1/8	1年	9,000円	1	9,000円
消耗品	水酸化ナトリウム	特級　500g		1,000円	10	10,000円
	塩化第一スズ	有害金属測定用 100g		3,400円	40	136,000円
	塩酸ヒドロキシルアミン	有害金属測定用 100g		6,000円	15	90,000円
	過マンガン酸カリウム	有害金属測定用 100g		3,000円	5	15,000円
	硫酸	有害金属測定用 500g		3,600円	26	93,600円
	記録紙	AY-10（10巻入）		12,000円	1	12,000円

年間交換部品・消耗品費合計　427,200円

*1　ダイヤフラム：エアーポンプの種類でダイヤフラム式ポンプがありそれに使用するダイヤフラムを指す。
*2　スリーブ：配管をジョイントに接合する時に配管を固定する配管固定補助具。

問合せ先

株式会社アナテック・ヤナコ

〒611-0041　京都府宇治市槙島町十一96-3
　　TEL　0774-24-3171
　　FAX　0774-24-3173
　　URL　http://www.yanaco.co.jp/

塩分濃度観測装置（型式 WS-1）

塩化物イオン（導電率による換算）

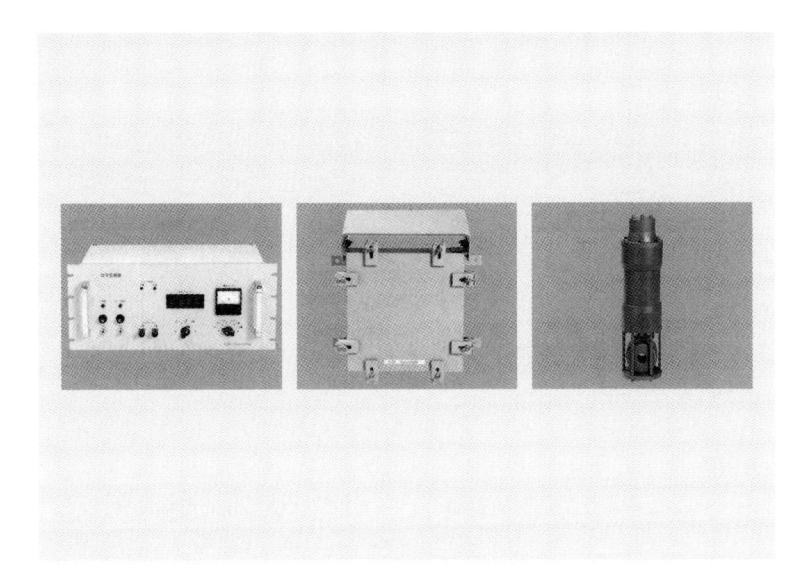

単項目	○	
多項目		
採水式	A	
	B	
	C	
潜漬式	○	

A：連続自動採水
B：間欠自動採水
C：その他

特 徴

1. 電磁誘導型を採用しており、直接金属電極が海水等と接触せず、長期安定した測定が可能である（電磁誘導型：樹脂製の検出部に励起コイルと検出コイルを入れ、そのコイル間に流れる海水の導電率により変化する誘起電圧を計測し水温により温度補正する方法）。
2. 潜漬型のため、水質変化に迅速に応答する。
3. センサへの生物付着に対しては、生物付着防止塗料（環境に優しいバイオ塗料）を塗布している。

使用上の留意点

1. 装置は屋内および屋外設置であり、ブイ上または筏上への設置も可能である。
   設置施設として次の設備が必要となる。
      局舎・電気
2. 校正は必要であり、1ヶ月の周期で行う。校正に約30分必要である。
3. 試薬は不要である。
4. 測定時の妨害物質はない。
5. 保守点検は、1ヶ月毎に行う。保守点検作業は約2時間必要である。
6. 交換部品は必要ないが、消耗品は必要である（別表参照）。

仕　様

項　目	仕　様
(1) 測定方法	電磁誘導方式
(2) 測定原理	樹脂製の検出部に励起コイルと検出部コイルを入れ、そのコイル間に流れる海水の導電率により変化する誘起電圧を計測し水温により温度補正する方法。
(3) 測定範囲	0～1 000／0～5 000／0～10 000／0～20 000 mg/L
(4) 温度補償	0～35 ℃
(5) 電極精度	フルスケール±3％以内
(6) 応答速度	1分以内
(7) 電源条件	AC 100 V　消費電力　500 VA 以下
(8) 外観・構造	計測部：φ 103×385 mm 指示増幅部：W 500×D 250×H 500 mm
(9) 表示・記録方式	W 480×D 300×H 250 mm ディジタル表示・テレメータ出力（0～1 V）SV信号
(10) 価格（標準品）	6,000,000 円～
(11) 納入実績	最近5ヶ年（H 7～11）の納入実績　㋕河川・ダム・湖沼・その他 販売台数　2台

交換部品・消耗品　※1日24回測定対象

	名　称	規　格	交換期間 (年・月)毎	年間交換部品・消耗品費		
				単　価	数　量	金　額
消耗品	生物付着防止塗料	エコフレックス希釈液	1	8,400 円	1	8,400 円

年間交換部品・消耗品費合計　8,400 円

問合せ先
株式会社鶴見精機

〒230-0051　神奈川県横浜市鶴見区鶴見中央二丁目2番20号
　　TEL　045-521-5252
　　FAX　045-521-1717
　　URL　http://www.tsk-jp.com/

アンモニア自動測定装置（型式 NH-105）
アンモニウムイオン

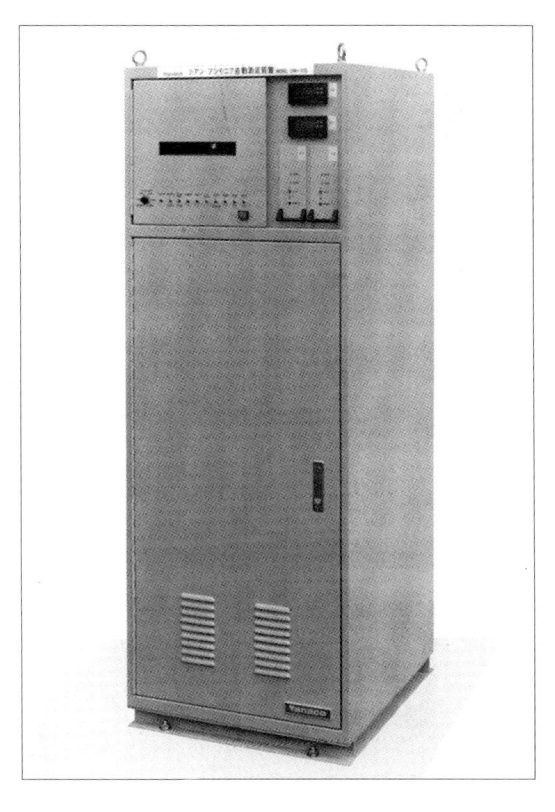

単項目	○
多項目	

採水式	A	
	B	○
	C	

潜漬式	

A：連続自動採水
B：間欠自動採水
C：その他

50 cm

特 徴
1. 試料水のアンモニウムイオンが試料採水後、約20分で測定可能である。
2. アルカリ溶液等の試薬の消耗は著しく少なく、廃液回収も少なくてすむ。
3. 低濃度のアンモニウムの測定が可能である。

使用上の留意点
1. 装置は屋内設置であるが、ブイ上または筏上への設置は可能である。
    設置施設として次の設備が必要となる。
    　局舎・上水道・電気・採水設備・排水設備
2. 校正は必要であり、半月毎の周期で行う。校正に約1時間必要である。
3. 試薬は必要である。試薬の廃液回収は必要である。廃液は測定に使用するアルカリ濃度に匹敵する硫酸溶液を測定工程で導入して中和排水する。
4. 測定時の妨害物質は揮発性アミンである。前処理方法は特にない。
5. 保守点検は、2週間毎に行う。保守点検作業は約2時間必要である。
6. 交換部品および消耗品は必要である（別表参照）。

仕　様

項　目	仕　様
(1) 測定方法	アルカリ条件－アンモニア電極測定法
(2) 測定原理	試料および水酸化ナトリウム溶液をそれぞれの計量管に負圧吸引計量方式により計量した後、測定槽に導入して、pHをアルカリ性にした後、イオン電極によりアンモニウム等を自動温度補償して測定する。電極等は測定後に自動的に洗浄する。
(3) 測定対象	水中のアンモニウムおよびアンモニウムイオン
(4) 測定範囲	0.1～10.0 mg/L
(5) 測定再現性	フルスケール±3％以内（標準液の測定として）
(6) 検水条件	温度5～40℃　流量1～5 L/min
(7) 温度補償	周囲温度5～35℃ 周囲湿度90％以下
(8) 制御方式	プログラムによる全自動および手動操作式
(9) 測定周期	30、60、90、120、180 min 任意選択
(10) 連続測定	測定周期を1時間として試薬補充なしで30日間連続測定可能
(11) 表示・記録方式	測定値表示：ディジタルパネルメータによる濃度直読ホールド表示式 測定値出力：DC 0～1 V（非絶縁）、DC 4～20 mA（絶縁）（オプション） 接点出力：測定値異常／電源断／洗浄水断／計器異常／試料水断（オション）／保守中／外部スタート入力
(12) 計量方式	負圧吸引計量方式
(13) 電極洗浄式	測定毎水攪拌洗浄式
(14) 電源条件	AC 100 V±10 V　50／60 Hz±1 Hz　消費電力 約300 VA（最大負荷時）
(15) 外観・構造	W 600×D 650×H 1 650 mm（屋内設置チャンネルベース式）
(16) 価格（標準品）	2,900,000 円
(17) 納入実績	最近5ヶ年（H 7～11）納入実績　河川・ダム・湖沼・その他 販売台数　4台

交換部品・消耗品　※1日24回測定対象

	名　称	規　格	交換期間 (年・月)毎	年間交換部品・消耗品費		
				単　価	数　量	金　額
交換部品	アンモニア電極	9001-UG	1年	115,500 円	1	115,500 円
	シリコンチューブ E種	内径5×外径7 mm 1 m	6ヶ月	1,200 円	2	2,400 円
	テフロンチューブ	内径2×外径4 mm 1 m	5/年	800 円	5	4,000 円
	テフロンチューブ	内径4×外径6 mm 1 m	2/年	1,100 円	2	2,200 円
	ダイヤフラム*1	GA-380 V用	1年	4,000 円	1	4,000 円
	シート弁	GA-380 V用	1年	3,500 円	1	3,500 円
	スリーブ*2	P.P.　外径4 mm用 20個入	1年	1,350 円	1	1,350 円
	スリーブ*2	P.P.　外径6 mm用 20個入	1年	1,500 円	1	1,500 円
	ピンチバルブ	PK-0802-NO-YA DC 24 V	1年	6,600 円	1	6,600 円
	試料計量管	大	3年	15,000 円	1/3	5,000 円
	試料計量管(A) 5～10	硬質ガラス	2年	5,400 円	1/2	2,700 円
	電磁弁	SVC-201-S DC 24 V　PT 1/8	1年	9,000 円	1	9,000 円
	電磁弁	YDV2-1/8　4φ DC 24 V	1年	9,790 円	1	9,790 円
	分岐管3方	Y型	3年	2,500 円	1/3	900 円
消耗品	水酸化ナトリウム	特級　500 g		1,000 円	4	4,000 円
	塩化アンモニウム	特級　500 g		2,000 円	1	2,000 円

	名　称	規　格	交換期間 (年・月)毎	年間交換部品・消耗品費		
				単　価	数　量	金　額
消耗品	アンモニア電極交換膜セット	膜20枚 (内部液30 mL入)		19,000 円	1	19,000 円

年間交換部品・消耗品費合計　193,440 円

＊1　ダイヤフラム：エアーポンプの種類でダイヤフラム式ポンプがあり、それに使用するダイヤフラムを指す。
＊2　スリーブ：配管をジョイントに接合する時に配管を固定する配管固定補助具。

問合せ先

株式会社アナテック・ヤナコ

〒611-0041　京都府宇治市槙島町十一 96-3
　　TEL　0774-24-3171
　　FAX　0774-24-3173
　　URL　http://www.yanaco.co.jp/

全窒素自動測定装置（型式 TN-208）

総窒素（TN）

単項目	○
多項目	

採水式	A	
	B	○
	C	

潜漬式	

A：連続自動採水
B：間欠自動採水
C：その他

特　徴

1. 公定法を自動化したもので、測定値は手分析とよく一致する。
2. 加熱分解槽は非腐食で長寿命設計となっている。
3. 紫外線吸光光度計は、二光路式により安定化を計り、光源はパルス点灯方式により長寿命となっている。
4. 装置の設定、測定内容、測定値バーグラフ、異常箇所等の印字ができる。
5. 試料水の前処理と流路の自動洗浄が可能な設計となっている。

使用上の留意点

1. 装置は屋内設置であるが、ブイ上または筏上への設置は可能である。
   設置施設として次の設備が必要となる。
   　　局舎・上水道・電気・採水設備・排水設備
2. 校正は必要であり、半月毎の周期で行う。校正に約6時間必要である。
3. 試薬は必要である。試薬の廃液回収は必要であり、別途回収である（オプション）。装置の外にタンクを設けそこに廃液をためる。廃液は酸性であり中和処理する。
4. 測定時の妨害物質は濁度と臭素である。前処理方法は、濁度は光学的な補正を行う。臭化物イオンは、海水に含まれるため（100％海水の場合は 67 mg/L 含まれ、窒素として 1 mg/L 弱影響する）必要な場合は、海水の濃度を測定して補正する。
5. 保守点検は、2週間毎に行う。保守点検作業は約7時間必要である。
6. 交換部品および消耗品は必要である（別表参照）。
7. 試料水中にりんが含まれる場合は、ゼロ液精製器（オプション）を使用する。

仕　様

項　目	仕　様
(1) 測定方式	ペルオキソ二硫酸カリウム分解 — 紫外線吸光光度法
(2) 測定原理	試料水（100 mL）の計量 → （希釈水）／水酸化ナトリウム溶液 5 mL／ペルオキソ二硫酸カリウム溶液（$K_2S_2O_8$） 20 mL → 加熱分解 120℃ 30分間加熱（試料中の窒素化合物・硝酸態に酸化） → 冷却・50 mL再計算 → 塩酸溶液 5 mL → pH調整　オートクレーブ繰返し洗浄 → 220 nm吸光度測定 → 演算濃度表示 → 洗浄水にて繰返し洗浄
(3) 測定範囲	0～1.0から0～5.0 mg/Lの内 任意設定式（キーボードにより設定） 試料の希釈法により 0～10、20、50、100 mg/Lの測定可能（オプション）
(4) 測定再現性	0～2.0から5.0 mg/L測定時、フルスケール±3％
(5) 制御方式	マイクロコンピュータ制御
(6) 測定周期	1 H、2 H、3 H、任意選択
(7) 表示・記録方式	ディジタル表示：工程数／工程残り時間／濃度／レンジ／測定値異常設定値／前回測定時の吸光度／時刻 発光ダイオード表示：制御モード／動作モード／警報／ディジタル表示の選択用 印字内容：測定値、測定値バーグラフ、設定値、校正値、日報、電源断、各種／異常箇所個別マーク印字等 測定値電流出力：DC 0～1 V（非絶縁）　DC 4～20 mA（絶縁）・（オプション） 測定値（電圧、電流）出力はバー／ホールド表示選択式*1 外部接点出力：無電圧a接点出力*2 測定値異常／光源断／試料水断／洗浄水断／試薬断／計器異常／電源断／保守中 外部スタート：無電圧a接点入力（0.5秒以上）
(8) 計量方式	負圧吸引計量方式
(9) 加熱分解方式	特殊耐酸耐圧容器によるヒータ加熱（120℃）
(10) 吸光光度計	特殊干渉フィルタ、二光路式による自動ドリフト補正式（ゼロ点の測定が不安定な時電気的に安定化させ直線となるよ自動的に補正する）
(11) 校正方式	標準液を検量線作成工程で測定し、校正の印字値をキー入力する
(12) 連続測定	測定周期を1時間として試薬補充なしで14日間連続測定可能
(13) 電源条件	AC 100 V±10 V　50／60 Hz±1 Hz（漏電ブレーカ内蔵）
(14) 消費電力	約 700 VA（最大負荷時）
(15) 外観・構造	W 700×D 650×H 1 650 mm（屋内設置型チャンネルベース式）
(16) 重量	約 120 kg
(17) 価格（標準品）	4,800,000 円～
(18) 納入実績	最近5ヶ年（H 7～11）納入実績　(河川)・ダム・(湖沼)・(その他) 販売台数　26台

＊1　バー／ホールド表示：バーとは、測定器が指示値を測定した後ある時間だけその値を一定に保つ。ホールドとは、測定値が次の指示値を測定するまで前回の測定値を保つ。
＊2　無電圧a接点出力：常時接点が開で、異常時接点が閉となる。

交換部品・消耗品　※1日24回測定対象

	名　称	規　格	交換期間(年・月)毎	年間交換部品・消耗品費 単価	数量	金額
交換部品	タイゴンチューブ	内径 3/16 × 外径 5/16 × 肉厚 1/16　1m	2/年	1,450 円	2	2,900 円
	テフロンチューブ	内径 2 × 外径 4 mm　1m	5/年	800 円	5	4,000 円
	テフロンチューブ	内径 4 × 外径 6 mm　1m	2/年	1,100 円	2	2,200 円
	ダイヤフラム*3	GA-380V用	1年	4,000 円	1	4,000 円
	ダイヤフラム*3	SV3CA-53T-FT 1/4用	3/年	15,000 円	3	45,000 円
	シート弁	GA-380V用	1年	3,500 円	1	3,500 円
	Oリング	G55　バイトン　テフロンコーティング	1年	1,500 円	1	1,500 円
	シリコンチューブ E種	内径 5 × 外径 7 mm　1m	6ヶ月	1,200 円	2	2,400 円
	スリーブ*4	P.P.　外径4mm用 20個入	1年	1,350 円	1	1,350 円
	スリーブ*4	P.P.　外径6mm用 20個入	1年	1,500 円	1	1,500 円
	ピンチバルブ	PK-0802-NO-YA DC 24V	1年	6,600 円	1	6,600 円
	計量管A(大) 50～100	硬質ガラス	3年	7,700 円	1/3	2,600 円
	電磁弁	SVC-201-S DC 24V　PT 1/8	1年	9,000 円	1	9,000 円
消耗品	塩　酸	特級　500 mL		700 円	20	14,000 円
	水酸化ナトリウム	特級　500 g		1,000 円	10	10,000 円
	ペルオキソ二硫酸カリウム	水質分析用 100 g		4,600 円	72	331,200 円
	記録紙	AY-10（10巻入）		12,000 円	1	12,000 円

年間交換部品・消耗品費合計　453,750 円

*3　ダイヤフラム：エアーポンプの種類でダイヤフラム式ポンプがありそれに使用するダイヤフラムを指す。
*4　スリーブ：配管をジョイントに接合する時に配管を固定する配管固定補助具。

問合せ先

株式会社アナテック・ヤナコ

〒611-0041　京都府宇治市槙島町十一 96-3
　TEL　0774-24-3171
　FAX　0774-24-3173
　URL　http://www.yanaco.co.jp/

全窒素自動測定装置（型式 TN-308）
総窒素（TN）

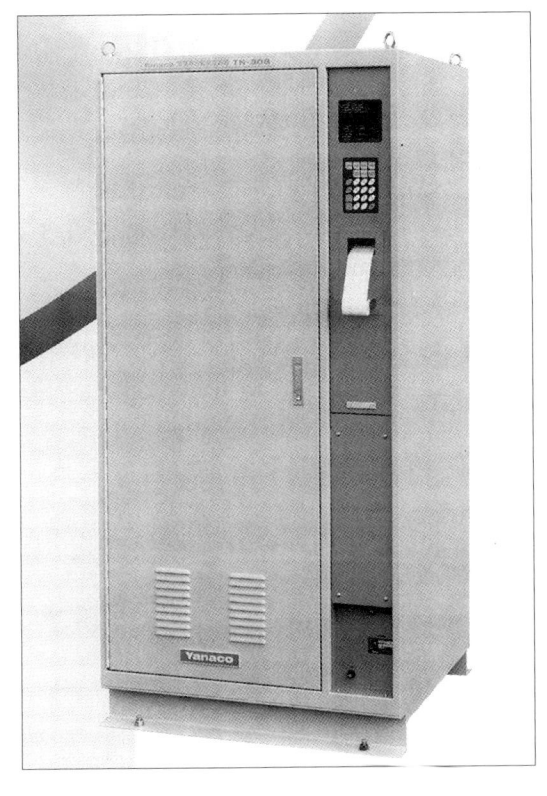

単項目	○
多項目	
採水式 A	
採水式 B	○
採水式 C	
潜漬式	

A：連続自動採水
B：間欠自動採水
C：その他

50 cm

特 徴
1. JIS法の化学発光法に基づいた設計で、0.1 ～ 1 000 mg/Lの広い範囲の全窒素測定に摘用できる。
2. 測定毎に自動ゼロ点補正を行い安定を計るとともに、検出器として半導体センサを用い、長期間安定して測定できる。
3. 装置の設定、測定内容、測定値バーグラフ、異常箇所等の印字ができる。
4. オプションにより最大6系列の自動切換測定ができる。
5. 試料水の前処理と流路の自動洗浄が可能な設計である。

使用上の留意点
1. 装置は屋内設置であるが、ブイ上または筏上への設置は可能である。
   設置施設として次の設備が必要となる。
      局舎・上水道・電気・コンプレッサ・採水設備・排水設備
2. 校正は必要であり、1ヶ月毎の周期で行う。校正に約2時間必要である。
3. 試薬は不要である。
4. 測定時の妨害物質はない。
5. 保守点検は、1ヶ月毎に行う。保守点検作業は約3時間必要である。
6. 交換部品および消耗品は必要である（別表参照）。
7. 試料水中に窒素が含まれる場合は、ゼロ液精製器（オプション）を使用する。

仕　様

項　目	仕　様
(1) 測定方式	接触熱分解・化学発光法
(2) 測定原理	試料水を試料計量管に計量して混合槽に導入した後サンプリングバルブを介してバッファ管に流す際少量の試料水を計量する。この試料水をキャリアガスにより高温で触媒を備えた反応管に注入して酸化反応を行わせ、窒素化合物を一酸化窒素に変換した後、これをオゾンと反応させ、この際生じた準安定状態に励起された二酸化窒素が安定な二酸化窒素になる際、発生する化学発光を受光して試料水中の窒素濃度を求める。
(3) 測定範囲	0～20から0～1 000 mg/Lの間の1レンジ指定
(4) 測定再現性	フルスケール±3％以内
(5) 制御方式	マイクロコンピュータ制御
(6) 測定周期	約480秒～9 999秒　任意設置
(7) 表示・記録方式	ディジタル表示：工程数／工程残り時間／濃度 mg/L／レンジ mg/L／測定値異常設定値 mg/L／前回測定時のオートゼロ値／ピーク値／時刻 発光ダイオード表示：制御モード／動作モード／各種警報／ディジタル表示の選択用発光ダイオード 印字内容：測定値、測定値バーグラフ、設定値、校正値、日報、電源断、各種警報マーク印字など 測定値出力：DC 0～1 V、DC 4～20 mA（オプション）、[測定値（電圧、電流）出力は、バー／ホールド表示選択式*1] 警報接点出力：無電圧a接点出力*2、測定値異常／試料水断（オプション）／洗浄水断／計器異常／電源断／保守中 外部スタート：無電圧a接点入力（2秒以上）
(8) 計量方式	負圧吸引計量方式
(9) ゼロ補正	測定ごとに自動ゼロ点補正式
(10) 校正方式	標準液を検量線作成工程で測定し、校正の印字値をキー入力する。
(11) 洗浄方式	1系列測定の洗浄周期は2／10／50／100／200回測定のうち任意選択
(12) 試料注入方式	サンプリングバルブによる切換注入方式
(13) 熱分解路	乾式熱分解炉（設定 約750℃）
(14) 化学発光検出器	常圧形化学発光検出器
(15) 水分除去	電子クーラーによる除湿式
(16) 電源条件	AC 100 V±10 V　50／60 Hz±1 Hz（漏電ブレーカ内蔵）
(17) 消費電力	約800 VA（最大負荷時）
(18) 外観・構造	W 800×D 650×H 1 650 mm（屋内設置型チャンネルベース式）
(19) 重量	約150 kg
(20) 価格（標準品）	5,200,000円
(21) 納入実績	最近5ヶ年（H 7～11）納入実績　河川・ダム・湖沼・⦅その他⦆ 販売台数　30台

＊1　バー／ホールド表示：バーとは、測定器が指示値を測定した後ある時間だけその値を一定に保つ。ホールドとは、測定値が次の指示値を測定するまで前回の測定値を保つ。

＊2　無電圧a接点出力：常時接点が開で、異常時接点が閉となる。

交換部品・消耗品　※1日24回測定対象

	名　称	規　格	交換期間 (年・月)毎	年間交換部品・消耗品費 單価	数量	金額
交換部品	テフロンチューブ	内径2×外径4 mm 1 m	5/年	800 円	5	4,000 円
	テフロンチューブ	内径4×外径6 mm 1 m	2/年	1,100 円	2	2,200 円
	ダイヤフラム*3	GA-380 V用	1年	4,000 円	1	4,000 円
	シート弁	GA-380 V用	1年	3,500 円	1	3,500 円
	オゾン分解触媒	200 g	1年	13,500 円	1	13,500 円
	サンプリング用フィルタ	PF020　外径40 mm 10枚入	1年	3,800 円	1	3,800 円
	シリコンチューブ	内径5×外形9 mm 1 m	1年	1,775 円	1	1,775 円
	シリコンチューブ E種	内径5×外径7 mm 1 m	6ヶ月	1,200 円	2	2,400 円
	スリーブ*4	P.P.　外径4 mm用 20個入	1年	2,300 円	1	2,300 円
	スリーブ*4	P.P.　外径3 mm用 20個入	1年	2,000 円	1	2,000 円
	テフロンチューブ	内径2×外径3 mm 1 m	5/年	700 円	5	3,500 円
	燃焼助剤	石英ガラスウール付	1年	5,000 円	1	5,000 円
	活性炭	粒状500 g入り	1年	1,500 円	1	1,500 円
	ビーズ活性炭	500 g　BAC-L	1年	18,000 円	1	18,000 円
	計量管A　50〜100	硬質ガラス（大）	3年	7,700 円	1/3	2,600 円
	試料チェンジャ	ニューライト	1年	13,200 円	1	13,200 円
	注入口パッキン	20個入り	1年	1,100 円	1	1,100 円
	滴下針（太系）	21G22 カット 長さ100 内径0.5mm× 外径0.78mm	4ヶ月	5,000 円	3	15,000 円
	熱分解官用メザラ	石英	1年	19,600 円	1	19,600 円
	熱分解炉触媒管	石英管	6ヶ月	29,400 円	2	58,800 円
消耗品	記録紙	AY-10（10巻入）		12,000 円	1	12,000 円

年間交換部品・消耗品費合計　189,775 円

*3　ダイヤフラム：エアーポンプの種類でダイヤフラム式ポンプがありそれに使用するダイヤフラムを指す。
*4　スリーブ：配管をジョイントに接合する時に配管を固定する配管固定補助具。

問合せ先

株式会社アナテック・ヤナコ

〒611-0041　京都府宇治市槙島町十一 96-3
　TEL　0774-24-3171
　FAX　0774-24-3173
　URL　http://www.yanaco.co.jp/

アンモニア自動計測装置（型式 VS-3920）
アンモニウム

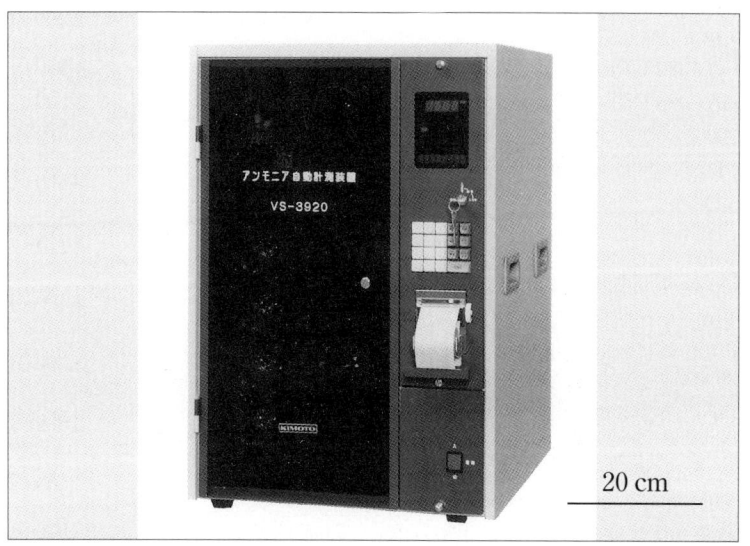

単項目	○
多項目	
採水式 A	
採水式 B	○
採水式 C	
潜漬式	

A：連続自動採水
B：間欠自動採水
C：その他

特徴
1. 膜濃縮法と導電率法の採用により、高感度でリニアな計測が可能である。
2. 毎測定時オートゼロを計測（ゼロ点の測定が不安定な時、電気的に安定化させ直線となるよう自動的に補正）するので、長期間にわたって、ゼロ・スパン（測定装置の濃度補正を行う時に用いる。ゼロ：濃度値がなくゼロを示す。スパン：測定濃度範囲の上限値）が安定している。
3. ガス透過膜濃縮法により、試料水中の共存妨害物質による影響の少ない測定が可能である。
4. 逆洗浄機構を備えているので試料流路の汚れや目詰りが少なくてすむ。

使用上の留意点
1. 装置は屋内設置であるが、ブイ上または筏上への設置は可能である。
   設置施設として次の設備が必要となる。
   　　局舎・上水道・電気・エアコン・採水設備・排水設備
2. 校正は必要であり、半月毎の周期で行う。校正に約2時間必要である。
3. 試薬は必要である。試薬の廃液回収は不要である（簡易中和により、排出可能）。
4. 測定時の妨害物質はない。
5. 保守点検は、2週間毎に行う。保守点検作業は約3時間必要である。
6. 交換部品および消耗品は必要である（別表参照）。

仕 様

項 目	仕 様
(1) 測定方式	膜濃縮法および導電率法（特殊なガス透過性の膜を用い、アンモニアを分離濃縮させ、吸収液の導電率の変化を検出する）
(2) 測定範囲	0～1 から 0～100 ppmN まで
(3) 測定精度	フルスケール±5％以内
(4) 測定周期	30分または60分
(5) ①検水条件	必要検水量1回当り 200 mL（計測器本体）
②電源条件	AC 100 V±10 V　50／60 Hz　消費電力 250 VA（通常）
(6) 外観・構造	W 500×D 570×H 700 mm　約60 kg 形状：SPCC 鋼製箱形
(7) 測定出力	マイコン制御によるプリンタ印字出力、アナログ出力 DC 0～1 V
(8) 測定制御	測定シーケンスをマイコン自動制御
(9) 表示・記録方式	プリンタ印字出力、テレメータ出力信号 ① 濃度値　DC 0～1 V ② 無電圧 a 接点出力（電源断、動作不良、調整中）各状態の時、接点が"閉"になる接点信号 ③ 無電圧 a 接点入力（外部スタート）測定を開始するとき、接点を"閉"にすると測定が開始される信号
(10) 価格（標準品）	4,500,000 円～
(11) 納入実績	最近5ヶ年（H 7～11）の納入実績　⦿河川⦿・ダム・湖沼・⦿その他⦿ 納入実績　7台

交換部品・消耗品　※1日24回測定対象

	名　称	規　格	交換期間 (年・月)毎	年間交換部品・消耗品費		
				単　価	数　量	金　額
交換部品	ポンプチューブ	VP-6485-16 ファーメードチューブ	6ヶ月	2,000 円	3 m	6,000 円
	導電率電極	VSE-392 導電率検出電極	1年	80,000 円	1個	80,000 円
	ガス透過分離管	VR-392	1年	48,000 円	1本	48,000 円
	電磁弁チューブ	内径3×外径5 mm シリコンチューブ	1年	1,000 円	1 m	1,000 円
消耗品	プリンタ用紙	890-2B 放電記録紙	2ヶ月	1,000 円	6巻	6,000 円

年間交換部品・消耗品費合計　141,000 円

※ 消耗品の試薬類は含まれていない。

問合せ先
紀本電子工業株式会社

〒543-0024　大阪府大阪市天王寺区舟橋町3-1
　TEL　06-6768-3401
　FAX　06-6764-7040
　URL　http://www.kimoto-electric.co.jp/

オンライン全窒素自動分析装置（型式 TN-500）
総窒素（TN）

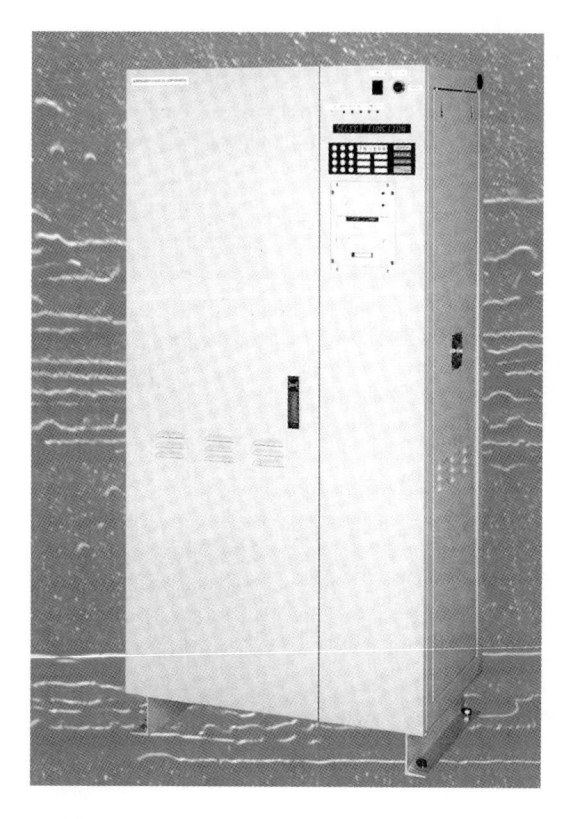

単項目	○
多項目	
採水式	A	
	B	○
	C	
潜漬式	

A：連続自動採水
B：間欠自動採水
C：その他

50 cm

特徴
1. 当社独自の解媒使用による安定した酸化窒素（NO）変換率が得られる。
2. 自動キャリブレーション機能採用により、自動校正である。
3. 測定毎に試料注入管までラインを洗浄し、コンタミネーション（汚染）の低減化を図っている。
4. 最大5系統の試料水測定が可能。
5. JIS法に準拠した高感度で安定した化学発光法（常圧法）を採用している。

使用上の留意点
1. 装置は屋内設置であり、ブイ上または筏上への設置は不可である。
   設置施設として次の設備が必要となる。
   　　局舎・電気・コンプレッサ・採水設備・排水設備
2. 校正は必要であり、通常1ヶ月の周期で行う。校正に約20分必要である。
3. 試薬は不要である。オーバーフロー方式で採水、オーバーフローした試料水はリターンする。
4. 測定時の妨害物質はない。
5. 保守点検は、半年毎に行う。保守点検作業は、約8時間必要である。
6. 交換部品および消耗品は必要である（別表参照）。

仕　様

項　目	仕　様
(1) 測定方法	酸化分解、化学発光法（常圧法）
(2) 測定原理	高温（600～800℃）に加熱されたエアー中で窒素化合物は酸化分解されて一酸化窒素（NO）となり、オゾン（O_3）と反応する。波長 590～2 500 nm の光を発する。 　　　　（$NO + O_3 \rightarrow NO_2 + O_2 + h\nu$） この光を光電子増倍管で受光し、標準液を用いて作成した検量線から窒素濃度を求める。
(3) 測定範囲	0～1／0～10／0～500／0～1 000 mg/L より3レンジを選択
(4) 温度補償	5～40℃（湿度80％以下、ただし結露ないこと）
(5) 測定精度	窒素濃度 0～10 mg/L 以上は、CV＝5％以内 窒素濃度 0～10 mg/L 以下は、CV＝10％以内
(6) 分析時間	8分/1測定
(7) 測定点数	最大5点迄（標準1点）他の4点はオプション
(8) 試料量	25 μL
(9) 測定周期	10～9 999（分）（1試料の測定回数 $n=1$ の場合は 10分の選択可能）
(10) 表示・記録方式	測定値上限：リレー出力、最大5点、標準1点（他の4点はオプション） 装置警告：標準液残量、電気炉断、電源断、保守中（標準） 　　　　　エアー断（オプション） 出力信号：DC 4～20 mA（標準1点）他の4点はオプション
(11) 電源条件	AC 100 V ± 10％　50／60Hz
(12) 消費電力	消費電力 1 500 VA（装置始動時）　1 100 VA（通常作動時）
(13) 使用ガス	計装空気、コンプレッサエアー（3～5 kg/cm²G）
(14) 外観・構造	約 W 750 × D 500 × H 1 550 mm
(15) 重量	約 110 kg（基本システム）
(16) 価格（標準品）	6,100,000 円
(17) 納入実績	最近5ヶ年（H 7～11）の納入実績　⃝河川・ダム・湖沼・⃝その他 販売台数　非公開

交換部品・消耗品　※1日24回測定対象

	名　称	規　格	交換期間 (年・月)毎	年間交換部品・消耗品費		
				単　価	数　量	金　額
交換部品	反応管	石英製、当社規格	3ヶ月	非公開	非公開	非公開
	酸化触媒	白金、当社規格	6ヶ月	非公開	非公開	非公開
	スライダー	テフロン®、当社規格	3ヶ月	非公開	非公開	非公開
	サンプル注入管	テフロン®、当社規格	3ヶ月	非公開	非公開	非公開
消耗品	プリンタロール紙	当社規格	30個/年	非公開	非公開	非公開
	インクリボン	当社規格	2ヶ月	非公開	非公開	非公開
	オゾンスクラバー	触媒タイプ	6ヶ月	非公開	非公開	非公開

問合せ先

株式会社ダイアインスツルメンツ

〒253-0084　神奈川県茅ヶ崎市円蔵370
　TEL　0467-85-4481
　FAX　0467-86-0736

TN連続測定装置（型式 SA9000C-TN（SA9000シリーズ））
総窒素（TN）

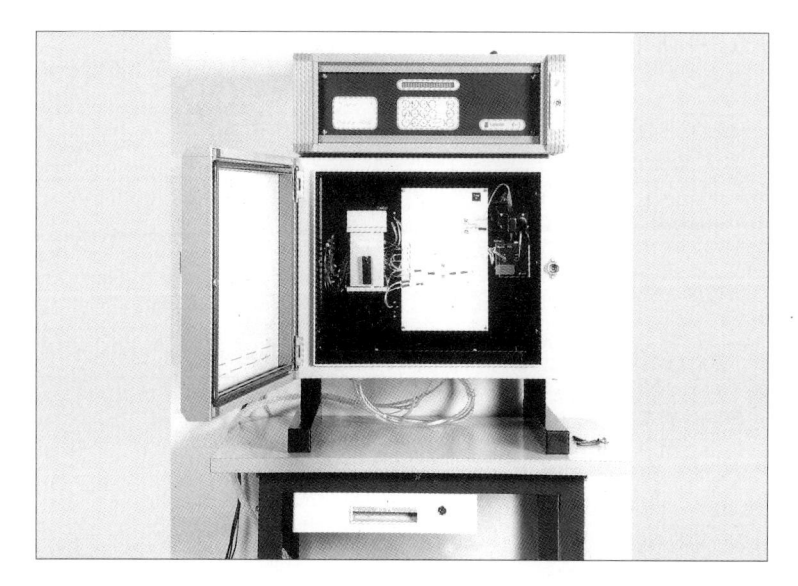

単項目	○
多項目	

採水式	A	○
	B	
	C	

潜漬式	

A：連続自動採水
B：間欠自動採水
C：その他

50 cm

特 徴
1. 本装置は、河川水や排水の水質監視やデータ収集を目的とした連続装置である。
2. 設定値オーバーの警報や測定異常等の自己診断機能を搭載しており、接点信号にて出力可能である。
3. 洗浄、校正、サンプリングのスケジュールをキー入力により自由にプログラミング可能。これにより、多地点のサンプルを一台の装置で測定可能となる。
4. 化学モジュールは、細管を使用した FIA（Flow Injection Analysis）方式（分析試料の前処理で人手と時間を要する操作過程を細管内の流れを利用して自動化しオンライン分析計とする）、有機物の分解は UV（紫外線）分解方式の採用により安定した測定結果を得る。

使用上の留意点
1. 装置は屋内設置であり、ブイ上または筏上への設置は不可である。
   設置施設として次の設備が必要となる。
   　局舎・電気・採水設備・排水設備
2. 校正は必要であり、5時間の周期で行う。校正に約30分必要である（自動校正）。
3. 試薬は必要である。試薬の廃液回収は必要である。廃液は1～2週間に1度、ポリ容器の交換にて回収する（10 L/週）。
4. 測定時の妨害物質は浮遊物質である。15 μm以上はペーパーフィルタによるろ過処理、5 μm以上は浸透膜ろ過処理、10 μm程度はホモジナイザ粉砕処理等を行う。
5. 保守点検は、1週間毎に行う。保守点検作業は、約2時間必要である。
6. 交換部品および消耗品は必要である（別表参照）。

仕　様

項　目		仕　様
(1)	測定方法	吸光光度法
(2)	測定原理	硫酸ヒドラジニウム還元法 希釈されたサンプルは、ペルオキソ二硫酸カリウムと混合され、UV分解槽に送られる。UV分解槽でサンプル中の有機性窒素化合物は、紫外線の光エネルギーにより硝酸イオンに酸化分解される。次にサンプルは、アルカリ溶液中で銅を触媒として硫酸ヒドラジニウムにより亜硝酸イオンに還元され、N-1ナフチルエチレンジアミンによりジアゾ化合物となる。これを540nmにて吸光度を測定し窒素濃度を求める。
(3)	測定範囲	1～20 ppmN
(4)	温度補償	5～50 ℃
(5)	電極精度	±2％以内
(6)	応答速度	約30分以内
(7)	①検水条件	流量：約1 mL/分
	②電源条件	本体電源：AC 100 V 消費電力：500 W（最大）
(8)	外観・構造	W 610 × D 490 × H 860 mm　65 kg
	①計測部	W 610 × D 490 × H 483 mm
	②指示増幅部	W 610 × D 490 × H 217 mm
(9)	表示・記録方式	表示：ディスプレイに20文字ディジタル表示 記録（オプション）：記録紙、デタロガー、テレメータ 出力：アナログ出力（4～20 mA　0～200 mV）、ディジタル出力（RS 232 C）警報接点出力（上限、下限、範囲外、装置異常）
(10)	価格（標準品）	5,100,000 円
(11)	納入実績	最近5ヶ年（H 7～11）の納入実績　河川・ダム・湖沼・その他 販売台数　無

交換部品・消耗品　※1日24回測定対象

	名　称	規　格	交換期間 (年・月)毎	年間交換部品・消耗品費		
				単　価	数　量	金　額
交換部品	ポンプチューブ	流量 0.10～2.50 mL/min ペリポンプ用 tygon 製	144本/年	375 円	144本	54,000 円
	サンプルチューブ	内径 0.7～1.5 mm polythene 製　15 m	10本/年	1,000 円	10本	10,000 円
消耗品	温浸試薬	ペルオキソ二硫酸カリウム等	150 L/年		150 L	15,000 円
	水酸化ナトリウム溶液	水酸化ナトリウム等	250 L/年		250 L	20,000 円
	硫酸ヒドラジニウム溶液	硫酸ヒドラジニウム等	100 L/年		100 L	7,000 円
	硫酸銅溶液	硫酸銅	100 L/年		100 L	8,000 円
	呈色試薬	N-1ナフチルエチレンジアミン等	100 L/年		100 L	50,000 円
	洗浄液	塩酸	100 L/年		100 L	15,000 円
	標準液	硝酸ナトリウム（50 L）	50 L/年		50 L	4,000 円
	蒸留水	標準液　50 L	50 L/年		50 L	4,000 円
	チューブ接合剤	接着剤	1年	13,000 円	1本	13,000 円
	シリコングリース	ペリポンプ潤滑剤	1年	2,000 円	1本	2,000 円
	比色計ランプ	比色計用光源	6ヶ月	20,000 円	2個	40,000 円
	フィルタペーパー	15 mm幅 150 m ロール	5巻/年	7,000 円	5巻	35,000 円

年間交換部品・消耗品費合計　277,000 円

問合せ先

株式会社拓和

〒101-0047　東京都千代田区神田1-4-15
　　TEL　03-3291-5870
　　FAX　03-3291-5226
　　URL　http://www.takuwa.co.jp

アンモニウムイオン測定装置（型式 NHMS-3）
アンモニウムイオン

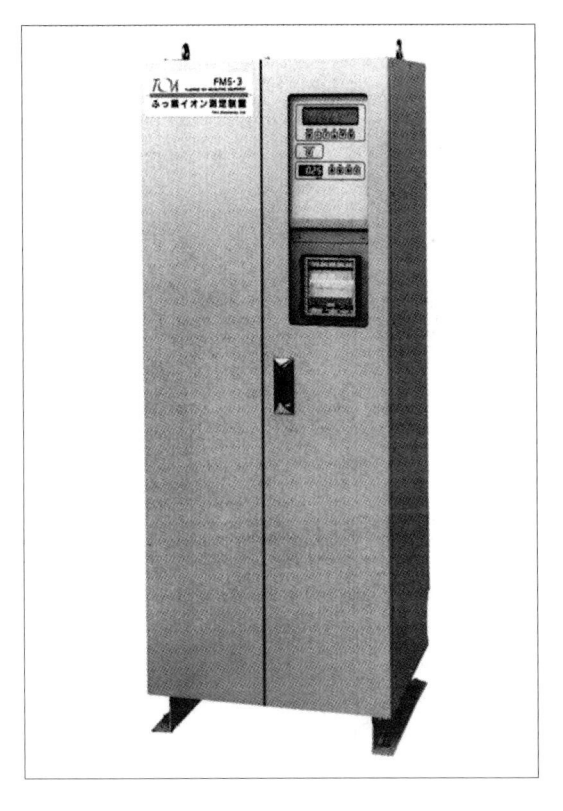

単項目	○	
多項目		
採水式	A	○
	B	
	C	
潜漬式		

A：連続自動採水
B：間欠自動採水
C：その他

50 cm

特 徴
1. ファジイ理論を応用したセンサ診断機能を搭載。
2. 装置内の状態を液晶表示器に集中表示。
3. 恒温槽の採用により、高精度なデータが得られる。

使用上の留意点
1. 装置は屋内設置であり、ブイ上または筏上への設置は不可である。
   設置施設として次の設備が必要となる。
      局舎・上水道・電気・採水設備・排水設備
2. 校正は必要であり、1ヶ月毎の周期で行う。校正に約1時間必要である。
3. 試薬は必要である。試薬の廃液回収は必要であり、別途回収である。測定済み廃液はアルカリ性であるため中和処理が必要である。
4. 測定時の妨害物質はない。
5. 保守点検は、3ヶ月毎に行う。保守点検作業は約1日必要である。
6. 交換部品および消耗品は必要である（別表参照）。

仕 様

項　目	仕　　　様
(1) 測定方法	アンモニウムイオン電極方式
(2) 測定原理	アンモニウムイオン電極に発生する電位（起電力）はアンモニウムイオン濃度に比例して発生することを利用して、アンモニウムイオン濃度を測定する。
(3) 測定範囲	0～5 mg/L（標準）　0～100 mg/Lまで任意変更可
(4) 温度補償	恒温測定方式
(5) 電極精度	±0.05 %（校正液にて）
(6) 応答速度	90 %応答5分以内
(7) ①検水条件	温度2～40 ℃　圧力0.01～0.05 MPa　流量2～10 L/min
②電源条件	AC 100 V±10 V　50／60 Hz　消費電力 約200 VA以内
(8) 周囲条件	温度2～40 ℃、湿度 相対湿度85 %以下（結露しないこと）、その他直射日光、振動衝撃、腐食ガス、ダスト、誘導障害のないこと （誘導障害：ポンプとかモータ等で大電力を消費するような機械の配線を計測器の配線の近くにあるとそのポンプやモータの開閉時にその影響を受けること）
(9) 外観・構造	屋内自立型 約W 600×D 550×H 1 600 mm　約130 kg
(10) 外部出力信号 （テレメータ）	DC 4～20 mA
(11) 価格（標準品）	4,500,000 円
(12) 納入実績	最近5ヶ年（H 7～11）の納入実績　⦅河川⦆・ダム・湖沼・⦅その他⦆ 販売台数　20台

交換部品・消耗品　※1日24回測定対象

	名　称	規　格	交換期間 (年・月)毎	年間交換部品・消耗品費		
				単　価	数　量	金　額
交換部品	アンモニア電極	AE-235B	6ヶ月	120,000 円	2	240,000 円
	スターラユニット		1年	35,000 円	1	35,000 円
	恒温槽ヒータ	100 V　50 W	1年	7,000 円	1	7,000 円
	ポンプ部ダイヤフラム(弁)		1年	9,000 円	1	9,000 円
	ポンプ部バルブユニット		1年	16,000 円	1	16,000 円
消耗品	アルカリ溶液	20 % NaOH（10 L）	1ヶ月	8,000 円	12	96,000 円
	アンモニア標準液	NH_4-1 000	2ヶ月	3,000 円	6	18,000 円
	酸洗浄液試薬	硝酸溶液（10 L）	1ヶ月	8,000 円	12	96,000 円
	純水	18 L	1.5ヶ月	2,900 円	8	23,200 円
	チューブ類他		1年	17,000 円	1	17,000 円

年間交換部品・消耗品費合計　557,200 円

問合せ先

東亜ディーケーケー株式会社

〒169-8648　新宿区高田馬場1-29-10
　TEL　03-3202-0221
　FAX　03-3202-0555
　URL　http//www.toadkk.co.jp/

プロセス成分測定装置アンモニア計（型式 model 8810.36）
アンモニウム態窒素

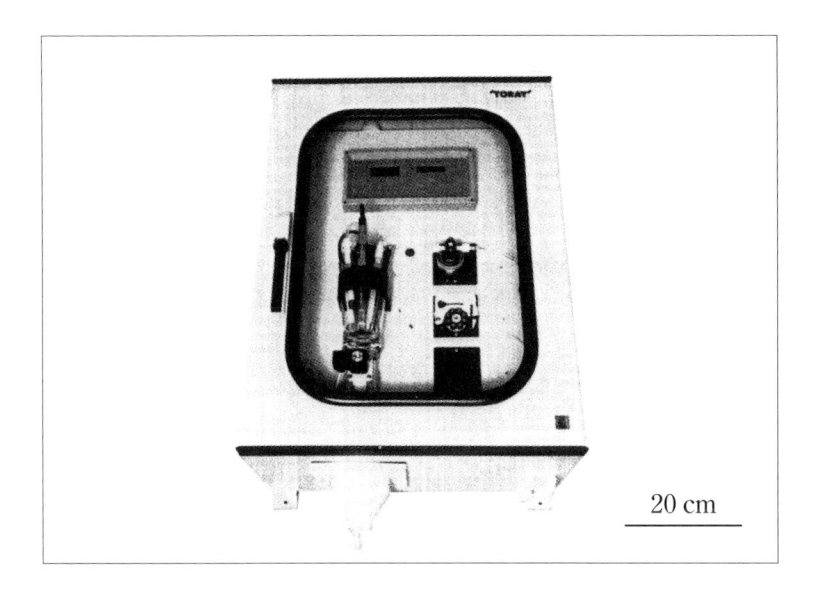

単項目	○
多項目	

採水式	A	
	B	○
	C	

| 潜漬式 | |

A：連続自動採水
B：間欠自動採水
C：その他

特 徴
1. 長期に亘って安定な測定が可能（イオン電極方式でシンプルな構成）。
2. 設置が容易（フィルタ等の前処理不要）、オフライン測定も可能。
3. 信頼性の高い測定が可能（自動洗浄と自動校正、自己診断機能装備）。
4. 豊富なオプション（流路切換機能、自動希釈、恒温機能、オフライン測定、通信機能他）。

使用上の留意点
1. 装置は屋内設置であるが、ブイ上または筏上への設置は可能である。
   設置施設として次の設備が必要となる。
      局舎・上水道・電気・コンプレッサ・採水設備
2. 校正は必要であり、2週間毎の周期で行う。校正に約10分必要である。
   自動校正有（オプション）
3. 試薬は必要である。試薬の廃液回収は不要である。
4. 測定時の妨害物質は水素イオン、アルミニウムイオンである。前処理方法は、
   ・水素イオン：水酸化ナトリウムを自動添加し pH 9～10.5 にする
   ・アルミニウムイオン：pH調整試薬にEDTAを入れマスキングする
   以上の化学処理を行う。
5. 保守点検は、1週間毎に行う。保守点検作業は約1時間必要である。
6. 交換部品および消耗品は必要である（別表参照）。

仕　様

項　目		仕　様
(1) 測定方式		イオン電極法
(2) 測定原理		自動的に洗浄したのち、一定量の測定試料水を計量する。pH調整試薬（水酸化ナトリウム溶液）を添加し、pH調整する。シアンイオン電極でイオン電流を測定演算処理してシアンイオン（CN⁻）濃度値として表示、出力する。
(3) サンプル	流路数	1
	温　度	5～50℃
	圧　力	0.05～0.6 MPa（0.5～6 kgf/cm²）
	流　量	40～300 L/hr
	注入量	200～1 000 mL
(4) 測定範囲		0～1から0～100 N/L（任意可変）
(5) 精度		±2～4 %（測定成分により異なる）
(6) 繰り返し性		±2～4 %（測定成分により異なる）
(7) 測定周期		8分以上
(8) 表示方式		液晶4桁、ディジタル表示、バックライト付 伝送出力：0～20、または4～20 mA×2 接点出力：上下限：2点　警報：1点
(9) 温度補償		有（0～50℃）　液温10℃以下の時には恒温機能要付加
(10) 応答速度		測定周期5分～999分任意可変
(11) ①検水条件		0.2～0.6 MPa　40～300 L/hr
②電源条件		AC 95～120 V　消費電力 約100 VA
(12) ユーティリティ	電源	AC 100 V　100 VA
	計装圧空	4～7 kgf/cm²
	試薬	アプリケーション例を参照
	洗浄液	0.1N　塩酸または硫酸または硝酸
	リンス液	純水または水道水
(13) 外観・構造		W 600×D 300×H 800 mm　約30 kg
(14) 価格（標準品）		4,000,000 円
(15) 納入実績		最近5ヶ年（H 7～11）納入実績　河川・ダム・湖沼・その他

交換部品・消耗品　※1日24回測定対象

	名　称	規　格	交換期間(年・月)毎	年間交換部品・消耗品費		
				単　価	数　量	金　額
交換部品	ポンプチューブ	359090、70015	4ヶ月	4,000 円	3本	12,000 円
消耗品	測定電極電解液	125＝000＝103	4ヶ月		100 mL	8,000 円
	水酸化ナトリウム、塩酸	特級	4ヶ月	30,000 円		30,000 円

　　　　　　　　　　　　　　　　　　　　年間交換部品・消耗品費合計　50,000 円

問合せ先

東レエンジニアリング株式会社

〒103-0021　東京都中央区日本橋本石町3-3-16
　TEL　03-3241-8461
　FAX　03-3241-1702
　URL　http://www.toray_eng.co.jp

全窒素自動分析装置（型式 TN-520）

総窒素（TN）

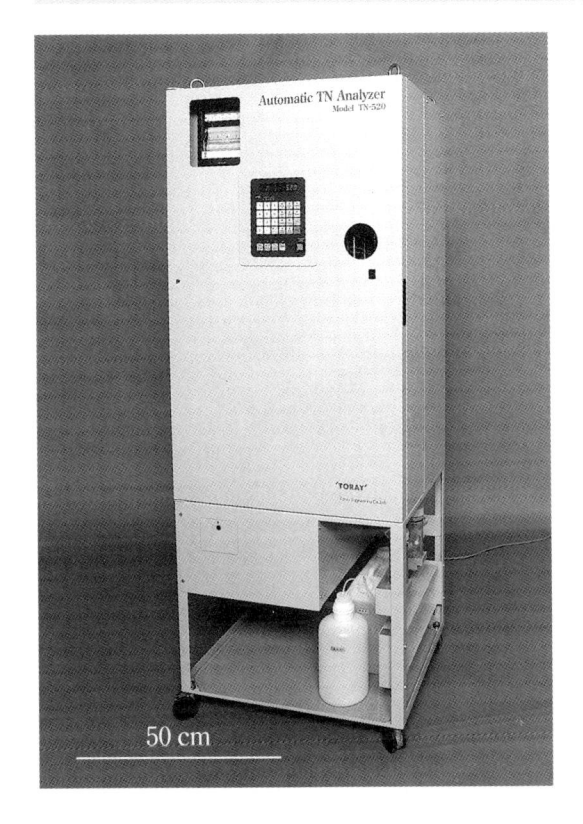

単項目	○	
多項目		
採水式	A	○
	B	
	C	
潜漬式		

A：連続自動採水
B：間欠自動採水
C：その他

特 徴

1. 測定方法はJIS法に準拠。
2. 試薬は不要、計測周期5分と高速応答。
3. 低温密封燃焼と自動洗浄機能により海水試料も長期に亘って安定な測定が可能。
4. 流路切換機能（オプション）により最大6流路まで測定可能。
5. オフライン測定機能を標準装備。

使用上の留意点

1. 装置は屋内設置であるが、ブイ上または筏上への設置は可能である。
   設置施設として次の設備が必要となる。
      局舎・電気・コンプレッサ・採水設備
2. 校正は必要であり、1ヶ月毎の周期で行う。校正に約40分必要である。
3. 試薬は不要である。
4. 測定時妨害物質は過大な浮遊物質である。前処理方法は、弊社製自動洗浄型フィルタ（ACF-601、147 μm）を設置するろ過処理を行う。
5. 保守点検は、2週間毎に行う。保守点検作業は約2時間必要である。
6. 交換部品および消耗品は必要である（別表参照）。

仕　様

項　目	仕　様
(1) 測定方式	密封燃焼―化学発光分析法（自動間欠式）
(2) 測定原理	少量の試料水を計量部で計量したのち、触媒を備えた反応管に注入し密封燃焼酸化で窒素酸化物を一酸化窒素に変換する。これをオゾンと反応させ、準安定状態の二酸化窒素にする。この準安定状態の二酸化窒素が安定な二酸化窒素になる際に発生する化学発光（ケミルミネッセンス法）を受光して電気信号として出力する。あらかじめ濃度既知の標準物質で校正をしておけば、試料水中の窒素濃度が求められる。
(3) 測定対象	水中のTN
(4) 測定範囲	0～20/200／0～2/20 mgN/L
(5) 希釈倍率	2～20倍（オプション）
(6) 流路切換	2～6流路（オプション）
(7) 計測周期	5分～99分59秒
(8) 精度	（硫酸アンモニウム水溶液による） 再現性：フルスケール±3％以内 直線性：フルスケール±3％以内 ゼロ安定性：フルスケール±3％/日以内 スパン安定性：±フルスケール3％/日以内 周囲温度変化：±フルスケール3％/5℃以内 希釈精度：±2％以内
(9) 応答速度	測定周期5分～
(10) 校正方式	スパン校正　手動または自動校正（オプション） ゼロ校正　手動
(11) 換算機能	TN→TRANS値に換算（$TRANS = a + bX$）
(12) 洗浄方式	注入管、燃焼部自動洗浄、試料・洗浄液交互注入（洗浄液内蔵）
(13) レンジ設定	手動切換、オートレンジ
(14) ①検水条件	0.02～0.1 MPa　500 mL/min 以上
②電源条件	AC 100 V±10 V　50／60 Hz±1 Hz　消費電力 約650 VA
(15) 外観・構造	自立キュービクルパネル W 602×D 500×H 1570 mm　約120 kg 採水・洗浄制御部：自動洗浄型フィルタ：ACF－601
(16) 表示・記録方式	ディジタル表示（mg/L表示）、記録紙 計測値出力：外部出力　DC4～20 mA、RS 232 C（オプション） 　　　　　　レンジ識別信号無電圧接点　AC 125 V、1A 異常警報内容：発光ダイオード表示、異常時閉接点出力（AC 125 V、1 A） 項目：ヒーター温度コントロール、測定値上下限 　　　保守中出力、電源断出力：接点容量　AC 125 V、1A
(17) 電源条件	AC 100 V±10 V　50／60 Hz　消費電力 約450 VA
(18) 試料条件	オンライン測定　0.02～0.1 MPa　500 mL/min 以上 オフライン測定　常圧 200～500 mL/3回
(19) 設置場所	屋内　周囲温度：3～40℃　周囲湿度：相対湿度 45～85％
(20) その他	洗浄液：蒸留水 キャリアガス：精製空気　圧力 0.3 MPa　消費量　43 Nm³/月
(21) 価格（標準品）	TN－520：3,800,000円　ACF－601：240,000円
(22) 納入実績	最近5ヶ年（H 7～11）納入実績　河川・ダム・湖沼・その他

交換部品・消耗品　※1日24回測定対象

	名　称	規　格	交換期間 (年・月)毎	年間交換部品・消耗品費		
				単　価	数　量	金　額
交換部品	燃焼管	（石英管加工品） CM306－011	1年	9,000円	1本	9,000円
	Oリング	（P-16シリコン） CM304－031 2個/set	1年	200円	1 set	200円

	名　称	規　格	交換期間 (年・月)毎	年間交換部品・消耗品費		
				単　価	数　量	金　額
交換部品	Oリング	（特殊）CM304-04 12ヶ/set	1年	240円	1 set	240円
	試料注入管	（φ4/φ2テフロン管 加工品） CM606-202S	1年	2,400円	1 set	2,400円
	配管類	装置関連配管一式	1年	10,000円	1 set	10,000円
消耗品	触媒床	（加工品） CM306-131	1年	6,000円	1 set	6,000円
	ハニカム触媒	（加工品）	1年	10,000円	1個	10,000円
	ガス精製触媒	（ビュラカーボ300g入）	1年	17,000円	1	17,000円
	ガス精製触媒	（ビュラフィル300g入）	1年	13,000円	1	13,000円
	活性炭	500g	1年	2,000円	1	2,000円
	オゾンスクラバ触媒	カロライト　300g入	1年	21,000円	1	21,000円
	記録紙	BBIA-010（N） 2冊/箱	2ヶ月	2,500円	3箱	7,500円
	ペン先	SA-100P-01用	4ヶ月	1,000円	3個	3,000円

※ その他硫酸アンモニウム水溶液が校正標準液として必要。　　　年間交換部品・消耗品費合計　101,340円

問合せ先

東レエンジニアリング株式会社

〒103-0021　東京都中央区日本橋本石町3-3-16
　TEL　03-3241-8461
　FAX　03-3241-1702
　URL　http://www.toray-eng.co.jp

自動アンモニウムイオン測定装置（型式 AMNA-101）
アンモニウムイオン

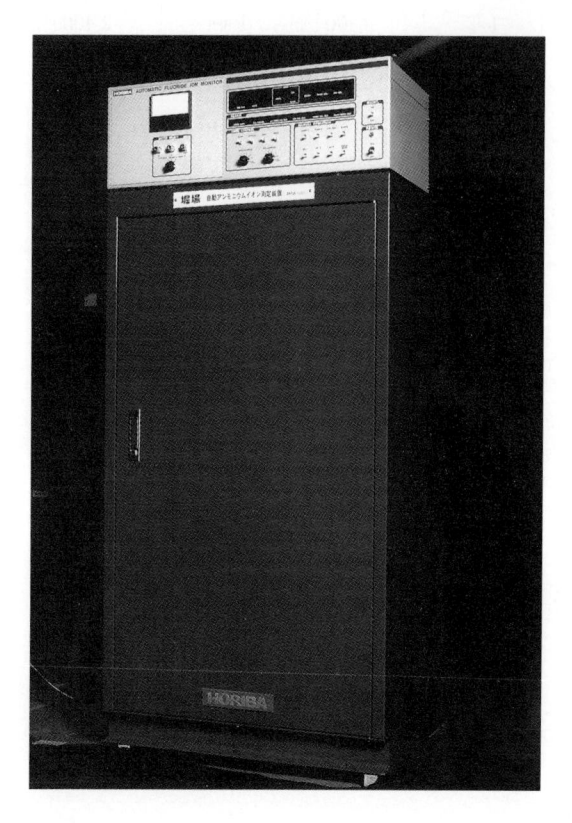

単項目	○
多項目	

採水式	A	○
	B	
	C	

| 潜漬式 | |

A：連続自動採水
B：間欠自動採水
C：その他

特 徴
1. 測定方式は、JISに採用されたイオン電極法を採用。また自動温度補償機能を内蔵し、高精度で測定する。
2. 低濃度から高濃度まで広範囲な測定が可能である。
3. 自動校正機能や自動洗浄機構を装備し、連続監視に最適。
4. 保守管理を容易にしたシンプルな機構である。
5. 海水や金属イオンを多く含む試料水測定に対応したAMNA-102型もある。

使用上の留意点
1. 装置は屋内設置であり、ブイ上または筏上への設置は不可である。
   設置施設として次の設備が必要となる。
   　局舎・電気・採水設備・排水設備
2. 校正は必要であり、1日毎の周期で行う。校正に約1時間必要である。
3. 試薬は必要である。試薬の廃液回収は必要であり、別途回収である。廃液は、中和処理槽等でpH 6～8に中和して廃棄する。
4. 測定時の妨害物質はない。
5. 保守点検は、1日毎に行う。保守点検作業は約30分必要である。
6. 交換部品および消耗品は必要である（別表参照）。

仕　様

項　目	仕　様
(1) 測定方法	隔膜式アンモニウムイオン電極法
(2) 測定原理	アンモニウム電極は、pH測定用ガラス電極を高分子膜で覆い、pH応答性ガラス膜と高分子膜の間に、一定量の内部液を挿入したものである。アンモニウムイオンを含む試料水をpH12以上のアルカリ性にすると、試料水中のアンモニウムイオンは、ほぼ100％のアンモニウムガスとなり、高分子膜を透過する。内部電極は透過したアンモニウムの濃度を起電力として示す。このアンモニウム濃度を内部電極で測定することにより試料中のアンモニウムイオン濃度を求める。
(3) 測定範囲	0.01～1.0／0.1～10／1～100／10～1 000／0.5～50／5～500 mg/L 任意選択
(4) 温度補償	あり
(5) 再現性	フルスケール±3％（標準液で一定温度にて）
(6) 応答速度	約5分（T90）
(7) ①検水条件	水温：0～40℃　流量：0.5～3 L/min　SS：30 mg/L以下
②電源条件	AC 100 V±10 V　50／60 Hz
(8) 外観・構造	計測部、指示部を架台まとめ W 700×D 500×H 1 500 mm　約150 kg 採水洗浄制御部 サンプリング装置　W 290×D 400×H 500 mm 詳細は別途相談。
(9) 外部出力信号 （テレメータ）	アナログ出力（測定値信号）DC 4～20 mA　DC 0～16 mV 接点出力（警報など信号）
(10) 価格（標準品）	3,100,000円～
(11) 納入実績	最近5ヶ年（H 7～11）の納入実績　河川・ダム・湖沼・⦅その他⦆ 販売台数　約10台

交換部品・消耗品　※1日24回測定対象

	名　称	規　格	交換期間 (年・月)毎	年間交換部品・消耗品費 単価	数　量	金　額
交換部品	アンモニア電極	#5002-10C	1年	非公開	1個	非公開
	温度電極	#4143	1年	非公開	1個	非公開
	ヒューズ類		1年	非公開	1式	非公開
	継手類			非公開	1式	非公開
	配管類		1年	非公開	1式	非公開
	ダイヤフラム類		1年	非公開	1式	非公開
消耗品	NH$_4$Cl試薬	500 g 入り （校正用）	1年	非公開	3個	非公開
	KOH試薬	500 g 入り	1年	非公開	55個	非公開

※ 価格は非公開。

問合せ先

株式会社堀場製作所

〒601-8510　京都府京都市南区吉祥院宮の東町2番地
TEL　075-313-8121
FAX　075-321-5725
URL　http://www.horiba.co.jp

自動全窒素測定装置（型式 TONA-800）
総窒素（TN）

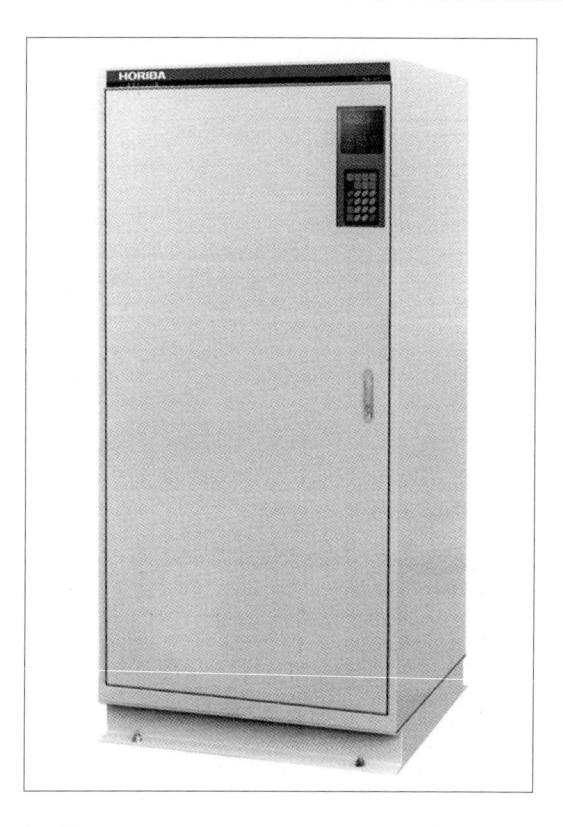

単項目	○
多項目	

採水式	A	○
	B	
	C	

潜漬式	

A：連続自動採水
B：間欠自動採水
C：その他

50 cm

特徴
1. 化学発光法の採用により校正液以外は試薬を必要としない。
2. 化学発光法の採用により1測定約8分の高速測定が実現する。
3. ゼロ点補正機能や自動校正機能等連続監視に最適である。

使用上の留意点
1. 装置は屋内設置であり、ブイ上または筏上への設置は不可である。
   設置施設として次の設備が必要となる。
     局舎・上水道・電気・コンプレッサ・採水設備・排水設備
2. 校正は必要であり、1ヶ月毎の周期で行う。校正に約40分必要である。
3. 試薬は不要である。
4. 測定時の妨害物質は全有機態炭素（TOC）である。試料水中のTOCだけを除去する装置は販売していない。
5. 保守点検は、1日毎に行う。保守点検作業は約30分必要である。
6. 交換部品および消耗品は必要である（別表参照）。

仕　様

項　目	仕　様
(1) 測定方法	接触熱分解・化学発光法
(2) 測定原理	試料水を反応管に注入する。反応管の中には、触媒が入っており、これが試料水と接することにより、試料水中の窒素は、無機態、有機態とも NO（気体）に酸化熱分解される。この生成ガスを冷却、除湿後分析部で O_3 と反応させることにより、590～2 500 nm 波長の発光が起こる。これを化学発光といい、この光強度を検出することで、全窒素濃度を求める。　〔$NO + O_3 \rightarrow NO_2 + O_2 + hv$〕
(3) 測定範囲	0～20 から 0～1 000 mg/L ＊測定レンジは、範囲内から選択
(4) 電極精度	繰返し性：フルスケール±3％（0～200 mg/L レンジの場合） 　　　　　フルスケール±5％（上記以上のレンジの場合）
(5) 測定時間	約 8 分
(6) ①検水条件	水温：2～40 ℃　流量：1～5 L/min
②電源条件	AC 100 V ± 10 V
(7) 外観・構造	架台に計測部、指示部まとめ W 800 × D 650 × H 1 650 mm　約 150 kg 採水洗浄制御部（別途相談）
(8) 外部出力信号 （テレメータ）	アナログ出力（測定値）DC 4～20 mA　DC 0～1 V 接点出力（警報など）
(9) 価格（標準品）	5,400,000 円～
(10) 納入実績	H 12 より販売　実績なし

交換部品・消耗品　※ 1 日 24 回測定対象

	名　称	規　格	交換期間 (年・月)毎	年間交換部品・消耗品費 単価	年間交換部品・消耗品費 数量	年間交換部品・消耗品費 金額
交換部品	燃焼管類		1 年	非公開	1 式	非公開
	配管類		1 年	非公開	1 式	非公開
	ヒューズ類		1 年	非公開	1 式	非公開
	ダイヤフラム類		1 年	非公開	1 式	非公開
	フィルタ		1 年	非公開	1 式	非公開
	サンプルチェンジャー		1 年	非公開	1 式	非公開
消耗品	校正用試薬	硝酸カリウム（500 g）		非公開		非公開
	活性炭		1 年	非公開		非公開
	触媒類	オゾン分解用	1 年	非公開	1 式	非公開

※ 価格は非公開。

問合せ先

株式会社堀場製作所

〒601-8510　京都府京都市南区吉祥院宮の東町 2 番地
　TEL　075-313-8121
　FAX　075-321-5725
　URL　http://www.horiba.co.jp

明電アンモニア計（型式 MEIAQUAS MAN-1000）
アンモニウム態窒素

単項目	○
多項目	

採水式	A	○
	B	
	C	

潜漬式	

A：連続自動採水
B：間欠自動採水
C：その他

50 cm

特徴
1. 高感度・短時間測定が可能である。最短測定周期5分、有効測定範囲 0.02 ～ 2 mg/L。
2. 試料水と試薬との反応により生成したガスを測定するため、検出器が直接試料水の影響を受けることがなく、汚れの影響が少ない検出法である。
3. 試料水を連続通水し、試薬は測定タイミングに合わせて、ごく少量をパルス的に注入するため、試薬の無駄がなく消費量も少量ですむ。

使用上の留意点
1. 装置は屋内設置であり、ブイ上または筏上への設置は不可である。
   設置施設として次の設備が必要となる。
   　局舎・電気・採水設備・排水設備
2. 校正は必要であり、1ヶ月の周期で行う。校正に約1時間必要である。
3. 試薬は必要である。試薬の廃液回収は別途回収し、pH調整により排水できる。
4. 測定時の妨害物質は濁質である。前処理方法は、砂濾過または濁質分除去可能なフィルタ使用による濾過処理を行う。
5. 保守点検は、1ヶ月毎に行う。保守点検作業は、約4時間必要である。
6. 交換部品および消耗品は必要である（別表参照）。

仕　様

項　目	仕　様
(1) 測定方法	フローインジェクション（FIA）化学発光法（分析試料の前処理で人手と時間を要する操作過程を細管内の流れを利用して自動化しオンライン分析計とする）
(2) 測定原理	水中のアンモニウムと試薬（次亜塩素酸ナトリウム）が反応するとクロラミンを生成する。クロラミンは気液分離管内で気相中に拡散しガスとなり、化学発光部へ移動する。FIA部から送られたガスは、加熱酸化炉内で酸化分解され一酸化窒素に変化する。一酸化窒素は化学発光部でオゾンガスと反応する際、光を生じる。この発光強度を信号として出力する。
(3) 測定範囲	0～2 mg/L
(4) 温度補償	0～40℃
(5) 電極精度	直線性フルスケール±5％以内
(6) 応答速度	5分以内
(7) ①検水条件	流量：0.1～1 L/分　水温：0～40℃（凍結しないこと）
②電源条件	AC 100 V　50／60 Hz　単相　消費電力 600 VA以下
(8) 外観・構造	SS製　W 600×D 700×H 1 700 mm　約200 kg
(9) 表示・記録方式	・ディジタル表示 ・外部出力信号：測定信号4～20 mA（1点）、警報接点（1点）
(10) 価格（標準品）	12,000,000円（販売価格）
(11) 納入実績	最近5ヶ年（H 7～11）の納入実績　河川・ダム・湖沼・その他 販売台数　無（ただしH 12年　1台）

交換部品・消耗品　※1日288回測定対象

	名　称	規　格	交換期間 (年・月)毎	年間交換部品・消耗品費		
				単　価	数　量	金　額
交換部品	チューブ類		6ヶ月	32,000円	2式	64,000円
	ポンプ部品		1年	57,000円	1式	57,000円
	円形ガラス板	化学発光検出部用	1年	8,000円	1個	8,000円
	配管部品		1年	224,000円	1式	224,000円
消耗品	試薬類		1年	12,000円	1式	12,000円
	乾燥剤		3ヶ月	11,000円	4回	44,000円
	オゾン分解剤	セカード	3ヶ月	9,000円	4回	36,000円

年間交換部品・消耗品費合計　445,000円

問合せ先

株式会社明電舎

〒103-0015　東京都中央区日本橋箱崎町36-2 リバーサイドビル
TEL　03-5641-7000
FAX　03-5641-7001

アンモニア性窒素自動測定装置（型式 AN1000）

アンモニウム態窒素

単項目	○
多項目	

採水式	A	○
	B	
	C	

潜漬式	

A：連続自動採水
B：間欠自動採水
C：その他

50 cm

特徴

1. イオンクロマトグラフにより分析を行うため、15分の短時間分析、高感度高精度測定を実現している。
2. ろ過工程を含めたサンプルラインに自動洗浄機構を組み込み、メンテナンスし易く、安定した長期運転が可能である。
3. コンパクト設計とタッチパネル式の液晶操作表示器により操作が簡単である。

使用上の留意点

1. 装置は屋内設置であり、ブイ上または筏上への設置は不可である。
   設置施設として次の設備が必要となる。
   　　局舎・上水道・電気・採水設備・排水設備
2. 校正は必要であり、半月毎の周期で行う。校正に約2時間必要である。
3. 試薬は必要である。試薬の廃液回収は不要である。
4. 測定時の妨害物質はカリウムである。前処理方法はない。
5. 保守点検は、2週間毎に行う。保守点検作業は約1時間必要である。
6. 交換部品および消耗品は必要である（別表参照）。

仕　様

項　目	仕　様
(1) 測定項目	アンモニウム態窒素
(2) 測定方法	イオンクロマトグラフ法
(3) 測定原理	イオンクロマトグラフによりNH_4^+を分離させる
(4) 測定範囲	0～1／0～2／0～3／0～4／0～5 mg/Lの任意のレンジを選択可能
(5) 繰り返し精度*1	CV値*2 3％以内
(6) 測定周期	15分
(7) 測定点	1点
(8) 応答速度	15分
(9) ①検水条件	0～45℃　0.02～0.5 MPa　5～10 L/min
②電源条件	AC100±10 V　50／60 Hz　0.7 kVA
(10) 外観・構造	自立型（床アンカー固定）屋内設置用
(11) 外観・構造	W 900×D 600×H 1 800 mm チャンネルベース寸法：W 650×D 600 mm
(12) 重量	約300 kg（除く試薬類）
(13) ユーティリティ	電源：AC 100±10 V　50／60 Hz　消費電力 約1 kVA 浄水：圧力：0.1～0.5 MPa（1～5 kgf/cm²）　消費量：約100 L/日 試薬：溶離液（7 mmol/L　HNO_3）：2週間毎20 L補充 　　　洗浄液（1 mol/L　HNO_3）：2ヶ月毎10 L補充
(14) 環境条件	周囲温度：5～35℃
(15) 表示・記録方式	タッチパネル　パーソナルコンピュータ 測定値出力：DC 4～20 mA または DC 1～5 V 接点出力：保守中、装置異常 外部出力：濃度信号：DC 4～20 mA アナログ 2点：内容「保守中」「装置異常」
(16) 価格（標準品）	1,010万円～
(17) 納入実績	最近5ヶ年（H 7～11）の納入実績　30台程度

河川・ダム・湖沼・⦿その他

*1　4 mg/L（NH_4^-N mg/L）を5回測定します。
*2　標準偏差を平均値で除した値（百分率）。

交換部品・消耗品　※1日24回測定対象

	名　称	規　格	交換期間 (年・月)毎	年間交換部品・消耗品費		
				単　価	数　量	金　額
交換部品	フィルタエレメント	中空紙膜 0.1 μm	2ヶ月 (1ヶ所) 1年 (1ヶ所)	25,000円	7	175,000円
	ダイアフラム（隔膜）	試薬ポンプ用	3ヶ月	20,000円	4	80,000円
	バルブセット	試薬ポンプ用	3ヶ月	30,000円	4	120,000円
	フィルタエレメント	溶離液用、サンプル用	8個/年	3,900円	8	31,200円
	プランジャシール	溶離液用、ポンプ用	6ヶ月 (2ヶ所)	16,000円	4	64,000円
	チェックバルブ	溶離液用、ポンプ用	1年	60,000円	1	60,000円
	ロータシール	自動切換バルブ	6ヶ月 (2ヶ所)	24,000円	4	96,000円
	分離カラム	陽イオン用	1年	262,000円	1	262,000円
消耗品	サンドパック	砂ろ過器用	2個/年	1,700円	2	3,400円

年間交換部品・消耗品費合計　891,600円

問合せ先

横河電機株式会社

〒180-8750　東京都武蔵野市中町2-9-32
　　TEL　0422-52-5617
　　FAX　0422-52-0622
　　URL　http://www.yokogawa.co.jp/Welcome-J.html

全りん自動測定装置（型式 PHS-308）
総りん

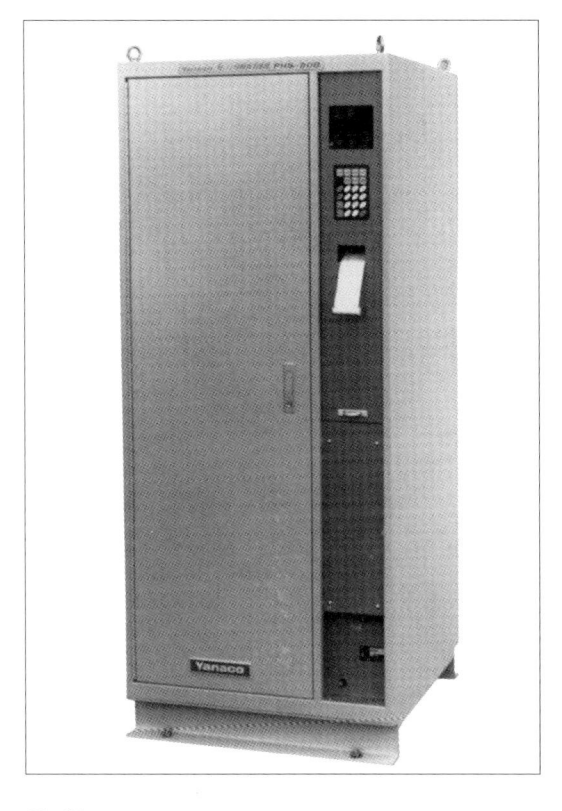

単項目	○
多項目	

採水式	A	
	B	○
	C	

潜漬式	

A：連続自動採水
B：間欠自動採水
C：その他

50 cm

特 徴
1. 公定法を自動化したもので、測定値は手分析とよく一致する。
2. 自動ゼロを取ることにより濁りの影響を受けることなく測定できる。
3. 加熱分解槽は非腐食で長寿命設計となっている。
4. 装置の設定、測定内容、測定値バーグラフ、異常箇所等の印字ができる。
5. 試料水の前処理と流路の自動洗浄が可能な設計である。

使用上の留意点
1. 装置は屋内設置であるが、ブイ上または筏上への設置は可能である。
   設置施設として次の設備が必要である。
      局舎・上水道・電気・採水設備・排水設備
2. 校正は必要であり、半月毎の周期で行う。校正に約5時間必要である。
3. 試薬は必要である。試薬の廃液回収は必要である（オプション）。装置の外にタンクを設けそこに廃液をためる。廃液は強酸性であり中和処理する。
4. 測定時の妨害物質はない。
5. 保守点検は、2週間毎に行う。保守点検作業は約6時間必要である。
6. 交換部品および消耗品は必要である（別表参照）。
7. 水道水中にりんが含まれる場合は、ゼロ液精製器（オプション）を使用する。

仕　様

項　目	仕　様
(1) 測定方式	ペルオキソ二硫酸カリウム分解―モリブデン青（アスコルビン酸還元）吸光光度法
(2) 測定原理	試料水（50 mL）（PHS-308型） 　↓←（希釈水） 　↓←ペルオキソ二硫酸カリウム溶液（$K_2S_2O_8$）20 mL 加熱分解　120℃　30分間加熱 　↓ 冷却再計算 　↓ 試料吸光度測定 　↓←モリブデン―アンチモン溶液（Mo + Sb）1 mL 　↓←L-アスコルビン酸溶液（Asc）1 mL 呈色待機 　↓ 吸光度測定 　↓ 演算濃度印字　試料吸光度差引演算 　↓ 洗　浄
(3) 測定範囲	0～0.01 から 0～1 mg/L 任意設定 試料の希釈法により 0～2 から 10 mg/L の測定可能
(4) 測定再現性	フルスケール±2％（0～1 mg/L）その他の場合はフルスケール±3％
(5) 制御方式	マイクロコンピュータ制御、全自動
(6) 測定周期	1H、2H、3H、任意選択
(7) 表示・記録方式	ディジタル表示：工程数／工程残り時間／濃度／レンジ／測定値異常設定値／前回測定時の吸光度／時刻 発光ダイオード表示：制御モード／動作モード／警報／ディジタル表示の選択用 印字内容：測定値、測定値バーグラフ、設定値、校正値、日報、電源断、各種／異常箇所個別マーク印字等 測定値電流出力：DC 0～1 V（非絶縁）DC 4～20 mA（絶縁）・（オプション） 　　測定値（電圧、電流）出力はバー／ホールド表示選択式*1 外部接点出力：無電圧a接点出力*2 　　測定値異常／光源断／試料水断／洗浄水断／試薬断／計器異常／電源断／保守中 外部スタート：無電圧a接点入力（2秒以上）
(8) 試料水、試薬計量	負圧吸引計量方式
(9) 加熱酸化方式	特殊耐酸耐圧容器によるヒータ加熱（120℃）
(10) 反応セル	直接透過方式
(11) 吸光光度計	二光路式による自動ドリフト補正式（ゼロ点の測定が不安定な時電気的に安定化させ直線となるよう自動的に補正する）
(12) 校正方式　ゼロ	測定毎発色前試料を吸光度測定した後差引演算補正（校正）式
(12) 校正方式　スパン	標準液を検量線作成工程で測定し、校正の印字値をキー入力する
(13) 連続測定	測定周期を1時間として試薬補充なしで14日間連続測定可能
(14) 電源条件	AC 100 V±10 V　50／60 Hz±1 Hz（漏電ブレーカ内蔵）
(15) 消費電力	約 700 VA（最大負荷時）
(16) 外観・構造	W 700×D 650×H 1 650 mm（屋内設置型チャンネルベース式）
(17) 重量	約 120 kg
(18) 価格（標準品）	4,500,000 円
(19) 納入実績	最近5ヶ年（H 7～11）納入実績　㋹・ダム・㋭・㋐　販売台数　40台

*1　バー／ホールド表示：バーとは、測定器が指示値を測定した後ある時間だけその値を一定に保つ。ホールドとは、測定値が次の指示値を測定するまで前回の測定値を保つ。

*2　無電圧a接点出力：常時接点が開で、異常時接点が閉となる。

交換部品・消耗品　※1日24回測定対象

	名　称	規　格	交換期間(年・月)毎	年間交換部品・消耗品費 単　価	数　量	金　額
交換部品	タイゴンチューブ	内径3/16×外径5/16×肉厚1/16　1 m	2/年	1,450 円	2	2,900 円
	テフロンチューブ	内径2×外径4 mm　1 m	5/年	800 円	5	4,000 円
	テフロンチューブ	内径4×外径6 mm　1 m	2/年	1,100 円	2	2,200 円
	ダイヤフラム*3	GA-380V用	1年	4,000 円	1	4,000 円
	シート弁	GA-380V用	1年	3,500 円	1	3,500 円
	ダイヤフラム*3	SV3CA-53T-FT 1/4用	3/年	15,000 円	3	45,000 円
	Oリング	G55　バイトン　テフロンコーティング	1年	1,500 円	1	1,500 円
	シリコンチューブE種	内径5×外径7 mm　1 m	6ヶ月	1,200 円	2	2,400 円
	スリーブ*4	P.P.　外径4 mm用　20個入	1年	1,350 円	1	1,350 円
	スリーブ*4	P.P.　外径6 mm用　20個入	1年	1,500 円	1	1,500 円
	ピンチバルブ	PK-0802-NO-YA DC 24 V	1年	6,600 円	1	6,600 円
	計量管A(大) 50〜100	硬質ガラス	3年	7,700 円	1/3	2,600 円
	電磁弁	SVC-201-S DC 24 V　PT 1/8	1年	9,000 円	1	9,000 円
消耗品	L-アスコルビン酸	特級　500 g		8,000 円	1	8,000 円
	タルトラトアンチモン（Ⅲ）酸カリウム	特級　25 g		2,400 円	1	2,400 円
	ペルオキソ二硫酸カリウム	特級　500 g		2,800 円	15	42,000 円
	モリブデン酸アンモニウム	特級　500 g		10,000 円	2	20,000 円
	硫酸	特級　500 mL		1,000 円	14	14,000 円
	記録紙	AY-10（10巻入）		12,000 円	1	12,000 円

年間交換部品・消耗品費合計　184,950 円

*3　ダイヤフラム：エアーポンプの種類でダイヤフラム式ポンプがありそれに使用するダイヤフラムを指す。
*4　スリーブ：配管をジョイントに接合する時に配管を固定する配管固定補助具。

問合せ先

株式会社アナテック・ヤナコ

〒611-0041　京都府宇治市槙島町十一 96-3
　TEL　0774-24-3171
　FAX　0774-24-3173
　URL　http://www.yanaco.co.jp/

りん酸自動測定装置（型式 PHS-408）

りん酸

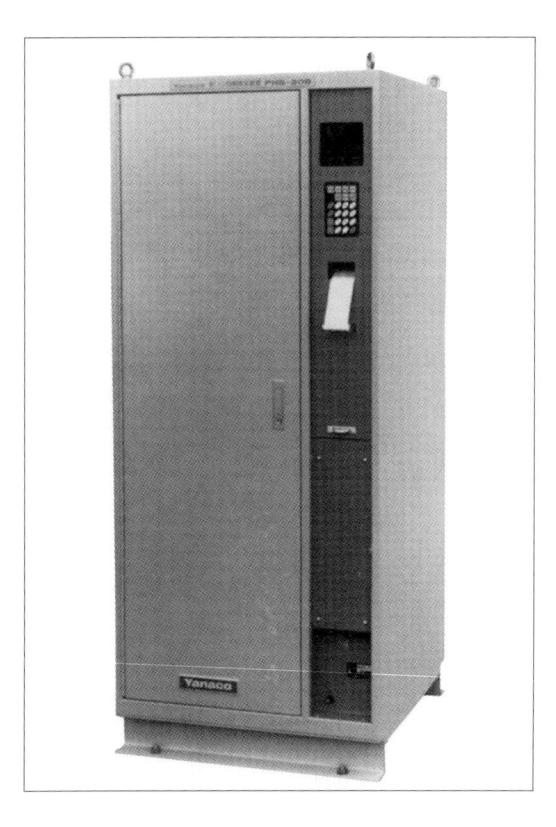

単項目	○
多項目	
採水式 A	
採水式 B	○
採水式 C	
潜漬式	

A：連続自動採水
B：間欠自動採水
C：その他

50 cm

特 徴

1. JIS法のモリブデン青吸光光度法を自動化したもので信頼性の高値が得られる。
2. 自動ゼロを取ることにより濁り色の影響を受けることなく測定できる。
3. 装置の設定、測定内容、測定値バーグラフ、異常箇所等の印字ができる。
4. 試料水の前処理と流路の自動洗浄が可能な設計となっている。

使用上の留意点

1. 装置は屋内設置であるが、ブイ上または筏上への設置は可能である。
   設置施設として次の設備が必要となる。
   　　局舎・上水道・電気・採水設備・排水設備
2. 校正は必要であり、半月毎の周期で行う。校正に約2時間半必要である。
3. 試薬は必要である。試薬の廃液回収は必要であり、別途回収である（オプション）。装置の外にタンクを設けそこに廃液をためる。廃液は強酸性であり中和処理する。
4. 測定時の妨害物質はない。
5. 保守点検は、2週間毎に行う。保守点検作業は約4時間必要である。
6. 交換部品および消耗品は必要である（別表参照）。
7. 水道水中にりんが含まれる場合は、ゼロ液精製器（オプション）を使用する。

仕 様

項 目		仕 様
(1) 測定方法		モリブデン青（アスコルビン酸還元）吸光光度法
(2) 測定原理		試料水（50 mL）（PHS-408型） ↓ 試料吸光度測定 ← モリブデン―アンチモン溶液（Mo＋Sb） 1 mL 　　　　　　　← L-アスコルビン酸溶液（Asc） 1 mL ↓ 呈色待機 ↓ 吸光度測定 ↓ 演算濃度印字　試料吸光度差引演算 ↓ 洗　浄
(3) 測定範囲		0～0.3から0～3 mg/L 任意設定 試料の希釈法により0～6から30 mg/Lの測定可能
(4) 測定再現性		フルスケール±2％（0～3 mg/L）その他の場合はフルスケール±3％
(5) 制御方式		マイクロコンピュータ制御、全自動
(6) 測定周期		0.5 H、1 H、2 H 任意選択
(7) 表示・記録方式		ディジタル表示：工程数／工程残り時間／濃度／レンジ／測定値異常設定値／前回測定時の吸光度／時刻 発光ダイオード表示：制御モード／動作モード／警報／ディジタル表示の選択用 印字内容：測定値、測定値バーグラフ、設定値、動作条件、校正値、日報、電源断、吸光光度計、チェックポイント電圧、各種警報／異常箇所マーク印字等 測定値出力：DC 0～1 V（非絶縁）　DC 4～20 mA（オプション） 　　　　　　測定値（電圧、電流）出力はバー／ホールド表示選択式*1 警報接点出力：無電圧a接点出力*2　測定値異常／電源断／洗浄水断／計器異常／光源断／試料水断／保守中 外部スタート：無電圧a接点入力（0.5秒以上）
(8) 試料水、試薬計量		負圧吸引計量方式
(9) 反応セル		直接透過方式
(10) 校正方式	ゼロ	測定毎発色前試料を吸光度測定した後差引演算補正（校正）式
	スパン	標準液を検量線作成工程で測定し、校正の印字値をキー入力する
(11) 連続測定		測定周期を1時間として試薬補充なしで14日間連続測定可能
(12) 電源条件		AC 100 V±10 V　50／60 Hz±1 Hz（漏電ブレーカ内蔵）
(13) 消費電力		約500 VA（最大負荷時）
(14) 外観・構造		W 700×D 650×H 1 650 mm（屋内設置型チャンネルベース式）
(15) 重量		約110 kg
(16) 価格（標準品）		4,000,000 円～
(17) 納入実績		最近5ヶ年（H7～11）納入実績　河川・ダム・湖沼・その他 販売台数　6台

*1 バー／ホールド表示：バーとは、測定器が指示値を測定した後ある時間だけその値を一定に保つ。ホールドとは、測定値が次の指示値を測定するまで前回の測定値を保つ。
*2 無電圧a接点出力：常時接点が開で、異常時接点が閉となる。

交換部品・消耗品　※1日24回測定対象

	名　称	規　格	交換期間 (年・月)毎	年間交換部品・消耗品費		
				単　価	数　量	金　額
交換部品	タイゴンチューブ	内径3/16× 外径5/16× 肉厚1/16　1 m	2/年	1,450 円	2 本	2,900 円
	テフロンチューブ	内径2×外径4 mm 1 m	5/年	800 円	5 本	4,000 円
	テフロンチューブ	内径4×外径6 mm 1 m	2/年	1,100 円	2 本	2,200 円
	ダイヤフラム*3	GA-380 V用	1 年	4,000 円	1 個	4,000 円
	シート弁	GA-380 V用	1 年	3,500 円	1 個	3,500 円
	シリコンチューブ E 種	内径5×外径7 mm 1 m	6ヶ月	1,200 円	2 本	2,400 円
	スリーブ*4	P.P.　外径4 mm用 20 個入	1 年	1,350 円	1 個	1,350 円
	スリーブ*4	P.P.　外径6 mm用 20 個入	1 年	1,500 円	1 個	1,500 円
	ピンチバルブ	PK-0802-NO-YA DC 24 V	1 年	6,600 円	1 個	6,600 円
	計量管B(小) 50〜100	硬質ガラス	3 年	9,600 円	1/3 個	3,200 円
	電磁弁	SVC-201-S DC 24 V　PT 1/8	1 年	9,000 円	1 個	9,000 円
消耗品	L-アスコルビン酸	特級　500 g		8,000 円	1	8,000 円
	タルトラトアンチモン(III)酸カリウム	28 %　25 g		2,400 円	1	2,400 円
	モリブデン酸アンモニウム	特級　500 g		10,000 円	2	20,000 円
	硫酸	特級　500 mL		1,000 円	14	14,000 円
	記録紙	AY-10（10巻入）		12,000 円	1	12,000 円

年間交換部品・消耗品費合計　97,050 円

*3　ダイヤフラム：エアーポンプの種類でダイヤフラム式ポンプがありそれに使用するダイヤフラムを指す。
*4　スリーブ：配管をジョイントに接合する時に配管を固定する配管固定補助具。

問合せ先

株式会社アナテック・ヤナコ

〒611-0041　京都府宇治市槇島町十一 96-3
　　TEL　0774-24-3171
　　FAX　0774-24-3173
　　URL　http://www.yanaco.co.jp/

TP 連続測定装置（型式 SA9000C-TP（SA9000 シリーズ））

総りん（TP）

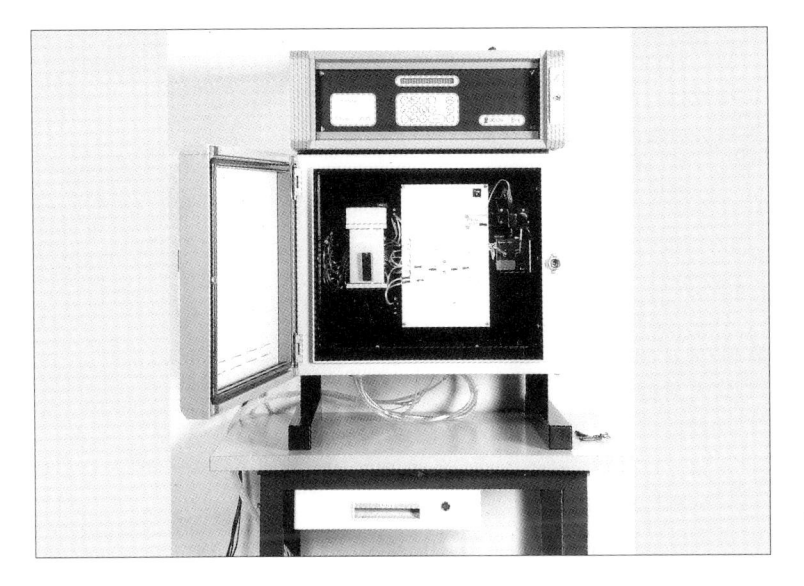

単項目		○
多項目		
採水式	A	○
	B	
	C	
潜漬式		

A：連続自動採水
B：間欠自動採水
C：その他

50 cm

特徴

1. 本装置は、河川水や排水の水質監視やデータ収集を目的とした連続装置である。
2. 設定オーバーの警報や測定異常等の自己診断機能を搭載しており、接点信号にて出力可能である。
3. 洗浄、校正、サンプリングのスケジュールをキー入力により自由にプログラミング可能。これにより、多地点のサンプルを一台の装置で測定可能となる。
4. 化学モジュールは、細管を使用した FIA（Flow Injection Analysis）方式（分析試料の前処理で人手と時間を要する操作過程を細管内の流れを利用して自動化しオンライン分析計とする）、有機物の分解は UV（紫外線）分解方式の採用により安定した測定結果を得られる。

使用上の留意点

1. 装置は屋内設置であり、ブイ上または筏上への設置は不可である。
   設置施設として次の設備が必要となる。
      局舎・電気・採水設備・排水設備
2. 校正は必要であり、5時間の周期で行う。校正に約30分必要である（自動校正）。
3. 試薬は必要である。試薬の廃液回収は必要である。廃液は1～2週間に1度、ポリ容器の交換にて回収する（4 L/週）。
4. 測定時の妨害物質は浮遊物質である。15 μm 以上はペーパーフィルタによるろ過処理、5 μm 以上は浸透膜ろ過処理、10 μm 程度はホモジナイザ粉砕処理等を行う。
5. 保守点検は、1週間毎に行う。保守点検作業は、約2時間必要である。
6. 交換部品および消耗品は必要である（別表参照）。

仕　様

項　目		仕　様
(1)	測定方法	吸光光度法
(2)	測定原理	モリブデン青（アスコルビン酸還元）吸光光度法 希釈されたサンプルは、ペルオキソ二硫酸カリウムと混合され、UV分解槽に送られる。UV分解槽でサンプル中の有機態りん酸化合物は、紫外線の光エネルギーによりりん酸イオンに酸化分解される。次にサンプルは、タルトラトアンチモン酸カリウムを触媒としてモリブデン酸アンモニウムと95℃で反応し、モリブデン酸化合物が形成される。これをアスコルビン酸で還元し、生成したモリブデン青の吸光度を880 nmにて測定し、りん酸濃度を求める。
(3)	測定範囲	0.05〜1 ppm P
(4)	温度補償	5〜50℃
(5)	電極精度	±2%以内
(6)	応答速度	約30分以内
(7)	①検水条件	流量：約1 mL/分
	②電源条件	AC 100 V（本体）　消費電力 500 W（最大）
(8)	外観・構造	W 610 × D 490 × H 860 mm　65 kg
	①計測部	W 610 × D 490 × H 483 mm
	②指示増幅部	W 610 × D 490 × H 217 mm
(9)	表示・記録方式	表示：ディスプレイに20文字ディジタル表示 記録（オプション）：記録紙、デタロガー、テレメータ出力：アナログ出力（4〜20 mA、0〜200 mV）、ディジタル出力（RS 232 C）警報接点出力（上限、下限、範囲外、装置異常）
(10)	価格（標準品）	5,500,000円
(11)	納入実績	最近5ヶ年（H7〜11）の納入実績　河川・ダム・湖沼・その他 販売台数　無

交換部品・消耗品　※1日24回測定対象

	名　称	規　格	交換年度 (年・月)毎	年間交換部品・消耗品費		
				単　価	数　量	金　額
交換部品	ポンプチューブ	流量 0.10〜2.50 mL/min ペリポンプ用 tygon製	132本/年	375円	132本	49,500円
	サンプルチューブ	内径 0.7〜1.5 mm polythene製 15 m	10本/年	1,000円	10本	10,000円
消耗品	酸化試薬	ペルオキソ二硫酸カリウム	50 L/年		50 L	20,000円
	モリブデン酸アンモニウム溶液	モリブデン酸アンモニウム　他	50 L/年		50 L	55,000円
	アスコルビン酸溶液	アスコルビン酸　他	50 L/年		50 L	30,000円
	水酸化ナトリウム溶液	水酸化ナトリウム　他	50 L/年		50 L	12,000円
	洗浄液	エキストラン AP 14	50 L/年		50 L	35,000円
	標準液	リン酸二水素カリウム	100 L/年		100 L	15,000円
	蒸留水	標準液	100 L/年		100 L	7,000円
	チューブ接合剤	接着剤	1年	13,000円	1本	13,000円
	シリコングリース	ペリポンプ潤滑剤	1年	2,000円	1本	2,000円
	比色計ランプ	比色計用光源	6ヶ月	20,000円	2個	40,000円
	フィルタペーパー	15mm幅 150 m ロール	5巻/年	7,000円	5巻	35,000円

年間交換部品・消耗品費合計　323,500円

問合せ先

株式会社拓和

〒101-0047　東京都千代田区神田1-4-15
　　TEL　03-3291-5870
　　FAX　03-3291-5226
　　URL　http://www.takuwa.co.jp

全リン自動測定装置（型式 TP-800）
総りん（TP）

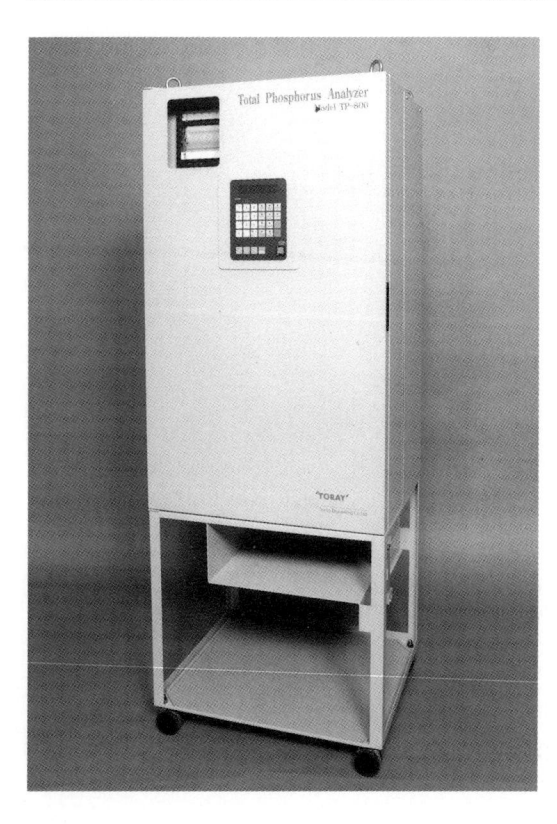

単項目	○
多項目	

採水式	A	○
	B	
	C	

潜漬式	

A：連続自動採水
B：間欠自動採水
C：その他

50 cm

特 徴
1. 海水試料にも対応可能。
2. 計測周期は15分と高速応答。
3. 流路切換機能（オプション）により、最大6流路まで測定可能。
4. オフライン測定機能を標準装備。

使用上の留意点
1. 装置は屋内設置であるが、ブイ上または筏上への設置は可能である。
   設置施設として次の設備が必要となる。
   　局舎・電気・採水設備・排水設備・純水
2. 校正は必要であり、1ヶ月毎の周期で行う。校正に約1時間必要である。
3. 試薬は必要である。試薬の廃液回収は必要である。装置後面から排出される排水をタンクで受けて回収（オプション）。
4. 測定時の妨害物質は過大な浮遊物質である。前処理方法は、弊社製自動洗浄型フィルタ（ACF-601、147 μm）を設置するろ過処理を行う。
5. 保守点検は、2週間毎に行う。保守点検作業は約2時間必要である。
6. 交換部品および消耗品は必要である（別表参照）。

仕　様

項　目	仕　様
(1) 測定方式	ペルオキソ二硫酸カリウム 150 ℃加熱分解-モリブデン青吸光光度法、FIA 方式*
(2) 測定原理	試料水に含まれるりん化合物を全てりん酸イオンに分解し、りん酸イオンの全量を定量し、TP 量を求める。まず、ペルオキソ二硫酸カリウムを添加し、更に、150 ℃の加熱により各種形態のりん化合物をりん酸イオンに分解する。分解した試料溶液に発色試薬であるモリブデン酸溶液とアスコルビン酸溶液の混合溶液を添加することにより、試料水のりん酸イオンがモリブデン酸、およびアスコルビン酸と反応し、モリブデン青を発色する。880 nm の波長を用いて吸光度測定し電気信号として出力する。あらかじめ濃度既知の標準物質で校正しておけば、試料水の TP 濃度が求められる。
(3) 測定対象	水中（含、海水中）の TP 量
(4) 測定範囲	0.05 ～ 0.2/1.0 mgP/L（希釈により 20 mg/L まで可能。オプション）
(5) 希釈倍率	2 ～ 20 倍（オプション）
(6) 流路切換	2 ～ 6 流路（オプション）
(7) 電極精度	標準液：りん酸二水素カリウム（JIS K 9007） 繰り返し性：フルスケール 3 ％以内（ただし、海水の場合は±5 ％フルスケール以内） 直線性：フルスケール±3 ％以内 ゼロ安定性：フルスケール±3 ％/日以内（ゼロ：濃度値がなくゼロを示す） スパン安定性：フルスケール±3 ％/日以内（スパン：測定濃度範囲の上限値） 周囲温度変化：フルスケール±3 ％/5 ℃以内
(8) 応答速度	測定周期 15 分～
(9) 校正方式	スパン校正、ゼロ校正　自動校正（オプション）
(10) 制御方法	マイコンにより自動制御
(11) 洗浄方式	自動洗浄（水、温水）
(12) レンジ設定	手動切換
(13) ①検水条件	0.03 ～ 0.1 MPa、0.5 ～ 1.0 L/min 以上
②電源条件	AC 100 V ± 10 V　50 ／ 60 Hz ± 1 Hz　消費電力 約 450 VA
(14) 外観・構造	自立キュービクルパネル（キャスター付） 約 W 600 × D 500 × H 1 570 mm　約 130 kg 自動洗浄型フィルタ：ACF-601
(15) 表示・記録方式	ディジタル表示、記録紙 計測値出力：外部出力　DC 4 ～ 20 mA、RS 232 C（オプション） 異常警報内容：発光ダイオード表示、異常時閉接点出力（AC 125 V、1 A） 項目：測定値上限・下限、装置異常反応器温度コントロール
(16) 試料条件	オンライン測定 流量：0.5 ～ 1 L/min　圧力：0.03 ～ 0.1 MPa オフライン測定 流量：0.5 ～ 1 L/3 回　圧力：常圧（自動吸引）
(17) 試薬・溶液	キャリア水：純水またはイオン交換水：約 10 L/日 試薬：モリブデン酸アンモニウム溶液（吐酒石を含む）5 L/月 　　　アスコルビン酸溶液 1 L/月 　　　ペルオキソ 2 硫酸カリウム溶液 35 L/月
(18) 電源条件	AC 100 V ± 10 V　50 ／ 60 Hz　約 450 VA
(19) 設置条件	屋内　周囲温度：2 ～ 40 ℃ 周囲湿度：相対湿度 65 ± 20 ％
(20) 価格（標準品）	TP-800：3,800,000 円　ACF-601：240,000 円
(21) 納入実績	最近 5 ヶ年（H 7 ～ 11）納入実績　河川・ダム・湖沼・その他

* フローインジェクション分析法（FIA 法）：分析試料の前処理で人手と時間を要する操作過程を細管内の流れを利用して自動化しオンライン分析計とする。

交換部品・消耗品　※1日24回測定対象

	名　称	規　格	交換期間 (年・月)毎	年間交換部品・消耗品費		
				単　価	数　量	金　額
交換部品	ポンプチューブ	ID 2.54 mm	6ヶ月	1,500円	2本	3,000円
	ポンプチューブ	ID 0.89 mm	6ヶ月	1,500円	2本	3,000円
	ポンプチューブ	ID 0.64 mm	6ヶ月	1,500円	2本	3,000円
	ポンプチューブ	ID 0.19 mm	6ヶ月	1,500円	2本	3,000円
	ポンプチューブ	ID 2.29 mm	6ヶ月	1,500円	2本	3,000円
消耗品	モリブデン酸アンモニウム		1ヶ月		720 g	3,000円
	吐酒石		1ヶ月		52 g	1,498円
	硫酸		1ヶ月		14.4 L	22,176円
	アスコルビン酸		1ヶ月		864 g	6,800円
	ペルオキソ二硫酸カリウム	りん・窒素分析用	1ヶ月		16.8 kg	453,600円
	記録紙	BBIA-010（N） (2冊/箱)	2ヶ月	2,500円	3箱	7,500円
	ペン先	SA100P-01用	4ヶ月	1,000円	3ヶ	3,000円

※その他りん酸二水素カリウムが校正標準液用として必要。　　年間交換部品・消耗品費合計　512,574円

問合せ先

東レエンジニアリング株式会社

〒103-0021　東京都中央区日本橋本石町3-3-16
　　TEL　03-3241-8461
　　FAX　03-3241-1702
　　URL　http://www.toray-eng.co.jp

TOC 自動測定装置（型式 TOC-708）

全有機態炭素（TOC）

単項目	○	
多項目		
採水式	A	
	B	○
	C	
潜漬式		

A：連続自動採水
B：間欠自動採水
C：その他

50 cm

特 徴

1. 低濃度から高濃度まで、いかなる試料水に対しても適応できる。
2. 測定毎に自動ゼロ点補正を行い安定した測定を行える。
3. オプションにより最大6系列の試料が自動切換で測定できる。
4. 装置の設定、測定内容、測定値バーグラフ、異常箇所等の印字ができる。
5. 試料水の前処理と流路の自動洗浄が可能な設計である。

使用上の留意点

1. 装置は屋内設置であるが、ブイ上または筏上への設置は可能である。
   設置施設として次の設備が必要となる。
   　　局舎・上水道・電気・採水設備・排水設備
2. 校正は必要であり、2週間毎の周期で行う。校正に約2時間必要である。
3. 試薬は不要である。
4. 測定時の妨害物質は濁度である。前処理方法は、試料水中の濁り成分をろ過処理する方法もあるが、有機物も取り除かれるため低値となり問題がある。
5. 保守点検は、2週間毎に行う。保守点検作業は約3時間必要である。
6. 交換部品および消耗品は必要である（別表参照）。

仕　様

項　目	仕　様
(1) 測定方式	燃焼・非分散型赤外線分析法
(2) 測定原理	試料水槽の試料は試料計量管を介してIC除去器に一定量とり、塩酸酸性にした後無機炭素を除去し、この一定量（50 μL）をオートサンプラにより、触媒を充填した高温の試料燃焼炉に滴下して、試料水中の有機物を燃焼酸化し、得た炭酸ガスを非分散型赤外線分析計により測定して演算し、試料水中のTOC値を測定する。
(3) 測定対象	水中の全有機態炭素（TOC）および全炭素（TC）
(4) 測定範囲	0〜100から0〜1 000 mg/L任意設定
(5) 測定再現性	フルスケールの±2％以内（0〜10 mg/Lの場合は±3％）
(6) 制御方式	マイクロコンピュータ制御
(7) 測定周期	〜9999秒まで任意設定
(8) 表示・記録方式	ディジタル表示：工程数／工程残り時間／濃度／レンジ／測定値異常設定値／前回測定時のオートゼロ値／ピーク値／時刻 発光ダイオード表示：制御モード／動作モード／各種警報／ディジタル表示の選択用 印字：測定値、測定値バーグラフ、設定値、校正値、日報、電源断、各種異常箇所個別マーク印字など 測定値電流出力：DC 0〜1 V　DC 4〜20 mA（オプション）測定値（電圧、電流）出力は、バー／ホールド表示選択式*1 警報接点出力：無電圧a接点出力*2 　　　　　　　測定値異常／電源断／洗浄水断／計器異常／試料水断／試薬断／保守中 外部スタート：無電圧a接点入力（2秒以上）
(9) 計量方式	負圧吸引計量方式
(10) ゼロ補正	測定毎に自動ゼロ点補正式
(11) 校正方式	標準液を検量線作成工程で測定し、校正の印字値をキー入力する。
(12) 洗浄方式	洗浄水による流路内、滴下パイプ、触媒等の洗浄式 1系列測定の洗浄周期は2、10、50、100、200回測定のうち任意選択。 （複数系列測定の場合は1系列測定毎に洗浄）
(13) 試料注入方式	サンプリングバルブによる切換注入式（50 μL間欠注入式）
(14) 前処理方式	塩酸酸性-空気パージによる無機炭素除去
(15) キャリアガス	計装空気（装置内で清浄化使用）
(16) 試料燃焼炉	設定温度条件…試料の性状により700〜800℃可変 燃焼管…………透明石英ガラス製（白金計触媒充填）
(17) 水分除去	電子クーラによる除湿式
(18) 検出器	非分散型赤外線分析計マイクロホン式二酸化炭素（CO_2）用
(19) 電源条件	AC 100 V±10 V　50／60 Hz±1 Hz（漏電ブレーカ内蔵）
(20) 消費電力	約1 kVA（最大負荷時）
(21) 外観・構造	W 800×D 650×H 1 650 mm（チャンネルベース式）
(22) 重量	約150 kg
(23) 価格（標準品）	4,500,000円〜
(24) 納入実績	最近5ヶ年（H 7〜11）納入実績　河川・ダム・湖沼・その他 販売台数　30台

＊1 バー／ホールド表示：バーとは、測定器が指示値を測定した後ある時間だけその値を一定に保つ。ホールドとは、測定値が次の指示値を測定するまで前回の測定値を保つ。
＊2 無電圧a接点出力：常時接点が開で、異常時接点が閉となる。

交換部品・消耗品　※1日24回測定対象

	名　称	規　格	交換期間 (年・月)毎	年間交換部品・消耗品費		
				単　価	数　量	金　額
交換部品	ダイヤフラム	GA-380V用	1年	4,000円	1個	4,000円
	シート弁	GA-380V用	1年	3,500円	1個	3,500円
	浄化触媒	(Ptアスベスト) 30% 1g入り	1年	10,000円	1個	10,000円
	Oリング	P3バイトン	10個/年	80円	10個	800円
	Oリング（燃焼管）	P12シリコン	10個/年	80円	10個	800円
	シリコンチューブ E種	内径5×外径7mm 1m	6ヶ月	1,200円	2本	2,400円
	計量管A（大） 50～100	硬質ガラス	3年	7,700円	1/3個	2,600円
	試料チェンジャ	ニューライト	1年	13,200円	1個	13,200円
	浄化管	石英ガラス	1年	13,700円	1本	13,700円
	石英ウール	2g入	4ヶ月	2,200円	3個	6,600円
	滴下針 （太径）	21G22カット 長さ100　内径0.5mm	4ヶ月	5,000円	3本	15,000円
	滴下パッキン	シリコンゴム	4ヶ月	300円	3個	900円
	燃焼管	石英ガラス	4ヶ月	22,000円	3個	66,000円
消耗品	塩酸	特級　500 mL		700円	12本	8,400円
	ソーダライム	細粒　500 mL		1,200円	3本	3,600円
	モレキュラシーブス 5A	1/16　ペレット状		7,000円	3本	21,000円
	記録紙	AY-10（10巻入）		12,000円	1箱	12,000円

年間交換部品・消耗品費合計　184,500円

問合せ先

株式会社アナテック・ヤナコ

〒611-0041　京都府宇治市槙島町十一96-3
　TEL　0774-24-3171
　FAX　0774-24-3173
　URL　http://www.yanaco.co.jp/

TOC 連続測定装置（型式 SA9000C-TOC（SA9000 シリーズ））
全有機態炭素（TOC）

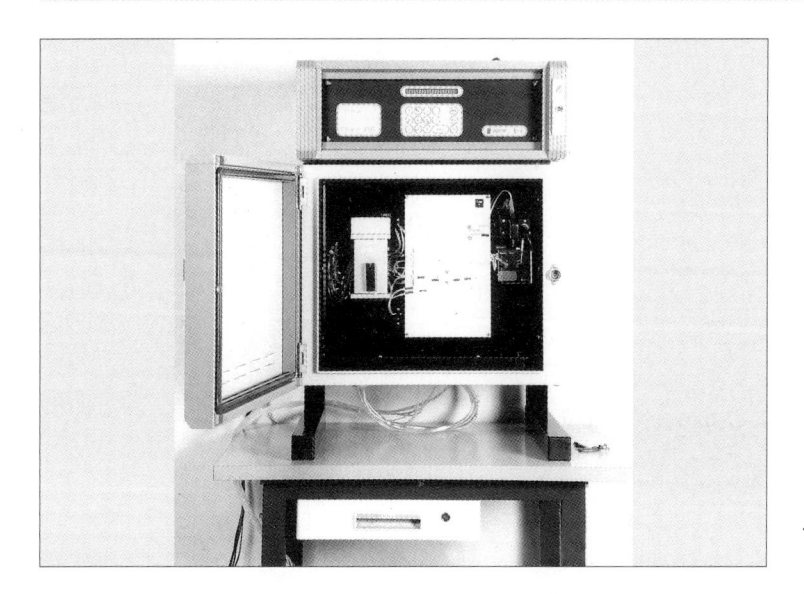

単項目	○
多項目	

採水式	A	○
	B	
	C	

潜漬式	

A：連続自動採水
B：間欠自動採水
C：その他

50 cm

特 徴
1. 本装置は、河川水や排水の水質監視やデータ収集を目的とした連続装置である。
2. 設定値オーバーの警報や測定異常等の自己診断機能を搭載しており、接点信号にて出力可能である。
3. 洗浄、校正、サンプリングのスケジュールをキー入力により自由にプログラミング可能。これにより、多地点のサンプルを1台の装置で測定可能となる。
4. 化学モジュールは、細管を使用したFIA（Flow Injection Analysis）方式（分析試料の前処理で人手と時間を要する操作過程を細管内の流れを利用して自動化しオンライン分析計とする）、有機物の分解はUV（紫外線）分解方式の採用により安定した測定結果を得られる。

使用上の留意点
1. 装置は屋内設置であり、ブイ上または筏上への設置は不可である。
   設置施設として次の設備が必要となる。
   　局舎・電気・採水設備・排水設備
2. 校正は必要であり、5時間の周期で行う。校正に約30分必要である（自動校正）。
3. 試薬は必要である。試薬の廃液回収は必要である。廃液は1～2週間に1度、ポリ容器の交換にて回収する（4 L/週）。
4. 測定時の妨害物質は浮遊物質である。15 μm以上はペーパーフィルタによるろ過処理、5 μm以上は浸透膜ろ過処理、10 μm程度はホモジナイザ粉砕処理等を行う。
5. 保守点検は、1週間毎に行う。保守点検作業は、約2時間必要である。
6. 交換部品および消耗品は必要である（別表参照）。

仕様

項目	仕様
(1) 測定方法	吸光光度法
(2) 測定原理	〈湿式UV酸化分解法〉試料水は、酸性溶液にて希釈した後、ペルオキソ二硫酸カリウムと混合し、UV分解槽に送る。UV分解槽で試料水中の有機炭素化合物は、紫外線の光エネルギーにより、二酸化炭素に酸化する。生成した二酸化炭素は酸性溶液中から窒素ガスによる脱気にて収集した後、赤外線検知器に送り、赤外線による吸光度を測定して炭素濃度を求める。
(3) 測定範囲	2.5～50 ppmC
(4) 温度補償	5～50 ℃
(5) 電極精度	±2％以内
(6) 応答速度	約30分
(7) ①検水条件	流量：約1 mL/分
②電源条件	AC 100 V（本体）　消費電力 500 W（最大）
(8) 外観・構造	W 610 × D 490 × H 860 mm　65 kg
①計測部	W 610 × D 490 × H 483 mm
②指示増幅部	W 610 × D 490 × H 217 mm
(9) 表示・記録方式	表示：ディスプレイに20文字ディジタル表示 記録（オプション）：記録紙、データロガー、テレメータ 出力：アナログ出力（4～20 mA、0～200 mV）、ディジタル出力（RS 232 C）警報接点出力（上限、下限、範囲外、装置異常）
(10) 価格（標準品）	5,300,000 円
(11) 納入実績	最近5ヶ年（H 7～11）の納入実績　河川・ダム・湖沼・その他 販売台数　無

交換部品・消耗品　※1日24回測定対象

	名称	規格	交換期間 (年・月) 毎	年間交換部品・消耗品費		
				単価	数量	金額
交換部品	ポンプチューブ	流量 0.1～2.5 mL/min ペリポンプ用 tygon 製	120本/年	375 円	120本	45,000 円
	サンプルチューブ	内径 0.7～1.5 mm polythene 製	10本/年	1,000 円	10本	10,000 円
消耗品	硫酸溶液	硫酸	100 L/年		100 L	15,000 円
	温侵試薬	ペルオキソ二硫酸カリウム等	150 L/年		150 L	15,000 円
	標準溶液	フタル酸水素カリウム	50 L/年		50 L	5,000 円
	蒸留水	標準液および洗浄液	150 L/年		150 L	10,000 円
	チューブ接合剤	接着剤	1年	13,000 円	1瓶	13,000 円
	シリコングリース	ペリポンプ潤滑剤	1年	2,000 円	1瓶	2,000 円
	フィルタペーパー	15 mm幅 150 mロール	5巻/年	7,000 円	5巻	35,000 円

年間交換部品・消耗品費合計　150,000 円

問合せ先

株式会社拓和

〒101-0047　東京都千代田区神田 1-4-15
　TEL　03-3291-5870
　FAX　03-3291-5226
　URL　http://www.takuwa.co.jp

TOC 自動分析装置（型式 Model TOC-620）
全有機態炭素（TOC）

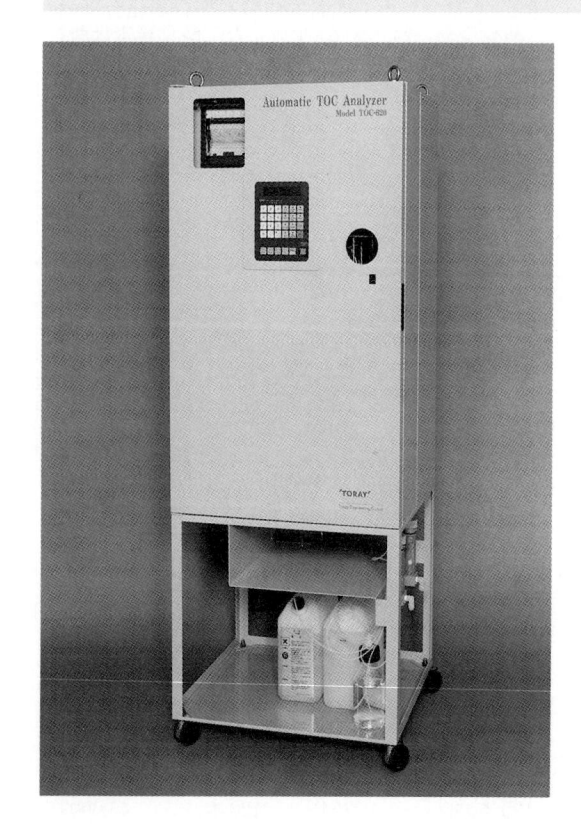

単項目	○
多項目	
採水式 A	○
採水式 B	
採水式 C	
潜漬式	

A：連続自動採水
B：間欠自動採水
C：その他

特徴
1. 化学的酸素要求量（COD）手分析値との相関が得られる。海水試料の測定も可能。
2. 試薬は塩素溶液のみであり、ランニングコストは安く、維持管理が容易である。
3. 低温密封燃焼／赤外線分析法で長期に亘って安定な測定ができる。
4. 測定周期5分の高速応答でオフラインの割り込み測定ができる。
5. 自動校正、多流路測定等オプションは豊富、あらゆる要求に対応可能。

使用上の留意点
1. 装置は屋内設置であるが、ブイ上または筏上への設置は可能である。
   設置施設として次の設備が必要となる。
   　　局舎・電気・コンプレッサ・採水設備
2. 校正は必要であり、1ヶ月毎の周期で行う。校正に約30分必要である。
3. 試薬は必要である。試薬の廃液回収は不要である。
4. 測定時の妨害物質は過大な浮遊物質である。前処理方法は、弊社製自動洗浄型フィルタ（ACF-601・147 μm）を設置するろ過処理を行う。
5. 保守点検は、2週間毎に行う。保守点検作業は約2時間必要である。
6. 交換部品および消耗品は必要である（別表参照）。

仕　様

項　目	仕　様
(1) 測定方式	無機炭素除去、自動間欠式塩酸酸性空気曝気法、全炭素量測定、自動間欠式密封燃焼赤外分析法（650℃）
(2) 測定原理	試料水は曝気塔にて無機炭素を除去し、計量部で計量したのち触媒を備えた反応管に注入し密封燃焼酸化で炭酸ガスに変換される。変換された炭酸ガスを赤外線分析計で濃度を計り、予め信号処理ユニットに登録してある炭酸ガスとTOCとの検量線からTOCの値を求める。
(3) 測定対象	水中の有機汚濁物質（TOC）
(4) 測定範囲	0～5から0～50 mg/L 0～100から0～1 000 mg/L
(5) 計測周期	4分～
(6) 電極精度	（フタル酸水素カリウム標準液による） 繰返性：フルスケール±2％以内 スパンドリフト：フルスケール±2％以内/日 ゼロドリフト：フルスケール±2％以内/日 直線性：フルスケール±2％以内 周囲温度変化：フルスケール±2％/5℃以内 　　　　　（注．0-5mg/Lレンジは各々フルスケール±3％以内）
(7) 校正方式	スパン校正：手動または自動校正（オプション） ゼロ校正：手動、マイコンによる自動制御
(8) 換算機能	TOC→COD値に換算（$COD = a + bx$）
(9) 洗浄方式	注入管、燃焼部自動洗浄、試料－洗浄液交互注入（洗浄液内蔵）
(10) レンジ設定	手動切換、AUTOレンジ
(11) ① 検水条件	0.02～0.1 MPa　500 mL/min 以上
② 電源条件	AC 100 V±10 V　50/60 Hz±1 Hz　消費電力 約350 VA
(12) 外観・構造	自立キュービクルパネル W 602×D 500×H 1 570 mm（キャスター付）　110 kg 採水・洗浄制御部：自動洗浄型フィルタ：ACF-601
(13) 表示・記録方式	ディジタル表示（mg/L表示）、記録紙 項目：ヒーター温度コントロール、測定値上下限 　　　（オプション…キャリアガス切れ、試料なし、試薬切れ、希釈水切れ、洗浄水切れ） 保守中出力：接点容量　AC 125 V、1 A 電源断出力：接点容量　AC 125 V、1 A 外部出力：DC 4～20 mA、RS 232 C、レンジ識別信号無電圧接点 異常警報内容：発光ダイオード表示、異常時閉接点出力
(14) 試料条件	オンライン測定：0.02～0.1 MPa（0.2～1.5 kgf/cm^2）500 mL/分以上 オフライン測定：常圧 200～500 mL/3回
(15) 設置場所	屋内　周囲温度：3～40℃　周囲湿度：相対湿度45～85％
(16) その他	塩酸：2 mol/L-HCl　2.0 L/月 キャリアガス：精製空気、圧力 0.3 MPa（3 kgf/cm^2）、 　　　　　　　消費量 7 Nm^3/月
(17) 価格（標準品）	TOC-620：3,800,000円、3,300,000円　ACF-601：240,000円
(18) 納入実績	最近5ヶ年（H 7～11）納入実績　河川・ダム・湖沼・その他

交換部品・消耗品　※1日24回測定対象

	名　称	規　格	交換期間 (年・月)毎	年間交換部品・消耗品費		
				単　価	数　量	金　額
交換部品	燃焼管	（石英管加工品） CM306-011	1年	9,000円	1本	9,000円
	Oリング	（P-16シリコン） CM304-031 2個/set	1年	200円	1 set	200円
	Oリング	（特殊） CM304-041 2個/set	1年	240円	1 set	240円
	試料注入管	CM606-202S	1年	2,400円	1 set	2,400円
	配管類	装置関連配管一式	1年	10,000円	1 set	10,000円
消耗品	触媒床	（加工品） CM306-111	1年	4,000円	1 set	4,000円
	ハニカム触媒	（加工品）		10,000円	1個	10,000円
	活性炭／ ワコーライム	活性炭500g入 ワコーライム1L入り	1年	5,000円	1 set	5,000円
	塩　酸	特級500 mL入	2本/年	500円	2本	1,000円
	記録紙	BBIA-010（N） （2冊/箱）	2ヶ月	2,500円	3箱	7,500円
	ペン先	SA-100P-01用	4ヶ月	1,000円	3個	3,000円

※その他フタル酸水素カリウムが校正標準液として必要です。　　　年間交換部品・消耗品費合計　　52,340円

問合せ先
東レエンジニアリング株式会社

〒103-0021　東京都中央区日本橋本石町3-3-16
　　TEL　03-3241-8461
　　FAX　03-3241-1702
　　URL　http://www.toray-eng.co.jp

クロロフィル監視装置（型式 CAW-200）

クロロフィルa

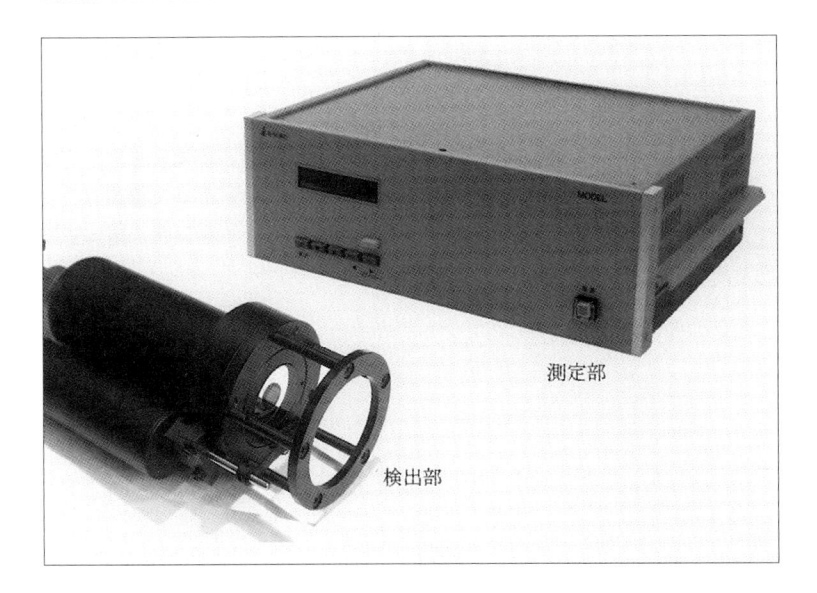

単項目	○
多項目	

採水式	A	
	B	
	C	

潜漬式	○

A：連続自動採水
B：間欠自動採水
C：その他

測定部
検出部

特　徴

1. 検出部は潜漬式の直接測定式・蛍光光度方式のため採水設備は必要なく、採水過程に生じやすい測定誤差の心配がない。
2. 検出部の発光部・受光部を同一面上に配置し、ガラス面はワイパー式自動洗浄機構で、常に清透状態を保っているため測定誤差の心配がない。
3. ゼロ点調整等のわずらわしい調整は一切不要である。

使用上の留意点

1. 装置は屋外設置であるが、ブイ上または筏上の設置は可能である。
   設置施設として次の設備が必要となる。
      電気
2. 校正は必要であり、1年毎に保守点検の際に同時に行う。
3. 試薬は不要である。
4. 測定時の妨害物質はない。
5. 保守点検は半年毎に行う。保守点検作業は約2時間必要である。
6. 交換部品および消耗品は必要である（別表参照）。

仕　様

項　目	仕　様
(1) 測定方法	蛍光光度方式
(2) 測定原理	紫外線により蛍光を発することを利用し、蛍光波長に合わせた蛍光量を測定する。
(3) 測定範囲	0～200／0～300／0～1 000 ppb
(4) 温度補償	0～35℃
(5) 電極精度	フルスケール±2％以内（ウラニン水溶液基準）
(6) 応答速度	10秒以内
(7) 検出部	検出部ガラス面洗浄方式：ワイパー式自動洗浄方式 ワイパー駆動間隔：10、20、30、60分毎（選択設定）およびスイッチにより随時 耐水圧：2.94 MPa（30 kg/cm^2）以上 使用条件：－5～50℃（凍結しないこと）
(8) 測定部	表示：液晶表示 測定時平均時間：2、10、20、40 秒（選択設定） 電源：AC 100 V±10％　50／60 Hz 消費電力：約20 VA 使用条件：気温－5～40℃　湿度：相対湿度5～85％
(9) 外観・構造	計測部：φ 98×231 mm　1.9 kg 指示増幅部：W 480×D 149×H 350 mm　約7.0 kg
(10) 表示・記録方式	ディジタル表示、ディジタル記録（オプション） テレメータ外部出力記号：測定信号：DC 0～1 VまたはBCD（ビットパラレル出力）
(11) 価格（標準品）	2,600,000 円～
(12) 納入実績	最近5ヵ年（H 7～11）の納入実績　㋷川・㋕ム・㋖沼・その他 販売台数　10台

交換部品・消耗品　※1日24回測定対象

名　称	規　格	交換期間 (年・月)毎	年間交換部品・消耗品費		
			単　価	数　量	金　額
交換部品　ワイパーブレード	CHL	1年	3,500 円	1個	3,500 円
消耗品　　クロロフィルa標準液		1年	26,000 円	1個	26,000 円

※3年毎に工場でオーバーホールが必要である。費用500,000円。　　　　年間交換部品・消耗品費合計　29,500円

問合せ先

株式会社東邦電探

〒168-0081　東京都杉並区宮前1-8-9
　　TEL　03-3334-3451
　　FAX　03-3332-2341

水質安全モニタ（型式 ZYNIA102）

急性毒性物質

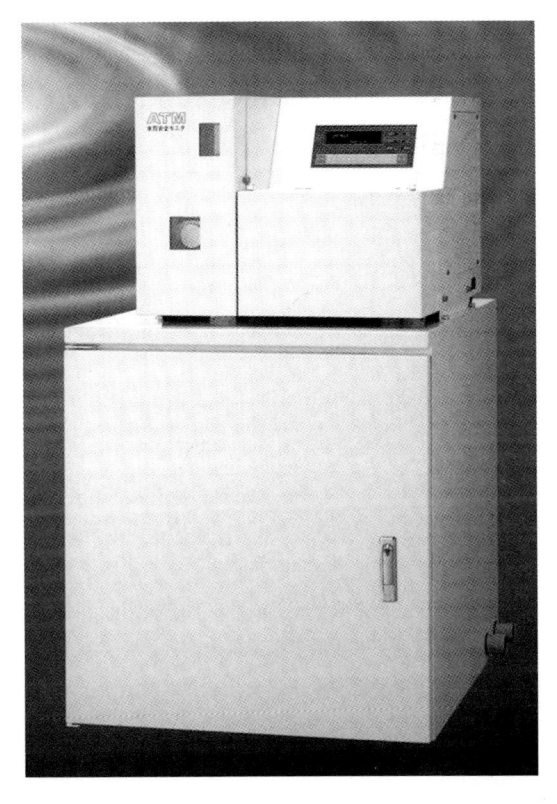

単項目	○
多項目	

採水式	A	○
	B	
	C	

潜漬式	

A：連続自動採水
B：間欠自動採水
C：その他

特徴

1. 広範囲な有害物質に敏感な微生物の呼吸速度を監視し、有害物質の混入を検知する。
2. 連続的監視が可能。河川の突発水質事故の監視が可能。
3. 多様な有害物質（急性毒性物質）に対し応答時間約30分以内の短時間で検知。
4. 水質異常を検知した時は、アラームを出力するとともに精密分析用のサンプルを採水・保存。
5. 1日1回自動校正を行う。

使用上の留意点

1. 装置は屋内設置であり、ブイ上または筏上への設置は不可である。
   設置施設として次の設備が必要となる。
   　　局舎・上水道・電気・エアコン・採水設備
2. 校正は不要である。
3. 試薬は必要である。試薬の廃液回収は不要である。
4. 測定時の妨害物質はない。
5. 保守点検は1ヶ月毎に行う。保守点検作業は約3時間必要である。
6. 交換部品および消耗品は必要である（別表参照）。

仕　様

項　目	仕　様
(1) 測定方法	有害物質による微生物による呼吸活性量の減少を固定化微生物膜と溶存酸素電極とで構成されたバイオセンサによってモニタリングする方式
(2) 測定原理	センサは硝化菌を固定化した固定化微生物膜と溶存酸素電極で構成する。これに硝化菌の餌となるアンモニウム態窒素を含むフィード液と試料水を混合して供給する。通常のセンサ出力はほぼ一定に推移するが、試料水中に有害物質が混入すると、硝化菌の呼吸活性が低下し、センサ出力が減少する。これを検出して水質の異常を知らせる。
(3) 試料水・導入形態	水道原水（塩素処理されてない水）、および河川水フローセル式
(4) 測定間隔	連続自動測定（但し、自動校正時に約2時間の未測定時間あり）
(5) 応答時間	約30分
(6) 試料水条件	温度：5～30℃（凍結しないこと） 流量：0.5 L/min 以上（使用流量3.5 mL/min）
(7) 自動洗浄	1日に1回、硝酸による酸洗浄
(8) 自動校正	1日に1回、毒物検出基準電流を校正
(9) 定期点検周期	1ヶ月毎
(10) 表示・記録方式	測定値出力：DC 4～20 mA（記録計モニタリング用） 接点出力：毒物検出、装置異常各1a接点出力 装置異常内容：膜異常／溶液補充アラーム／電極・配管洗浄アラーム／検水断
(11) 構造	屋内自立型構造（床アンカーボルト固定）
(12) 電源条件	AC 100 V ± 10 %　50／60 Hz
(13) 消費電力	本体：最大約 500 VA 全体：（架台部も含む）最大約 800 VA
(14) 重量	本体：約 35 kg　架台：約 80 kg
(15) 周囲温度	5～35℃（微生物膜は輸送・保存時、要冷蔵：5℃付近）
(16) 周囲湿度	相対湿度90 %以上（結露なきこと）
(17) 設置場所	・空調が完備されている場所 ・水平で振動の少ない場所 ・粉塵や腐食性ガスの少ない場所 ・大電流やスパークなどの電気的誘導障害の少ない場所
(18) 価格（標準品）	9,800,000 円（設置工事費 別途）
(19) 納入実績	最近5ヶ年（H 7～11）の納入実績　河川・ダム・湖沼・その他 販売台数　36台

交換部品・消耗品　※1日24回測定対象

	名　称	規　格	交換期間 (年・月)毎	年間交換部品・消耗品費		
				単　価	数　量	金　額
交換部品	DO電極		1年	250,000 円	1本	250,000 円
	配管チューブセット		1年	70,000 円	1セット	70,000 円
	エアーポンプ		1年	21,000 円	1台	21,000 円
	試薬用ポンプチューブ	チューブ6本1組	1ヶ月	21,000 円	2組	42,000 円
	検水用ポンプチューブ	チューブ6本1組	1ヶ月	21,000 円	2組	42,000 円
	中空糸膜		1年	175,000 円	1本	175,000 円
	エアフィルタ		1ヶ月	28,000 円	1箱	28,000 円
消耗品	固定化微生物膜		1ヶ月	56,000 円	12枚	672,000 円
	測定用試薬	フィード液、緩衝液 (各1袋1組)	1ヶ月	16,000 円	12組	192,000 円
	硝酸	6規定　硝酸（500 mL）	3ヶ月	6,000 円	4本	24,000 円

年間交換部品・消耗品費合計　1,516,000 円

問合せ先

富士電機株式会社

〒191-8052　東京都日野市富士町1番地
　TEL　042-585-6140
　FAX　042-585-6159
　URL　http://www.fujielectric.co.jp

3. 現地据付型水質自動測定装置

3.2 多項目水質自動測定装置

濁度監視装置（型式 FNW-5）
水温、濁度

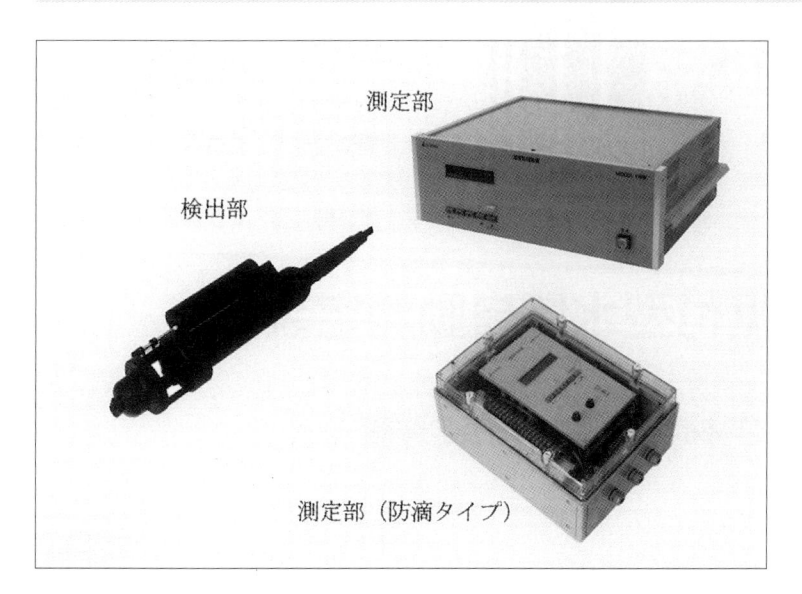

単項目	
多項目	○
採水式	A
	B
	C
潜漬式	○

A：連続自動採水
B：間欠自動採水
C：その他

特徴
1. 検出部は潜漬式の直接測定式で、採水過程に生じやすい測定誤差の心配がない。
2. ガラス面は専用のワイパー式洗浄機構で常に完全な清透状態が保たれる。
3. 濁度検出は透過光・散乱光演算方式を採用しているので、測定液が着色されていてもその影響を受けずに低濁度から高濁度まで安定して測定できる。
4. 水温検出はサーミスタ方式を採用しているので、感応速度が極めて早く高精度（±0.1℃）な測定ができる。
5. ゼロ点調整等のわずらわしい調整は一切不要である。

使用上の留意点
1. 装置は屋外設置であり、ブイ上または筏上の設置も可能である。
   設置施設として次の設備が必要となる。
      電気
2. 校正は必要であり、約1年毎の保守点検時に行う。校正に約4時間必要である。
3. 試薬は不要である。
4. 測定時の妨害物質はない。
5. 保守点検は約1年毎に行う。保守点検作業は約3時間必要である（現場状況による）。
6. 交換部品および消耗品は必要である（別表参照）。

仕　様

項　目	仕　様	
	濁　度	水　温
(1) 測定方法	透過光散乱光演算方式	サーミスタ方式
(2) 測定原理	光源の光を光学レンズを通して測定水中に照射する。照射された光は懸濁物質に当たり、反射散乱するもの、吸収されるもの、および透過するものに別れる。この透過光及び散乱光を光源部と受講部に備えられた光検出素子により捕捉する。	半導体の固有の温度特定による抵抗変化を利用して測定する。
(3) 測定範囲	0～100／0～1 000 ppm 自動2段切換	－5～40℃
(4) 温度補償	0～40℃	
(5) 電極精度	0～100 ppm：フルスケール±2 ppm 100～1 000 ppm：フルスケール±20 ppm	±0.1℃以内
(6) 応答速度	10秒以内	
(7) 検出部	ライトパス：35 mm　　ガラス面洗浄方式：ワイパー式自動洗浄方式 ワイパー駆動間隔：10、20、30、60分毎（選択設定）およびスイッチにより任意 耐水圧：2.94 MPa（30 kg/cm^2）以上 使用条件：－5～40℃（但し氷結時使用不可）	
(8) 測定部	表示：液晶表示　電源：AC 100 V±10 %　50/60 Hz　消費電力：約20 VA 使用条件：気温－5～40℃　　湿度：相対湿度5～85 %	
(9) 外観・構造	計測部：φ88×365 mm　2.1 kg 指示増幅部：W 480×D 149×H 350 mm　約7.0 kg	
(10) 表示・記録方式	ディジタル表示、ディジタル記録(オプション) テレメータ外部出力記号：測定信号：DC 0～1 VまたはBCD（ビットパラレル出力）	
(11) 外部出力	0～1 000 mg/Lに対しDC 0～1 V（連続出力） ワイパーの動作時は、直前のデータをホールド出力	
(12) 価格(標準品)	3,000,000円～	
(13) 納入実績	最近5ヶ年（H 7～11）の納入実績　河川・ダム・湖沼・その他 販売台数　50台	

交換部品・消耗品　※1日24回測定対象

	名　称	規　格	交換期間 (年・月)毎	年間交換部品・消耗品費		
				単　価	数　量	金　額
交換部品	ワイパーブレード		2個/年	3,250円	2個	6,500円
消耗品	濁度校正用源準液	精製カオリン	1年	80,000円	1本	80,000円

年間交換部品・消耗品費合計　86,500円

問合せ先

株式会社東邦電探

〒168-0081　東京都杉並区宮前1-8-9
TEL　03-3334-3451
FAX　03-3332-2341

4線式導電率変換器システム（型式 SC402G）

水温、導電率

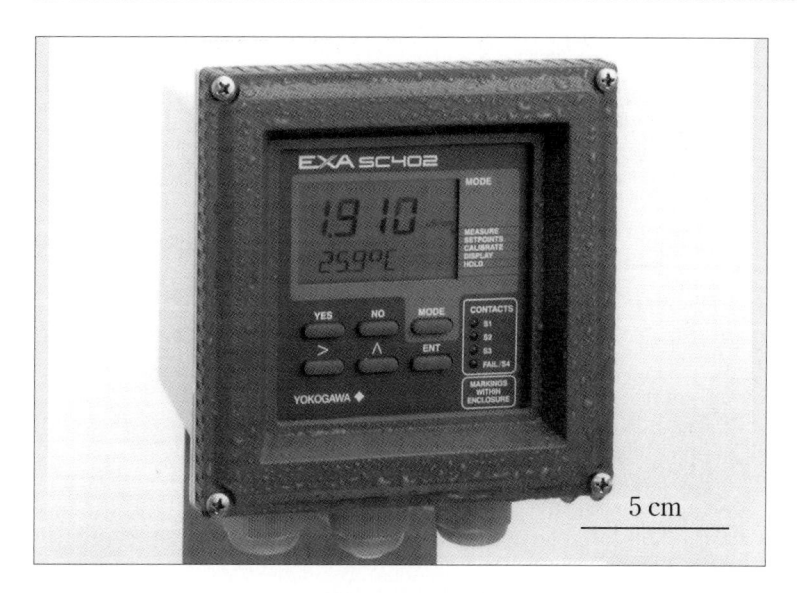

単項目	
多項目	○
採水式 A	○
採水式 B	
採水式 C	
潜漬式	

A：連続自動採水
B：間欠自動採水
C：その他

特徴

1. 測定レンジ、温度補償のための各係数を任意に設定可能。
2. 豊富な接点出力機能内蔵（4接点出力）、電流出力（2出力）。
3. 遠隔操作による出力レンジ切換が可能（出力レンジを10倍に切換えることが可能）。
4. 導電率／抵抗率表示が可能。
5. オンラインでの検出器チェック。

使用上の留意点

1. 装置は屋外設置であり、ブイ上または筏上への設置も可能である。
　 設置施設として次の設備が必要となる。
　　　電気
2. 校正は不要である。
3. 試薬は不要である。
4. 測定時の妨害物質はない。
5. 保守点検は、1年毎に行う。保守点検作業は約30分必要である。
6. 交換部品は必要ないが消耗品は必要である（別表参照）。

仕 様

項 目	仕 様
(1) 測定方法	交流2電極法、交流4電極法
(2) 測定原理	溶液中に2枚の金属板を入れて電極とし、一定交流電圧を印加したときに流れる電流から電極間の電気抵抗を求め、この電気抵抗と電極形状などで決められる定数（セル定数）を用いて導電率を算出している。高精度測定を実現するために、一定交流電圧の振幅および周波数は、測定中の電極間電気抵抗から最適な値を使用する。
(3) 入力仕様	2電極式または4電極式の導電率検出器 セル定数が $0.008 \sim 50.0\ cm^{-1}$ のもの
(4) 出力信号	DC 0.4-20 mA（2点）、負荷抵抗 600 Ω以下
(5) 測定範囲	$0.000\ \mu S/cm \sim 1\,999\ mS/cm$　$0.000\ k\Omega \cdot cm \sim 999\ m\Omega \cdot cm$ 導電率　プロセス温度において 　　　　最小値　$0.1\ \mu S \times$ セル定数（下限値 $0.000\ \mu S/cm$） 　　　　最大値　$500\ mS \times$ セル定数（上限値 $1\,999\ mS/cm$） 抵抗率　プロセス温度において 　　　　最小値　$0.002\ k\Omega$/セル定数（下限値 $0.000\ k\Omega \cdot cm$） 　　　　最大値　$1\ m\Omega$/セル定数（上限値 $999\ m\Omega \cdot cm$） 水温　　Pt 1000の場合、$-20 \sim 250\ ℃$ 　　　　温度センサの種類により測定範囲は異なります。
(6) 性能（模擬入力による本体の性能）	導伝率　直線性　$\leq \pm 0.5\ \%$/スパン $\pm 0.02\ mA$ 　　　　　（スパン：測定濃度範囲の上限値） 　　　　繰返性　$\leq 0.5\ \%$/スパン $\pm 0.02\ mA$ 抵抗率　（変換器単体の模擬入力による仕様） 　　　　直線性　$\leq \pm 0.02\ m\Omega \pm 0.02\ mA$（$5 \sim 100\ m\Omega \cdot cm$） 　　　　繰返性　$\leq 0.01\ m\Omega \pm 0.02\ mA$（$5 \sim 100\ m\Omega \cdot cm$） 　　　　直線性　$\leq \pm 0.5\ \%$/スパン $\pm 0.02\ mA$（$5\ m\Omega \cdot cm$まで） 　　　　繰返性　$\leq 0.5\ \%$/スパン $\pm 0.02\ mA$（$5\ m\Omega \cdot cm$まで） 水温　　Pt 1000の場合 　　　　直線性　$\leq \pm 0.4\ ℃ \pm 0.02\ mA$ 　　　　繰返性　$\leq 0.4\ ℃ \pm 0.02\ mA$ 　　　　精度　　$\leq \pm 0.4\ ℃ \pm 0.02\ mA$
(7) 表示・記録方式	液晶表示、データ表示（$3\frac{1}{2}$ 桁、高さ 12.5 mm）、メッセージ表示（6文字、高さ 7 mm）、警告表示および単位（$\mu S/cm$、mS/cm、$k\Omega \cdot cm$、$m\Omega \cdot cm$） 接点出力：アラーム接点／FAIL接点／USP23 接点入力：出力信号レンジのリモート切換スイッチ 外部出力信号：DC $4 \sim 20\ mA$　DC $0 \sim 20\ mA$／リレー接点出力
(8) 温度補償	$-20 \sim 250\ ℃$（PT1000）　自動／手動／マトリックス補償
(9) 電極精度	直線性　スパンの $\pm 0.5\ \% \pm 0.02\ mA$ 以内
(10) 応答速度	ステップ応答90 %　3秒以内
(11) 電源条件	AC100 V $\pm 15\ \%$　AC 115 V $\pm 15\ \%$　AC 230V $\pm 15\ \%$　50／60 Hz 電圧　AC 230 V $\pm 15\ \%$　50／60 Hz 　　　AC 115 V $\pm 15\ \%$　50／60 Hz 　　　AC 100 V $\pm 15\ \%$　50／60 Hz 消費電力　最大 10 VA
(12) 外観・構造	IP65およびNEMA4×相当　防水構造 $144 \times 144 \times 135\ mm$　重量　SC402G本体　約2.5 kg
(13) 価格（標準品）	非公開
(14) 納入実績	非公開

交換部品・消耗品　※1日24回測定対象

	名　称	規　格	交換期間(年・月)毎	年間交換部品・消耗品費 単価	数量	金額
消耗品	リチウム電池		5年	2,900 円	1/5 個	580 円

年間交換部品・消耗品費合計　580 円

問合せ先

横河電機株式会社

〒180-8750　東京都武蔵野市中町2-9-32
　　TEL　0422-52-5617
　　FAX　0422-52-0622
　　URL　http://www.yokogawa.co.jp/Welcome-J.html

3　現地据付型水質自動測定装置

3・2　多項目水質自動測定装置

4線式 pH 変換器システム（型式 PH400G）

水温、水素イオン濃度（pH）

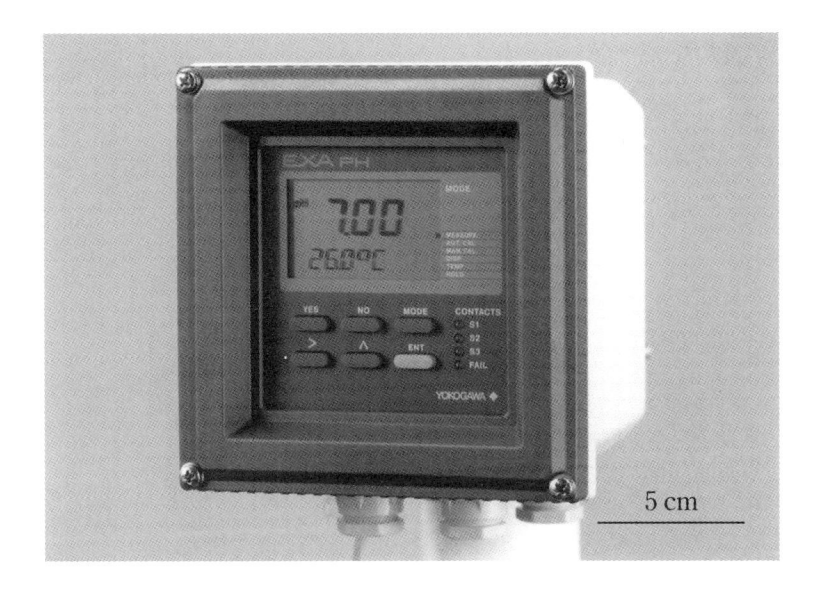

単項目	
多項目	○
採水式	A ○
	B
	C
潜漬式	

A：連続自動採水
B：間欠自動採水
C：その他

5 cm

特徴

1. 自己診断機能付き（センサ電極の劣化診断、異常診断）。
2. ワンタッチ自動校正。
3. 豊富な接点出力機能内蔵（4接点出力）。
4. 洗浄タイマ機能内蔵。
5. 任意のレンジ出力設定可能（スパン1 pH以上）。
6. 計量法検定付も可能。

使用上の留意点

1. 装置は屋外設置であり、ブイ上または筏上への設置も可能である。
   設置施設として次の設備が必要となる。
      電気
2. 校正は検出器に対して必要であり、周期はアプリケーションにより異なる。校正に約10分必要である。
3. 試薬は不要である。
4. 測定時の妨害物質はない。
5. 保守点検は、1年毎に行う。保守点検作業は約30分必要である。
6. 交換部品および消耗品は必要である（別表参照）。

仕 様

項 目	仕 様	
	pH	水 温
(1) 測定方法	ガラス電極法	測温抵抗体法
(2) 測定原理	ガラス電極と比較電極との組合せを、pHxの値をもつ測定液に浸した時、両電極間にはpHに比例した起電力が発生し、その値はガラス膜に発生する電位差にほとんど等しく、次式で表せる。 $\Delta E = \alpha (pHs - pHx)$ α：電位勾配 pHs：ガラス電極内部液のpH	温度依存性のある抵抗体を利用。
(3) 測定範囲	pH 0～14	
(4) 温度補償	あり 温度表示：－10～130℃	
(5) 電極精度	±0.1 pH	
(6) 応答速度	10秒	
(7) 機能	・連続測定（通常は測定しており、内部タイマーまたは外部信号により洗浄、校正を実施） ・間欠測定（通常は待機しており、外部信号により測定、洗浄、校正を実施）薬液回収（洗浄液および校正液を回収）	
(8) 洗浄方式	エアバルブ式薬液洗浄、超音波洗浄、等	
(9) 使用薬液	酸性液、アルカリ性液、洗剤	
(10) 洗浄周期	0.1～36時間の間で設定可能	
(11) 校正方式	pH 7、pH 4（またはpH 9）の標準液にて自動校正（1点校正または2点校正）	
(12) 洗浄・校正回数	1～999回の間で設定可能（10回で設定した場合、洗浄10回後に校正）	
(13) 電源条件	AC 88～132 V または AC 176～264 V　50／60 Hz	
(14) 空気源	3～9.5 kgf/cm^2（消費量：約10 NL/min）（エアバルブ式洗浄の場合）	
(15) 洗浄水源	2～3 kgf/cm^2（消費量：200 mL/洗浄1回、400 mL/校正1回）	
(16) 周囲温度	0～45℃	
(17) 外観・構造	屋外設置形、JIS C 0920 耐水形（NEMA4 相当防水構造） 144×144×135 mm　pH 400 G 本体 約 2.5 kg	
(18) 表示・記録方式	DC 4～20 mA および DC 0～1 V 出力（計2出力） リレー接点出力（計4出力） 信号出力：DC4～20 mA および DC 0～1 V（pHおよび温度） 接点出力：測定中、洗浄中、校正中、水張り中、保守中、異常の6点自己診断待機：不斉電位異常、スロープ異常、電極のインピーダンス異常（校正液の液切れ検知等）、プロセス液のpHおよび温度の異常などを検知し接点出力する。	
(19) 価格（標準品）	非公開	
(20) 納入実績	非公開	

交換部品・消耗品　※1日24回測定対象

	名 称	規 格	交換期間 (年・月)毎	年間交換部品・消耗品費		
				単 価	数 量	金 額
交換部品	ガラス電極		1年	非公開	1	非公開
	ジャンクション		1年	非公開	1	非公開
	ヒューズ		1年	非公開	1	非公開
消耗品	KCl溶液	3.3規定　塩化カリウム溶液	1ヶ月	非公開	250 mL	非公開
	校正用緩衝液	pH 4、pH 7、pH 9	1ヶ月	非公開	200 mL	非公開

問合せ先

横河電機株式会社

〒180-8750　東京都武蔵野市中町2-9-32
TEL　0422-52-5617
FAX　0422-52-0622
URL　http://www.yokogawa.co.jp/Welcome-J.html

溶存酸素計（型式 9100、9200、9040）
水温、溶存酸素（DO）

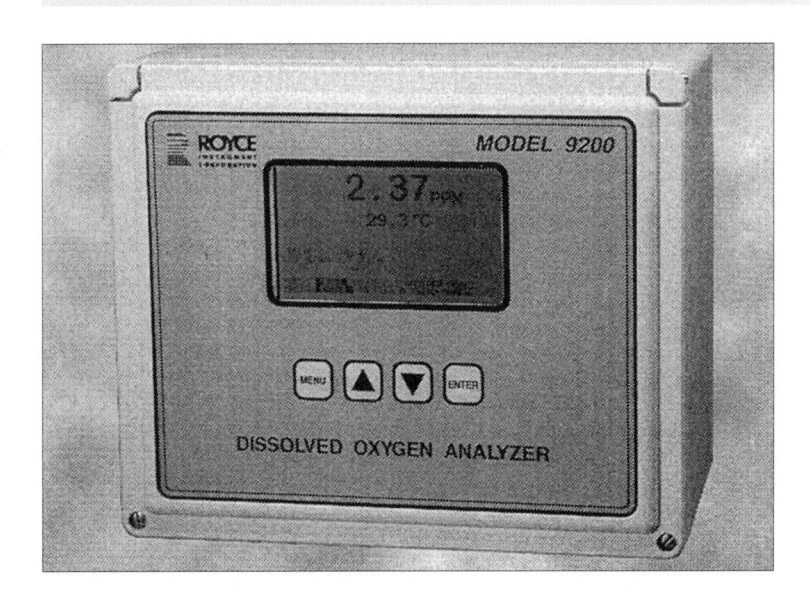

単項目	
多項目	○
採水式	A
	B
	C
潜漬式	○

A：連続自動採水
B：間欠自動採水
C：その他

5 cm

特 徴
1. 低濃度（0～1 ppm）から高濃度（0～100 ppm）のワイドレンジ。
2. センサの電解液（塩化カリウム）から電気化学的に塩素ガスを放出し、センサのメンブラン膜に付着の汚れを除去する。
3. ワンタッチ校正。
4. 自動補正（水温、塩分、気圧）。
5. 自己診断機能。

使用上の留意点
1. 装置は屋内および屋外設置であり、ブイ上または筏上への設置も可能である。
   設置施設として次の設備が必要となる。
      電気
2. 校正は必要であり、1ヶ月毎の周期で行う。校正に約5分必要である。
3. 試薬は不要である。
4. 測定時の妨害物質はない。
5. 保守点検は、1ヶ月毎に行う。保守点検作業は約30分必要である。
6. 交換部品および消耗品は必要である（別表参照）。

仕　様

項　目	仕　様
計測部	
(1) 測定方法	ガルバニ電池方式
(2) 測定原理	センサは白金の陰極、鉛の陽極、KCLの電解液から構成される。水中の溶存酸素は次の様に測定される。e^-は電子 陰極における反応（メンブラン膜を通過する全酸素の還元反応） 　　$O_2 + 2H_2O + 4e^- \rightarrow 4OH^-$ 陽極における反応（OH^-イオンの酸化反応によりPb0を生成） 　　$2Pb + 4OH^- \rightarrow 2PbO + 2H_2O + 4e^-$
(3) 測定範囲	0～100 ppm、0～999 ％（飽和濃度）
(4) 電極精度	±0.1 ppm、1 ％（飽和濃度）
(5) 分解能	0.01 ppm（0～9.90 ppm）　0.1 ppm（10.0～99.0 ppm） 1 ％（飽和濃度）
(6) 温度特性	±1 ％　表示値（0～50 ℃）
(7) 表示・記録方式	出力　高／低接点出力 4～20 mA　0～20 mA最大抵抗600 Ω　RS-485 液晶ディジタルディスプレイ（耐候性有り）　DO／水温　切替
(8) 校正方式	DO、塩分、高度（ワンタッチ自動校正）
(9) 寸法	約 W 286 × D 152 × H 235 mm
(10) 重量	2.8kg
センサ（MODEL90シリーズ）	
(11) 電極	材質　陰極：白金　陽極：鉛　電解液：塩化カリウム（ゲル状）
(12) 再現性	±1 ％
(13) 反応時間	校正時（空気～99 ％）30秒以内、（1 milメンブラン膜を使用の場合） 注）1 mil = 25ミクロン
(14) 温度特性	±0.2 ℃
(15) 試料流速	約 120 mm/s
(16) 寸法	約 φ30 × 150 mm
(17) 重量	950 g
(31) 価格（標準品）	570,000～1,600,000円
(32) 納入実績	最近5ヶ年（H7～11）の納入実績　6台　　　　　　河川・ダム・湖沼・⦅その他⦆ （但し、米国における実績はシェア32 ％で第1位）

交換部品・消耗品　※連続測定対象

	名　称	規　格	交換期間 (年・月)毎	年間交換部品・消耗品費		
				単　価	数　量	金　額
交換部品	Oリング		2ヶ月		6個	2,500 円
消耗品	メンブラン膜	膜厚 1 mil または 2 mil	2ヶ月		6枚	2,000 円
	電解液	塩化カリウム液	6ヶ月		300 mL	7,000 円

年間交換部品・消耗品費合計　11,500 円

問合せ先

アクアコントロール株式会社

〒102-0073　東京都千代田区九段北1-10-5
　TEL　03-3234-3541
　FAX　03-3234-0082

小型メモリー水温塩分計（型式 COMPACT-CT）
水温、塩化物イオン

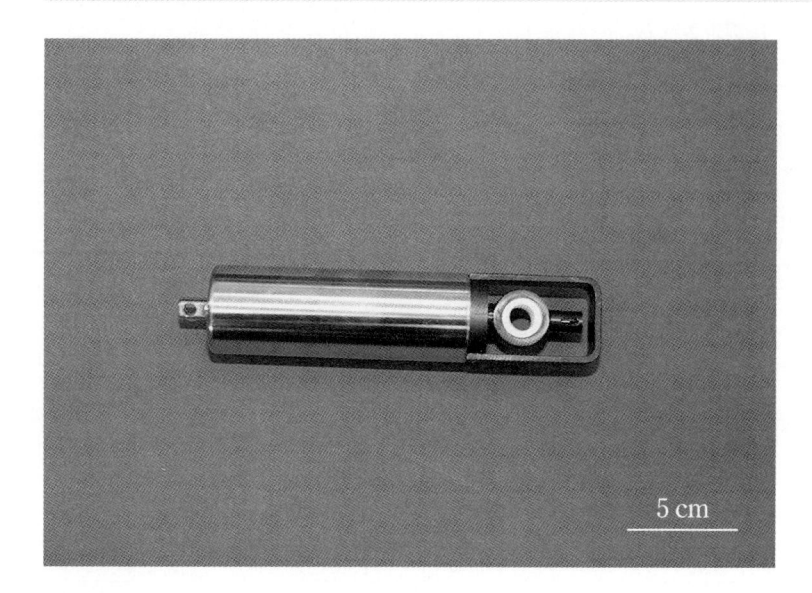

単項目	
多項目	○
採水式	A	
	B	
	C	
潜漬式	○

A：連続自動採水
B：間欠自動採水
C：その他

特 徴
1. 小型・軽量である。
2. 安全保存機能採用により取得データの消失がない。
3. 大容量メモリー（約17万データ）により2年の計測が可能である。
4. チタンを採用し腐蝕の心配がない。

使用上の留意点
1. 装置は屋外設置であるが、ブイ上または筏上への設置は不可である。
2. 校正は不要である。
3. 試薬は不要である。
4. 測定時の妨害物質はない。
5. 保守点検は、2週間毎に行う。保守点検作業は約30分必要である。
6. 交換部品および消耗品は必要である（別表参照）。
7. 精度維持のため、年1回オーバーホール、再検定が必要である。

仕 様

項 目	仕 様	
	水 温	導電率
(1) 測定方法	サーミスタ方式	電磁誘導セル方式
(2) 測定原理	白金、またはサーミスタの抵抗温度係数が大きいことを利用し、ブリッジ法によって電気抵抗を測定し、間接的に温度を測定。	センサ部の管中の海水を1本の抵抗導線と考え、これによって二つのトロイダルコイル（ドーナッツ状のコイル）を電磁的に結合させる方式（電気伝導度の変化は二次コイルに電圧変化として表れる）。
(3) 測定範囲	－5～40℃	0～60 mS/cm
(4) 電極精度	±0.05℃ （分解能 0.001℃）	±0.05 mS/cm （分解能 ±0.001 mS/cm）
(5) 応答速度	1秒	1秒
(6) 電源条件	CR2型リチウムバッテリ	
(7) 外観・構造	φ40×190 mm　空中 350 g／水中 175 g	
(8) 表示・記録方式	2Mバイトフラッシュメモリ記録方式	
(9) 価格（標準品）	400,000円	
(10) 納入実績	最近5ヶ年（H7～11）の納入実績　河川・ダム・湖沼・その他 H12より発売の新製品である。H12の販売台数　90台	

交換部品・消耗品　※月数回測定対象

	名 称	規 格	交換期間 (年・月)毎	年間交換部品・消耗品費		
				単 価	数 量	金 額
交換部品	センサガード		1年	3,000円	1本	3,000円
消耗品	Oリング		1年	80円	1個	80円
	バッテリ	CR2	1年	1,200円	1個	1,200円

年間交換部品・消耗品費合計　4,280円

問合せ先
アレック電子株式会社

〒651-2242　兵庫県神戸市西区井吹台東町7-2-3
　TEL　078-997-8686
　FAX　078-997-8609

塩分濃度観測装置（型式 WS-2）

水温、塩化物イオン（導電率による換算）

単項目	
多項目	○
採水式	A
	B
	C
潜漬式	○

A：連続自動採水
B：間欠自動採水
C：その他

特 徴

1. 電磁誘導型を採用しており、直接金属電極が海水等と接触せず、長期安定した測定が可能である（電磁誘導型：樹脂製の検出部に励起コイルと検出コイルを入れ、そのコイル間に流れる海水の導電率により変化する誘起電圧を計測し水温により温度補正する方法）。
2. 潜漬型のため、水質変化に迅速に応答する。
3. 自動レンジ切換を採用しているため、広範囲の濃度がカバーできる。
4. センサへの生物付着に対しては、生物付着防止塗料（環境に優しいバイオ塗料）を塗布している。

使用上の留意点

1. 装置は屋内および屋外設置であり、ブイ上または筏上への設置も可能である。
　 設置施設として次の設備が必要となる。
　　　局舎・電気
2. 校正は必要であり、1ヶ月の周期で行う。校正に約30分必要である。
3. 試薬は不要である。
4. 測定時の妨害物質はない。
5. 保守点検は、1ヶ月毎に行う。保守点検作業は約2時間必要である。
6. 交換部品は必要ないが、消耗品は必要である（別表参照）。

仕　様

項　目	仕　様	
	塩化物イオン（導電率）	水　温
(1) 測定方法	電磁誘導方式（オートレンジ）	白金測温抵抗体
(2) 測定原理	樹脂製の検出部に励起コイルと検出コイルを入れ、そのコイル間に流れる海水の導電率により変化する誘起電圧を計測し水温により温度補正する方法。	白金測温抵抗体の温度により変化する値のの変化を電圧に変換し信号を出す。
(3) 測定範囲	0～6／0～60／0～600 μS/cm	−10～40 ℃
(4) 使用温度範囲	0～35 ℃	
(5) 測定精度	フルスケール±3 %	±0.2 %℃
(6) 応答速度	1分以内	1分以内
(7) 電源条件	AC 100 V±10 %、消費電力 500 VA以下 検出器：DC±5 V　出力 0～5 V、4～20 mA、周波数信号 800～4 000 Hz 　　　　（任意選択可能）	
(8) 外観・構造	計測部：φ 103×385 mm 指示増幅部：W 500×D 250×H 500 mm	
(9) 表示・記録方式	ディジタル表示・テレメータ出力・プリント出力 SV信号出力	
(10) その他	中継箱：電源入力　AC 100 V、出力　DC±15 V　センサ電源 　　　　信号入力　0～5 V、4～20 mA、（検出器の出力形式による） 　　　　　　　　　周波数信号 800～4 000 Hz 　　　　出力　　　0～5 V、4～20 mA、（検出器の出力形式による） 　　　　　　　　　周波数信号 800～4 000 Hz 　　　　モニタ　① 入力モニタ端子付 　　　　　　　　② ディジタル表示（オプション） 信号変換器：電源入力　AC 100 V、信号入力　0～5 V、4～20 mA（導電率、水温共通各レンジとも） 　　　　　　出力　① 塩分　導電率・水温より信号変換器にて計算し出力する 　　　　　　　　　　　出力レンジ　　測定範囲／総合精度 　　　　　　　　　　　Lレンジ 0～100 mg/L±3 mg/L 　　　　　　　　　　　Mレンジ 0～1 000 mg/L±60 mg/L 　　　　　　　　　　　Hレンジ 0～20 000 mg/L±600 mg/L 　　　　　　　② 導電率　25 ℃換算値 　　　　　　　　　出力レンジ 測定範囲 　　　　　　　　　　　Lレンジ 0～500 μS/cm 　　　　　　　　　　　Mレンジ 0～5 mS/cm 　　　　　　　　　　　Hレンジ 0～60 mS/cm 　　　　　　　③ レンジ信号　接点　L1Mレンジ 　　　　　　　　　　　　　　　　　　　L2Hレンジ 　　　　　　　④ 水温出力（オプション）−10～40 ℃	
(11) 価格（標準品）	6,600,000円～	
(12) 納入実績	最近5ヶ年（H 7～11）の納入実績　㊙河川㊙・ダム・湖沼・その他 販売台数　1台	

交換部品・消耗品　※1日24回測定対象

	名　称	規　格	交換期間 (年・月)毎	年間交換部品・消耗品費		
				単　価	数　量	金　額
消耗品	生物付着防止塗料	AFバイオスーパーII 希釈液	1年	8,400円	1式	8,400円

年間交換部品・消耗品費合計　8,400円

問合せ先

株式会社鶴見精機

〒230-0051　神奈川県横浜市鶴見区鶴見中央二丁目2番20号
　　TEL　045-521-5252
　　FAX　045-521-1717
　　URL　http://www.tsk-jp.com/

塩分監視装置（型式 ESR-5）
水温、塩化物イオン（導電率による換算）

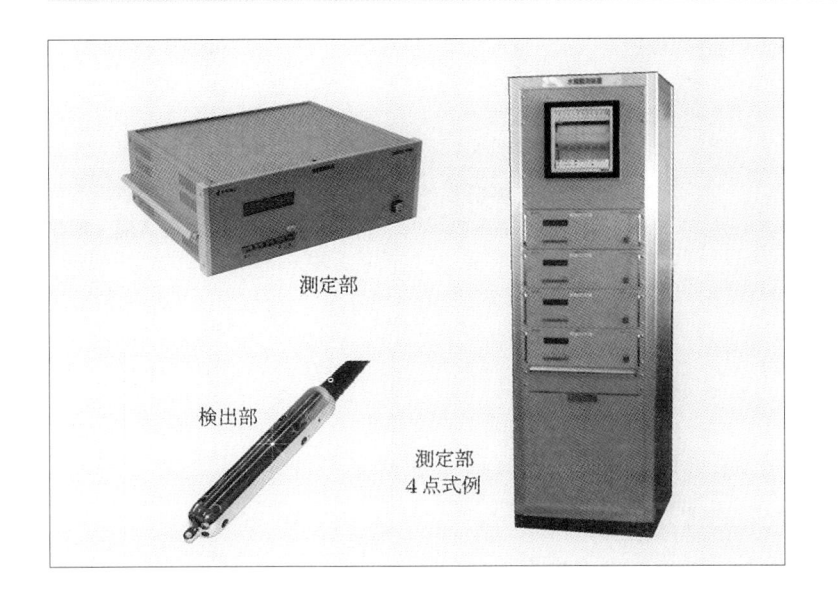

単項目	
多項目	○
採水式 A	
採水式 B	
採水式 C	
潜漬式	○

A：連続自動採水
B：間欠自動採水
C：その他

特 徴
1. 特殊9電極（4極複合型）による検出により、電極の汚れに対する影響はほとんどなくなり、測定エラーを高いレベルで達成。
2. 低濃度（低導電率）から高濃度まで広範囲にわたり僅かな変化量も大きな信号で取り出せ、信頼性の高い精度が確保されている。
3. 温度はサーミスターによる検出のため、±0.1℃の精密測定により、高精度な温度補正が可能となっている。
4. ゼロ点調整等のわずらわしい調整は一切不要である。
5. 検出部1点から多点式まで組み合わせ自由。

使用上の留意点
1. 装置は屋外設置であり、ブイ上または筏上の設置も可能である。
   設置施設として次の設備が必要となる。
   　電気・検出部保護用パイプ
2. 校正は必要であり、1年毎の保守点検時に行う。校正に約4時間必要である。
3. 試薬は不要である。
4. 測定時の妨害物質はない。
5. 保守点検は半年毎に行う。保守点検作業は約2時間必要である。
6. 交換部品および消耗品は必要である（別表参照）。

仕　様

項　目	仕　様	
	導電率	水　温
(1) 測定方法	特殊9電極方式（4電極複合方式）	サーミスタ方式
(2) 測定原理	水中に一対の金属を浸し電圧を印加すると導電率に比例して電流が流れることから計測する。電流を流すことにより金属界面に抵抗が生じるため、電流電極と電圧検出電極を分離し界面抵抗の影響を無くし、安定化して測定する。	半導体の固有の温度特性による抵抗変化を利用し測定する。
(3) 測定範囲	L：10～200 ppm　M：10～2 000 ppm　H：100～20 000 ppm	
(4) 温度補償	0～35 ℃	
(5) 電極精度	フルスケール±3 ％以内	
(6) 応答速度	10秒以内	
(7) 検出部	耐水圧：0.98 MPa（10 kg/cm^2）以上　使用条件：水温　－5～50 ℃	
(8) 測定部	表示：液晶表示 測定時平均時間：2、20、40、60 sec 電源：AC 100 V±10 ％　50／60 Hz 消費電力：約50 VA 使用条件：気温　0～40 ℃　相対湿度　90 ％以下 アース：E3　100 Ω	
(9) 外観・構造	計測部：φ 40×260 mm　0.9 kg 指示増幅部：W 480×D 149×H 350 mm　約7.0 kg	
(10) 表示・記録方式	ディジタル表示、ディジタル記録（オプション） 表示項目：日付、時刻、測定データ 表示内容：4桁×1 ppm、測定範囲未満はUNDER、超はOVER表示 テレメータ外部出力記号：測定信号：DC 0～1 V またはBCD	
(11) 外部出力	塩分測定信号：0～XXX ppm に対し4～20 mA or 0～1 V（選択） 　　　　　　　測定範囲未満は4 mA or 0 V　超は20 mA or 1 V 　　　　　　　（ディジタルBCD　3桁×10 mg/L出力はオプション） 　　　　　　　XXXX ppmは選択した設定範囲のフルスケール値 警報接点信号：無電圧a接点　接点DC 12 V　0.1 A以下 （オプション）　設定　1 mg/L単位で任意設定 　　　　　　　論理　上限設定値以上でメーク	
(12) 価格（標準品）	3,500,000 円～	
(13) 納入実績	最近5ヶ年（H 7～11）の納入実績　㊂河川・ダム・㊂湖沼・㊂その他 販売台数　50台	

交換部品・消耗品　※1日24回測定対象

名　称	規　格	交換期間 (年・月) 毎	年間交換部品・消耗品費		
			単　価	数　量	金　額
交換部品　防食メタル	ESR用	3年	3,000 円	1/3個	1,000 円
消耗品　　導電率用源準液	KCl	1年	26,000 円	1回	26,000 円

　　　　　　　　　　　　　　　年間交換部品・消耗品費合計　27,000 円

問合せ先

株式会社東邦電探

〒168-0081　東京都杉並区宮前1-8-9
　　TEL　03-3334-3451
　　FAX　03-3332-2341

メモリーパック式クロロフィル計
（型式 ACL11-8M（ACL-8M シリーズ））

水温、クロロフィル
ACL10-8M：クロロフィル
ACL104-8M：水温、濁度、クロロフィル

単項目	
多項目	○
採水式 A	
採水式 B	
採水式 C	
潜漬式	○

A：連続自動採水
B：間欠自動採水
C：その他

特 徴
1. 光学センサガラス部に藻類等の付着や汚れを取り除くためのワイパーが装備されており、長期連続観測が可能である。
2. 記録部は、着脱可能なメモリパック方式のデータロガーを内蔵しており500 000データの記録が可能である。
3. メモリパックに記録されたデータは汎用のパソコンで処理可能である。

使用上の留意点
1. 装置は潜漬式であり、ブイ上または筏上への設置は不可である。
2. 校正は不要である。
3. 試薬は不要である。
4. 測定時の妨害物質はない。
5. 保守点検は、1ヶ月毎に行う。保守点検作業は約30分必要である。
6. 交換部品は必要ないが、消耗品は必要である（別表参照）。
7. 精度維持のため、年1回オーバーホール、再検定が必要である。

仕　様

項　目	仕　様	
	クロロフィル	水　温
(1) 測定方法	蛍光測定法式	白金測温抵抗体式
(2) 測定原理	発光部に400～480 nmの励起フィルタ、受光部に677 nmをピークとする蛍光フィルタを装着し、発光部からの光によって、植物プランクトン中に含まれるクロロフィルが発する蛍光の強さを受光部で測定。	白金、またはサーミスタの抵抗温度係数が大きいことを利用し、ブリッジ法によって電気抵抗を測定し、間接的に温度を測定。
(3) 測定範囲	0～200 μg/L	－5～45℃
(4) 電極精度	0.1 %	±0.03℃（分解能0.01℃）
(5) 応答速度	0.2秒	0.25秒
(6) 電源条件	専用リチウムパック電池使用	
(7) 外観・構造	φ89×581 mm　空中10 kg／水中6 kg	
(8) 表示・記録方式	メモリパック記録方式	
(9) 価格（標準品）	1,950,000 円	
(10) 納入実績	最近5ヶ年（H7～11）の納入実績　⦅河川⦆・⦅ダム⦆・⦅湖沼⦆・⦅その他⦆ 販売台数　46台	

交換部品・消耗品　※1日24回測定対象

	名　称	規　格	交換期間(年・月)毎	年間交換部品・消耗品費		
				単　価	数　量	金　額
消耗品	メモリパック内蔵電池		3年	10,000 円	1/3個	3,400 円
	バッテリ	BL08	6ヶ月	23,000 円	2個	46,000 円
	ワイパーゴム		3ヶ月	800 円	4個	3,200 円
	電食亜鉛（係留金具取付用）	Z-100（2個）	2ヶ月	1,500 円	12個	18,000 円

年間交換部品・消耗品費合計　70,600 円

問合せ先

アレック電子株式会社

〒651-2242　兵庫県神戸市西区井吹台東町7-2-3
　TEL　078-997-8686
　FAX　078-997-8609

水質自動観測システム（型式 SEACOM II）

水温、濁度、導電率

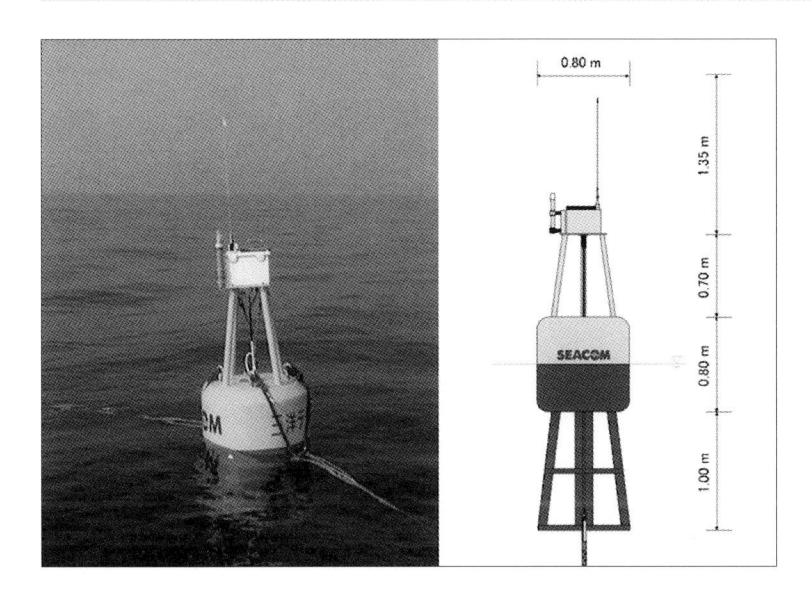

単項目	
多項目	○
採水式	A
	B
	C
潜漬式	○

A：連続自動採水
B：間欠自動採水
C：その他

特 徴

1. 本装置は、無線テレメータ方式を採用した基本水質項目のリアルタイム監視システムである。
2. 本装置は、観測地点に設置する観測局と事務所等に設置する基地局から構成される。
3. 観測局・制御部およびセンサは容易に浮体（ブイ）から切り離すことが可能である。
4. 基地局標準ソフトウェアはやさしくわかりやすい操作性と充実した機能を有する。
5. 観測間隔は基本が60分であるが、10〜120分まで設定可能である。

使用上の留意点

1. 装置は屋内および屋外設置であり、ブイ上または筏上への設置も可能である。
   設置施設として次の設備が必要となる。
   　　局舎・電気・エアコン
   　　観測局は屋外設置（ブイ上、筏上可能）、基地局は屋内設置
2. 校正は必要であり、1ヶ月の周期で行う。校正に約1時間必要である。
3. 試薬は必要である。試薬の廃液回収は不要である。
4. 測定時の妨害物質はない。
5. 保守点検は、1ヶ月毎に行う。保守点検作業は約3時間必要である。
6. 交換部品および消耗品は必要である（別表参照）。

仕　様

項　目	仕　様		
	水　温	導　電　率	濁　度
(1) 測定方法	白金抵抗体法	4-電極法	散乱光法
(2) 測定原理	水温変化により回路の抵抗値が変化することにより水温を測定する。	水中の電解質量の変動により電気抵抗が変化することにより導電率を測定する。	波長 860 nm の光を照射し水中の懸濁物質による散乱光強度を測定することにより濁度を測定する。
(3) 測定範囲	－5～45 ℃	0～100 mS/cm	0～1 000 NTU（NTU：濁度の国際単位）
(4) 温度補償	－	0～45 ℃	0～45 ℃
(5) 電極精度	±0.15 ℃	±0.5 %	±5 %
(6) 応答速度	1分以内	2分以内	2分以内
(7) ①検水条件	水温：－5～45 ℃		
②電源条件	観測局電源：DC 12 V、ソーラーパネル充電方式 基地局電源：AC 100 V		
(8) 外観・構造	観測局は浮体上の計測センサ・制御部から構成され、基地局はレシーバ・PCから構成される。 標準浮体寸法：φ 800×2 500 mm　約 200 kg		
①計測部	センサゾンデ　φ 73×350 mm　1.5 kg 　　　　　　　ポリウレタン／ポリ塩化ビニル（PVC）／SUS		
②指示増幅部	制御ユニット部　W 320×D 143×H 220 mm　約 10 kg データ記憶容量（約 4 000 データ）		
③採水洗浄制御部	濁度センサの洗浄部はワイパー式を採用		
(9) 表示・記録方式	テレメータシステムのため、観測局には表示機能はない。 制御ユニット部のデータ記憶容量は約 4 000 データである。		
(10) その他	テレメータシステムのため、基地局にレシーバ・PC・プリンタ等の機器が必要。 表示・記録・印刷は PC／プリンタで行う。 専用表示ソフト（データモニタ・時系列グラフ・日報・月報等） 記録容量（PC の HDD 容量に依存）		
(11) 価格（標準品）	基地局：3,500,000 円　観測局：5,500,000 円		
(12) 納入実績	最近 5 ヶ年（H 7～11）の納入実績　河川・ダム・湖沼・⦅その他⦆ 販売台数　2 台		

交換部品・消耗品　※1日24回測定対象

	名　称	規　格	交換期間(年・月)毎	年間交換部品・消耗品費		
				単　価	数　量	金　額
交換部品	センサゾンデ	Model 6820-M	3年	1,100,000 円	1/3	366,700 円
	温度センサ	温度電極（センサゾンデに付属）	3年			
	電導度センサ	電導度電極（センサゾンデに付属）	3年			
	濁度センサ	交換用濁度電極（ワイパー付）	2年	400,000 円	1/2本	200,000 円
	センサケーブル	フィールドケーブル（30 m）	1年	165,000 円	1本	165,000 円
	制御ユニット		3年	900,000 円	1/3	300,000 円
	制御ユニット電池	DC 12 V	3年	10,000 円	1/3個	3,400 円
消耗品	濁度電極ワイパー	濁度電極ワイパー（2ヶ入）	1ヶ月	15,000 円	6セット	90,000 円
	電導度標準液	5 000 µS/cm 475 mL×8瓶	4瓶/年	26,000 円	1/2セット	13,000 円
	濁度標準液	100 NTU 475 mL（3回分）	1ヶ月	50,000 円	4瓶	200,000 円

	名　称	規　格	交換期間 (年・月)毎	年間交換部品・消耗品費		
				単　価	数　量	金　額
消耗品	濁度標準液	200 NTU 125 mL （1回分）	1ヶ月	54,000円	12瓶	648,000円

年間交換部品・消耗品費合計　1,986,100円

問合せ先
三洋テクノマリン株式会社

〒103-0012　東京都中央区日本橋掘留町1-3-17
　TEL　03-3666-3625
　FAX　03-3666-3733

メモリーDO計（型式 ADO-8M（ADO-8M シリーズ））

水温、溶存酸素（DO）、塩化物イオン
ADO-8M5：水温、水深、DO、塩化物イオン
ADO-8M6：水温、濁度、DO、塩化物イオン

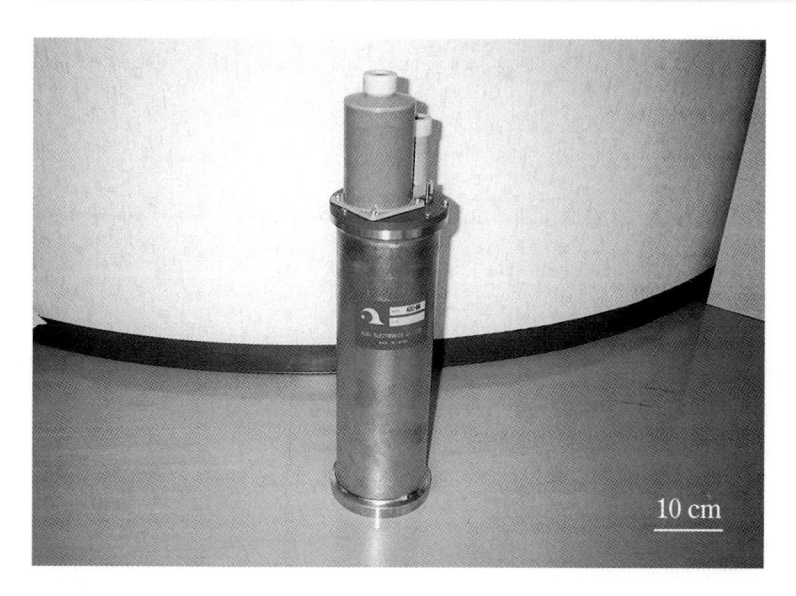

単項目	
多項目	○
採水式 A	
採水式 B	
採水式 C	
潜漬式	○

A：連続自動採水
B：間欠自動採水
C：その他

特徴

1. 生物汚濁防止室採用により、安定した連続測定が可能である。
2. DOセンサはカートリッジ式のため、保守・交換が簡単である。
3. 記録部は着脱可能なメモリパック方式のデータロガーを採用しており、500 000 データの記録が可能である。
4. メモリパックに記録されたデータは、汎用のパソコンで処理可能である。

使用上の留意点

1. 装置は屋外設置であるが、ブイ上または筏上の設置は不可である。
2. 校正はDOのみ必要であり、1ヶ月毎の周期で行う。校正に約10分必要である。
3. 試薬は必要である。試薬の廃液回収は不要である。
4. 測定時の妨害物質はない。
5. 保守点検は、1ヶ月毎に行う。保守点検作業は約1時間必要である。
6. 交換部品および消耗品は必要である（別表参照）。
7. 精度維持のため、年1回オーバーホール、再検定が必要である。

仕 様

項　目	仕　様		
	水　温	導電率（塩化物イオン）	DO
(1) 測定方法	白金測温抵抗体方式	電磁誘導セル方式	ガルバニ電極式
(2) 測定原理	白金、またはサーミスタの抵抗温度係数が大きいことを利用し、ブリッジ法によって電気抵抗を測定し、間接的に温度を測定。	センサ部の管中の海水を一本の抵抗導線と考え、これによって二つのトロイダルコイル（ドーナッツ状のコイル）を電磁的に結合させる方式（電気伝導度の変化は二次コイルに電圧変化として表れる）。	電極表面浸透膜を通じて、内部電解液へ溶け込んだ酸素は、金または白金の陰極でまた、鉛陽極と電解液との間で化学反応し、流れた電流を測定。
(3) 測定範囲	－5～40℃	0～60 mS/cm	0～20 mg/L
(4) 電極精度	±0.02℃ （分解能 0.01℃）	±0.05 mS/cm （分解能 0.01）	±0.1 mg/L （分解能 0.02 mg）
(5) 応答速度	0.25秒	0.2秒	10秒
(6) 電源条件	内蔵充電型バッテリ		
(7) 外観・構造	φ140×652 mm　空中 14.5 kg／水中 6.8 kg		
(8) 表示・記録方式	メモリパック記録方式		
(9) 価格（標準品）	1,800,000 円		
(10) 納入実績	最近5ヶ年（H7～11）の納入実績　河川・⑭・湖沼・⑳ 販売台数　24台		

交換部品・消耗品　※1日24回測定対象

	名　称	規　格	交換期間 (年・月)毎	年間交換部品・消耗品費		
				単　価	数　量	金　額
交換部品	内蔵バッテリ		2年	120,000 円	1/2 組	60,000 円
	DOカプセル		2ヶ月	25,000 円	6個	150,000 円
	ポンプ		1年	30,000 円	1個	30,000 円
	アンチファウリングチャンバー		1年	18,000 円	1個	18,000 円
	メッシュフィルタ	2組	1ヶ月	1,000 円	24組	24,000 円
	メモリパック内蔵バッテリ		3年	10,000 円	1/3 個	3,400 円
消耗品	電食防止亜鉛 （係留金具取付用）	2個	2ヶ月	6,000 円	12個	72,000 円

年間交換部品・消耗品費合計　357,400 円

問合せ先

アレック電子株式会社

〒651-2242　兵庫県神戸市西区井吹台東町7-2-3
　TEL　078-997-8686
　FAX　078-997-8609

K-82S 水質自動監視装置（型式 K-82 型 S（WPM-8200））

水温、濁度、導電率、水素イオン濃度（pH）、溶存酸素（DO）、（オプション：塩化物イオン）

単項目	
多項目	○
採水式 A	○
採水式 B	○
採水式 C	
潜漬式	

A：連続自動採水
B：間欠自動採水
C：その他

50 cm

特 徴
1. 効果的な洗浄方式により、メンテナンスが著しく削減できる。
2. 間欠測定－連続測定いかようにも対応できる。
3. 測定項目は、基本5項目に加えて塩素イオン等も同時に測定できる。
4. 2系列採水にも対応できる。
5. 最大40日間のデータメモリ可能で、日報や警報等の印字ができる。

使用上の留意点
1. 装置は屋内設置であり、ブイ上または筏上への設置は不可である。
   設置施設として次の設備が必要となる。
   　　局舎・上水道・電気・エアコン・コンプレッサ・採水設備・排水設備
2. 校正は必要であり、1ヶ月毎の周期で行う。校正に約1時間必要である。
3. 試薬は必要である。試薬の廃液回収は不要である。
4. 測定時の妨害物質はない。
5. 保守点検は、1ヶ月毎に行う。保守点検作業は約2時間必要である。
6. 交換部品および消耗品は必要である（別表参照）。

仕 様

項 目	仕 様					
		水 温	pH	導電率	濁度	DO
(1)	測定方法	白金抵抗法	ガラス電極法	交流2極法	積分球式	ガルバニ電池式
(2)	測定原理	白金電極により白金の抵抗が温度により変わる原理を使用して測定する。	ガラス電極はpHが変わった場合電位が変わるため、これを測定してpHを測定する。	白金電極間の試料の比抵抗を測定する。	試料中の濁り成分が光を遮蔽しまたは散乱を起こす原理を利用してその光の強弱を測定して濁度を測定する。	ガルバニ電極は酸素濃度により電位が変わるため、これを測定して水中の溶存酸素濃度を測定する。
(3)	測定範囲	−10〜40℃	pH 2〜12	0〜1 000 μS/cm	0〜200 mg/L	0〜20 mg/L
(4)	温度補償	—	0〜50℃	0〜50℃	—	0〜50℃
(5)	電極精度	±0.3℃以内	±0.1 pH以内	±3%以内（校正点温度±5℃にて）	±2%以内（0〜100 mg/Lにて）	±2%以内（校正点温度±5℃にて）
(6)	応答速度	1分以内	2分以内	2分以内	2分以内	2分以内
(7)	測定周期（データ読取周期）	5分、10分、30分、60分　任意設定式				
(8)	測定モード	・30分、60分間欠測定　・連続測定…任意選択式				
(9)	洗浄周期	・間欠測定…測定毎　・連続測定…3時間、6時間、12時間任意設定				
(10)	洗浄所要時間	3、5、7、10分任意設定式				
(11)	①検水条件	流量：約30 L/min（計測部入口）　水温：−10〜40℃				
	②電源条件	AC 100 V±10 V　50／60 Hz　消費電力 約500 VA（最大）				
(12)	外観・構造					
	①計測部	検出管：透明硬質塩化ビニル 50 mm 送水管：硬質塩化ビニル 25×50 mm W 1 300×D 710×H 1 700 mm　約130 kg				
	②指示増幅部	W 600×D 710×H 1 700 mm　約80 kg				
	③採水洗浄制御部	W 800×D 500×H 2 000 mm　約70 kg （採水バルブ架台／制御盤 一体型の場合）				
(13)	表示・記録方式	ディジタル表示、記録紙、テレメータ テレメータ外部出力信号：①測定信号：DC 0〜1 V（5点） ②警報接点信号無電圧接点：各測定項目測定異常（5点）、各測定項目増幅部電源断（5点）、検水断、保守中、装置電源断 ③採水ポンプ運転信号 記録部のデータメモリ：内部メモリ、ICメモリ方式（バックアップ電池内蔵）収集測定データメモリ能力（1時間毎のデータ読取で、1ヶ月のデータメモリ可能）				
(14)	その他	塩素イオンも測定可（オプション）				
(15)	価格（標準品）	13,000,000 円				
(16)	納入実績	最近5ヶ年（H 7〜11）納入実績　河川・ダム・湖沼・その他 販売台数　16台				

交換部品・消耗品　※1日24回測定対象

	名　称	規　格	交換期間(年・月)毎	年間交換部品・消耗品費		
				単　価	数　量	金　額
交換部品	温度電極	R-005	2年	18,000円	1/2本	9,000円
	pH測定電極	GST-314Y	2年	150,000円	1/2本	75,000円
	pH測定電極ガラス電極部	HGS-300Y	6ヶ月	11,000円	2個	22,000円

	名　称	規　格	交換期間(年・月)毎	年間交換部品・消耗品費		
				単　価	数　量	金　額
交換部品	pH測定電極液洛部	JC-300K	3ヶ月	15,000円	4個	60,000円
	pH測定電極電極内部液	500 mL入	1年	6,000円	1本	6,000円
	DO電極	560PYC	1年	80,000円	1個	80,000円
	導電率電極	CBI-31BY	1年	145,000円	1本	145,000円
	濁度検出器オーバーホール	オーバーホール中貸出（1ヶ月）	1年	105,000円	1回	105,000円
	シーケンサ用バックアップ電池		2年	9,500円	1/2個	4,750円
消耗品	pH標準試薬	pH 6.86 粉末（12袋入）		7,000円	1	7,000円
	pH標準試薬	pH 4.01 粉末（12袋入）		7,000円	1	7,000円
	pH標準試薬	pH 9.18 粉末（12袋入）		7,000円	1	7,000円
	導電率標準液	70.5 mS/m（500 mL）		5,000円	3	15,000円
	亜硫酸ナトリウム	500 g入り		2,000円	1	2,000円
	DO電極交換ワグニット	GU-S		18,000円	4	72,000円
	ホルマジン標準液	4000FTU　1 L		10,000円	2	20,000円
	リボンカートリッジ	プリンタ用		7,000円	1	7,000円
	印字用紙	2 000枚入		10,000円	1	10,000円

年間交換部品・消耗品費合計　653,750円

問合せ先

株式会社アナテック・ヤナコ

〒611-0041　京都府宇治市槙島町十一 96-3
　　TEL　0774-24-3171
　　FAX　0774-24-3173
　　URL　http://www.yanaco.co.jp/

水質自動監視装置（型式 K-82 型 S）

水温、濁度、導電率、水素イオン濃度（pH）、溶存酸素（DO）

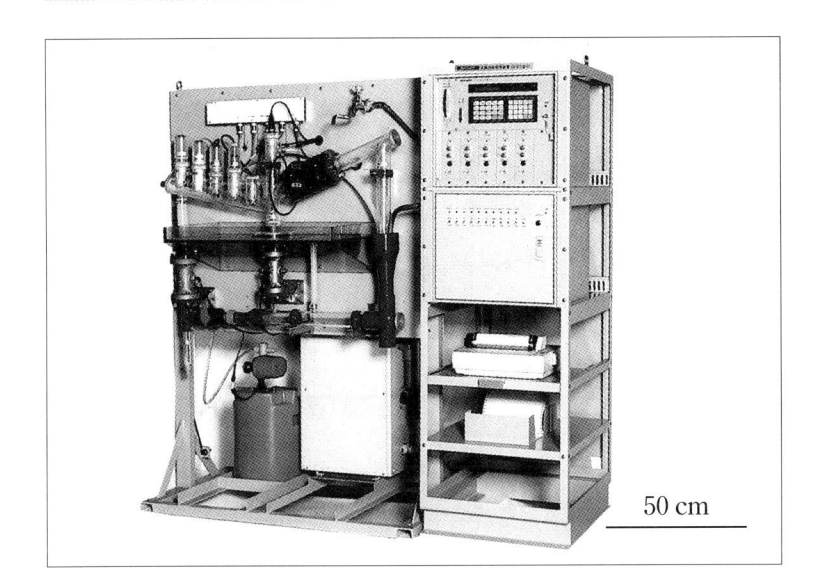

単項目	
多項目	○
採水式 A	○
採水式 B	○
採水式 C	
潜漬式	

A：連続自動採水
B：間欠自動採水
C：その他

特徴
1. 本装置は、水質保全を目的とし、河川での基本的な水質項目の長期間測定を行うものである。
2. 本装置は、国土交通省の水質自動監視装置（K-82型S）標準仕様書（案）に準拠している。
3. 指示処理部には時計機能、測定周期、測定範囲、印字期間の各設定等多くの機能を有している。
4. 採水洗浄制御部にはシーケンサを用いて各現場に応じた最適な方法がプログラムできるようになっている。
5. 記録部にフロッピーディスクドライブを搭載し、データ収集が容易である。

使用上の留意点
1. 装置は屋内設置であり、ブイ上または筏上への設置は不可である。
   設置施設として次の設備が必要となる。
   　局舎・上水道・電気・エアコン・コンプレッサ・採水設備・排水設備
   　場合によって検水2系統切換張架、ポンプ制御盤、逆洗浄を含む。
2. 校正は必要であり、約1ヶ月の周期で行う。校正に約1時間必要である。
3. 試薬は必要である。試薬の廃液回収は不要である。
4. 測定時の妨害物質はない。
5. 保守点検は、約2週間毎に行う。保守点検作業は約3時間必要である。
6. 交換部品および消耗品は必要である（別表参照）。

仕　様

項　　目	仕　　　　様				
	水　温	pH	導電率	濁　度	DO
(1) 測定方法	白金抵抗法	ガラス電極法	交流2極法	積分球式	ガルバニ電池式
(2) 測定原理	白金の温度による抵抗値の変化を温度換算して求める。	検水中にガラス電極と比較電極を入れ、両電極間に生ずる電位差を測定しpHを求める。	あらかじめ電気伝導度標準液を用いてセル定数を求めておき、同一条件で検水の電気抵抗をコールラウイッシュ・ブリッジ（交流）を用いて白金黒電極法（零位法）で測定し計算より求める。	検水中を通過した透過光量 I_1 と検水中の微粒子によって反射されて生じる散乱光量 I_2 とを測定し、I_2 と (I_1+I_2) の比から濁度を求める。	卑金属と貴金属を組合せ、電解質溶液に浸すと卑金属が溶解すると共に水中のDOが還元されて電極間に電流が流れる。この電流の量はDO量に比例するので、測定した電流量からDOを定量する。
(3) 測定範囲	－10 ～ 40 ℃	pH 2 ～ 12	0 ～ 1 000 μS/cm	0 ～ 200 mg/L	0 ～ 20 mgO/L
(4) 温度補償	—	0 ～ 50 ℃	0 ～ 50 ℃	—	0 ～ 50 ℃
(5) 電極精度	フルスケール±0.5 % 以内	フルスケール±0.2pH 以内	フルスケール±5 %	～100…±5 % 以内 以外…±10 % 以内	フルスケール±5 % 以内
(6) 応答速度	1分以内	2分以内	2分以内	2分以内	2分以内
(7) ①検水条件	水量：約 30 ～ 50 L/min				
②電源条件	AC 100 V ± 10 %　50/60 Hz　消費電力 500 VA				
(8) 外観・構造					
①計測部	W 1 300 × D 710 × H 1 700 mm　約 130 kg				
②指示増幅部	指示記録部（指示処理部、増幅部、採水洗浄制御、プリンタ含む） W 600 × D 710 × H 1 700 mm　約 100 kg （BCD ユニット含まず）				
③採水洗浄制御部	指示記録部に含まれる				
(9) 表示・記録方式	指示処理部および採水洗浄制御部に液晶表示 外部記憶装置：3.5インチFDD付（2DD 640 KB）プリンタ印字				
(10) その他	外部出力 　測定値電圧出力 DC 0 ～ 1 V（DC 4 ～ 20 mA、BCDはオプション） 　接点出力　無電圧 a 接点出力 　①測定項目毎測定値警報出力　②測定項目毎測定値欠測出力　③検水断信号　④保守中信号　⑤装置電源断信号 外部入力 　測定項目毎測定入力 DC 0 ～ 1 V 　接点入力　無電圧 a 接点出力 　①測定項目毎電源断信号　②測定項目毎保守中信号				
(11) 価格（標準品）	11,000,000 円～（標準仕様本体価格　付帯設備、オプションは除く）				
(12) 納入実績	最近5ヶ年（H 7 ～ 11）の納入実績　河川・ダム・湖沼・その他 販売台数　8台				

交換部品・消耗品　※1日24回測定対象

	名　称	規　格	交換期間 (年・月)毎	年間交換部品・消耗品費		
				単　価	数　量	金　額
交換部品	DO電極ワグニット	GU-S	3ヶ月	23,700 円	4個	94,800 円
	pH測定電極		2年	197,000 円	1/2個	98,500 円
	pH測定電極 ガラス電極部		6ヶ月	14,500 円	2個	29,000 円

	名　称	規　格	交換期間(年・月)毎	年間交換部品・消耗品費		
				単　価	数　量	金　額
交換部品	pH測定電極液洛部		3ヶ月	19,700円	4個	78,800円
	pH測定電極内部液	500 mL	1年	7,900円	1本	7,900円
	DO電極		1年	105,000円	1個	105,000円
	導電率電極		1年	190,400円	1個	190,400円
	温度電極		2年	23,700円	1/2個	11,850円
	オーバーホール用貸出し濁度計	1ヶ月	1年	137,900円	1個	137,900円
	シーケンサ用バックアップ電池		2年	12,500円	1/2個	6,250円
消耗品	pH標準試薬	pH 6.86（粉末12袋入）			1個	
	pH標準試薬	pH 4.01（粉末12袋入）			1個	
	pH標準試薬	pH 9.18（粉末12袋入）			1個	
	亜硫酸ナトリウム	500 g入			1個	
	ホルマジン標準液	1 L			2本	
	導電率標準液	70.5 mS/m（500 mL）			3本	
	リボンカートリッジ	プリンタ用	1年	9,200円	1個	9,200円
	記録紙	2 000枚入り	1年	13,200円	1個	13,200円

年間交換部品・消耗品費合計　782,800円

問合せ先

シャープ株式会社

〒545-0013　大阪府大阪市阿倍野区長池町22-22
　TEL　06-6625-1986
　FAX　06-6621-2597
　URL　http://www.sharp.co.jp/

水質自動監視装置（型式 KW-2）

水温、水深、濁度、導電率、水素イオン濃度（pH）、溶存酸素（DO）

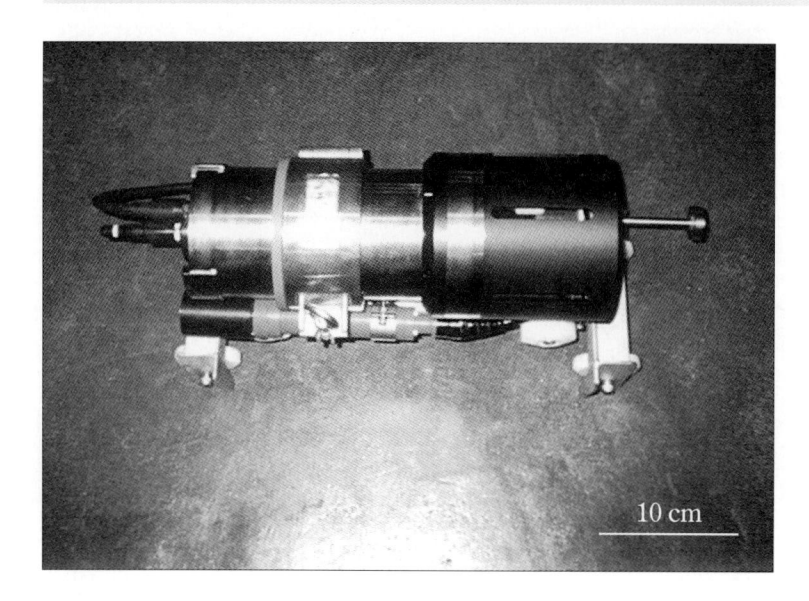

単項目	
多項目	○
採水式 A	
採水式 B	
採水式 C	
潜漬式	○

A：連続自動採水
B：間欠自動採水
C：その他

特 徴
1. 小型・軽量・低価格設計である。
2. 洗浄機能付で、長期安定したデータが得られる。
3. 表示操作部はタッチパネル式で測定周期、校正が簡易に行える。
4. 潜漬型なので、応答の遅れがない。
5. 省スペースで、設置可能。保守が月に1回で安定したデータが得られる。

使用上の留意点
1. 装置は屋外設置であり、ブイ上または筏上への設置も可能である。
   設置施設として次の設備が必要となる。
      電気
2. 校正は必要であり、1ヶ月の周期で行う。校正に約2時間必要である。
3. 試薬は不要である。
4. 測定時の妨害物質はない。
5. 保守点検は、1ヶ月毎に行う。保守点検作業は約3時間必要である。
6. 交換部品および消耗品は必要である（別表参照）。

仕様

項　目	仕　様					
	濁度	水温	pH	DO	導電率	水深
(1) 測定方法	後方散乱光法	白金抵抗体法	ガラス電極法	ガルバニ電池法	電磁誘導法	半導体ストレンゲージ
(2) 測定原理	検水に光を照射した時、検水中の微粒子によって反射される散乱光量を測定して求める。懸濁物質と散乱光量は比例する。	白金測温抵抗体の温度により変化する値の変化を電圧に変換し信号を出す。	試水中にガラス電極と比較電極を入れ両電極間に生じる電位差を測定する。pHの異なる2液がガラスの薄膜を隔てて接すると、水素イオンだけ通す半透膜となり2液のpHの差に応じた膜電位が生じる。	卑金属と貴金属を組合せ、電解質溶液に浸すと卑金属が溶解すると共にDOが還元されて電極間に電流が流れる。この電流の量は、DO量に比例するので、測定した電流量からDOを定量する。	樹脂製の検出部に励起コイルと検出コイルを入れ、そのコイル間に流れる海水の導電率により変化する誘起電圧を計測し水温により温度補正する方法。	水深圧力によるひずみを半導体の電気抵抗として変化する性質を利用した圧力計。
(3) 測定範囲	0～2 000 mg/L	－10～40 ℃	pH 2～12	0～20 mg/L	0～100 mS/cm	0～50 m
(4) 電極精度	フルスケール±2％以内	±0.2 ％℃	±0.2 pH 以内	±0.4 mg/L 以内	±2 mS/m 以内	±0.25 m 以内
(5) 応答速度	30秒以内	2秒以内	2分以内	2分以内	2秒以内	2秒以内
(6) ①検水条件	潜漬型					
②電源条件	AC 100 V±10％　60／50 Hz　消費電力 500 VA以内					
(7) 外観・構造	計測部：φ175×450 mm 指示増幅部：W 700×D 1 650×H 350 mm					
(8) 表示・記録方式	ディジタル表示・テレメータ（RS 232 C、ディジタル並列出力） SV信号（保守中、装置異常）					
(9) 価格（標準品）	10,000,000 円					
(10) 納入実績	最近5ヶ年（H 7～11）納入実績　㋲・㋨・㋗・その他 販売台数　2台					

交換部品・消耗品　※1日24回測定対象

	名　称	規　格	交換期間(年・月)毎	年間交換部品・消耗品費		
				単　価	数　量	金　額
交換部品	pH電極		6ヶ月	99,000 円	2本	198,000 円
	DO計ワグニット		3ヶ月	15,950 円	4個	63,800 円
	濁度計ワイパーゴム		1年	2,000 円	1式	2,000 円
	pH計ワイパーブラシ		1年	2,100 円	1式	2,100 円
	DO計ワイパーブラシ		1年	2,100 円	1式	2,100 円
消耗品	ホルマジン標準液	1 000度　100 mL	6本/年	4,620 円	6本	27,720 円
	pH緩衝液	pH 4、pH 7、pH 9	1年	2,640 円	各1本	2,640 円
	塩化カリウム標準液	705 μS/cm	3本/年	6,270 円	3本	18,810 円

年間交換部品・消耗品費合計　317,170 円

問合せ先

株式会社鶴見精機

〒230-0051　神奈川県横浜市鶴見区鶴見中央二丁目2番20号
　　TEL　045-521-5252
　　FAX　045-521-1717
　　URL　http://www.tsk-jp.com/

河川水質自動監視装置（型式 K-82S）

水温、濁度、導電率、水素イオン濃度（pH）、溶存酸素（DO）

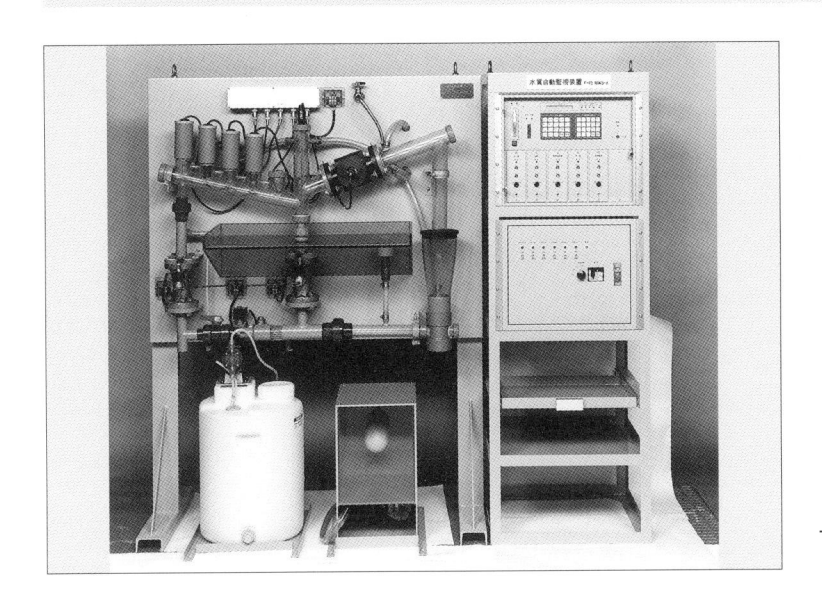

単項目	
多項目	○
採水式 A	
採水式 B	○
採水式 C	
潜漬式	

A：連続自動採水
B：間欠自動採水
C：その他

50 cm

特 徴

1. 小型軽量で設置スペースをとらない。
2. 調整槽を必要とせず、装置の構成の簡潔化に成功、低コスト化実現。
3. 揚水ポンプは間欠運転であるためランニングコストの低減化。

使用上の留意点

1. 装置は屋内設置であり、ブイ上または筏上への設置は不可である。
   設置施設として次の設備が必要となる。
   　局舎・上水道・電気・採水設備・排水設備
2. 校正は必要であり、2ヶ月毎の周期で行う。校正に約1時間必要である。
3. 試薬は必要である。試薬の廃液回収は不要である。
4. 測定時の妨害物質はない。
5. 保守点検は、3ヶ月毎に行う。保守点検作業は約1日必要である。
6. 交換部品および消耗品は必要である（別表参照）。

仕　様

項　目	仕　様				
	水　温	pH	導電率	溶存酸素	濁　度
(1) 測定方法	白金抵抗法	ガラス電極法	交流2極法	ガルバニ法	積分球方式
(2) 測定原理	温度に対する抵抗変化が一定で互換性があり、温度係数が大きいこと等の条件から白金（JIS採用）使用される。一定の抵抗（Pt 100Ω）に一定の電流（0.5〜2mA）を流し温度変化を計測する。	ガラス電極と比較電極と組合せ、pHxの値をもつ被検液に浸した時、両電極間には液のpHに比例した起電力を発生する。（起電力：発生電位）$E = K \times (2.303 RT/F) \times (pHi - pHx) + Ea$ R：気体定数 T：絶対温度 F：ファラデー定数 K：勾配係数 Ea：不斎電位 pHi：ガラス電極内部のpH値　上記の式から、1pHの値は$K=1$、$Ea=0$とすると理論発生起電力は59.15 mV(25℃)となる。	面積1m²の2個の平面極板が距離1mで対抗している容器に電解質液を満たして測定した電気抵抗の逆数で表し、流す電流は、交流である。	電解質溶液中に2種類の金属電極を浸し、回路を構成すれば、それぞれの電極に酸化または還元反応に応じた電流が流れる現象を利用したもので、隔膜を通した酸素により電流が生じるが、電流の大きさは隔膜を通した酸素の量に比例する。	光源からの平行光線をセルの液層に入射させると、その光線は、平行のままの光線と液中懸濁物質による散乱光線となって積分球に入る。積分球内にもうけてある光電池で散乱光と全入射光をそれぞれ測定し、この両者の比が液中の懸濁物質の濃度に比例することを利用して濁度を測定する。
(3) 測定範囲	−10〜40℃	pH 2〜12	0〜1 mS/cm	0〜20 mg/L	0〜50／200 mg/L
(4) 温度補償		0〜50℃		0〜50℃	
(5) 電極精度	±0.3℃	±0.1 pH	±3％	±2％	±2％
(6) 応答速度	1分以内	2分以内	2分以内	2分以内	2分以内
(7) ①検水条件	圧力 0.01〜0.05 MPa　温度 2〜40℃　流量 2〜10 L/min				
②電源条件	AC 100 V±10 V　50／60 Hz　消費電力 500 VA				
(8) 周囲条件	温度−10〜40℃、湿度95％以下、振動衝撃、腐食ガス、ダスト、誘導障害のないこと（誘導障害：ポンプとかモータ等で大電力を消費するような機械の配線の近くにあるとそのポンプやモータの開閉時にその影響を受けること）				
(9) 外観・構造	屋内自立型　計測部約 W 1 300×D 850×H 1 700 mm　指示増幅部および採水洗浄制御部約 W 500×D 500×H 400 mm				
(10) 外部出力信号（テレメータ）	DC 0〜1 V、BCD（オプション）				
(11) 価格（標準品）	11,000,000 円				
(12) 納入実績	最近5ヶ年（H7〜11）の納入実績 河川・ダム・湖沼・その他　販売台数　25台				

交換部品・消耗品　※1日24回測定対象

	名　称	規　格	交換期間(年・月)毎	年間交換部品・消耗品費		
				単　価	数　量	金　額
交換部品	pH検出器	GST-314K1	6ヶ月	100,000 円	2	200,000 円
	導電率検出器	CBI-31BK	1年	100,000 円	1	100,000 円
	濁度検出器		1年	1,200,000 円	1	1,200,000 円
	溶存酸素カートリッジ	引換券	3ヶ月	20,000 円	4	80,000 円

	名 称	規 格	交換期間 (年・月)毎	年間交換部品・消耗品費		
				単 価	数 量	金 額
交換部品	インクリボンカートリッジ	MZ-6P10	6ヶ月	2,400 円	2	4,800 円
消耗品	pH標準液	pH 4.01、pH6.86	2ヶ月	1,500 円	12	18,000 円
	亜硫酸ナトリウム	500 g	1年	1,600 円	1	1,600 円
	導電率標準液	500 mL	2ヶ月	2,500 円	6	15,000 円
	濁度標準液	4000 FTU　1L	6ヶ月	8,000 円	2	16,000 円
	精製水	18 L	6ヶ月	2,000 円	2	4,000 円
	検出器パッキング	電極用	1年	5,400 円	4	21,600 円
	チューブ		1年	5,500 円	1	5,500 円

年間交換部品・消耗品費合計　1,666,500 円

問合せ先
東亜ディーケーケー株式会社

〒169-8648　東京都新宿区高田馬場1-29-10
　TEL　03-3202-0221
　FAX　03-3202-0555
　URL　http//www.toadkk.co.jp/

固定式水質自動観測装置（型式 MA-985D-6）

水温、水深、濁度、導電率、水素イオン濃度（pH）、溶存酸素（DO）

単項目	
多項目	○
採水式 A	
採水式 B	
採水式 C	
潜漬式	○

A：連続自動採水
B：間欠自動採水
C：その他

10 cm

特 徴
1. 本装置は水質保全を目的とし、河川、ダム流入地点、湖沼等での水質監視を長期間自動測定するものである。
2. モデム電話、携帯電話、衛星通信とNTT回線により制御およびデータ収録が可能である。
3. 保守性を考慮し、検出部はコンパクトで簡単に着脱ができ、互換性もあるためメンテナンスが容易である。
4. データの欠測を最小限に抑えるため、故障時には代替品を準備してある。
5. 記録装置は電力の消費を少なくするため、節電型とし小型化されているため局舎は不要である。

使用上の留意点
1. 装置は屋外設置であり、ブイ上または筏上への設置も可能である。
   設置施設として次の設備が必要となる。
      商用電源
2. 校正は必要であり、6ヶ月の周期で行う。DOのみ1ヶ月である。校正に約90分必要である。
3. 試薬は必要である。試薬の廃液回収は不要である。
4. 測定時の妨害物質はない。
5. 保守点検は、半年毎に行う。保守点検作業は約2時間必要である。
6. 交換部品および消耗品は必要である（別表参照）。

仕　様（1）

項　目	仕　様		
	濁　度	水　温	水　深
(1) 測定方法	散乱光法	白金抵抗体法	圧力式
(2) 測定原理	赤外線発光ダイオードを交流変調して、定電流回路で駆動し、散乱光の量を測定する。	温度応答性にすぐれたシース型測温抵抗白金温度センサを利用し測定する。	感圧素子にシリコンストレンゲージ（半導体圧力素子）を利用して測定する。
(3) 測定範囲	0〜2 000 mg/L	−5〜45℃	0〜10 m
(4) 温度補償	−5〜50℃ 凍結・結露なし		−5〜50℃ 凍結・結露なし
(5) 電極精度	フルスケール±2％以内	±0.2％℃以内	フルスケール±0.02％
(6) 応答速度	瞬時	瞬時	瞬時

仕　様（2）

項　目	仕　様		
	pH	導電率	DO
(1) 測定方法	ガラス電極法	交流4極法	ガルバニ電池法
(2) 測定範囲	pH 2〜12	0〜1 000 μS/cm	0〜20 mg/L
(3) 温度補償	0〜50℃	0〜50℃	0〜50℃
(4) 電極精度	±0.2 pH以内	±3％以内	±2％以内
(5) 応答速度	瞬時	瞬時	瞬時
(7) 電源条件	AC 100 V　消費電力 60 VA		
(8) 外観・構造			
①計測部	約φ340×500 mm　約40 kg		
②指示増幅部	約W 403×D 185×H 323 mm　約8 kg		
(9) 表示・記録方式	ディジタル表示、RS 232 C 出力（2ヶ） パソコン処理、作表、作図		
(10) 価格（標準品）	10,000,000 円		
(11) 納入実績	最近5ヶ年（H 7〜11）の納入実績　河川・ダム・湖沼・その他 販売台数　35台		

交換部品・消耗品　※1日24回測定対象

	名　称	規　格	交換期間(年・月)毎	年間交換部品・消耗品費		
				単　価	数　量	金　額
交換部品	pH計ガラス電極		1年		1本	5,000 円
	pH計液絡部		1年		1本	3,000 円
消耗品	ワイパーブラシ		6ヶ月		2本	6,000 円
	DO計隔膜カートリッジ	1箱5個入	1ヶ月	6,000 円	3箱	18,000 円
	DO計圧バランス膜		1ヶ月		12個	48,000 円
	DO計電解液	1本　50 mL入	3ヶ月		4本	10,000 円
	DO計校正用液	亜硫酸ナトリウム（50 g）	4ヶ月		3本	3,000 円
	pH計	塩化カリウムゲル	1年		1本	3,000 円
	精製水	（10 L）	3箱/年		3箱	6,000 円
	pH標準液	pH 4.01、pH 6.86、pH 10.02	1年		各1本	4,500 円
	濁度標準液	50、500、1 000、2 000 mg/L	20本/年		20本	52,000 円

年間交換部品・消耗品費合計　158,500 円

問合せ先

北斗理研株式会社

〒189-0026　東京都東村山市多摩湖町1-25-2
　　TEL　042-394-8101
　　FAX　042-395-8731
　　URL　http://www.hokuto-riken.co.jp

水質モニタ（型式 WARA-25）

水温、濁度、導電率、水素イオン濃度（pH）、酸化還元電位（ORP）、溶存酸素（DO）

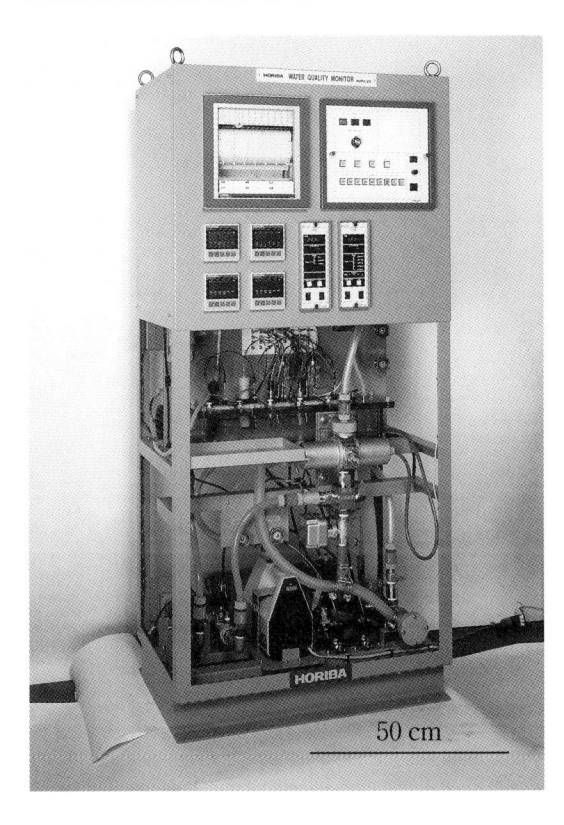

単項目		
多項目		○
採水式	A	○
	B	
	C	
潜漬式		

A：連続自動採水
B：間欠自動採水
C：その他

特徴

1. 水質汚濁を把握する上で基本的な項目であるpH、DO、導電率、濁度、ORP、水温の6項目を連続で測定する。
2. 自動洗浄機能を搭載し、長期間安定した測定が可能である。
3. 測定部分はメンテナンスが容易なオープンラック方式になっている。このため各種検出器の取付けは測定槽の指定の位置に差し込むだけである。

使用上の留意点

1. 装置は屋内設置であり、ブイ上または筏上への設置は不可である。
   設置施設として次の設備が必要となる。
     局舎・上水道・電気・採水ポンプ
2. 校正は必要であり、半月の周期で行う。校正に約1時間必要である。
3. 試薬は必要である。試薬の廃液回収は不要である。
4. 測定時の妨害物質はない。
5. 保守点検は、3週間毎に行う。保守点検作業は約1時間必要である。
6. 交換部品および消耗品は必要である（別表参照）。

仕　様（1）

項　目	仕　様		
	pH	DO	導電率
(1) 測定方法	ガラス電極法	隔膜式ガルバニ電極	交流2極法
(2) 測定原理	ガラス薄膜の両側にpHの異なる溶液が接した時、両液のpHの差に比例した電位がガラス薄膜の両面に発生する。この電位差をpHに無関係に一定の電位を示す比較電極を利用して測定し、その電位差から求める。	酸素をよく透過するような透過膜によって試料と電解液は仕切られている。隔膜を透過し、電解液中に溶解した試料中の酸素は、卑金属の対極と貴金属の作用極との間で還元され、還元電流を発生し、この電流を測定することで求める。	試料中に2枚の極板を向かい合わせ、交流電流を流すことにより、試料中の抵抗を測定し求める。
(3) 測定範囲	pH 2～12	0～20 mg/L	0～1 000 μS/cm
(4) 温度補償	あり	あり	あり
(5) 電極精度	繰返し性 ±0.1 pH	繰返し性 フルスケール±1％	繰返し性 フルスケール±2％
(6) 応答速度	2分	2分	2分

仕　様（2）

項　目	仕　様		
	濁　度	ORP	水　温
(1) 測定方法	レンズ集光式 前方散乱透過法	金属電極法	白金測温抵抗体法
(2) 測定原理	試料溶液中にレンズで集光した光をあて、その透過光と散乱光の両方を測定し、その比から試料中の懸濁物質の濃度に比例することを利用して濁度を求める。	試料の酸化還元反応により発生酸化還元電位差を金属電極と一定の電位を示す比較電極を利用して測定する。	白金の抵抗値が温度によって変化することを利用して測定する。
(3) 測定範囲	0～200 ppm	±1 400 mV	－10～40℃
(4) 温度補償	なし	あり	なし
(5) 電極精度	繰返し性 フルスケール±1％	繰返し性 ±20 mV	繰返し性 ±0.5℃
(6) 応答速度	1分	2分	1分
(7) ①検水条件	水温：5～40℃　流量：2.0～5.0 L/min　圧力：0.1～0.3 kg/cm²		
②電源条件	AC 100 V±10 V　50／60 Hz		
(8) 外観・構造	計測部、指示部を架台まとめ W 800×D 520×H 1 700 mm　約150 kg 採水洗浄制御部（別途相談）		
(9) 外部出力信号 　　（テレメータ）	アナログ出力（測定値信号）DC 0～1 V 接点出力（警報など信号）無電圧a接点		
(10) 価格（標準品）	6,500,000円～		
(11) 納入実績	最近5ヶ年（H 7～11）の納入実績　河川・ダム・⦿湖沼・⦿その他 販売台数　約10台		

交換部品・消耗品　※1日24回測定対象

	名　称	規　格	交換期間 (年・月)毎	年間交換部品・消耗品費		
				単　価	数　量	金　額
交換部品	pH電極		1年	非公開	1個	非公開
	DOセンサ		1年	非公開	1個	非公開
	ORP電極		1年	非公開	1個	非公開
	導電率電極		1年	非公開	1個	非公開
	光源ランプ	濁度計用	1年	非公開	1個	非公開
	温度センサ		1年	非公開	1個	非公開
	パッキン・Oリング類		1年	非公開	1個	非公開
消耗品	KCl内部液	250 mL入り		非公開	1式	非公開
	校正用標準液	pHなど		非公開	1個	非公開
	硫酸ヒドラジン試薬			非公開	1式	非公開
	ヘキサメチレンテトラミン試薬			非公開	1個	非公開
	ヒューズ類		1年	非公開	1個	非公開
	亜硫酸ナトリウム	500 g入り		非公開	1式	非公開

※ 価格は非公開。
　試薬の消費量は測定条件により異なる。

問合せ先

株式会社堀場製作所

〒601-8510　京都府京都市南区吉祥院宮の東町2番地
　TEL　075-313-8121
　FAX　075-321-5725
　URL　http://www.horiba.co.jp

水質自動観測装置（昇降式）（型式 FNW-5081）（FNW シリーズ）

水温、水深、濁度、導電率、水素イオン濃度（pH）、溶存酸素（DO）、
有機汚濁（紫外線吸光度）、クロロフィルa

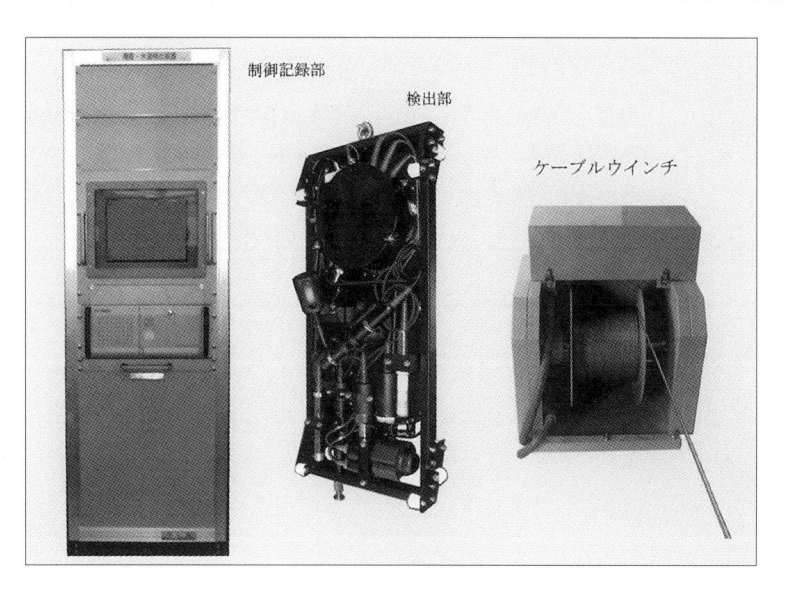

単項目		
多項目		○
採水式	A	
	B	
	C	
潜漬式		○

A：連続自動採水
B：間欠自動採水
C：その他

特徴

1. 水深別の各測定項目データが記憶出力され、時間経過による水質の推移状況が容易に把握できる。
2. 濁度、pH、DO、有機汚濁（紫外線吸光度）、クロロフィルaの各検出部は専用の洗浄機構で常に完全な清透状態が保たれる。
3. 検出部は潜漬式（直接測定式）で、採水過程に生じやすい測定誤差の心配がない。
4. 各項目の検出部は、長期間にわたり安定した高精度の観測が可能な測定方式を採用。
5. 毎日完全自動で動作し、数ヶ月に1度の点検以外わずらわしい操作は不要である。

使用上の留意点

1. 装置は屋外設置であり、ブイ上または筏上の設置も可能である。
   設置施設として次の設備が必要となる。
   　　電気・制御記録部（データ処理装置を管理所等に設置）
2. 校正は必要であり、1年毎の保守点検時に行う。校正に約8時間必要である。
3. 試薬は不要である。
4. 測定時の妨害物質はない。
5. 保守点検は半年毎に行う。保守点検作業は約16時間必要である。
6. 交換部品および消耗品は必要である（別表参照）。

仕　様（1）

項　目	仕　様		
	水　深	濁　度	水　温
(1) 測定方法	ロータリーエンコーダ方式または圧力方式	透過・散乱光演算方式	サーミスタ方式
(2) 測定原理	測長をプーリーを用いて回転数に変換し、発電機または圧力方式、またはロータリーカウンターによって、計測する。（ロータリーエンコーダ方式）	濁度が光の吸収および散乱することを利用して、透過光および散乱光を演算することで求める。	半導体の固有の温度特性による抵抗変化を利用して測定する。
(3) 測定範囲	0 ～ 100 m	0 ～ 100 ppm 100 ～ 1 000 ppm	－ 5 ℃ ～ 40 ℃
(4) 温度補償		－ 10 ℃ ～ 45 ℃	
(5) 電極精度	± 0.1 m	フルスケール ± 2 ％	± 0.1 ℃
(6) 応答速度	10秒以内	10秒以内	10秒以内
(7) 検出部			
① 光源		発光ダイオード光量監視制御機構付	
② 光束径		φ 17 mm	
③ ライトパス		40 mm	
④ ガラス面洗浄方式		ワイパー式自動洗浄方式	
⑤ 耐水圧		2.94 MPa（30 kg/cm²）以上	2.94 MPa（30 kg/cm²）以上

仕　様（2）

項　目	仕　様		
	pH	DO	導電率
(1) 測定方法	ガラス複合電極方式	ポーラログラフ方式	特殊9電極（交流4電極複合）方式
(2) 測定原理	pH 感応ガラスが pH 変化に逆比例した直流電圧を発生することを利用し、ガラス面の一方を常に一定の pH の液に浸し他面を試料水に浸すことより計測する。	酸素透過膜（テフロンやシリコン）を透過した液体中のDO濃度に比例して金属電極間に流れる電流値から濃度を求める。銀等を陽極、金や白金を陰極とし両極間に外部から一定の電圧を与えると、DOは膜を通過し電極内部に拡散し、陰極で還元され還元反応による電解電流が流れる。	水中に一対の金属を浸し電圧を印加すると導電率に比例して電流が流れることから計測する。電流を流すことにより金属界面に抵抗が生じるため、電流電極と電圧検出電極を分離し界面抵抗の影響をなくし、安定化して測定する。
(3) 測定範囲	pH 2.0 ～ 12.0	0.0 ～ 20.0 mg/L	20 ～ 500、 500 ～ 2 000 mS/cm
(4) 温度補償		－ 10 ～ 45 ℃	
(5) 電極精度	± 0.1 pH	± 0.4 mg/L	フルスケール ± 2 ％
(6) 応答速度	30秒以内	30秒以内	10秒以内
(7) 検出部			
① 洗浄方式	ブラシ式自動洗浄方式		
② 液絡構造	Wジャンクション（2重）構造		
③ 流水発生装置		マグネットギヤモータ	
④ 耐水圧	1.47 MPa（15 kg/cm²）以上	1.47 MPa（15 kg/cm²）以上	2.94 MPa（30 kg/cm²）以上

仕　様（3）

項　目	仕　様	
	UV	クロロフィルa
(1) 測定方法	2波長吸光光度方式	蛍光光度方式
(2) 測定原理	水中の有機物は、紫外線領域で光の吸収があるため紫外線の吸光度を測ることで濃度を知ることができるが、水中の微粒子の影響があるため可視光で微粒子量を測り減算して有機物量のみを測定する。	紫外線により蛍光を発することを利用し、蛍光波長に合わせた蛍光量を測定する。
(3) 測定範囲	0～0.50 Abs	0～200 mg/L
(4) 温度補償	－10～45℃	
(5) 電極精度	±5％フルスケール	±2％フルスケール
(6) 応答速度	10秒以内	
(7) 検出部		
①洗浄方式	ワイパー式自動洗浄方式	
②耐水圧	1.47 MPa（15 kg/cm²）以上	2.94 MPa（30 kg/cm²）以上
③露出検出器	検出方式：フロート感知式 検出素子：磁気近接素子 耐水圧：2.94 MPa（30 kg/cm²）以上	
④着底検出器	検出方式：着底板接触感知式 検出素子：磁気近接素子 耐水圧：2.94 MPa（30 kg/cm²）以上	
⑤多重伝送装置	伝送方式：8ビットワードシリアル方式 伝送項目：各検出信号及び着水面信号	
⑥水密コネクター	（多重伝送装置内蔵型） シール方式：Oリングによる外圧シール方式 耐水圧：2.94 MPa（30 kg/cm²）以上	
(8) 昇降装置	手巻きウインチ：捲上能力 300 kg　ワイヤー収容力 φ630 mm 　　　　　　　　使用ワイヤー：φ6SUS 検出部ケーブル：芯線 2.2 sq×10　外径 φ14　導体抵抗 98 Ω/km	
(9) 電源条件	AC 100 V ±10％　50／60Hz（単相）　消費電力 1 kVA、	
(9) 外観・構造	計測部：W 1 300 × D 150 × H 600 mm　62 kg 指示増幅部：機側部：W 1 750 × D 750 × H 900 mm　250 kg 　　　　　制御記録部：W 1 500 × D 630 × H 570mm　120 kg（管理所側）	
(10) 表示・記録方式	ディジタル表示、ディジタル記録、内臓ハードディスク記憶（MDも可能） テレメータ外部出力記号：測定信号、状態信号 制御記録部：伝送ユニット、制御記録ユニット 　　　　　電源 AC 100 V ±10％　50／60 Hz（単相）　消費電力 0.5 kVA	
(11) 価格（標準品）	25,000,000 円～	
(12) 納入実績	最近5ヶ年（H 7～11）の納入実績　㋹・㋞・㋸・その他 販売台数　20台	

交換部品・消耗品　※1日24回測定対象

	名　称	規　格	交換期間 (年・月)毎	年間交換部品・消耗品費		
				単　価	数　量	金　額
交換部品	ワイパーブレード		3個/年	3,333円	3個	10,000円
	防食メタル	ESR	3年	3,000円	1/3個	1,000円
	石英ガラス		5年	100,000円	1/5組	20,000円
	Oリング		1年	30,000円	1式	30,000円
	ワイパーブラシ		2個/年	3,500円	2個	7,000円
	隔膜交換セット		1年	50,000円	1組	50,000円
	UV計光源ランプ		1年	95,000円	1本	95,000円
	pH電極		3年	253,000円	1/3本	84,400円
消耗品	内部液	KCl	1年	4,000円	1本	4,000円
	集電機構オイル		1年	13,000円	1本	13,000円
	濁度校正用標準液	精製カオリン	1年	80,000円	1本	80,000円
	導電率用標準液	KCl	1年	26,000円	1本	26,000円
	pH標準液		1年	3,000円	1組	3,000円
	DO標準液		1年	6,000円	1本	6,000円
	紫外線吸光度標準液		1年	20,000円	1本	20,000円
	クロロフィルa標準液		1年	26,000円	1本	26,000円

年間交換部品・消耗品費合計　475,400円

問合せ先

株式会社東邦電探

〒168-0081　東京都杉並区宮前1-8-9
　TEL　03-3334-3451
　FAX　03-3332-2341

水質自動観測装置（定置式）（型式 FNW-5171）

水温、濁度、導電率、水素イオン濃度（pH）、溶存酸素（DO）、有機汚濁（紫外線吸光度）、クロロフィルa

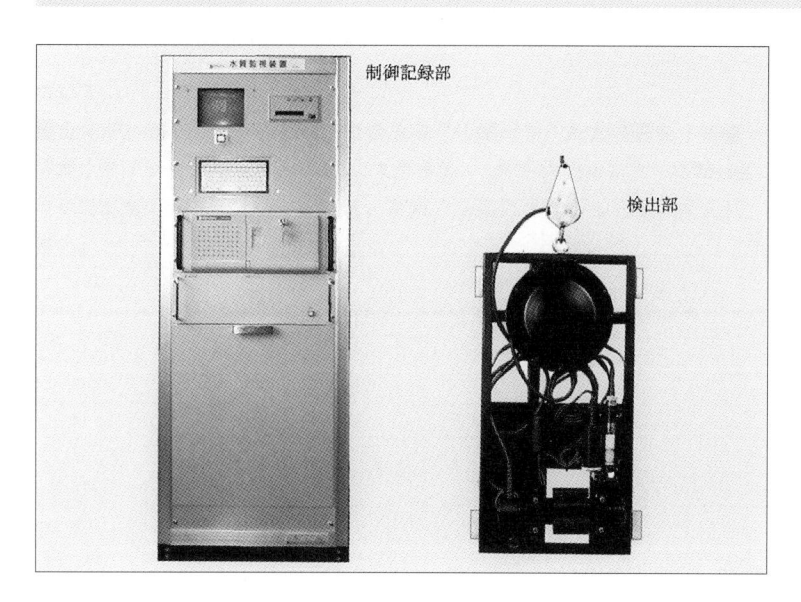

単項目	
多項目	○
採水式 A	
採水式 B	
採水式 C	
潜漬式	○

A：連続自動採水
B：間欠自動採水
C：その他

特徴

1. 各測定項目データが記憶出力され、時間経過による水質の推移状況が容易に把握できる。
2. 濁度、pH、DO、有機汚濁（紫外線吸光度）、クロロフィルaの各検出部は専用の洗浄機構で常に完全な清透状態が保たれる。
3. 検出部は潜漬式（直接測定式）で、採水過程に生じやすい測定誤差の心配がない。
4. 各項目の検出部は、長期間にわたり安定した高精度の観測が可能な測定方式を採用。
5. 毎日、完全自動で動作し、数ヶ月に一度の点検以外わずらわしい操作は不要である。

使用上の留意点

1. 装置は屋外設置であり、ブイ上または筏上の設置も可能である。
   設置施設として次の設備が必要となる。
   　　電気
2. 校正は必要であり、1年毎の保守点検時に行う。校正に約8時間必要である。
3. 試薬は不要である。
4. 測定時の妨害物質はない。
5. 保守点検は半年毎に行う。保守点検作業は約12時間必要である。
6. 交換部品および消耗品は必要である（別表参照）。

仕 様（1）

項 目	仕 様	
	濁 度	水 温
(1) 測定方法	透過光散乱光演算方式	サーミスタ方式
(2) 測定原理	光の吸収および散乱をすることを利用して透過光および散乱光を演算して求める。	半導体の固有の温度特性による抵抗変化を利用して測定する。
(3) 測定範囲	0～100／100～1 000 mg/L	－5～40 ℃
(4) 温度補償	－10～45 ℃	
(5) 電極精度	フルスケール±2 %	±0.1 ℃
(6) 応答速度	10秒以内	10秒以内
(7) 検出部		
① 光源	発光ダイオード光量監視制御機構付	
② 光束径	ϕ 17 mm	
③ ライトパス	40 mm	
④ ガラス面洗浄方	ワイパー式自動洗浄方式	
⑤ 耐水圧	2.94 MPa（30 kg/cm²）以上	

仕 様（2）

項 目	仕 様	
	pH	DO
(1) 測定方法	ガラス複合電極方式	ポーラログラフ方式
(2) 測定原理	pH感応ガラスがpH変化に逆比例した直流電圧を発生することを利用し、ガラス面の一方を常に一定のpHの液に浸し、他面を試料水に浸すことより計測する。	酸素透過膜（テフロンやシリコン）を透過した液体中のDO濃度に比例して金属電極間に流れる電流値から濃度を求める。銀等を陽極、金や白金を陰極とし両極間に外部から一定の電圧を与えると、DOは膜を通過し電極内部に拡散し、陰極で還元され還元反応による電解電流が流れる。
(3) 測定範囲	pH 2.0～12.0	0.0～20.0 mg/L
(4) 温度補償	－10～45 ℃	
(5) 電極精度	±0.1 pH	±0.4 mg/L
(6) 応答速度	30秒以内	
(7) 検出部		
① 洗浄方式	ブラシ式自動洗浄方式	流水式自動洗浄方式
② 液路構造	Wジャンクション（2重）構造	
③ 流水発生装置		マグネットギアモーター
④ 耐水圧	1.47 MPa（15 kg/cm²）以上	

仕　様（3）

項　目		仕　様		
		導電率	有機汚濁（紫外線吸光度）	クロロフィルa
(1)	測定方式	特殊9電極方式	2波長吸光光度方式	蛍光光度方式
(2)	測定原理	水中に一対の金属を浸し電圧を印加すると、導電率に比例して電流が流れることから計測する。電流を流すことにより金属界面に抵抗が生じるため電流電極と電圧検出電極を分離して界面抵抗の影響を無くし、安定化させて測定。	水中の有機物は紫外線領域で光の吸収があるため、紫外線の吸収を測ることで有機物濃度を求める。水中の微粒子の影響があるため可視光で微粒子を測り減算して有機物のみを測定。	紫外線により蛍光を発することを利用し、蛍光波長に合わせた蛍光量を測定。
(3)	測定範囲	20～500、500～2 000 mS/cm	COD：0～50mg/L 0～0.50 Abs	0～200 mg/L
(4)	温度補償	−10～45℃		
(5)	電極精度	フルスケール±2％	フルスケール±5％	フルスケール±2％
(6)	応答速度	10秒以内		
(7)	検出部			
	① 洗浄方式	ワイパー式自動洗浄方式		
	② 耐水圧	2.94 MPa（30 kg/cm²）以上		
	③ 露出検出器	検出方式：フロート感知式 検出素子：磁気近接素子 耐水圧：2.94 MPa（30 kg/cm²）以上		
	④ 着底検出器	検出方式：着底板接触感知式 検出素子：磁気近接素子 耐水圧：2.94 MPa（30 kg/cm²）以上		
	⑤ 多重伝送装置	伝送方式：8ビットワードシリアル方式 伝送項目：各検出信号及び着水信号		
	⑥ 水密コネクター（多重伝送装置内蔵）	シール方式：Oリングによる外圧シール方式 耐水圧：2.94 MPa（30 kg/cm²）以上		
(8)	昇降装置			
	① 手巻きウインチ	巻上能力：300 kg ワイヤー収容力：φ6×30 m 使用ワイヤー：φ6 SUS		
	② 検出部ケーブル	芯線：2.2 sq×10芯 外径：φ14 導体抵抗：98 Ω/Km		
(9)	電源条件	AC 100 V±10％　50／60 Hz（単相）　消費電力 1 kVA または DC 12 V		
(10)	外観・構造	計測部：1 000×690×250 mm　50 kg 指示増幅部：1 500×570×630 mm　120 kg		
(11)	表示・記録方式	ディジタル表示、ディジタル記録、内臓ハードディスク記憶 テレメータ外部出力記号：① 測定信号：DC 0～1 V または BCD（ビットパラレル出力）または RS 232 C（ビットシリアル出力）② 状態信号：観測中、ワイパー異常、電源異常 制御記録部：伝送ユニット／制御記録ユニット 　　電源　AC 100 V±10％　50／60 Hz（単相）　消費電力 0.5 kVA		
(12)	価格（標準品）	8,000,000 円～		
(13)	納入実績	最近5ヵ年（H 7～11）の納入実績　河川・ダム・湖沼・その他 販売台数　15台		

交換部品・消耗品　※1日24回測定対象

	名　称	規　格	交換期間(年・月)毎	年間交換部品・消耗品費		
				単　価	数　量	金　額
交換部品	ワイパーブレード		1年	3,333円	3個	10,000円
	ワイパーブラシ		1年	3,500円	2個	7,000円
	隔膜交換セット		1年	50,000円	1組	50,000円
	防食メタル		3年	3,000円	1/3個	1,000円
	石英ガラス		5年	100,000円	1/5組	20,000円
	Oリング		1年	30,000円	1式	30,000円
	UV計光源ランプ		1年	95,000円	1本	95,000円
	pH電極		3年	253,000円	1/3本	84,400円
消耗品	内部液	KCl	1年	4,000円	1本	4,000円
	濁度校正用源準液	精製カオリン	1年	80,000円	1回	80,000円
	電気伝導度用源準液	KCl	1年	26,000円	1回	26,000円
	水素イオン濃度源準液		1年	3,000円	1組	3,000円
	溶存酸素源準液		1年	6,000円	1回	6,000円
	紫外線吸光度源準液		1年	20,000円	1回	20,000円
	クロロフィルa源準液		1年	26,000円	1回	26,000円

年間交換部品・消耗品費合計　462,400円

問合せ先

株式会社東邦電探

〒168-0081　東京都杉並区宮前1-8-9
　TEL　03-3334-3451
　FAX　03-3332-2341

昇降式水質自動監視装置（型式 MAS-011-8）

水温、水深、濁度、導電率、水素イオン濃度（pH）、溶存酸素（DO）、有機汚濁（紫外線吸光度）、クロロフィルa

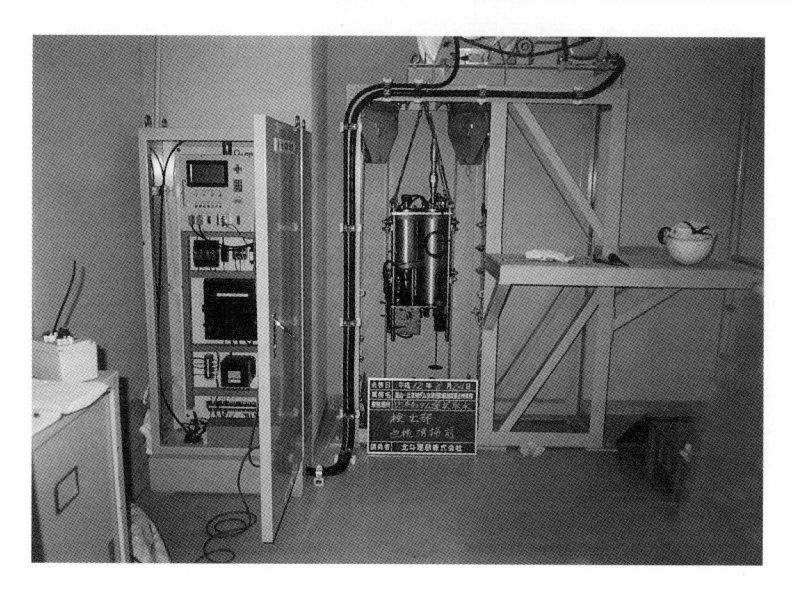

単項目	
多項目	○
採水式 A	
採水式 B	
採水式 C	
潜漬式	○

A：連続自動採水
B：間欠自動採水
C：その他

特徴

1. 本装置は水質保全を目的とし、ダム・湖での基本的な水質項目の垂直分布を長期間昇降しながら測定するものである。
2. 検出部側とダム管理所間は、モデム通信、光ファイバーケーブル伝送方式のどちらも標準で装備されている。
3. 保守性を考慮し、検出部は簡単に着脱でき、互換性もあるためメンテナンスが容易である。
4. データの欠測を無くすため故障時には代替品と交換する。
5. モデム電話、携帯電話、衛星通信とNTT回線により、どこからでも制御およびデータ収録が可能である。

使用上の留意点

1. 装置は屋内および屋外設置であり、ブイ上または筏上への設置も可能である。
   設置施設として次の設備が必要となる。
   　商用電源
2. 校正は必要であり、6ヶ月毎の周期で行う。DOのみ1ヶ月周期である。校正に約3時間必要である。
3. 試薬は不要である。
4. 測定時の妨害物質はない。
5. 保守点検は、1ヶ月毎に行う。保守点検作業は約6時間必要である。
6. 交換部品および消耗品は必要である（別表参照）。

仕様（1）

項　目	仕　　　　様			
	濁　度	温　度	水　深	水素イオン濃度
(1) 測定方法	散乱光法	白金測温抵抗体法	圧力式	ガラス電極法
(2) 測定原理	赤外線発光ダイオードを交流変調して、定電流回路で駆動し、散乱光の量を測定する。	温度応等性にすぐれたシース型測温抵抗白金温度センサを利用し測定する。	感圧素子にシリコンストレンゲージ（半導体圧力素子）を利用して測定する。	ガラス電極と比較電極の間に生ずる電位差を測定し、pHを求める。
(3) 測定範囲	0〜1 000 mg/L	0〜50 ℃	0〜100 m	pH 2〜12
(4) 温度補償	－5〜50 ℃ 凍結・結露なし		－5〜50 ℃ 凍結・結露なし	0〜50 ℃
(5) 電極精度	±2 %以内	±0.2 %以内	±10 cm以内	±0.2 pH以内
(6) 応答速度	瞬時	瞬時	瞬時	瞬時

仕様（2）

項　目	仕　　　　様			
	電気伝導率	溶存酸素	クロロフィルa	有機汚濁
(1) 測定方法	交流4電極法	ガルバニ電池	蛍光吸光度	紫外線吸光度
(2) 測定原理	2個の電極間に微弱な交流電圧を印可し、電極間の電気抵抗値を測定する。	電解液中の作用極と対極の間に発生する電位で測定する。	クロロフィル色素の蛍光波長帯を中心とするフィルタを通過した光を試料に照射し、蛍光強度を測定する。	光の波長を連続的に変えながら、光が試料に入る前と後の比を測定する。
(3) 測定範囲	0〜1 000 μS/cm	0〜20 mg/L	0.1〜200 mg/L	0〜1.0 Abs
(4) 温度補償	0〜50 ℃	0〜50 ℃		
(5) 電極精度	±3 %以内	±2 %以内	±3 %以内	±5 %以内
(6) 応答速度	瞬時	瞬時	瞬時	瞬時
(7) ① 検水条件	昇降速度　1 m/分以内			
② 電源条件	AC 100 V または AC 200 V　消費電力　約300 VA最大			
(8) 外観・構造				
① 検出部	約W 360×D 300×H 700 mm　約60 kg			
② 機側制御部	約W 406×D 200×H 316 mm　約12 kg			
③ 測定制御部	約W 480×D 450×H 349 mm　約15 kg			
(9) 表示・記録方式	ディジタル表示、RS 232 C×出力（4個）パソコン処理にてプリンタ打出し、作表、作図			
(10) 価格（標準品）	35,000,000円			
(11) 納入実績	最近5ヶ年（H 7〜11）の納入実績　河川・⓪ダム・⓪湖沼・その他 販売台数　25台			

交換部品・消耗品　※1日24回測定対象

	名　称	規　格	交換期間 (年・月)毎	年間交換部品・消耗品費		
				単　価	数　量	金　額
交換部品	pH計ガラス電極		1年	5,000円	1本	5,000円
	pH計液洛部		1年	3,000円	1本	3,000円
	UV計ランプ		1年	195,000円	1式	195,000円
	ワイパーブラシ		6ヶ月	3,000円	2本	6,000円
	DO計隔膜カートリッジ	1箱5個入	1ヶ月	6,000円	3箱	18,000円
	DO計圧バランス膜		1ヶ月	4,000円	12個	48,000円
消耗品	DO計電解液	1本　50 mL入	3ヶ月	2,500円	4本	10,000円
	DO計校正用	亜硫酸ナトリウム(50 g)	4ヶ月	1,000円	3本	3,000円
	pH計塩化カリウムゲル		1年	3,000円	1本	3,000円
	pH度標準液	pH 4.01、pH 6.86、pH 10.02	1年	1,500円	3本	4,500円
	濁度標準液	50、100、200、500、1 000 mg/L	20本/年	2,600円	20本	52,000円
	精製水	10 L	20本/年	2,000円	3箱	6,000円
	クロロフィルa標準液		1年	25,000円	1式	25,000円

年間交換部品・消耗品費合計　378,500円

問合せ先
北斗理研株式会社

〒189－0026　東京都東村山市多摩湖町1－25－2
　TEL　042－394－8101
　FAX　042－395－8731
　URL　http://www.hokuto-riken.co.jp

明電水質モニタリングシステム

水温、濁度、導電率、水素イオン濃度（pH）、溶存酸素（DO）、有機汚濁（紫外線吸光度）、クロロフィルa

単項目		
多項目		○
採水式	A	
	B	
	C	
潜漬式		○

A：連続自動採水
B：間欠自動採水
C：その他

特徴

1. 濁度、有機汚濁（紫外線吸光度）、クロロフィルaの検出面の洗浄は、一定周期毎に駆動する。ワイパーにより行うため、汚れに強く信頼性の高い測定が可能である。
2. 水温、pH、導電率、DOの電極は一定周期毎に気泡洗浄を実行するため汚れに強く、信頼性の高い測定が可能で、メンテナンス周期の長期化が期待できる。

使用上の留意点

1. 装置は屋外設置であり、ブイ上または筏上への設置も可能である。
   設置施設として次の設備が必要となる。
   　電気・コンプレッサ
2. 校正は必要であり、1ヶ月の周期で行う。校正に約1時間必要である。
3. 試薬は不要である。
4. 測定時の妨害物質はない。
5. 保守点検は、1ヶ月毎に行う。保守点検作業は、約2時間必要である。
6. 交換部品および消耗品は必要である（別表参照）。

仕　様（1）

項　目	仕　様			
	水　温	pH	導電率	DO
(1) 測定方法	白金測温抵抗体法	ガラス電極法	交流2極法	ガルバニ電池法
(2) 測定原理	金属などの導体が温度によって抵抗値が変わることを応用した方法である。	ガラス薄膜の両側に2種類の異なった溶液が接したとき、両液のpHの差に比例した電位が、このガラス薄膜の両面に発生することを利用する。	測定液に電極を浸し、溶液抵抗を測定することより導電率を求める。	対極に卑金属を、作用極に貴金属を用いる。隔膜を透過した酸素が作用極上で還元され、両電極間に流れるDO濃度に比例した還元電流を測定し、DO濃度を求める。
(3) 測定範囲	−5〜50℃	pH 0〜14	0〜100 mS	0〜20 mg/L
(4) 温度補償	—	0〜50℃	0〜50℃	0〜50℃
(5) 電極精度	±0.1℃以内	±0.2 pH以内	±1％以内	±0.2 mg/L以内
(6) 応答速度	1分以内	2分以内	2分以内	2分以内

仕　様（2）

項　目	仕　様		
	濁　度	有機汚濁(紫外線吸光度)	クロロフィルa
(1) 測定方式	赤外後方散乱法	紫外線吸光光度法	蛍光光度法
(2) 測定原理	試料に赤外をあて、その散乱光のみを測定し、その散乱光の強さが試料の懸濁物質の濃度に比例することを利用し濁度を測定する方法である。赤外後方散乱法は、赤外線を光源とし受光部と一体にして、散乱光を測定する。	試料水で250 nm以上の光の吸収は有機物に基づくものである。光源に長寿命低圧水銀灯を用い、この低圧水銀灯からの輝線（253.7 nm）を利用し、この輝線における光の吸収量を吸光度として求める。	水中の植物プランクトンが有するクロロフィル色素は400〜480 nmの励起光を照射すると、微弱な蛍光を発する。この発光現象に基づき、発光部に400〜480 nmの励起フィルター、受光部に677 nmをピークとする蛍光フィルターを装着し蛍光を電気信号に変換し、植物プランクトン量として算出する。
(3) 測定範囲	0〜200℃	0〜1 abs	0〜200 μg/L
(4) 温度補償	0〜50℃	0〜50℃	0〜50℃
(5) 電極精度	±2％以内	±2％フルスケール/日以内	±3％以内
(6) 応答速度	1分以内	1分以内	1分以内
(7) 電源条件	AC 100 V　50／60 Hz（単相）　消費電力 500 VA（最大）		
(8) 外観・構造	計測部 φ300×800 mm　約30 kg 指示増幅部＆採水洗浄制御部 　W 630×D 600×H 1620 mm　約100 kg		
(9) 表示・記録方式	ディジタル表示　外部出力信号：4〜20 mA（7項目）		
(10) 価格（標準品）	非公開		
(11) 納入実績	最近5ヶ年（H7〜11）の納入実績　河川・ダム・湖沼・その他 販売台数　無		

交換部品・消耗品　※1日24回測定対象

	名　称	規　格	交換期間(年・月)毎	年間交換部品・消耗品費		
				単　価	数　量	金　額
交換部品	pH電極	40-009	1年	190,000円	1個	190,000円
	DO電極	40-004	1年	429,000円	1個	429,000円
消耗品	DO部品	隔膜、内部液	1年	50,000円	1式	50,000円

年間交換部品・消耗品費合計　669,000円

問合せ先

株式会社明電舎

〒103-0015　東京都中央区日本橋箱崎町36-2 リバーサイドビル
TEL　03-5641-7000
FAX　03-5641-7001

全りん・全窒素自動測定装置（型式 TPN-508）

総窒素（TN）、総りん（TP）

単項目	
多項目	○
採水式 A	
採水式 B	○
採水式 C	
潜漬式	

A：連続自動採水
B：間欠自動採水
C：その他

50 cm

特徴

1. 試料水の加熱分解は、120℃ 30分間加熱による公定法に準拠し、手分析と同様な値が得られる。
2. 加熱分解槽は非腐食で長寿命設定である。
3. 吸光光度計は、TP、TNとも二光路方式を用い安定化を計り、TPは発光ダイオード、TNはパルス点灯方式で長寿命化を計っている。
4. 装置の設定、測定内容、測定値バーグラフ、異常箇所等の印字ができる。
5. 試料の前処理と流路の自動洗浄が可能な設計である。

使用上の留意点

1. 装置は屋内設置であるが、ブイ上または筏上への設置は可能である。
   設置施設として次の設備が必要となる。
   　　局舎・上水道・電気・採水設備・排水設備
2. 校正は必要であり、半月毎の周期で行う。校正に約6時間必要である。
3. 試薬は必要である。試薬の廃液回収は必要であり、別途回収である（オプション）。装置の外にタンクを設けそこに廃液をためる。廃液は強酸性であり中和処理する。
4. 測定時の妨害物質は濁度と臭素（窒素測定の場合）である。前処理方法は、濁度は光学的補正をする。臭化物イオンは海水に含まれるため（100％海水の場合は67 mg/L含み、これが窒素として1 mg/L弱影響する）、必要な場合は海水の濃度を測定して補正する。
5. 保守点検は、2週間毎に行う。保守点検作業は約7時間必要である。
6. 交換部品および消耗品は必要である（別表参照）。
7. 試料水中にりん、窒素が含まれる場合は、オプションのゼロ液精製器を使用する。

仕　様

項　目	仕　様
(1) 測定方式	ペルオキソ二硫酸カリウム分解 全りん…モリブデン青（アスコルビン酸）　吸光光度法 全窒素…紫外線吸光光度法
(2) 測定原理	試料水（50 mL）の計量 　↓　←（希釈水） 　　　←ペルオキソ二硫酸カリウム溶液（$K_2S_2O_8$）　20 mL 　　　←水酸化ナトリウム溶液（NaOH）　5 mL 加熱分解 　↓ 冷却再計算 　↓ 試料液吸光度測定 　　　←モリブデン－アンチモン（Mo＋Sb）　1 mL 　　　←L－アスコルビン酸溶液（ASC）　1 mL 呈色待機 　↓ 吸光度測定　　　　　　　　　　　　紫外線吸光度測定 　↓　　　　　　　　　　　　　　　　↓ 演算濃度印字 　↓　　　　　　　　　　　　　　　　↓ 洗　浄　　　　　　　　　　　　　　洗　浄
(3) 測定範囲	TP　0～0.2 から 0～10 mg/L 任意設定 TN　0～2.0 から 0～50 mg/L 任意設定 TP 1 mg/L 以上、TN 5 mg/L 以上の測定は自動希釈測定による。 　　　　　　　　　　　　　　　…出荷時はレンジ指定（現地での変更可能）
(4) 測定再現性	フルスケール±3 %（標準液による測定として）
(5) 制御方式	マイクロコンピュータ制御、全自動 FROM、SRAM（BATTERY BACKUP）
(6) 操作方式	全自動
(7) 測定周期	1 H、2 H、3 H、任意選択
(8) 表示・記録方式	ディジタル表示：工程数／工程残り時間／濃度／レンジ／測定値異常設定値／前回 　　　　　　　　測定時の吸光度／時刻 発光ダイオード表示：制御モード／動作モード／警報／ディジタル表示の選択用 印字内容：測定値、測定値バーグラフ、設定値、動作条件、校正値、日報、電源断、 　　　　　吸光光度計、チェックポイント電圧、各種警報／異常箇所マーク印字等 測定値電圧出力：全りん・全窒素共 DC 0～1 V 測定値電流出力：全りん・全窒素共 DC 4～20 mA（オプション），測定値（電圧、 　　　　　　　　電流）出力はバー／ホールド表示選択式[*1] 警報接点出力：無電圧 a 接点出力[*2] 測定値異常／電源断／洗浄水断／計器異常／光 　　　　　　　源断／試料水断／試薬断／保守中 外部スタート：無電圧 a 接点入力（0.5 秒以上）
(9) 試料水、試薬計量	負圧吸引計量方式
(10) 加熱分解方式	特殊耐酸耐圧容器によるヒータ加熱（120 ℃）
(11) 反応セル	直接透過方式
(12) 吸光光度計	特殊干渉フィルタ、二光路式による自動ドリフト補正式（ゼロ点の測定が不安定な時電気的に安定化させ直線となるよう自動的に補正する。）
(13) 連続測定	測定周期を1時間として試薬補充なしで14日間連続測定可能
(14) 電源条件	AC 100 V ± 10 V　50／60 Hz ± 1 Hz（漏電ブレーカ内蔵）
(15) 消費電力	約 700 VA（最大負荷時）
(16) 外観・構造	W 800 × D 650 × H 1 650 mm（屋内設置型チャンネルベース式）
(17) 重量	約 140 kg
(18) 価格（標準品）	5,800,000 円

項　目	仕　様
(19) 納入実績	最近5ヶ年（H7～11）納入実績　河川・ダム・湖沼・その他 販売台数　4台

＊1　バー／ホールド表示：バーとは、測定器が指示値を測定した後ある時間だけその値を一定に保つ。ホールドとは、測定値が次の指示値を測定するまで前回の測定値を保つ。
＊2　無電圧a接点出力：常時接点が開で、異常時接点が閉となる。

交換部品・消耗品　※1日24回測定対象

	名　称	規　格	交換期間(年・月)毎	年間交換部品・消耗品費		
				単　価	数　量	金　額
交換部品	タイゴンチューブ	内径3/16×外径5/16×肉厚1/16　1m	2/年	1,450円	2本	2,900円
	テフロンチューブ	内径2×外径4mm　1m	5/年	800円	5本	4,000円
	テフロンチューブ	内径4×外径6mm　1m	2/年	1,100円	2本	2,200円
	ダイヤフラム＊3	GA-380V用	1年	4,000円	1個	4,000円
	シート弁	GA-380V用	1年	3,500円	1個	3,500円
	ダイヤフラム＊3	SV3CA-53T-FT 1/4用	3/年	15,000円	3個	45,000円
	Oリング	G55バイトン テフロンコーティング	1年	1,500円	1個	1,500円
	シリコンチューブ E種	内径5×外径7mm　1m	6ヶ月	1,200円	2個	2,400円
	スリーブ＊4	P.P.外径4mm用 20個入	1年	1,350円	1個	1,350円
	スリーブ＊4	P.P.外径6mm用 20個入	1年	1,500円	1個	1,500円
	ピンチバルブ	PK-0802-NO-YA DC 24V	1年	6,600円	1個	6,600円
	計量管A（大）50～100	硬質ガラス	1年	7,700円	1個	7,700円
	電磁弁	SVC-201-S DC 24V　PT1/8		9,000円	1個	9,000円
消耗品	水酸化ナトリウム	特級　500g		1,000円	1本	1,000円
	ペルオキソ二硫酸カリウム	水質分析用　100g		4,600円	28本	128,800円
	L-アスコルビン酸	特級　500g		8,000円	1本	8,000円
	タルトラトアンチモン(III)酸カリウム	特級　25g		2,400円	1本	2,400円
	モリブデン酸アンモニウム	特級　500g		10,000円	1本	10,000円
	硫酸	特級　500mL		1,000円	7本	7,000円
	記録紙	AY-10（10巻入）		12,000円	1本	12,000円

年間交換部品・消耗品費合計　260,850円

＊3　ダイヤフラム：エアーポンプの種類でダイヤフラム式ポンプがありそれに使用するダイヤフラムを指す。
＊4　スリーブ：配管をジョイントに接合する時配管を固定する配管固定補助具。

問合せ先

株式会社アナテック・ヤナコ

〒611-0041　京都府宇治市槙島町十一 96-3
　TEL　0774-24-3171
　FAX　0774-24-3173
　URL　http://www.yanaco.co.jp/

全リン・全窒素自動計測装置（型式 VS-6010）

総窒素（TN）、総りん（TP）

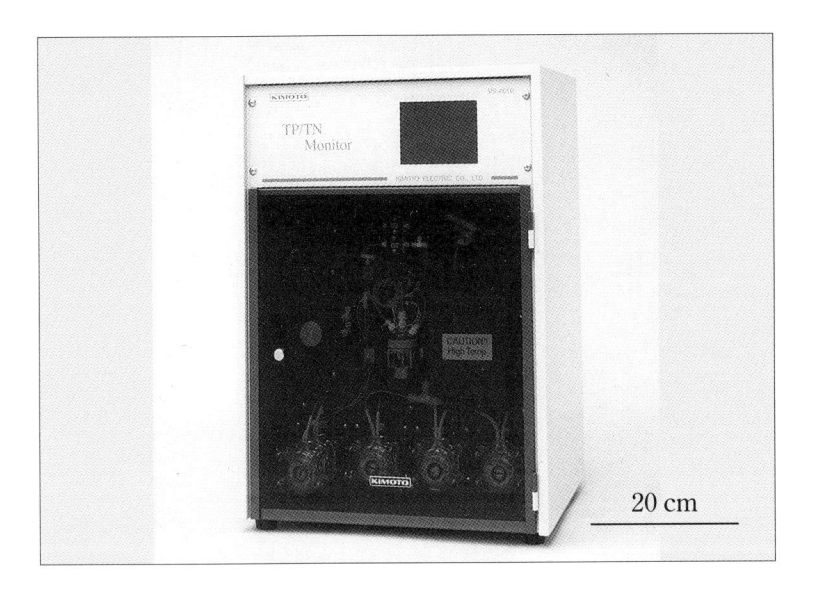

単項目	
多項目	○
採水式 A	
採水式 B	○
採水式 C	
潜漬式	

A：連続自動採水
B：間欠自動採水
C：その他

特 徴

1. 試薬消費量・廃液量が大幅に削減され、少容量の試薬で長期間連続測定が可能である。
2. タッチパネル付大型液晶ディスプレイを採用し、漢字表示の対話式操作プログラムにより、使いやすいユーザーインターフェイスを実現した。
3. クーロメトリー（電気化学的還元電流法）を用い、りん酸イオンを測定することにより、劣化しやすい還元剤を使用せずに測定できる。
4. 近接した二波長の紫外線吸光度を測定することにより、共存妨害物質による影響の少ない測定が可能である。
5. 40日間分の測定データを装置内部に記録・保存しており、いつでも、簡易に濃度値、警報履歴、計測情報が取り出せる。

使用上の留意点

1. 装置は屋内設置であるが、ブイ上または筏上への設置は可能である。
   設置施設として次の設備が必要となる。
   　　局舎・電気・エアコン・採水設備・排水設備
2. 校正は必要であり、1ヶ月毎の周期で行う。校正に約30分必要である。
3. 試薬は必要である。試薬の廃液回収は必要であり、別途回収である。廃液は、ポリタンクにて回収、廃液量は1ヶ月当り20L程度となる。
4. 測定時の妨害物質はない。
5. 保守点検は、2週間毎に行う。保守点検作業は約3時間必要である。
6. 交換部品は必要であるが、消耗品は必要ない（別表参照）。

仕　様

項　目	仕　様	
	TP	TN
(1) 測定方式	ペルオキソ二硫酸カリウム加熱分解（160℃） モリブデン黄クーロメトリ（電量）法 （試料に酸化剤としてペルオキソニ硫酸カリウムを加え、160℃の高温高圧下で分解させ、モリブデンと反応したりんを電気的に還元し、電量を検出する）	ペルオキソ二硫酸カリウム加熱分解（160℃） 近接二波長紫外線吸光光度法（試料に酸化剤としてペルオキソニ硫酸カリウムを加え、160℃のS高温高圧下で分解させ、紫外部の吸収により検出する）
(2) 測定範囲	0〜10 ppmP	0〜100 ppmN
(3) 再現性	TP・TN共フルスケール±5％以内（標準液による測定として）	
(4) 測定周期	1〜24時間　任意設定可能	
(5) ①検水条件	必要検水量1回当り 30 mL（計測器本体）	
②電源条件	AC 100 V±10 V（50／60 Hz）　消費電力 200 VA（通常）	
(6) 外観・構造	W 480×D 400×H 645 mm　約40 kg 形状：SPCC鋼製箱形	
(7) 表示・記録方式	タッチパネル式液晶表示 液晶表示パネルに濃度値等表示、テレメータ出力信号 ① 濃度値　DC 0〜1 V（2 ch）、RS 232 C ② 無電圧a接点出力（電源断、動作不良、調整中）各状態の時、接点が"閉"になる接点信号 ③ 無電圧a接点入力（外部スタート）測定を開始するとき、接点を"閉"にすると測定が開始される信号	
(8) 価格（標準品）	5,000,000 円	
(9) 納入実績	最近5ヶ年（H7〜11）の納入実績　河川・ダム・湖沼・その他 納入実績　無（平成12年より販売開始）	

交換部品・消耗品　※1日24回測定対象

	名　称	規　格	交換期間 (年・月)毎	年間交換部品・消耗品費		
				単　価	数　量	金　額
交換部品	ポンプチューブ	VP-6485-16 ファーメードチューブ	6ヶ月	2,000 円	0.5 m	1,000 円
		VP-6485-14 ファーメードチューブ	6ヶ月	2,000 円	1.0 m	2,000 円
		VP-6485-13 ファーメードチューブ	6ヶ月	2,000 円	1.0 m	2,000 円
	反応管ループ	VP-FT-18-TK PFAテフロンスパイラルチューブ	1年	15,000 円	1本	15,000 円
	四方弁用コネクタ	VP-CKCF-4 （赤、黄、黒、白、4色セット）	1年	4,000 円	1セット	4,000 円

※ 消耗品の試薬類は含まれていない。　　　　　　　　年間交換部品費合計　24,000 円

問合せ先

紀本電子工業株式会社

〒543-0024　大阪府大阪市天王寺区舟橋町3-1
　TEL　06-6768-3401
　FAX　06-6764-7040
　URL　http://www.kimoto-electric.co.jp/

全りん／全窒素自動測定装置（型式 WPA-58）

総窒素（TN）、総りん（TP）

単項目	
多項目	○
採水式	A
	B ○
	C
潜漬式	

A：連続自動採水
B：間欠自動採水
C：その他

50 cm

特 徴
1. 公定法に準拠しながら、1時間でTPとTNが同時測定できる。
2. 第5次総量規制に対応した汚濁負荷量演算機能内臓。
3. TPとTNの光源ランプ共通化による定期交換部品の削減。
4. 日常メンテナンス不要のチューブポンプ式計量法の採用による省力化。
5. 手分析同様にSS成分もろ過フィルタなしで測定。

使用上の留意点
1. 装置は屋内設置であり、ブイ上または筏上への設置は不可である。
   設置施設として次の設備が必要となる。
   　　局舎・純水または上水道・電気・採水設備・排水設備・エアコンまたは凍結防止ヒータ
2. 校正は必要であり、スパン校正1ヶ月およびゼロ校正は1週間の周期で行う（設定変更可能）。校正に約60分必要である。
3. 試薬は必要である。試薬の廃液回収は必要であり、別途回収である。廃液は本体の専用排水口からタンクで回収する（専用回収タンクはオプション）。
4. 測定時の妨害物質は全窒素については海水中の臭化物イオン、全りんについては海水中の塩化物イオンである。前処理方法は、本体側で試料の希釈またはデータ補正機能による換算を行う。
5. 保守点検は、2週間毎に行う。保守点検作業は約1時間必要である。
6. 交換部品および消耗品は必要である（別表参照）。

仕 様

項　目	仕　　様	
(1) 測定方法	ペルオキソ二硫酸カリウム分解	
	TP	TN
	モリブデンブルー吸光光度法	紫外線吸光光度法
(2) 測定原理	定量採取した試料水にペルオキソ二硫酸カリウムと水酸化ナトリウムを添加し、120℃の温度で30分間加熱分解する。	
	試料水中の無機および有機態りんはオルトりん酸に酸化する。モリブデン酸と反応させ、アスコルビン酸で還元し青色の吸光光度を測定する。	試料水中の無機および有機態窒素は硝酸イオンに酸化する。硝酸イオンの紫外線吸光光度を測定する。
(3) 測定範囲	0～1 mg/L （試料希釈時 0～500 mg/L）	0～2 または 0～5 mg/L （試料希釈時 0～1 000 mg/L）
(4) 比色部	光源：キセノンランプ （単項目の場合はタングステンランプ） 受光部：シリコンフォトセル	光源：キセノンランプ 受光部：シリコンフォトセル
(5) 測定精度	フルスケールの±2％（標準レンジ）以内 （希釈装置接続時の1段希釈はフルスケールの±3％以内）	
(6) 測定周期	1～6時間の任意選択（1時間単位）または外部からの任意スタート	
(7) 検水条件	流量：0.5～3.0 L/min　水温：5～40℃　水道水：圧力 0.05 MPa以上 周囲温度：5～40℃　湿度：相対湿度85％以下	
(8) 表示・記録方式	バックライト付液晶表示、内蔵プリンタ、アナログ出力4～20 mA 濃度および警報内容表示　外部出力：4～20 mA　接点出力：11点（点検中・装置異常・試料水断・濃度上限）	
(9) 電源条件	AC 100 V±10 V以内、700 VA以上の供給が必要	
(10) 外観・構造	屋内設置形一体構造	
(11) 外形寸法（計測部）	配管：塩化ビニル、ポリエチレン、テフロン、石英ガラス W 700 × D 500 × H 1 600 mm	
(12) 加熱方式	耐熱容器によるヒータ加熱（120℃）	
(14) 価格（標準品）	WPA-58：5,500,000円　WPA-DU：1,100,000円	
(15) 納入実績	最近5ヶ年（H9～13年）納入実績 ㊢河川㊣・ダム・湖沼・㊤その他㊦ 販売実績　20台	

交換部品・消耗品（複合計、標準レンジ）※1日24回測定対象

	名　称	規　格	交換期間 (年・月)毎	年間交換部品・消耗品費		
				単価	数量	金額
交換部品	リボンカートリッジ		2ヶ月	2,300円	6個	13,800円
	ゼロフィルタ①②		3ヶ月	16,000円	4個	64,000円
	活性炭①②	500 g入り	3ヶ月	3,600円	200 g	1,440円
	記録紙		6ヶ月	2,800円	2巻	5,600円
	ピンチ弁用チューブ	1 m	2年	1,600円	1/2本	800円
	ピンチ弁用チューブ	1 m	1年	1,800円	1本	1,800円
	電磁弁用ダイヤフラム		11個/年	5,000円	11個 1ヶ所	5,000円
	電磁弁用ダイヤフラム		8個/年	4,200円	8個 8ヶ所	4,200円
	電磁弁		1年	50,000円	1個	50,000円
	電磁弁		1年	77,000円	1個	77,000円
	試薬ポンプ用チューブ		10本/年	3,500円	10本	35,000円
消耗品	ペルオキソ二硫酸カリウム			2,700円	32本	86,400円
	水酸化ナトリウム			1,700円	9本	15,300円
	塩酸	特級　500 g		580円	9本	5,220円

	名　称	規　格	交換期間(年・月)毎	年間交換部品・消耗品費		
				単　価	数　量	金　額
消耗品	L-アスコルビン酸	特級　500 mL		3,900 円	1 本	3,900 円
	七モリブデン酸六アンモニウム四水和物	特級　500 g		8,500 円	1 本	8,500 円
	酒石酸アンチモン(III)カリウム三水和物	特級　25 g		1,150 円	1 本	1,150 円
	硫酸	特級　500 mL		750 円	13 本	9,750 円
	硝酸カリウム	特級　500 g		1,500 円	1 本	1,500 円
	りん酸二水素カリウム	特級　500 g		1,250 円	1 本	1,250 円

年間交換部品・消耗品費合計　391,610 円

注)　外部から純水を供給できない場合は、イオン交換樹脂筒を装備する必要がある。
①：試料条件、供給上水条件および周囲温度等の環境条件により、標準交換周期で使用できない場合は、各設置現場に合わせた交換周期でメンテナンスを実施する。
②：イオン交換樹脂および前、後処理フィルタを使用している場合は、不要である。

問合せ先

京都電子工業株式会社

〒601-8317　京都府京都市南区吉祥院新田二の段町68
　　TEL　075-691-4121
　　FAX　075-691-4127
　　URL　http://www.kyoto-kem.com

オンライン TN・TP 計（型式 TNP-4100）

総窒素（TN）、総りん（TP）
TOC-4100：TOC
TN-4100：TN

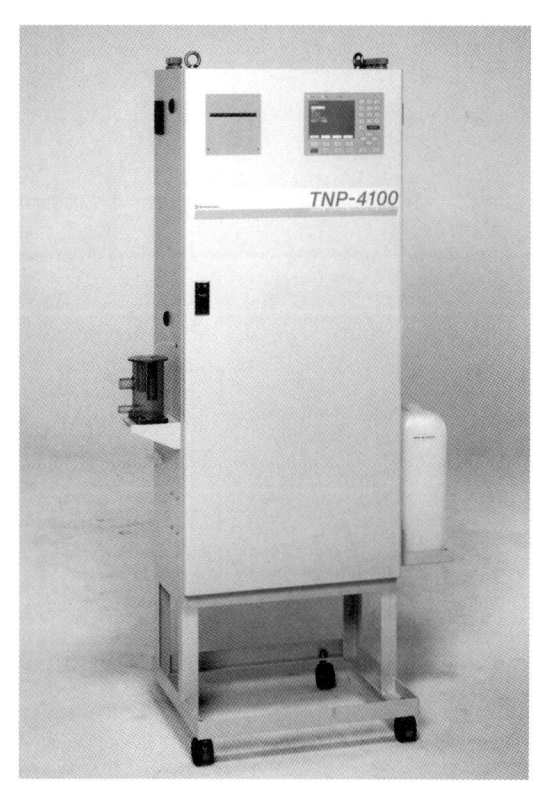

単項目	
多項目	○
採水式 A	
採水式 B	○
採水式 C	
潜漬式	

A：連続自動採水
B：間欠自動採水
C：その他

特 徴
1. TN と TP が同時測定可能である。
2. 検出方法は公定法準拠のため、公定法との相関が良い。
3. 独自の液計量・分配・希釈方式により、バルブ2個のシンプルな構造である。
4. 保守が少なく、維持管理が容易である。
5. 試薬消費量および廃液量が少ない。

使用上の留意点
1. 装置は屋内設置であり、ブイ上または筏上への設置は不可である。
   設置施設として次の設備が必要となる。
   　局舎・上水道・電気・採水設備・排水設備
2. 校正は必要であり、1週間毎の周期で行う。校正に約2時間必要である。
3. 試薬は必要である。試薬の廃液回収は必要であり、別途回収である。装置外付けのタンク（20 L）に酸性廃液が約9 L/週 排出される。
4. 測定時の妨害物質はない。
5. 点検は、1週間毎に行う。点検作業は約10分必要である。保守は、1ヶ月毎に行う。保守作業は約10分必要である。また、6ヶ月毎に行う場合、保守作業は約1時間必要である。
6. 交換部品および消耗品は必要である(別表参照)。

仕　様

項　目	仕　様	
	TN	TP
(1) 測定方法	総窒素および総りん、総窒素または総りんのみの設定可能 （濃度および負担量の算出が可能）	
(2) 測定原理	ペルオキソ二硫酸カリウム添加・紫外線照射分解	
	紫外線吸光光度法	モリブデン青吸光光度法
(3) 測定範囲	0～2／5／10／20／50／100／200 mg N/L 設定可能	0～0.5／1／2／5／10／20／50／100 mg P/L 設定可能
(4) 測定周期	1時間	
(5) 流路切換	1～3流路まで取付可能（オプション）	
(6) 再現性	フルスケール±3％以内	
	フルスケール 50 mg N/L 以下	フルスケール 20 mg N/L 以下
	フルスケール±5％以内	
	フルスケール 100 mg N/L 以下	フルスケール 50 mg N/L 以下
(7) 試料水条件	水温：1～40℃　流量：1～3 L/分	
(8) 試薬貯蔵量	4週間	
(9) 表示・記録方式	アナログ出力信号：各信号毎に、DC 0～1 V、0～16 mA、DC 4～20 mA、の中から1つ選択 濃度出力：標準装備、負担量出力：オプション 接点出力信号：警報1、警報2、上限警報、電源断、保守中、測定中、測定可能、校正中、データ出力トリガ、流露識別信号 プリンタ：感熱式、用紙幅110 mm	
(10) 校正機能	手動校正および自動校正、校正後の自動測定可能（初回校正機能）	
(11) 電源条件	AC 110±10 V　6 A　50／60 Hz	
(12) 周囲温度条件	1～40℃	
(13) 価格（標準品）	5,000,000 円	
(14) 納入実績	平成12年発売	

交換部品・消耗品　※1日24回測定対象

	名　称	規　格	交換期間 (年・月)毎	年間交換部品・消耗品費		
				単　価	数　量	金　額
交換部品	バルブロータ	8ポートバルブ用 2ヶ所	6ヶ月	2,750 円	4個	11,000 円
	プランジャチップ	シリンジポンプ用	6ヶ月	1,600 円	2個	3,200 円
	ポンプヘッド	ドレンポンプ用 2ヶ所	6ヶ月	4,000 円	4個	16,000 円
	UVランプ	酸化反応器用	1年	30,000 円	1個	30,000 円
消耗品	チャート	プリンタチャート	6ヶ月	2,160 円	2個	4,320 円
	ペルオキソ二硫酸カリウム	試薬　100 g 入	8本/年	2,700 円	8本	21,600 円
	水酸化ナトリウム	試薬　500 g 入	3ヶ月	1,700 円	4本	6,800 円
	塩酸	試薬　500 mL 入	6ヶ月	600 円	2本	1,200 円
	硫酸	試薬　500 mL 入	2ヶ月	950 円	6本	5,700 円
	モリブデン酸アンモニウム	試薬　25 g 入	1年	1,200 円	1本	1,200 円
	酒石酸アンチモンカリウム	試薬　25 g 入	1年	1,300 円	1本	1,300 円
	L-アスコルビン酸	試薬　25 g 入	4ヶ月	850 円	3本	2,550 円

年間交換部品・消耗品費合計　104,870 円

問合せ先

株式会社島津製作所

〒604-8511　京都府京都市中京区西ノ京桑原町1
　　TEL　075-823-1258
　　FAX　075-841-9325
　　URL　http://www.shimadzu.co.jp

全りん・全窒素自動測定装置（型式 SW-740TPN）

総窒素（TN）・総りん（TP）

単項目	
多項目	○
採水式 A	
採水式 B	○
採水式 C	
潜漬式	

A：連続自動採水
B：間欠自動採水
C：その他

特徴

1. 本装置は湖・海の富栄養化の要因といわれるりん・窒素を測定するものである。
2. 試料水の加熱分解は120℃30分間加熱による公定法に準拠している。
3. 吸光光度計は、TP・TNとも二光路方式を用い安定化を計り、TPは発光ダイオード、TNはパルス点灯方式で長寿命化を計っている。
4. 加熱分解槽は非腐食で長寿命設計となっている。
5. 試料水の前処理と流路の自動洗浄が可能な設計となっている。

使用上の留意点

1. 装置は屋内設置であり、ブイ上または筏上への設置は不可である。
   設置施設として次の設備が必要となる。
   　局舎・上水道・電気・エアコン・採水設備・排水設備
   　洗浄水としてりん・窒素成分を除去した水が必要（プラント等の場合は純水設備より供給、または浄水を精製して使用）
2. 校正は必要であり、約半月の周期で行う。校正に約6時間必要である。
3. 試薬は必要である。試薬の廃液回収は必要であり、別途回収である（オプション）。廃液は、装置の外にタンクを設け、タンクに廃液をためて回収する。
4. 測定時の妨害物質は、TNの場合のみ濁度と臭素である。前処理方法は、濁度は光学的補正を行う。臭素が共存すると計測不可能である。
5. 保守点検は、約2週間毎に行う。保守点検作業は約7時間必要である。
6. 交換部品および消耗品は必要である（別表参照）。

仕　様

項　目	仕　様
(1) 測定方式	ペルオキソ二硫酸カリウム分解 TP…モリブデン青（アスコルビン酸）吸光光度法 TN…紫外線吸光光度法
(2) 測定原理	試料水（100 mL）の計量 　　├←（希釈水） 　　├←ペルオキソ二硫酸カリウム溶液（$K_2S_2O_8$）（20 mL） 　　├←水酸化ナトリウム溶液（NaOH）（5 mL） 　加熱分解 　冷却再計量─────────────┐ 　試料液吸光度測定　　　　　　　　　　│ 　　├←モリブデン-アンチモン（Mo + Sb）　1 mL 　　├←L-アスコルビン酸溶液（ASC）　1 mL 　吸光度測定　　　　　　　　　　　　　│ 　呈色待機　　　　　　　　　　　　　　│ 　演算濃度印字　　　　　　紫外線吸光度測定 　　│　　　　　　　　　　　　│ 　洗　浄　　　　　　　　　　洗　浄
(3) 測定範囲	TP：0〜0.2から0〜10 mg/L（キーボードにより設定） TN：0〜2.0から0〜50 mg/L（キーボードにより設定） TP 1 mg/L以上、TN 5 mg/L以上の場合は試料の自動希釈法による
(4) 周囲条件	水温　5℃〜35℃
(5) 再現性	フルスケール±3％（但し、標準液の測定として）
(6) 検水条件	水温：5〜40℃　流量：1〜5 L/min
(7) 電源条件	AC 100 V　50／60 Hz　消費電力　約 700 VA（最大負荷時）
(8) 外観・構造	W 800 × D 650 × H 1 650 mm　約 140 kg
(9) 加熱分解	特殊耐酸耐圧によるヒータ加熱方式（120℃加熱）
(10) 反応セル	直接透過方式
(11) 吸光光度計	特殊干渉フィルタ
(12) 表示・記録方式	ディジタル表示：工程数／工程残り時間／濃度／レンジ／測定値異常設定値／前回測定時の吸光度／時刻 発光ダイオード表示：制御モード／動作モード／警報／ディジタル表示の選択用感熱記録紙 外部出力：測定値電圧出力 DC 0〜1 V（DC 4〜20 mA はオプション） 　　警報接点出力　無電圧a接点出力 　　①測定値異常 ②光源断 ③洗浄水断 ④計器異常 ⑤電源断 ⑥保守中 外部入力：外部スタート入力 無電圧a入力
(13) 価格（標準品）	7,500,000 円〜（標準仕様本体価格。付帯設備、オプションは除く）
(14) 納入実績	最近5ヶ年（H7〜11）の納入実績　㊥河川・ダム・湖沼・その他 販売台数　1台

交換部品・消耗品　※1日24回測定対象

	名　称	規　格	交換期間 (年・月)毎	年間交換部品・消耗品費		
				単　価	数　量	金　額
交換部品	タイゴンチューブ	内径 3/16″× 外径 5/16″× 肉圧 1/16″	2 m/年	1,950 円	2 m	3,900 円
	テフロンチューブ	内径 2×外径 4 mm	5 m/年	1,050 円	5 m	5,250 円
	テフロンチューブ	内径 4×外径 6 mm	2 m/年	1,450 円	2 m	2,900 円
	シリコンチューブ E 種	内径 5×外径 7 mm	6ヶ月	1,600 円	2 m	3,200 円
	スリーブ	P.P.外径 4 mm 用	20 個/年	90 円	20 個	1,800 円
	スリーブ	P.P.外径 6 mm 用	20 個/年	100 円	20 個	2,000 円
	ダイヤフラム	SV3CA−53T−FT 1/4 用	3 年	19,700 円	3 個	59,100 円
	シート弁	吸引ポンプ用	1 年	4,600 円	1 個	4,600 円
	ダイヤフラム	吸引ポンプ用	1 年	5,250 円	1 個	5,250 円
	O リング		1 年	2,000 円	1 個	2,000 円
	ピンチバルブ		1 年	8,700 円	1 個	8,700 円
	計量管 A	硬質ガラス 50～100 mL	3 年	10,100 円	1/3 個	3,400 円
	電磁弁		1 年	11,900 円	1 個	11,900 円
消耗品	ペルオキソ二硫酸カリウム	水質分析用 100 g			28 本	
	硫酸	特級 500 mL			7 本	
	L−アスコルビン酸	特級 500 g			1 本	
	タルトラトランチモン(Ⅲ) 酸カリウム	特級 25 g			1 本	
	水酸化ナトリウム	特級 500 g			1 本	
	モリブデン酸アンモニウム	特級 500 g			1 本	
	記録紙	10 巻入		15,800 円	1 箱	15,800 円

年間交換部品・消耗品費合計　129,800 円
（除試薬）

問合せ先

シャープ株式会社

〒 545−0013　大阪府大阪市阿倍野区長池町 22−22
　TEL　06−6625−1986
　FAX　06−6621−2597
　URL　http://www.sharp.co.jp/

全りん・全窒素自動測定装置（型式 TPNMS）

総窒素（TN）、総りん（TP）

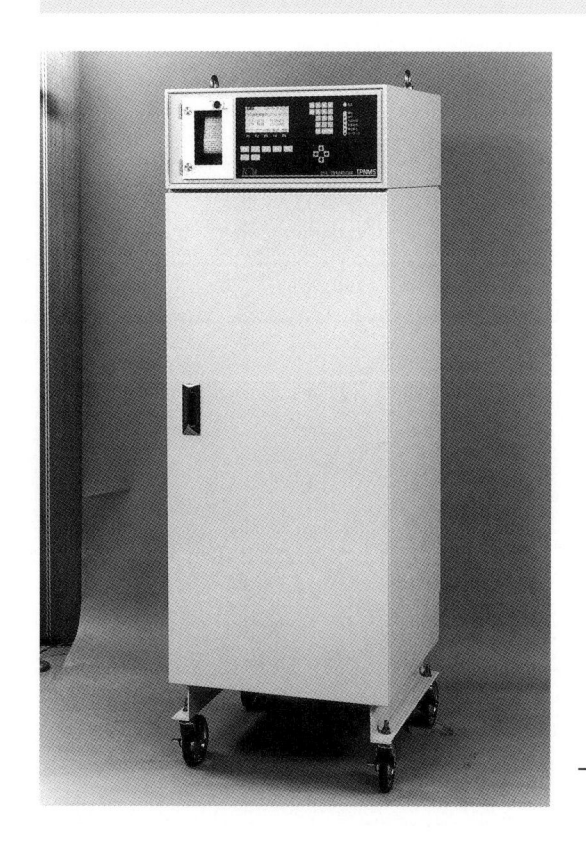

単項目	
多項目	○

採水式	A	○
	B	
	C	

潜漬式	

A：連続自動採水
B：間欠自動採水
C：その他

50 cm

特 徴
1. 1台で総りん・総窒素測定が可能。
2. 負荷量演算機能内蔵。
3. メンテナンス性の向上を実現。

使用上の留意点
1. 装置は屋内設置であり、ブイ上または筏上への設置は不可である。
   設置施設として次の設備が必要となる。
   　　局舎・上水道・電気・採水設備・排水設備
2. 校正は必要であり、1ヶ月毎の周期で行う。校正に約1時間必要である。
3. 試薬は必要である。試薬の廃液回収は必要であり、別途回収である。測定済み濃厚廃液で約 0.13 L/1 測定、測定周期1時間として約 22 L/週。強酸性のため中和処理が必要。
4. 測定時の妨害物質はない。
5. 保守点検は、3ヶ月毎に行う。保守点検作業は約1日必要である。
6. 交換部品および消耗品は必要である（別表参照）。

仕　様

項　目	仕　様	
(1) 測定方法	化学発光方式	
(2) 測定原理	TP	TN
	光触媒紫外線酸化電気分解・モリブデン青吸光光度法	アルカリ性ペルオキソ二硫酸カリウム紫外線酸化電気分解・紫外線吸光光度法
(3) 測定範囲	0〜0.5、0〜2.0、0〜20、0〜200 mgP/L	0〜2.0、0〜20、0〜200 mgN/L
(4) 電極精度	フルスケール±3％（標準液にて）	
(5) 応答速度	1時間/測定	
(6) ①検水条件	温度：2〜40℃　圧力：0.01〜0.05 MPa　流量：2〜10 L/min	
②電源条件	AC 100 V ± 10 V　50／60 Hz　消費電力　約700 VA（最大）、約200 VA（平均）	
(7) 周囲条件	・温度2〜40℃、湿度　85％以下（結露しないこと）、 ・直射日光　振動衝撃、腐食ガス、ダスト、誘導障害のないこと ・供給水　窒素化合物、りん化合物を含まない純水、圧力0.03〜0.5 MPa、 ・流量1〜3 L/min（最大）、消費量1.5〜2 L/1測定 ・排水量　測定周期1時間として1.1〜1.5 m³/月 　自然流下式であり背圧がかからないこと	
(8) 外観・構造	屋内自立型　約W 600 × D 600 × H 1 600 mm　約200 kg	
(9) 外部出力信号（テレメータ）	TP、TNともにDC 4〜20 mA、DC 0〜1 V、RS 232 Cインターフェースサーバ	
(10) 価格（標準品）	5,350,000 円	
(11) 納入実績	最近5ヶ年（H 7〜11）の納入実績　河川・ダム・湖沼・その他 販売台数　10台	

交換部品・消耗品　※1日24回測定対象

	名　称	規　格	交換期間(年・月)毎	年間交換部品・消耗品費		
				単価	数量	金額
交換部品	TN 光源ランプ	L2358	1年	58,000 円	1	58,000 円
	TP 光源ランプ	LNS−MID16	1年	6,500 円	1	6,500 円
	TP、TN 分解槽	石英ガラス	2/年	14,000 円	2	28,000 円
	TP、TN 分解電極		2/年	26,000 円	2	52,000 円
	TP、TN 分解殺菌灯	GL−4　2個	2ヶ月	4,500 円	12	54,000 円
	酸化チタンビーズ	500g	1年	13,000 円	1	13,000 円
	ポペットバルブ	AC8−FRV	6/年	9,000 円	6	54,000 円
	ベローズセット	AC2−GRV	6/年	3,000 円	6	18,000 円
消耗品	ヒータ	HLH1354	1年	14,000 円	1	14,000 円
	パッキン	10個	1年	5,000 円	1	5,000 円
	チューブ類		1年	26,000 円	1	26,000 円
	プリンタ用ロール紙	TP058−25（10巻）	10巻/年	7,500 円	1	7,500 円
	その他雑材		1年	7,000 円	1	7,000 円
	試薬		2週間	141,500 円	1式	141,500 円

年間交換部品・消耗品費合計　484,500 円

問合せ先

東亜ディーケーケー株式会社

〒169-8648　東京都新宿区高田馬場1-29-10
　TEL　03-3202-0221
　FAX　03-3202-0555
　URL　http//www.toadkk.co.jp/

自動全窒素・全リン測定装置（型式 TPNA-200）

総窒素（TN）、総りん（TP）

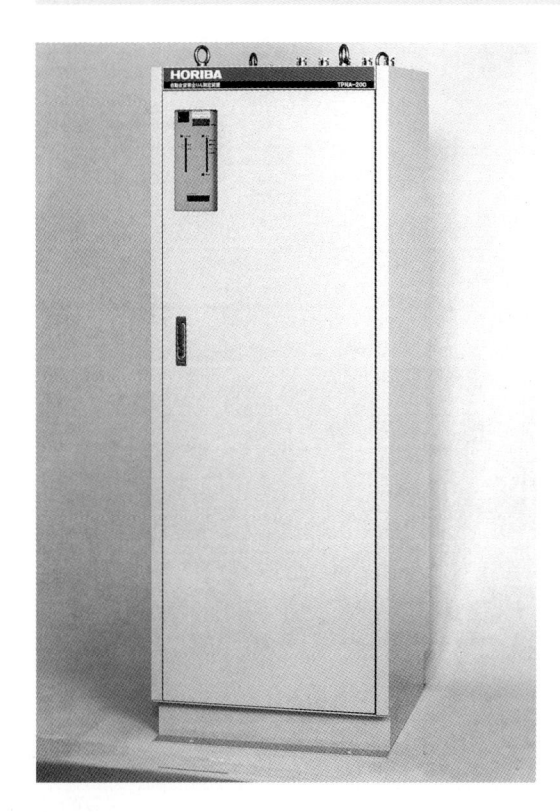

単項目	
多項目	○
採水式	A ○
	B
	C
潜漬式	

A：連続自動採水
B：間欠自動採水
C：その他

50 cm

特 徴

1. 1台でTN・TPの2成分を同時測定。
2. 紫外線酸化分解法の採用により、従来のオートクレーブ法（加圧加熱分解法）に比べて低温、常圧での前処理が可能。
3. 紫外線酸化分解法の採用により、メンテナンス性にすぐれ、試薬の消費量も従来の約1/3を実現。
4. 測定値は、手分析値と高い相関が得られる。
5. 自動校正機能を搭載し連続監視に最適である。

使用上の留意点

1. 装置は屋内設置であり、ブイ上または筏上への設置は不可である。
   設置施設として次の設備が必要となる。
   　　局舎・上水道・電気・採水設備・排水設備
2. 校正は必要であり、1ヶ月毎の周期で行う。校正に約6時間必要である。
3. 試薬は必要である。試薬の廃液回収は必要であり、別途回収である。廃液は、中和処理槽等でpH 6〜8に中和して破棄する。
4. 妨害物質は臭素イオン（全窒素に対して）である。前処理方法は、補正機能で調整する。
5. 保守点検は、2週間毎に行う。保守点検作業は約1時間必要である。
6. 交換部品および消耗品は必要である（別表参照）。

仕　様

項　目	仕　様	
	TN	TP
(1) 測定方法	アルカリ性ペルオキソ二硫酸カリウム・紫外線酸化分解-紫外線吸光光度法	ペルオキソ二硫酸カリウム・紫外線酸化分解-モリブデン青吸光光度法
(2) 測定原理	試料水にペルオキソ二硫酸カリウムおよび水酸化ナトリウムを加え、紫外線照射すると試料水中の窒素化合物が硝酸イオンに酸化分解され、220 nm の紫外線吸収を利用してTN濃度を求める。	試料水にペルオキソ二硫酸カリウムおよび硫酸を加え、紫外線照射すると試料水中のりん酸化合物がりん酸イオンに分解され、りん酸イオンを酸性下でモリブデン酸とL-アスコルビン酸と反応させ、生成したモリブデン青を 880 nm の吸収を利用してTP濃度を求める。
(3) 測定範囲	0～2 mg/L（標準）	0～0.5 mg/L（標準）
(4) 電極精度	（繰返し性）±3 %（標準）	（繰返し性）±3 %
(5) 測定時間	1時間	
(6) ①検水条件	水温：2～40 ℃　流量：1～10 L/分	
②電源条件	AC 100 V ± 10 V	
(7) 外観・構造	架台に計測部、指示部まとめ W 600 × D 590 × H 1 600 mm　約150 kg 採水洗浄制御部（別途相談）	
(8) 表示・記録方式	アナログ出力　DC 4～20／0～16 mA	
(9) 価格（標準品）	5,500,000 円～	
(10) 納入実績	最近5ヶ年（H 7～11）の納入実績　河川・ダム・湖沼・その他 販売台数　約50台	

交換部品・消耗品　※連続測定対象

	名　称	規　格	交換期間(年・月)毎	年間交換部品・消耗品費		
				単価	数量	金額
交換部品	ダイヤフラム		1年	非公開	1個	非公開
	配管類		1年	非公開	1個	非公開
	継手類		1年	非公開	1式	非公開
	ヒューズ類		1年	非公開	1式	非公開
	サンプル管		1年	非公開	1式	非公開
消耗品	ペルオキソ二硫酸カリウム	100 g 入り		非公開	25個	非公開
	水酸化ナトリウム	500 g 入り		非公開	5個	非公開
	塩酸	500 mL 入り		非公開	10個	非公開
	硫酸	500 mL 入り		非公開	7個	非公開
	L-アスコルビン酸	500 g 入り		非公開	1個	非公開
	モリブデン酸アンモニウム	500 g 入り		非公開	1個	非公開
	酒石酸アンチモニルカリウム	25 g 入り		非公開	1個	非公開
	TN校正液	硝酸カリウム（500 g）		非公開	1個	非公開
	TP校正液	りん酸二水素カリウム（500 g）		非公開	1個	非公開

※ 価格は非公開。
　試薬の消費量は測定条件により異なる。

問合せ先

株式会社堀場製作所

〒601-8510　京都府京都市南区吉祥院宮の東町2番地
　　TEL　075-313-8121
　　FAX　075-321-5725
　　URL　http://www.horiba.co.jp

全窒素・全りん自動測定装置（型式 MEIAQUAS MTNP-100）

総窒素（TN）、総りん（TP）

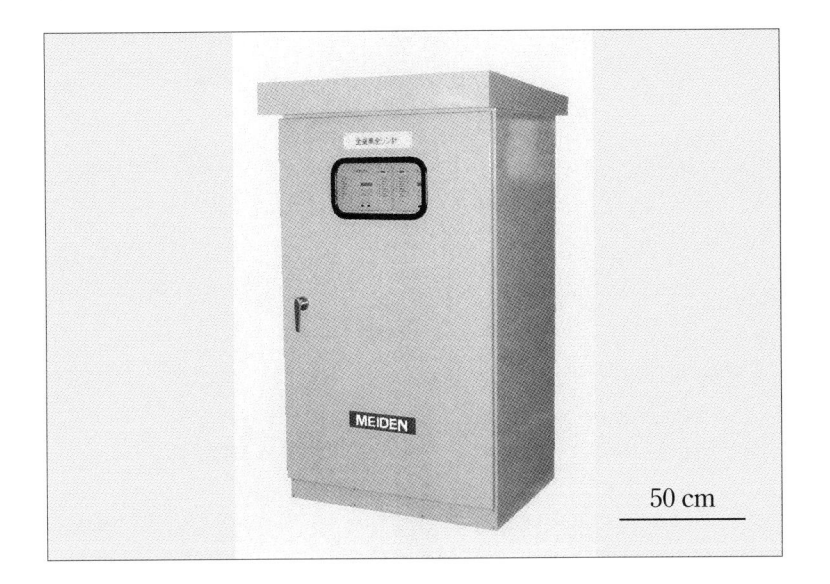

単項目	
多項目	○
採水式 A	
採水式 B	○
採水式 C	
潜漬式	

A：連続自動採水
B：間欠自動採水
C：その他

特　徴

1. 公定分析法（環境庁告示第59号の測定法）に準拠している。
2. 1台の装置でTNとTPを同時に測定できる。
3. 急速昇温できる加熱分解槽の採用で効率的に加熱できる。
4. 恒温水を循環して発色反応温度を一定とすることで測定精度が高くなる。
5. 精度良く測定できる濃度となる様に自動希釈機能を標準装置。
6. 試料水の濁りを自動補正する。
7. 試料水不足や測定値異常をはじめ、豊富な自己診断機能を有する。

使用上の留意点

1. 装置は屋外設置であり、ブイ上または筏上への設置も可能である。
   設置施設として次の設備が必要となる。
   　　上水道・電気・採水設備（導水管・採水タンク・採水ポンプ）・廃液タンク
2. 校正は必要であり、2週間の周期で行う。校正に約2時間必要である。
3. 試薬は必要である。試薬の廃液回収は必要であり、別途回収である。廃液は別置廃液タンクにて回収する。
4. 測定時の妨害物質は、浮遊物質である。前処理方法は、10 meshフィルタでろ過処理を行う。
5. 保守点検は、2週間毎に行う。保守点検作業は、約1時間必要である。
6. 交換部品および消耗品は必要である（別表参照）。

仕 様

項 目	仕 様	
	TN	TP
(1) 測定方法	水酸化ナトリウム＋ペルオキソ二硫酸カリウム分解—紫外吸光光度法 2波長2光路フローセル方式	ペルオキソ二硫酸カリウム分解—モリブデン青 吸光光度法 1波長2光路オープンフローセル方式
(2) 測定原理	希釈検水（TNとして5mg/L以下）↓ ←水酸化ナトリウム溶液 ←ペルオキソ二硫酸カリウム溶液 ↓ 加熱分解（120℃） ↓ pH調整 ↓ 吸光度測定（220 nm/660 nm）	希釈検水（TNとして5mg/L以下）↓ ←ペルオキソ二硫酸カリウム溶液 加熱分解（120℃） ↓ ゼロ測定 ↓ ←モリブデン-アンチモン混同液 ←L-アスコルビン酸溶液 発色反応 ↓ 吸光度測定（880 nm）
(3) 測定範囲	0～5 mg/L標準（最大0～250 mg/L）	0～1 mg/L標準（最大0～50 mg/L）
(4) 応答速度	測定周期：1時間	
(5) ①検水条件	検水温度：0～40℃（不凍状態）	
②電源条件	AC 100 V ± 10 %　50/60 Hz　単相	
(6) 外観・構造	W 1 000 × D 800 × H 1 800 mm	
(7) 表示・記録方式	ディジタル表示　外部出力信号：測定信号DC 4～20 mA、異常警報	
(8) 価格（標準品）	12,700,000 円	
(9) 納入実績	H 12年度　河川・ダム・湖沼・⦅その他⦆　2台	

交換部品・消耗品　※1日24回測定対象

	名　称	規　格	交換期間(年・月)毎	年間交換部品・消耗品費		
				単　価	数　量	金　額
交換部品	チューブ類		6ヶ月	9,000円	4式	36,000円
	バルブ類		1年	90,000円	1式	90,000円
	ダイヤフラムポンプ		1年	11,000円	2個	22,000円
	分解槽他槽類		1年	212,000円	1式	212,000円
	紫外線光源D2ランプ		6ヶ月	72,000円	2本	144,000円
消耗品	分解&発色試薬等		2週間	156,000円	1式	156,000円
	pH調整液		1ヶ月	78,000円	1式	78,000円
	スパン液	標準原液	2週間	3,000円	1式	3,000円
	イオン交換器		6ヶ月	162,000円	1式	162,000円
	記録紙		4ヶ月	20,000円	1式	20,000円

年間交換部品・消耗品費合計　923,000円

問合せ先

株式会社明電舎

〒103-0015　東京都中央区日本橋箱崎町36-2 リバーサイドビル
　　TEL　03-5641-7000
　　FAX　03-5641-7001

全窒素・全りん自動測定装置（型式 NP1000）

総窒素（TN）・総りん（TP）

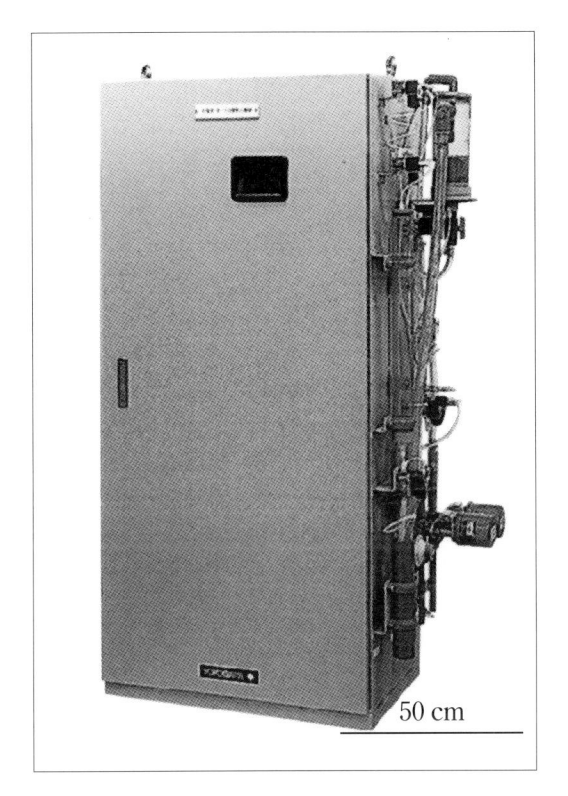

単項目		
多項目		○
採水式	A	○
	B	
	C	
潜漬式		

A：連続自動採水
B：間欠自動採水
C：その他

特徴

1. キャピラリ加熱加圧分解—フローインジェクション分析法（細管内で試薬との化学反応を行う分析法）を採用し、15分の短時間分析、高精度測定を実現している。
2. ろ過工程を含めたサンプルラインに自動洗浄機構を組み込み、メンテナンスし易く安定した長期運転が可能である。
3. 試料水を希釈せずに高濃度の測定ができる。
4. 1回の試料水注入でTNとTPを一挙に測定できる。
5. コンパクト設計とタッチパネル式の液晶操作表示器により操作が簡単である。

使用上の留意点

1. 装置は屋内設置であり、ブイ上または筏上への設置は不可である。
   設置施設として次の設備が必要となる。
   　　局舎・上水道・電気・採水設備・排水設備
2. 校正は必要であり、1ヶ月の周期で行う。校正に約2時間必要である。
3. 試薬は必要である。試薬の廃液回収は必要であり、別途回収である。廃液は、試薬排水を廃液タンクを設けて回収する。
4. 測定時の妨害物質はない。
5. 保守点検は、1ヶ月毎に行う。保守点検作業は約3時間必要である。
6. 交換部品は必要であるが、消耗品は必要ない（別表参照）。

仕　様

項　目	仕　様
(1) 測定方法	キャピラリ加熱加圧 フローインジェクション分析法（FIA法）
(2) 測定原理	サンプルを自動切換バルブより注入後、アルカリ性ペルオキソ二硫酸カリウム溶液と合流させ、160℃に加熱し、TN化合物を硝酸イオンに分解する。この硝酸イオンを、紫外光（220 nm）で測定してTN濃度とする。その後、酸性ペルオキソ二硫酸カリウム溶液と合流させ、TP化合物をりん酸イオンに分解する。その後、モリブデン酸アンモニウム溶液とアスコルビン酸溶液を順次合流させ、りん酸をモリブデン青法により可視光（880 nm）で測定しTP濃度とする。
(3) 測定範囲	（単位 mg/L）0～2／0～5／0～10／0～20／0～50／0～100／0～200／の内あらかじめ一つ選択
(4) 測定項目と測定範囲	TN：0～2から0～200 mg/Lで選択可 TP：0～2から0～200 mg/Lで選択可
(5) 測定周期	15分
(6) 自動校正	可
(7) サンプル前処理	金網フィルタ（逆洗浄付き）
(8) 繰り返し性	±3％フルスケール以内
(9) ①検水条件	水温：0～45℃　圧力：10～500 kPa　流量：5～10 L/min 浄水：圧力：0.1～0.5 MPa（逆洗用）　約1 000 L/日
②電源条件	AC 100 V±10 V　50/60 Hz　1.5 kVA
(10) 外観・構造	自立型（床アンカー固定）室内設置用　試薬タンク（別置き） 約350 kg（除く試薬類） 本体：W 1 100×D 570×H 1 800 mm 試薬タンク架台：W 600×D 400×H 880 mm チャンネルベース寸法：W 850×D 500 mm
(11) 周囲温度	5～40℃
(12) 表示・記録方式	タッチパネル 測定値出力：DC 4～20 mA 接点入力：測定開始、測定停止、#1流路選択、#2流路選択 接点出力：保守中、装置異常、#1流路測定中、#2流路測定中 外部出力：濃度信号　4～20 mA　2点 　　　　　接点出力　ドライ接点（DC 24 V, 2 A） 　　　　　「保守中」「装置異常」
(13) その他	2流路測定可能、TN測定用TN1000／TP測定用TP1000あり
(14) 価格（標準品）	11,000,000 円～
(15) 納入実績	最近5ヶ年（H 7～11）の納入実績　非公開 河川・ダム・湖沼・その他

交換部品・消耗品　※1日24回測定対象

	名　称	規　格	交換期間 (年・月)毎	年間交換部品・消耗品費		
				単　価	数　量	金　額
交換部品	金網フィルタ	250 mesh、SUS 316	6ヶ月	非公開	非公開	非公開
	フィルタエレメント	焼結金属	12個/年	非公開	非公開	非公開
	ダイアフラム	サンプルポンプ用	6ヶ月	非公開	非公開	非公開
	バルブユニット	サンプルポンプ用	1年	非公開	非公開	非公開
	プランジャシール	試薬ポンプ用	1年	非公開	非公開	非公開
	キャピラリチューブ	1.6φ／0.5φ	1年	非公開	非公開	非公開
	シリンジ	呼び水用	10個/1年	非公開	非公開	非公開
	テフロンパッキン	検出器用シール材	1年	非公開	非公開	非公開
	カラー	検出器用シール材	1年	非公開	非公開	非公開
	ロータパッキン	サンプルバルブ用	1年	非公開	非公開	非公開
	重水素ランプ	TN検出器用	6ヶ月	非公開	非公開	非公開
	タングステンランプ	TP検出器用	1年	非公開	非公開	非公開

問合せ先

横河電機株式会社

〒180-8750　東京都武蔵野市中町2-9-32
　　TEL　0422-52-5617
　　FAX　0422-52-0622
　　URL　http://www.yokogawa.co.jp/Welcome-J.html

島津水質分析計オンライン TOC・TN計
(型式　TOCN-4100(TOC-4100 シリーズ))

総窒素（TN）、全有機態炭素（TOC）
TOC-4100：TOC
TN-4100：TN

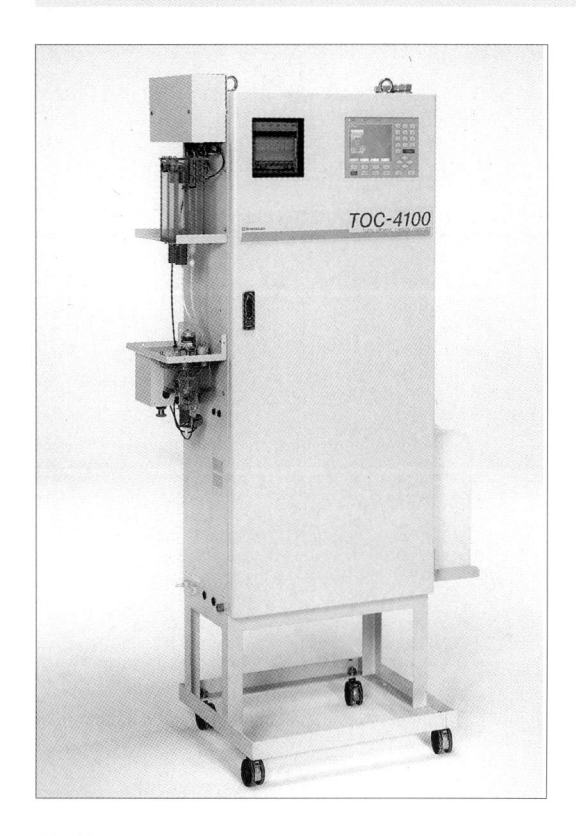

単項目	
多項目	○
採水式 A	
採水式 B	○
採水式 C	
潜漬式	

A：連続自動採水
B：間欠自動採水
C：その他

特 徴
1. 燃焼触媒酸化法により、懸濁性有機物を含む全てのTOCを測定できる。
2. TOCとTNの同時測定が、5分周期毎に可能である。
3. TOCおよびTN測定とも燃焼式のため、酸化剤不要である。
4. TOCおよびTNともフルスケール0～1ppmが対応可能である。
5. TOC計、TN計は最大6流路、TOC・TN計は3流路切換測定可能である。

使用上の留意点
1. 装置は屋内および屋外設置であるが、ブイ上または筏上への設置は不可である。
   設置施設として次の設備が必要となる。
   　　局舎・上水道・電気・コンプレッサ・採水設備・排水設備
2. 校正は必要であり、1週間毎の周期で行う。校正に約20分必要である。
3. 試薬は不要である。
4. 測定時の妨害物質はない。
5. 点検は、1週間毎に行う。点検作業は約10分必要である。保守は、2週間毎に行う。保守作業は約20分必要である。また、6ヶ月毎に行う場合、保守作業は約1時間必要である。
6. 交換部品は必要であるが消耗品は必要ない（別表参照）。

仕　様

項　目	仕　　　　　様	
(1) 測定方法	不揮発性有機態炭素(NPOC)（無機態炭素(IC)除去によるTOC測定法）および全炭素(TC)	TN
(2) 測定原理	TC：燃焼触媒酸化／CO_2検出 NPOC：IC除去（酸性通気処理）後、TNと同じ	熱分解／化学発光検出
(3) 測定レンジ	フルスケール0〜5 ppmからフルスケール0〜1 000 ppmまで可変（希釈機能によりフルスケール0〜20 000 ppmまで可能）	フルスケール0〜1 ppmからフルスケール0〜200 ppmまで可変（希釈機能によりフルスケール0〜4 000 ppmまで可能）
(4) 再現性	フルスケール±2％以内	フルスケール4 ppm以下のレンジではフルスケール±4％以内、フルスケール4 ppmを超えるレンジではフルスケール±2％以内
(5) 測定周期	最短　約4分(不揮発性有機態炭素)（繰返し測定の場合）	最短　約4分（繰返し測定の場合）
(6) 試料注入	シリンジポンプ／スライド式注入口	
(7) 試料希釈	シリンジ内で希釈、希釈倍率2〜20倍	
(8) 自動校正	標準液による自動校正可能 （オプションの標準液切換セットにより最大6本が可能）	
(9) 表示・記録方式	液晶（バックライト付）　文字20桁 記録計：記録幅100 mm、6打点記録計（オプション） プリンタ：チャート幅110 mm（オプション） アナログ出力：DC 0〜1 V、0〜16 mA、4〜20 mA、選択 警報出力：上・下限、上上・下下限、装置異常警報 入力信号：校正スタート、試料測定スタート、測定ストップ、警報リセット	
(10) キャリアガス	加圧空気または酸素、供給圧：250〜300 kPa ダスト、オイルミスト、水滴などを含まないこと	
(11) 試料条件	流量　試料流路セット使用時：1〜3 L/min 　　　懸濁試料流露切換器使用時：約10 L/min	
(12) 電源条件	AC 110±10 V、6 A、50／60 Hz	
(13) 周囲温度条件	0〜40℃	
(14) 外観・構造	屋内用壁掛（オプションで専用スタンドあり）	
(15) 重量	約70 kg（本体のみ）	
(16) 価格（標準品）	TOC-4100：3,900,000円〜、TOCN-4100：5,000,000円〜、 TN-4100：4,300,000円〜	
(17) 納入実績	最近5ヶ年（H7〜11）納入実績　560台 河川・ダム・湖沼・その他	

交換部品・消耗品（全有機態窒素計＋全窒素計の場合）※1日24回測定対象

	名　称	規　格	交換期間(年・月)毎	年間交換部品・消耗品費		
				単　価	数　量	金　額
交換部品	触媒ST型	粒状白金系触媒	6ヶ月	10,800円	2個	21,600円
	燃焼管	石英ガラス製	1年	16,700円	1個	16,700円
	CO_2アブソーバ	容器ごと交換	7個/年	5,400円	7個	37,800円
	ハロゲンスクラバー	容器ごと交換	6ヶ月	12,600円	2個	25,200円
	Oリング一式	ガスシール用	6ヶ月	1,000円	2式	2,000円
	プランジャチップ	シリンジポンプ用	6ヶ月	1,600円	2個	3,200円
	オゾンキラー触媒	オゾン分解用	4ヶ月	21,300円	3個	63,900円
	パッキン	リアクタ用	1年	2,800円	1個	2,800円

※レコーダ使用の場合、レコーダ消耗品として50,000円必要。　　年間交換部品・消耗品費合計　173,200円

問合せ先

株式会社島津製作所

〒604-8511　京都府京都市中京区西ノ京桑原町1
　　TEL　075-823-1258
　　FAX　075-841-9325
　　URL　http://www.shimadzu.co.jp

連続測定装置（型式 SA9000SE（SA9000シリーズ））

総窒素（TN）、全有機態炭素（TOC）

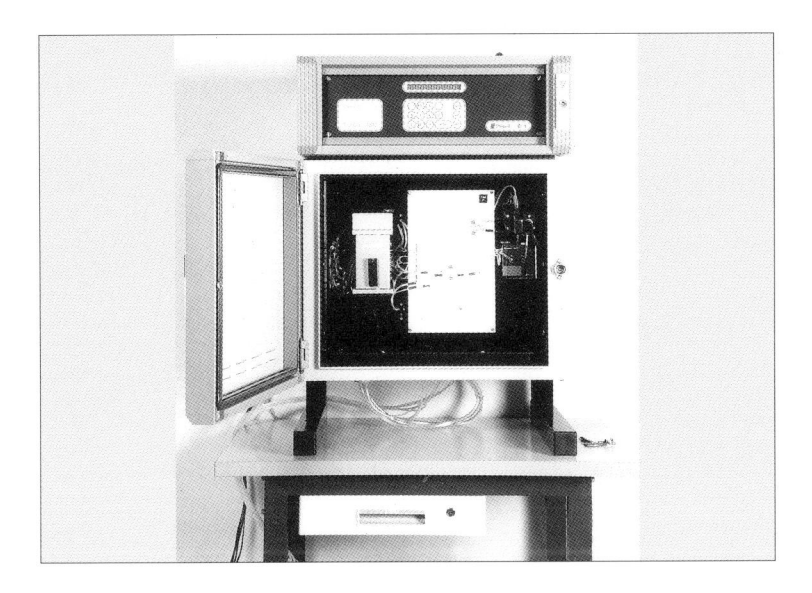

単項目	
多項目	○
採水式 A	○
採水式 B	
採水式 C	
潜漬式	

A：連続自動採水
B：間欠自動採水
C：その他

50 cm

特 徴

1. 本装置は、河川水や排水の水質監視やデータ収集を目的とした連続装置である。
2. 設定値オーバーの警報や測定異常等の自己診断機能を搭載しており、接点信号にて出力可能である。
3. 洗浄、校正、サンプリングのスケジュールをキー入力により自由にプログラミング可能。これにより、多地点のサンプルを一台の装置で測定可能となる。
4. 化学モジュールは、細管を使用したFIA（Flow Injection Analysis）方式（分析試料の前処理で人手と時間を要する操作過程を細管内の流れを利用して自動化しオンライン分析計とする）、有機物の分解はUV（紫外線）分解方式の採用により安定した測定結果を得られる。

使用上の留意点

1. 装置は屋内設置であり、ブイ上または筏上への設置は不可である。
   設置施設として次の設備が必要となる。
   　局舎・電気・採水設備・排水設備
2. 校正は必要であり、5時間の周期で行う。校正に約30分必要である（自動校正）。
3. 試薬は必要である。試薬の廃液回収は必要である。廃液は1～2週間に1度、ポリ容器の交換にて回収する（14 L/週）。
4. 測定時の妨害物質は浮遊性物質である。15 μm以上はペーパーフィルタによるろ過処理、5 μm以上は浸透膜ろ過処理、10 μm程度はホモジナイザ粉砕処理等を行う。
5. 保守点検は、1週間毎に行う。保守点検作業は、約3時間必要である。
6. 交換部品および消耗品は必要である（別表参照）。

仕　様

項　目	仕　様	
	TOC	TN
(1) 測定方法	吸光光度法	
(2) 測定原理	〈湿式UV酸化分解法〉 試料水は、酸性溶液にて希釈した跡、ペルオキソ二硫酸カリウムと混合し、UV分解槽に送る。UV分解槽で試料水中の有機炭素化合物は、紫外線の光エネルギーにより、二酸化炭素に酸化する。生成した二酸化炭素は酸性溶液中から窒素ガスによる脱気にて収集した後、赤外線探知器に送り、赤外線による吸光度を測定して炭素濃度を求める。	〈硫酸ヒドラジニウム還元法〉 希釈されたサンプルは、ペルオキソ二硫酸カリウムと混合され、UV分解槽に送られる。UV分解槽でサンプル中の有機性窒素化合物は、紫外線の光エネルギーにより硝酸イオンに酸化分解される。次にサンプルは、アルカリ溶液中で銅を触媒として硫酸ヒドラジニウムにより亜硝酸イオンに還元され、N-1ナフチルエチレンアミンによりジアゾ化合物となる。これを540 nmにて吸光度を測定し窒素濃度を求める。
(3) 測定範囲	2.5～50 ppm C	1～20 ppm N
(4) 温度補償	5～50 ℃	
(5) 測定精度	±2 %以内	
(6) 応答速度	約30分以内	
(7) ①検水条件	流量：約1 mL/分	
②電源条件	AC 100 V　消費電力　500 W（最大）	
(8) 外観・構造	W 610 × D 490 × H 217 mm	
(9) 表示・記録方式	表示：ディスプレイに20文字デジタル表示 記録（オプション）：記録紙、データロガー、テレメータ 出力：アナログ出力（4～20 mA、0～200 mV）、デジタル出力（RS 232 C） 　　　警報接点出力（上限、下限、範囲外、装置異常）	
(10) 価格（標準品）	8,200,000 円	
(11) 納入実績	最近5ヶ年（H 7～11）の納入実績　河川・ダム・湖沼・その他 販売台数　無	

交換部品・消耗品　※1日24回測定対象

	名　称	規　格	交換期間 (年・月)毎	年間交換部品・消耗品費		
				単　価	数　量	金　額
交換部品	ポンプチューブ	流量 0.10～2.50 mL/min ペリポンプ用 tygon 製	264 本/年	375 円	264 本	99,000 円
	サンプルチューブ	内径　0.7～1.5 mm polythene 製　15 m	20 本/年	1,000 円	20 本	20,000 円
消耗品	温浸試薬	ペルオキソ二硫酸カリウム　等	300 L/年	100 円	300 L	30,000 円
	水酸化ナトリウム溶液	水酸化ナトリウム等	250 L/年		250 L	20,000 円
	硫酸ヒドラジニウム溶液	硫酸ヒドラジニウム	100 L/年		100 L	7,000 円
	硫酸銅溶液	硫酸銅	100 L/年		100 L	8,000 円
	呈色試薬	N-1 ナフチルエチレンジアミン等	100 L/年		100 L	50,000 円
	標準液（TN用）	硝酸ナトリウム	50 L/年		50 L	4,000 円
	洗浄液（TN用）	塩酸	100 L/年		100 L	15,000 円
	硫酸溶液	硫酸	100 L/年		100 L	15,000 円
	標準液	フタル酸カリウム	50 L/年		50 L	5,000 円
	蒸留水	標準液	200 L/年		200 L	14,000 円
	チューブ接合剤	接着剤	2 本/年	13,000 円	2 本	26,000 円
	シリコングリース	ペリポンプ潤滑剤	2 本/年	2,000 円	2 本	4,000 円

	名 称	規 格	交換期間 (年・月)毎	年間交換部品・消耗品費		
				単 価	数 量	金 額
消耗品	比色計ランプ	比色計用光源	4個/年	20,000 円	4個	80,000 円
	フィルタペーパー	15 mm 幅 150 m ロール	5巻/年	7,000 円	5巻	35,000 円

年間交換部品・消耗品費合計　432,000 円

問合せ先

株式会社拓和

〒101-0047　東京都千代田区神田 1-4-15
　　TEL　03-3291-5870
　　FAX　03-3291-5226
　　URL　http://www.takuwa.co.jp

シアン・アンモニア自動測定装置（型式 CNH-105）

シアンイオン、アンモニウムイオン

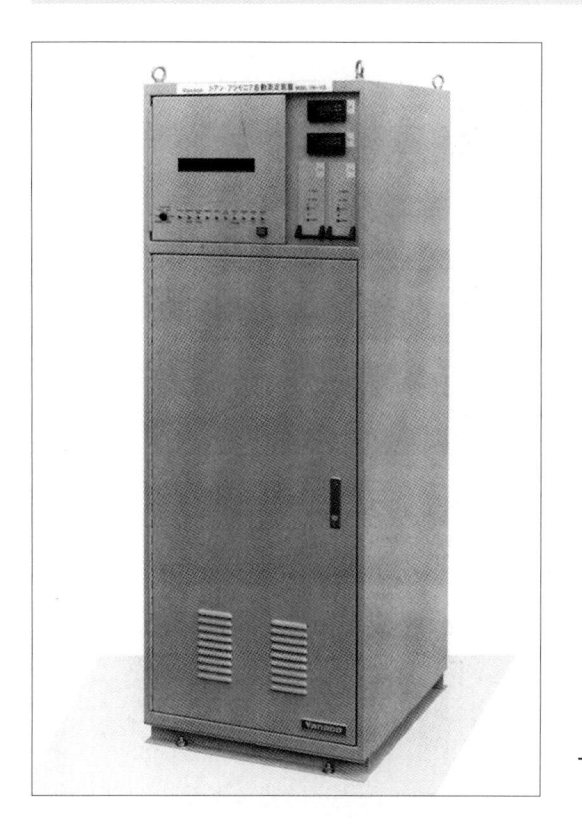

単項目	
多項目	○
採水式	A
	B ○
	C
潜漬式	

A：連続自動採水
B：間欠自動採水
C：その他

50 cm

特 徴
1. 試料水のシアンイオン、アンモニウムイオンが試料採水後、約20分で測定が可能である。
2. アルカリ溶液等の試薬の消耗は著しく少なく、廃液回収も少なくてすむ。
3. 低濃度のシアンイオン、アンモニウムイオンの測定が可能である。

使用上の留意点
1. 装置は屋内設置であるが、ブイ上または筏上への設置は可能である。
   設置施設として次の設備が必要となる。
   　　局舎・上水道・電気・採水設備・排水設備
2. 校正は必要であり、半月毎の周期で行う。校正に約1時間必要である。
3. 試薬は必要である。試薬の廃液回収は必要である。廃液は測定に使用するアルカリ濃度に匹敵する硫酸溶液を測定工程で導入して中和排水する。
4. 測定時の妨害物質は、アンモニウムイオンは揮発性アミン、シアンイオンは還元性物質のハイドロキノン、イオウイオン（S^{2-}）、ヨウ素イオン（I^-）である。前処理方法は、蒸留前処理して測定する（シアン測定装置型式TCN-508を採用する）。
5. 保守点検は、2週間毎に行う。保守点検作業は約2時間必要である。
6. 交換部品および消耗品は必要である（別表参照）。

仕　様

項　目	仕　　　様
(1) 測定方式	アルカリ条件-シアンおよびアンモニア電極測定法
(2) 測定原理	試料水および水酸化ナトリウム溶液をそれぞれの計量管に負圧吸引計量方式により計量した後、測定槽に導入して、pHをアルカリ性にした後、イオン電極によりアンモニウム等を自動温度補償して測定する。電極等は測定後自動的に洗浄します。
(3) 測定対象	水中の遊離シアン・アンモニウムおよびアンモニウムイオン
(4) 測定範囲	シアンイオン：0.03～3.0 mg/L　アンモニウム：0.01～10.0 mg/L
(5) 測定再現性	フルスケール±3％以内
(6) 検水条件	水温：5～40℃　流量：1～5 L/min
(7) 温度補償	周囲温度：5～35℃　周囲湿度：90％以下（自動温度補償式）
(8) 制御方式	プログラマーによる全自動および手動操作式
(9) 測定周期	REPEAT、30 M、60 M、90 M、120 M、180 M、任意選択／外部スタート
(10) 連続測定	測定周期を1時間として試薬補充なしで30日間連続測定可能
(11) 表示・記録方式	ディジタルパネルメータによる濃度直読ホールド表示式 測定値出力：DC 0～1 V（非絶縁）……2出力 　　　　　　DC 4～20 mA（絶縁）……オプション 接点出力：測定値異常（2出力）／電源断（2出力）／洗浄水断／計器異常／試料水断（オプション）／保守中／外部スタート入力
(12) 計量方式	負圧吸引計量方式（計量吐出方式を含む）
(13) 電極洗浄式	測定毎水攪拌洗浄式
(14) 電源条件	AC 100 V±10 V　50／60 Hz±1 Hz　消費電力 約300 VA（最大負荷時）
(15) 外形寸法	W 600×D 650×H 1 650 mm（屋内設置チャンネルベース式）
(16) 価格（標準品）	3,400,000円～
(17) 納入実績	最近5ヶ年（H 7～11）納入実績　河川・ダム・湖沼・その他 販売台数　1台

交換部品・消耗品　※1日24回測定対象

	名　称	規　格	交換期間(年・月)毎	年間交換部品・消耗品費		
				単　価	数　量	金　額
交換部品	アンモニウム電極	9001-UG	1年	115,500円	1	115,500円
	シアンイオン電極	7000-2.0P	1年	42,400円	1	42,400円
	カロメル電極（比較）	MR-101	1年	15,000円	1	15,000円
	シリコンチューブ E種	内径5×外径7 mm 1 m	6ヶ月	1,200円	2	2,400円
	テフロンチューブ	内径2×外径4 mm 1 m	5/年	800円	5	4,000円
	テフロンチューブ	内径4×外径6 mm 1 m	2/年	1,100円	2	2,200円
	ダイヤフラム*1	GA-380V用	1年	4,000円	1	4,000円
	シート弁	GA-380V用	1年	3,500円	1	3,500円
	スリーブ*2	P.P.外径4 mm用 20個入	1年	1,350円	1	1,350円
	スリーブ*2	P.P.外径6 mm用 20個入	1年	1,500円	1	1,500円
	ピンチバルブ	PK-0802-NO-YA DC 24 V	1年	6,600円	1	6,600円
	試料計量管	大	3年	15,000円	1/3	5,000円
	試料計量管(A) 5～10	硬質ガラス	2年	5,400円	1/2	2,700円
	電磁弁	SVC-201-S DC 24 V　PT1/8	1年	9,000円	1	9,000円
	電磁弁	YDV2-1/8　4φ DC 24 V	1年	9,790円	1	9,790円

	名　称	規　格	交換期間(年・月)毎	年間交換部品・消耗品費		
				単　価	数　量	金　額
交換部品	分岐管3方	Y型	3年	2,500円	1/3	900円
消耗品	水酸化ナトリウム	特級　500 g		1,000円	4	4,000円
	塩化アンモニウム	特級　500 g		2,000円	1	2,000円
	アンモニウム電極交換膜セット	膜 20枚 内部液　30 mL 入		19,000円	1	19,000円
				年間交換部品・消耗品費合計		250,840円

＊1　ダイヤフラム：エアーポンプの種類でダイヤフラム式ポンプがありそれに使用するダイヤフラムを指す。
＊2　スリーブ：配管をジョイントに接合するときに配管を固定する配管固定補助具。

問合せ先
株式会社アナテック・ヤナコ

〒611-0041　京都府宇治市槇島町十一 96-3
　　TEL　0774-24-3171
　　FAX　0774-24-3173
　　URL　http://www.yanaco.co.jp/

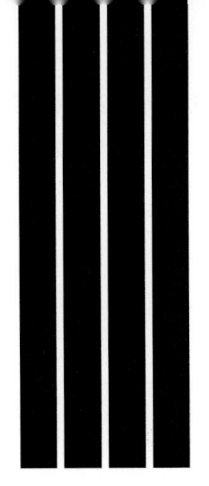

4. 河川・ダム湖沼用水質測定目的別測定項目

4．河川・ダム湖沼用水質測定目的別測定項目について

　河川・ダム湖沼において、事故や特異現象が起きた場合の異常時、管理部署内での施設操作、また平常時の監視等の目的に対応して、どの項目を基本的に測定すべきかのマトリックスを表-1に示しました。

　河川・ダム湖沼での目的別マトリックスは、一般的に考えられる測定項目を示したものであり、あくまで参考として作成したものです。

（このマトリックスに示されている「測定項目」の各項目は、このガイドブックに現地据付型自動測定装置としてすべて揃っています。）

表-1　目的別測定項目マトリックス

目的		測定項目	水温	濁度	導電率	pH	DO	BOD	COD	シアン類	揮発性有機化合物	油分	フェノール類
河川	異常時	油類										●	●
		富栄養化現象	●	●	●	●	●	●					
		魚浮上・斃死	●	●	●	●	●			●		●	●
		異臭	●	●		●						●	●
		濁水	●	●	●								
		土砂流出・ふん尿	●	●	●		●						
	施設操作	塩分遡上	●		●								
		酸性水	●		●	●							
		富栄養化現象	●	●	●	●	●		●				
	平常時	水利用	●	●	●	●	●		●	●	●	●	●
		生態	●	●	●	●	●		●		●	●	●
		景観		●								●	
		人とのふれあい	●	●	●	●	●		●	●	●	●	●
ダム・湖沼	異常時	油類										●	●
		富栄養化現象	●	●	●	●	●		●				
		魚浮上・斃死	●	●	●	●	●			●		●	●
		異臭	●	●		●						●	●
		濁水	●	●	●								
		赤水・黒水	●	●		●	●						
		冷温水	●										
		土砂流出・ふん尿	●	●	●		●						
	施設操作	塩分遡上	●		●								
		酸性水			●	●							
		富栄養化現象	●	●	●	●	●		●				
		冷濁水	●	●									
	平常時	水利用	●	●	●	●	●		●	●	●	●	●
		生態	●	●	●	●	●		●	●	●	●	●
		景観		●			●			●		●	
		人とのふれあい	●	●	●	●	●			●	●	●	●

4. 河川・ダム湖沼用水質測定目的別測定項目

クロム（＊水銀）（その他重金属含む）	塩化物イオン	窒素化合物	りん化合物	全有機態炭素	クロロフィル	微生物モニタ
		●	●	●	●	
●						●
		●				
	●					
		●	●	●	●	
●	●	●	●		●	●
●		●	●			●
		●	●			
●＊						●
		●	●	●	●	
●						●
		●				
	●					
		●	●	●	●	
●	●	●	●		●	●
●	●	●	●			●
		◦	●			
●						●

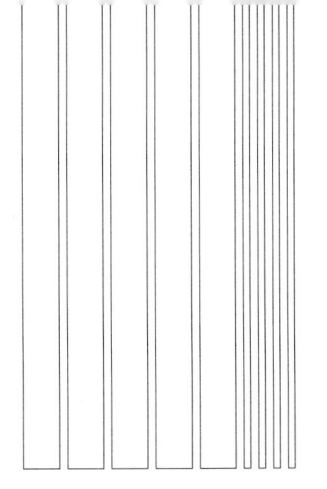

参考資料

1. アンケート様式
2. メーカー別水質測定機器分類表
3. 簡易水質測定器具
4. ガイドブック編集委員会

河川・ダム湖沼用水質測定機器についてのアンケートのお願い

平成 12 年 10 月 17 日

　　　　　　　　　殿

　　　　　　　　　　　　　　　（財）河川環境管理財団
　　　　　　　　　　　　　　　　　　研究第 2 部部長　宮下　明雄
　　　　　　　　　　　　　　　（財）ダム水源地環境整備センター
　　　　　　　　　　　　　　　　　　研究第 2 部部長　吉田　延雄

拝啓
貴社におかれましては御繁栄のこととお慶び申し上げます。

　さて、このたび当（財）河川環境管理財団と（財）ダム水源地環境整備センターでは、河川、ダム湖沼の管理上から現地に観測機器を設置する場合の据付型水質自動測定装置及び水質事故等による早期の水質状況を把握する場合の簡易携帯型水質測定機器、及び卓上型水質測定機器の選定を容易かつ合理的に行うためのガイドブックの作成を行うこととしました。

　つきましては、御多用のこととは存じますが、上記水質観測機器について別紙のアンケート用紙に御記入頂き平成 12 年 11 月 15 日までに事務局宛に御返送頂きたくお願い申し上げます。

　御返送頂きましたアンケートは、両財団で充分検討協議のうえ、ガイドブックに掲載する予定です。掲載にあたりまして、写真等問題があると思われる事項は、個別にご相談ください。アンケート記載の字句の変更をさせて頂くこと、又必要に応じてこちらからお問合せをさせて頂くことがございますので、どうかご了承下さい。

　何とぞ主旨をご理解のうえアンケートへのご協力を、よろしくお願い申し上げます。

　　　　　　　　　　　　　　　　　　　　　　　　　　　　　　　　敬具

参考資料

1. アンケート様式

記

アンケートは、貴社が製造されておりますすべての水質測定機器を対象としております。その中で簡易携帯型・据付型・卓上型に分類しておりますので、それぞれ該当するものにお答えください。

アンケート様式

様式－1　水質測定機器総括一覧表
　　　　　水質測定機器を簡易携帯型・据付型・卓上型に分類され、水質測定機器総括一覧表に御記入ください。
様式－2　簡易携帯型水質測定機器アンケート
様式－3　据付型自動水質測定装置アンケート
様式－4　卓上型水質測定機器アンケート

＊ 簡易携帯型・据付型・卓上型のアンケート作成要領および記入例を御参照のうえご記入ください。
＊ 書体は、「である調」で御記入ください。
＊ 複数の機器がある場合は、アンケート用紙をコピーのうえ御記入ください。
＊ カタログを同封してください。
＊ 実績表を同封してください。

以　上

問合せ先　事務局　　　　（財）河川環境管理財団
　　　　　　　　　　　　河川環境総合研究所　今井　宣夫
　　　　　　　　　　　　　　　　　　　　　　塘　敬一
　　　　　　　　　　　　〒104-0042
　　　　　　　　　　　　東京都中央区入船1-9-12
　　　　　　　　　　　　Tel　03-3297-2644　　Fax　03-3297-2677
　　　　　　　　　　　　E-mail：tsutsumi-k@kasen.or.jp

事務局から
　　　アンケートの返送についてお知らせ致します。
　　　　　計測機器1台につき、次のものを同封して下さい。
　　　1. アンケート（A4　2枚）
　　　2. 写真（サービス版　1枚）
　　　3. 実績表（項目、型式別の5年間の納入先実績表）
　　　4. カタログ（アンケート記載の計測機器）
　　　　　　　　　問合せ先　事務局
　　　　　　　　　　（財）河川環境管理財団
　　　　　　　　　　　　　今井　・　塘（つつみ）
　　　　　Tel　03-3297-2644　　Fax　03-3267-267

簡易携帯型水質測定機器総括一覧表

簡易携帯型水質測定機器は、表に挙げた機器を予定しております。<u>これ以外にも該当する機器がありましたら御記入ください。また、同じ機器でも型式が異なる機器がありましたら加えて御記入ください。</u>

機器名	名　称	型　式	備　考
水温計			
pH計			
溶存酸素計			
電気伝導度計			
濁度計			
塩分計			
クロロフィル－a計			
多項目水質計			
携帯水質パック			
BOD計			
COD計			

＊ 貴社で、様式－2のアンケートに御記入頂いた機器の名称、型式等について御記入ください。<u>御記入機器が多い場合は、この用紙をコピーして御記入ください。</u>（これらが一覧できるカタログ等がありましたら代用してもかまいません。）

　　　　　　　　<u>貴社名</u>　　　　　　　　　　　　　　　　　　　
　　　　　　　　<u>貴社住所</u>　　　　　　　　　　　　　　　　　　
　　　　　　　　<u>貴社連絡先</u>　　TEL　　　　　　　　　　　　　
　　　　　　　　　　　　　　　　FAX　　　　　　　　　　　　　
　　　　　　　　　　　　　　　　URL　　　　　　　　　　　　　
　　　　　　　　　　　　　　　　E-mail　　　　　　　　　　　　
　　　　　　　　<u>御担当者名</u>　　　　　　　　　　　　　　　　

参考資料

1. アンケート様式

（簡易携帯型水質測定機器アンケート）

1. 測定機器名称について

　　測定機器名　_____

　　型式（型番）_____

○印を御記入ください。		
単項目		
多項目	A	
	B	

A：測定機器自体が多項目可
B：試薬を変えることで多項目可

　　多項目測定機器の場合の項目数_____

　　項目（またはシリーズ毎の項目）_____
　　_____
　　_____

2. 測定機器外観について

　　測定機器の外観全体がわかり、大きさが明示できるような縮尺を入れた写真を1枚添付して下さい（ガイドブックに掲載する写真）。大きさは、タテ 90 mm ×ヨコ 125 mm のカラーかモノクロの写真です。記入例に従って、写真右下部にスケールと縮尺を入れ貼り付けてください。

3. 特徴について

　　(1)_____

　　(2)_____

　　(3)_____

　　(4)_____

　　(5)_____

参考資料

1. アンケート様式

4. 河川・ダム湖沼での使用上の留意事項について

　河川・ダム湖沼での使用上の留意事項を御記入ください。該当する事項は、○印を御記入ください。また、必要とされる事項については具体的に御記入ください。多項目測定機器の場合は、必要に応じてこの用紙をコピーされ項目毎に御記入ください。

　<u>多項目測定機器の場合の項目　　　　　　　　　　　　　　　</u>

(1) 河川・ダム湖沼での測定について
　　①採水は必要ですか。　　　　　　　　　　　　　　<u>　必要　　・　　不要　　</u>
　　②水位は何 cm 以上必要ですか。　　　　　　　　　<u>　　　　　　　　cm 以上</u>
　　③流速の影響を受けますか。　　　　　　　　　　　<u>　受ける　・　受けない</u>
　　　受ける場合、何 m/s 以上ですか。または何 m/s 以下ですか。
　　　　　　　　　　　　　　　　　　　<u>　　　　　　　</u>m/s 以上　・　以下

(2) 測定機器の校正について
　　校正は必要ですか。　　　　　　　　　　　　　　　<u>　必要　　・　　不要　　</u>
　　必要な場合は、校正に要する時間を御記入ください。<u>　　　　　　　　　分　</u>

(3) 試薬の廃液回収について
　　廃液回収は、必要ですか。　　　　　　　　　　　　<u>　必要　　・　　不要　　</u>
　　必要な場合は、回収方法を具体的に御記入ください。

　　<u>　　　　　　　　　　　　　　　　　　　　　　　　　　　　　　　　　　</u>
　　<u>　　　　　　　　　　　　　　　　　　　　　　　　　　　　　　　　　　</u>
　　<u>　　　　　　　　　　　　　　　　　　　　　　　　　　　　　　　　　　</u>

(4) 測定時の妨害物質について
　　妨害物質は有りますか。　　　　　　　　　　　　　<u>　　有　　　・　　無　　</u>
　　有る場合、妨害物質名を御記入ください。前処理方法として、該当する事項に○印を御記入ください。また、具体的な前処理方法を御記入ください。

妨害物質

妨害物質名	前処理方法	具体的な前処理方法
	・化学処理 ・ろ過処理（フィルター　　mm） ・その他	
	・化学処理 ・ろ過処理（フィルター　　mm） ・その他	
	・化学処理 ・ろ過処理（フィルター　　mm） ・その他	

(5)交換部品、消耗品について
　①交換部品は有りますか。　　　　　　　　　　有　・　無
　②消耗品は有りますか。　　　　　　　　　　　有　・　無
　③交換部品および消耗品が有る場合、表に従って該当する事項を御記入ください。
交換部品、消耗品の各品名・規格・年間費用・交換頻度を御記入ください。

交換部品および消耗品（年間）

品　　名	規　　格	年間費用 (個数と金額)	交換頻度 (年)
	合　計		

(6)上記以外で必要な留意事項が有りましたら御記入ください。

_____

_____

5. 仕様について

測定機器の仕様は記載の項目毎に御記入ください。(以下に記載の項目の仕様について、カタログ等で代用できる場合は御記入を省かれてもかまいません。その場合は、必ずカタログ等を添付してください)。<u>多項目の測定機器の場合は、必要に応じてこの用紙をコピーされ御記入ください。または、記入例に準じ区切りを入れ御記入ください。</u>

<u>多項目測定機器の場合の項目</u>

項　目	仕　　　　様
(1) 測定方法	
(2) 測定原理	
(3) 測定範囲	
(4) 測定精度	
(5) 再現性 （公定法比較）	
(6) 自動温度補償	
(7) 換算	
(8) 表示・記録方式	
(9) 電源	
(10) 標準液等	
(11) 外形寸法	
(12) 重量	
(13) その他	
(14) 価格	
(15) 納入実績	最近5ヵ年（H7～11）の販売台数（　　　　　　台）

（据付型自動水質測定装置アンケート）

1. 測定機器名称について

    測定機器名　_____

    型式（型番）_____

    多項目測定機器の場合の項目数_____

○印を御記入ください。		
単項目		
多項目		
採水式	A	
	B	
	C	
潜漬式	B	

A：連続自動採水
B：間欠自動採水
C：その他

    項目_____
    _____
    _____

2. 測定機器外観について

　　測定機器の外観全体がわかり、大きさが明示できるような縮尺を入れた写真を1枚添付して下さい（ガイドブックに掲載する写真）。大きさは、タテ90 mm×ヨコ125 mmのカラーかモノクロの写真です。記入例に従って、写真右下部にスケールと縮尺を入れ貼り付けてください。

3. 特徴について

    (1)_____

    (2)_____

    (3)_____

    (4)_____

    (5)_____

参考資料

1. アンケート様式

4. 河川・ダム湖沼での使用上の留意事項について

河川・ダム湖沼での使用上の留意事項を御記入ください。該当する事項は、○印を御記入ください。また、必要とされる事項については具体的に御記入ください。<u>多項目測定装置の場合は、必要に応じてこの用紙をコピーされ項目毎に御記入ください。</u>

<u>多項目測定装置の場合の項目　　　　　　　　　　　　　　　　　　</u>

(1) 装置の設置について
① 装置は屋内に設置しますか、屋外に設置しますか。　<u>屋内設置　・　屋外設置</u>
② ブイ上または、筏上の設置は可能ですか。　　　　　<u>可能　　・　　不可</u>
③ 設置に必要な施設について該当する事項に○印を御記入ください。また、その他に必要な施設が有りましたら、その他に具体的に御記入ください。
　　局舎　・　上水道　・　電気　・　エアコン　・　コンプレッサー
　　採水設備（導水管、採水タンク、採水ポンプ、逆洗浄を含む）
　　排水設備（受水槽含む）
　　その他_____
　　_____
　　_____

(2) 校正について
　　校正は必要ですか。　　　　　　　　　　　　　　<u>必要　　・　　不要</u>
　　必要な場合は、校正に要する時間を御記入ください。_____<u>分</u>
　　校正は、どの位の周期で行うべきですか。　　<u>周期　　　　　ヶ月</u>

(3) 試薬の廃液回収について
　　廃液回収は、必要ですか。　　　　　　　　　　　　必要　　・　　不要
　　必要な場合、回収方法はどういう方法ですか。　<u>装置内で回収　・　別途回収</u>
　　回収方法を具体的に御記入ください。_____
　　_____
　　_____
　　_____

(4)測定時の妨害物質について

　　　妨害物質は有りますか。　　　　　　　　　　有　・　無

　　　有る場合、妨害物質名を御記入ください。前処理方法として、該当する事項に
　　　○印を御記入ください。また、具体的な前処理方法を御記入ください。

妨害物質

妨害物質名	前処理方法	具体的な前処理方法
	・化学処理 ・ろ過処理（フィルター　　mm） ・その他	
	・化学処理 ・ろ過処理（フィルター　　mm） ・その他	
	・化学処理 ・ろ過処理（フィルター　　mm） ・その他	

(5)保守点検について

　　　保守点検は、どの位の頻度で実施すべきですか。　　　　　　日毎
　　　保守点検作業にどの位の時間が必要ですか。　　　　　　　　時間

(6) 装置の交換部品および消耗品について

　装置の交換部品および消耗品について表に従って該当する事項を御記入ください。
1日あたり24回測定を対象とした交換部品、消耗品の各品名・規格・年間費用・交換頻度を御記入ください。

　（注）これに該当しない場合は、1日あたりの測定回数を明記してください。

品　　名	規　　格	年間費用 （個数と金額）	交換頻度 （年）
	合　計		

(7) 上記以外で必要な留意事項が有りましたら御記入ください。

　_____

　_____

5. 仕様について

測定機器の仕様は記載の項目毎に御記入ください。(以下に記載の項目の仕様について、カタログ等で代用できる場合は御記入を省かれてもかまいません。その場合は、必ずカタログ等を添付してください)。<u>多項目の測定機器の場合は、必要に応じてこの用紙をコピーされ御記入ください。または、記入例に準じ区切りを入れ御記入ください。</u>

多項目測定機器の場合の項目

項　目	仕　様
(1) 測定方法	
(2) 測定原理	
(3) 測定範囲	
(4) 測定精度	
(5) 電極精度	
(6) 応答条件	
(7) ①検水条件	
(7) ②電源条件	
(8) 外観・構造	
① 計測部	
② 指示増幅部	
③ 採水 　　洗浄制御部	
(9) 表示・記録方式	
(10) その他	
(11) 価格	
(15) 納入実績	最近5ヵ年（H 7 ～ 11）の販売台数（　　　　　　台） 　　　　　　　　　　河川　（　有　・　無　） 　　　　　　　　　　ダム　（　有　・　無　） 　　　　　　　　　　湖沼　（　有　・　無　） 　　　　　　　　　　その他（　有　・　無　）

据付型自動水質測定装置総括一覧表

　据付型自動水質測定装置は、表に挙げた装置を予定しております。これ以外にも該当する装置がありましたら御記入ください。また、同じ装置でも型式が異なる装置がありましたら加えて御記入ください。

機器名	名　　称	型　　式	備　　考
K-82S型水質自動測定装置			
潜漬昇降型水質自動測定装置			
COD自動測定装置			
リン酸・全リン自動測定装置			
アンモニア性窒素・全窒素自動測定装置			
BOD自動測定装置			
シアン・全シアン自動測定装置			
クロロフィル-a自動測定装置			
油分自動検出装置			
生物モニター			
塩分自動測定装置			
その他自動測定装置（六価クロム・全クロム・フェノール・水銀）			

*　貴社で、様式-2のアンケートに御記入頂いた機器の名称、型式等について御記入ください。御記入機器が多い場合は、この用紙をコピーして御記入ください。（これらが一覧できるカタログ等がありましたら代用してもかまいません。）

　　　　　　　　貴社名　_____
　　　　　　　　貴社住所_____
　　　　　　　　貴社連絡先　TEL_____
　　　　　　　　　　　　　　FAX_____
　　　　　　　　　　　　　　URL_____
　　　　　　　　　　　　　　E-mail_____
　　　　　　　　御担当者名_____

参考資料

1. アンケート様式

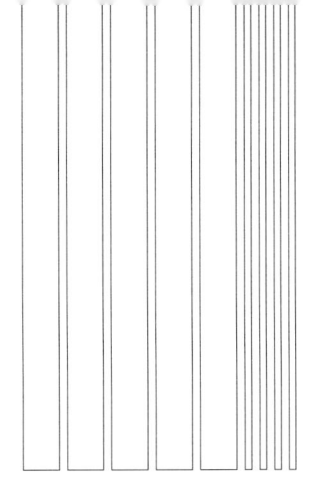

参考資料

1. アンケート様式
2. メーカー別水質測定機器分類表
3. 簡易水質測定器具
4. ガイドブック編集委員会

2. メーカー別水質測定機器分類表

メーカー/機器名		型	ページ	水温（*水深含む）	濁度（*SS含む）	導電率
アクアコントロール㈱	ポータブル形溶存酸素計（900）	携	83	●		
	SS濃度計（7011A）	据	158		●*	
	溶存酸素計（9100、9200、9040）	据	334	●		
㈱アナテックヤナコ	浮遊物質自動測定装置（SS-208）	据	160		●*	
	COD自動測定装置（COD-308）	据	191			
	有機汚濁濃度計（YUV-308）	据	194			
	シアン自動測定装置（CN-105）	据	219			
	全シアン自動測定装置（TCN-508）	据	222			
	油分自動測定装置（OIL-808）	据	239			
	フェノール自動測定装置（PNL-708）	据	248			
	フェノール自動測定装置（PNL-708D）	据	251			
	六価クロム自動測定装置（CR-608）	据	254			
	全クロム自動測定装置（TCR-608）	据	257			
	水銀自動測定装置（HGM-108）	据	262			
	アンモニア自動測定装置（NH-105）	据	267			
	全窒素自動測定装置（TN-208）	据	270			
	全窒素自動測定装置（TN-308）	据	273			
	全りん自動測定装置（PHS-308）	据	299			
	りん酸自動測定装置（PHS-408）	据	302			
	TOC自動測定装置（TOC-708）	据	311			
	K-82S水質自動監視装置（(K-82型S) WPM-8200）	据	350	●	●	●
	全りん・全窒素自動測定装置（TPN-508）	据	382			
	シアン・アンモニア自動測定装置（CNH-105）	据	412			
アレック電子㈱	メモリー水深・水温計（ABT-1）	携	6	●*		
	ポータブル濁度計（ATU1-D（ATUシリーズ））	携	10		●	
	ポータブル水温塩分計（ACT20-D）	携	112	●		●
	メモリーSTD（AST200-PK（ASTシリーズ））	携	114	●*		●
	TPMクロロテック（ACL2180-TPM）	携	118	●*		●
	メモリークロロテック（ACL208-DK（ACL200シリーズ））	携	120	●*	●	
	クロロテック（ACL1180-DK（ACL100シリーズ））	携	122	●*		
	メモリークロロテック（ACL220-PDK）	携	130	●		
	多成分水質計（クロロテック）（ACL1183-PDK）	携	139	●*	●*	●
	小型メモリー水温計（MDS-MKV/T（MKVシリーズ））	据	154	●		
	小型メモリー水温深度計（COMPACT-TD）	据	156	●*		
	メモリーパック式濁度計（ATU5-8M（ATU-8Mシリーズ））	据	163		●	
	小型メモリー水温塩分計（COMPACT-CT）	据	336	●		
	メモリーパック式クロロフィル計（ACL11-8M（ACL-8Mシリーズ））	据	343	●		
	メモリーDO計（ADO-8M（ADO-8Mシリーズ））	据	348	●		
飯島電子工業㈱	DOメーター（ID-100）	携	85	●		
	COD自動測定装置（C-3000NT）	据	197			
笠原理化工業㈱	90°散乱光式濁度計（TR-2Z）	携	12		●	
	濁度／水深計（TR-1Z）	携	14	*	●	
	pH／ORP計（KP-2Z）	携	74	●		
	DO計（溶存酸素計）（DO-2Z）	携	87	●		
	表面散乱光式濁度計（TR-301B）	据	165		●	
	90°散乱光式濁度計（TR-301Z）	据	167		●	
	UV／CODモニター（UV-2000）	据	199			

pH (*ORP含む)	DO	BOD	COD (*UV含む)	シアン類	揮発性有機化合物	油分	フェノール類	クロム (*水銀)(・その他重金属含む)	塩化物イオン (*塩分含む)	窒素化合物	りん化合物	全有機態炭素	クロロフィル	微生物モニタ
	●													
	●													
			●											
			●*											
				●										
				●										
						●								
							●							
							●							
								●						
								●*						
										●				
										●				
										●				
											●			
											●			
												●		
●	●													
										●	●			
					●				●					
									●*					
									●*					
													●	
	●								●*				●	
●	●												●	
									●*					
													●	
	●								●*					
	●													
			●											
●*														
	●													
			●*											

参考資料

2. メーカー別水質測定機器分類表

メーカー／機器名		測定項目	型	ページ	水温(*水深含む)	濁度(*SS含む)	導電率
紀本電子工業㈱	COD自動計測装置（VS-3951）		据	202			
	全シアン自動計測装置（VS-3910）		据	225			
	アンモニア自動計測装置（VS-3920）		据	276			
	全リン・全窒素自動計測装置（VS-6010）		据	385			
京都電子工業㈱	全りん・全窒素自動測定装置（WPA-58）		据	387			
㈱共立理化学研究所	全シアン検定器（WA-CN^T）		携	38			
三洋テクノマリン㈱	水質自動観測システム（SEACOM Ⅱ）		据	345	●	●	●
㈱CTIサイエンスシステム	水中pH計（P104）		携	26			
	水温・積分球濁度計（P108）		携	50	●	●	
	水温・電気伝導度計（P102）		携	62	●		●
	水温・溶存酸素計（P106P）		携	89	●		
柴田科学㈱	携帯型濁度計（TUR-01）		携	16		●	
	携帯型pH計セット（PPT-100M）		携	28			
	携帯型O$_2$／DO計セット（ODT-100M）		携	91	●		
㈱島津製作所	島津水質監視用紫外線吸光度自動計測器（UVM-402タイプⅣ）		据	204			
	島津陸上用油分濃度計（ET-35AL）		据	242			
	オンラインTN・TP計（TNP-4100）		据	390			
	島津水質分析計オンラインTOC・TN計（TOCN-4100(TOC-4100シリーズ)）		据	406			
シャープ㈱	COD自動測定装置（SW-207C）		据	207			
	全シアン自動測定装置（SW-702CN）		据	227			
	水質自動監視装置（K-82型S）		据	353	●	●	●
	全りん・全窒素自動測定装置（SW-740TPN）		据	393			
セントラル科学㈱	pH／ORPメータ（UC-23）		携	30			
	濁度計（UC-61）		携	52		●	
	導電率／水温メータ（UC-35）		携	64	●		●
	溶存酸素計（UC-12）		携	93	●		
	塩分／水温計（UC-78）		携	103	●		
	多項目水質計（DR/820（DR/800シリーズ））		携	145		●	
	現場設置型BOD計測器（BOD-3300）		据	188			
㈱センコム	ポータブル濁度計（966）		携	18		●	
	ポータブル水質計（942シリーズ）		携	147			
	ポータブル水質計（975MPシリーズ）		携	151		●	
㈱ダイアインスツルメンツ(三菱化学)	オンライン全窒素自動分析装置（TN-500）		据	278			
㈱拓和	ウォーターチェック（ID-305（IDシリーズ））		携	142	●*	●	●
	TN連続測定装置（SA9000C-TN（SA9000シリーズ））		据	280			
	TP連続測定装置（SA9000C-TP（SA9000シリーズ））		据	305			
	TOC連続測定装置（SA9000C-TOC（SA9000シリーズ））		据	314			
	連続測定装置（SA9000SE（SA9000シリーズ））		据	409			

pH (*ORP含む)	DO	BOD	COD (*UV含む)	シアン類	揮発性有機化合物	油分	フェノール類	クロム(*水銀)(・その他重金属含む)	塩化物イオン(*塩分含む)	窒素化合物	りん化合物	全有機態炭素	クロロフィル	微生物モニタ
			●											
				●										
										●				
										●	●			
										●	●			
				●										
●														
	●													
●														
	●													
			●*											
							●							
										●	●			
										●		●		
			●											
				●										
●	●									●	●			
●*														
	●													
									●*					
●	●			●	●			·●	●	●	●			
		●												
	●			●				·●	●	●	●			
●	●		●	●			●	·●	●	●	●			
										●				
●*	●												●	
										●				
											●			
												●		
										●		●		

2. メーカー別水質測定機器分類表

メーカー／機器名		型	ページ	水温 (*水深含む)	濁度 (*SS含む)	導電率
㈱鶴見精機	塩分濃度計（S-L4）	携	40			
	T.Sポータブル型クロロフィルa計（クロロミニMODEL-1）	携	44			
	携帯型濁度計（MODEL-2）	携	54	●	●	
	溶存酸素計（WQM-IR）	携	95	●		
	シーメートC/STD（MODEL C-2）	携	105	●*		
	pH・溶存酸素計（PD-IR）	携	107			
	水質自動監視装置（KW-2）	携	124	●*	●	●
	塩分濃度観測装置（WS-1）	据	265			
	塩分濃度観測装置（WS-2）	据	338	●		
	水質自動監視装置（KW-2）	据	356	●*	●	●
㈱東亜ディーケーケー	ポータブル濁度計（TB-25A）	携	56	●	●	
	ポータブル電気伝導率計（CM-21P）	携	66	●		●
	ポータブルpH計（HM-20P）	携	76	●		
	ポータブル溶存酸素計（DO-21P）	携	97	●		
	ポータブル電気伝導率・pHメータ（WM-22EP）	携	109	●		●
	水質チェッカ（WQC-22A）	携	133	●	●	●
	多項目水質計（LASA-20）	携	149		●	
	COD自動測定装置（CODMS-OF）	据	210			
	全シアン濃度監視装置（TCNMS-2）	据	230			
	6価クロムモニタ（CRM-2C）	据	260			
	アンモニウムイオン測定装置（NHMS-3）	据	283			
	河川水質自動監視装置（K-82S）	据	359	●	●	●
	全りん・全窒素自動測定装置（TPNMS）	据	396			
㈱東芝	濁度計（LQ141）	据	169		●	
	導電率計（131E／103E）	据	178			●
	pH計（流通形LQ111／浸漬型LQ101）	据	180			
	DO計（LQ122／LQ102）	据	182			
㈱東邦電探	電気水温計（ET-72X（ETシリーズ））	携	8	●*		
	クロロフィル-a計（CA-30X）	携	46			
	濁度計（FN-52X（FNシリーズ））	携	58	●	●	
	pH計／ORP計（PH-30X/OR-60X）	携	68			
	電気水質計（EST-3X）	携	99	●		●
	溶存酸素計（水温付）（DO-70X）	携	32	●		
	塩分計（STC-2X）	携	116	●		●
	水深別水質測定装置（TACOM-6）	携	127	●*	●	
	クロロフィル監視装置（CAW-200）	据	319			
	濁度監視装置（FNW-5）	据	326	●	●	
	塩分監視装置（ESR-5）	据	341	●		
	水質自動観測装置（昇降式）（FNW-5081）（FNWシリーズ）	据	368	●*	●	●
	水質自動観測装置（定置式）（FNW-5171）	据	372	●	●	●
㈱東レエンジニアリング	プロセス成分測定装置シアン計（model 8810・30）	据	232			
	プロセス成分測定装置アンモニア性窒素計（model 8810・36）	据	285			
	全窒素自動分析装置（TN-520）	据	287			
	全リン自動測定装置（TP-800）	据	308			
	TOC自動分析装置（Model TOC-620）	据	316			

pH (*ORP含む)	DO	BOD	COD (*UV含む)	シアン類	揮発性有機化合物	油分	フェノール類	クロム (*水銀)(・その他重金属含む)	塩化物イオン (*塩分含む)	窒素化合物	りん化合物	全有機態炭素	クロロフィル	微生物モニタ
									●*					
													●	
	●													
									●*					
●	●													
●	●													
									●*					
									●*					
●	●													
●														
	●													
●														
●	●								●*					
	●		●	●			●	●	●*	●	●	●		
			●											
				●										
							●							
										●				
●	●													
										●	●			
●														
	●													
													●	
●*														
	●													
									●*					
●	●													
													●	
									●*					
●	●		●*										●	
●	●		●*										●	
				●										
										●				
										●				
											●			
												●		

メーカー／機器名		測定項目 型	ページ	水温（*水深含む）	濁度（*SS含む）	導電率
日本ダーネット㈱	KS701（SU26C・D）／KS723（SU26E・F）	携	34			
平沼産業㈱	全自動COD測定装置（COD-1500）	据	212			
㈱富士電機	油膜センサ（ZYX）	据	244			
	水質安全モニタ（ZYNIA102）	据	321			
北斗理研㈱	携帯型濁度計（だくどMINI、MA-120D）	携	20		●	
	携帯型濁度計（MA-212D）	携	22		●	
	水質計測記録装置（MA-231D）	携	60	●*	●	
	水質連続監視装置（MA-3000シリーズ）	据	171		●	
	固定式水質自動観測装置（MA-985D-6）	据	362	●*	●	●
	昇降式水質自動監視装置（MAS-011-8）	据	376	●*	●	●
㈱堀場製作所	コンパクト導電率計（Twin COND）（B-173）	携	24			●
	コンパクトpHメーター（Twin pH）（B-211/212）	携	36			
	コンパクト塩分計（CARDY SALT）（C-121）	携	42			
	導電率計（カスタニーACT）（ESシリーズ）	携	70	●		●
	水素イオン濃度メーター（カスタニーACT）（D-20シリーズ）	携	78	●		
	溶存酸素計（カスタニーACT）（OMシリーズ）	携	101	●		
	マルチ水質モニタリングシステムW-23（W-20/U-20シリーズ）	携	136	●*	●	●
	自動COD測定装置（CODA-211、CODA-212）	据	215			
	有機汚濁物質測定装置（OPSA-120）	据	217			
	自動アンモニウムイオン測定装置（AMNA-101）	据	290			
	自動全窒素測定装置（TONA-800）	据	292			
	水質モニタ（WARA-25）	据	365	●	●	●
	自動全窒素・全リン測定装置（TPNA-200）	据	398			
㈱明電舎	濁度計（MEIAQUAS TUD-101）	据	173		●	
	明電ディジタル計DO計（MEIAQUAS DOP-510/510F）	据	184			
	明電アンモニア計（MEIAQUAS MAN-1000）	据	294			
	明電水質モニタリングシステム	据	379	●	●	●
	全窒素・全りん自動測定装置（MEIAQUAS MTNP-100）	据	401			
横河電機㈱	パーソナルSCメータ（SC82）	携	72	●		●
	パーソナルpHメータ（pH82）	携	81	●		
	表面散乱形濁度計（TB400G）	据	175		●	
	溶存酸素計（DO402G）	据	186			
	水中VOC測定ガスクロマトグラフ（GC1000）	据	234			
	連続VOCモニタ（VM500）	据	237			
	微量水中油分モニタ（QS1000）	据	246			
	アンモニア性窒素自動測定装置（AN1000）	据	296			
	4線式導電率変換器システム（SC402G）	据	328	●		●
	4線式pH変換器システム（PH400G）	据	334	●		
	全窒素・全りん自動測定装置（NP1000）	据	403			

参考資料

2. メーカー別水質測定機器分類表

参考資料 2. メーカー別水質測定機器分類表

pH (*ORP含む)	DO	BOD	COD (*UV含む)	シアン類	揮発性有機化合物	油分	フェノール類	クロム (*水銀)(・その他重金属含む)	塩化物イオン (*塩分含む)	窒素化合物	りん化合物	全有機態炭素	クロロフィル	微生物モニタ
●														
			●											
					●									
														●
●	●													
●	●		●*										●	
●														
									●*					
	●													
●*	●							●		●				
				●										
				●*										
										●				
										●				
●*	●									●	●			
	●													
●	●		●*										●	
										●	●			
●*														
	●													
					●									
					●									
						●								
										●				
●														
										●	●			

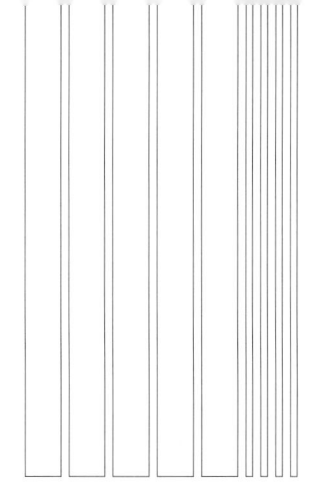

参考資料

1. アンケート様式
2. メーカー別水質測定機器分類表
3. 簡易水質測定器具
4. ガイドブック編集委員会

1. チューブ式簡易水質測定器具

パックテスト（共立理化学研究所）

測定項目	測定範囲（mg/L）	測定時間
銀	0～5以上	3分
アルミニウム	0～1	1分
ひ素	0.2～10	2分
金	0～20	30秒
ほう素	0～10	30分
カルシウム（カルシウム硬度）	0～50以上（0～125以上）	2分
残留塩素	0.1～5	10秒
残留塩素（DPD法）	0.1～5	10秒
遊離シアン	0.02～2	5分
化学的酸素消費量（－250）	0～250以上	5分
化学的酸素消費量	0～100	5分
化学的酸素消費量（低濃度）	0～8以上	5分
六価クロム	0.05～2	1分
銅	0.5～10	2分
ふっ素	0～5以上	2分
鉄	0.2～10	2分
鉄（低濃度）	0.05～2	2分
二価鉄	0.2～10	30秒
二価鉄（低濃度）	0.1～2.5	30秒
ホルムアルデヒド	0～2	4分
過酸化水素	0.02～5以上	1分
ヒドラジン	0.05～2	10分
マグネシウム（マグネシウム硬度）	0～20（0～82）	1分
マンガン	0.5～20	30秒
アンモニウム（排水）（アンモニウム態窒素・排水）	0.5～10（0.4～8）	10分
アンモニウム（アンモニウム態窒素）	0.1～5（0.08～4）	1分
ニッケル	0.5～10	2分
亜硝酸（亜硝酸体窒素）	0.02～1（0.006～0.3）	2分
硝酸（硝酸態窒素）	1～45（0.23～10）	3分
水素イオン濃度	（pH）5.0～9.5	20秒
同上	（pH）1.6～3.4	20秒
同上	（pH）3.6～6.2	20秒
同上	（pH）5.8～8.0 以上	20秒
同上	（pH）8.2～9.6	20秒
フェノール	0.2～10	2分
りん酸（りん酸態りん）	0.2～10（0.066～3.3）	1分
硫化物（硫化水素）	0.1～5	15分
シリカ	2～100	3.5分
シリカ（低濃度）	0.5～10	6.5分
硫酸（高濃度）	0～500以上	5分
全硬度	0～200	30秒
亜鉛	0.5～10	3分

pH パックテスト〔酸性雨測定用、微少緩衝性検水用〕(共立理化学研究所)

型　式	測定範囲（pH）	測定時間
pH	5.0、5.5、6.0、6.5、7.0、7.5、8.0、8.5、9.0、9.5	20秒
チモール・ブルー L	1.6、1.8、2.0、2.2、2.4、2.6、2.8、3.0、3.2、3.4	20秒
ブロム・クレゾール・グリーン	3.6、3.8、4.0、4.2、4.4、4.6、4.8、5.0、5.2、5.4、5.6、5.8、6.0、6.2	20秒
ブロム・チモール・ブルー	5.8、6.0、6.2、6.4、6.6、6.8、7.0、7.2、7.4、7.6、7.8、8.0 以上	20秒
チモール・ブルー H	8.2、8.4、8.6、8.8、9.0、9.2、9.4、9.6	20秒

携帯水質パック簡易水質検査キット（シンプルパック）(柴田科学)

測定項目（識別記号）	測定範囲（mg/L）	測定時間
水素イオン濃度 pH 1	（pH）1、2、3、4、5、6、7、8、9、10、11	10秒
水素イオン濃度 pH 5	（pH）5.0、5.5、6.0、6.5、7.0、7.5、8.0、8.5、9.0、9.5	10秒
水素イオン濃度 pH 36	（pH）3.6、3.8、4.0、4.2、4.4、4.6、4.8、5.0、5.2、5.4、5.6、5.8、6.0、6.2	10秒
水素イオン濃度 pH 58	（pH）5.8、6.0、6.2、6.4、6.6、6.8、7.0、7.2、7.4、7.6、7.8、8.0	10秒
水素イオン濃度 pH 48	（pH）4.8、5.0、5.2、5.4、5.6、5.8、6.0、6.2、6.4、6.6、6.8、7.0、7.2、7.4、7.6、7.8、8.0、8.2	10秒
亜硝酸（亜硝酸イオン）（亜硝酸性窒素）NO_2	NO_2：0.02～1 $NO_2\text{-}N$：0.006～0.3 6段階	2分
遊離シアン CN	0.02～2 7段階	5分
六価クロム Cr^{6+}	0.05～2 6段階	1分
化学的酸素消費量 COD	0～10（低濃度） 0～100（高濃度） 6段階	5分
アンモニウム NH_4　$NH_4\text{-}N$	0～10 6段階	8分
りん酸 PO_4	0.2～10	2分

※精度±10%

2. 試験紙式簡易水質測定器具

pH 試験紙（一般用）（共立理化学研究所）

種　類	測定範囲（pH）	測定時間
パイロット・スケール	1.0、2.0、3.0、4.0、5.0、6.0、7.0、8.0、9.0、10.0、11.0、12.0	5秒
クレゾール・レッド（エー）	0.0、0.3、0.6、0.9、1.2、1.5、1.8、2.1	5秒
チモール・ブルー（エー）	1.8、2.0、2.2、2.4、2.6、2.8、3.0、3.2	5秒
ブロム・フェノール・ブルー	2.4、2.6、2.8、3.0、3.2、3.4、3.6、3.8	5秒
テトラ・ブロム・フェノール・ブルー	3.0、3.2、3.4、3.6、3.8、4.0、4.2、4.4	5秒
ブロム・クレゾール・グリーン	3.6、3.8、4.0、4.2、4.4、4.6、4.8、5.0	5秒
クロール・フェノール・レッド	4.8、5.0、5.2、5.4、5.6、,5.8、6.0、6.2	5秒
ブロム・クレゾール・パープル	5.2、5.4、5.6、5.8、6.0、6.2、6.4、6.6	5秒
メチル・レッド	5.4、5.6、5.8、6.0、6.2、6.4、6.6、6.8	5秒
ブロム・チモール・ブルー	6.2、6.4、6.6、6.8、7.0、7.2、7.4、7.6	5秒
クレゾール・レッド（ビー）	7.2、7.4、7.6、7.8、8.0、8.2、8.4、8.6	5秒
チモール・ブルー（ビー）	8.2、8.4、8.6、8.8、9.0、9.2、9.4、9.6	5秒
ナイル・ブルー	9.4、9.7、10.0、10.3、10.6、10.9、11.2、11.5	5秒
アリザリン・イエロー	10.4、10.7、11.0、11.3、11.6、11.9、12.2、12.5	5秒
アニリン・ブルー	11.0、11.3、11.6、11.9、12.2、12.5、12.8、13.1	5秒
インジゴ・カーミン	11.9、12.2、12.5、12.8、13.1、13.4、13.7、14.0	5秒

分析用試験紙（共立理化学研究所）

測定項目	測定範囲（mg/L）	測定時間
残留塩素・高濃度用	25、50、100、200、500	10秒
残留塩素・低濃度用	1、5、10、15、25	10秒
六価クロム（Cr^{6+}）	0.5、2、5、10、20、50	30秒
亜鉛（Zn）	2、5、10、20	1分
二価鉄（Fe^{2+}）	1、5、10、20、50	1分
鉄（Fe）	1、5、10、20、50	2分
亜硝酸（NO_2）	0.5、1、2、5、10	1分
ニッケル（Ni）	5、10、20、50	1分
銅・高濃度用	20、50、100、200	30秒
銅・低濃度用	2、5、10、20、50	30秒
すず（Sn^{4+}）	2、5、10、20、50	1分
5種セット〔Cr^{6+}、Zn、Fe、Ni、Cu(D)〕	各種	各種

クロム検定器(共立理化学研究所)

測定項目	測定範囲	測定時間
六価クロム	0.5、2、5、10、20、50 ppm Cr^{6+}	5分

シアン検定器(共立理化学研究所)

測定項目		測定範囲	測定時間
シアン	低濃度	0.2、1、2、5、10、20 mg CN/L	5分
	高濃度	20、50、100、200、300、500 mg CN/L	15〜60分

水質測定用テストストリップ(センコム)

測定項目		測定範囲(ppmまたはmg/L)	測定時間
臭素	低濃度	0、0.05、0.1、0.25、0.5、0.75	30秒
遊離塩素		0.0、0.1、0.2、0.5、1.0、2.0	30秒
	低濃度	0、0.02、0.05、0.1、0.2、0.5、1.0	30秒
		0、0.25、0.5、1、2、3、4、5、6、7、8、9、11、15、20、25	30秒
	高濃度	0、25、50、100、200、300、400、500、750	30秒
Water Works-2	低濃度	0、0.05、0.1、0.2、0.5、1.0	30秒
総塩素	総塩素	0、0.2、0.5、1.0、2.5、5.0	40秒
	低濃度	0、0.05、0.1、0.2、0.5、1.0	60秒
よう素	よう素	0、0.1、0.2、0.5、1.0、2.5、5	30秒
	低濃度	0、0.02、0.05、0.1、0.2、0.5、1.0	30秒
過酸化水素(H_2O_2)		0、0.5、2.0、5.0、10、25、50	30秒
鉄 低濃度 Fe^{+2}/Fe^{+3}、		0、0.3、0.5、1.0、2.5、5.0	2分30秒
銅 Cu^{+1}/Cu^{+2}、		0、0.5、1.0、2.5、5.0	30秒
亜硝酸窒素		亜硝酸窒素:0.15、0.3、1.0、3.0、10.0	60秒
硝酸窒素		硝酸窒素:0、0.5、5、10、20	60秒
pH		(pH)6.0、6.5、7.0、7.5、8.0、8.5、9.0	30秒
pH、総アルカリ度		pH:(pH)6.0、6.5、7.0、7.5、8.0、8.5 TA:0、80、120、180、240、360	30秒
総アルカリ度		0、80、120、180、240、360	30秒
総硬度		0、50、120、250、425(カルシウム硬度) 0、3、7、15、25 grains/gallon (64.8/3.785 = 17.12 mg/L)	1秒
Water Works-5		参照:pH、総アルカリ度、総硬度、遊離&総塩素	

3. その他簡易水質測定器具

濁度・色度計（共立理化学研究所）

測定項目	測定範囲（標準板）	測定時間
濁　度	0.5、1、2、3、5、10、15 JIS単位	即　時

測定項目	測定範囲（標準板）	測定時間
色　度	2、4、5、6、10、20 JIS単位	即　時

化学的酸素消費量（COD）セット（共立理化学研究所）

測定項目		測定範囲	測定時間
COD（アルカリ性過マンガン酸カリウム法）	低濃度用	0、2、4、6、8、10 mg/L	30秒
	高濃度用	0、10、100、1 000、10 000 mg/L	2分

ケメットDO計（共立理化学研究所）

セット型式	測定範囲	測定時間
K-7510	0 〜 10 ppm	即　時
K-7512	0 〜 12 ppm	即　時
K-7501	0 〜 1 ppm	即　時
K-7511	0 〜 20 ppb	即　時
K-7540	0 〜 40 ppb	即　時
K-7599	0 〜 100 ppb	即　時

陰イオン界面活性剤測定セット（共立理化学研究所）

測定項目	測定範囲	測定時間
陰イオン界面活性剤（メチレンブルー法）	0.5、1、2、5、10 mg/L	2 〜 3分

溶存酸素（DO）セット（共立理化学研究所）

測定項目	測定範囲	測定時間
DO（ウインクラー変法・ベックマンDO計）	0、1、3、5、7、9、11、13、15 mg/L	5 〜 6分

全シアン検定器（共立理化学研究所）

測定項目		全シアン（蒸留ピクリン酸法）
測定範囲	光電計	ラムダー 1 100　　　　　　0.1 〜 2.5 mg CN^T/L ラムダー 2 000 II／6 000 II、ラムダー 8 000 　　　　　　　　　　　　　0.1 〜 1.2 mg CN^T/L UV-1240　　　　　　　　　0.1 〜 3.0 mg CN^T/L
	目視用標準色	0.1、0.2、0.5、1、2、5 mg CNT/L
測定時間		20分

ドロップテスト(共立理化学研究所)

測定項目	測定範囲 (mg/L)	測定時間
全硬度	5～500 程度	5～6分
カルシウム硬度	5～500	5～6分
(M) アルカリ度	5～500	5～6分
(P) アルカリ度	5～500	5～6分
(M) 酸度	5～500	5～6分
(P) 酸度	5～500	5～6分
塩化物	25～1000	5～6分
よう素消費量	0～220	5～6分
残留凝集剤 (カチオン性高分子)	2～20	5～6分

pH比色測定器(CP型)(CD型)(アドバンテック東洋)

種類	測定範囲 (pH)	測定時間
ブロム・フェノール・ブルー	2.8、3.0、3.2、3.4、3.6、3.8、4.0、4.2、4.4	即時
ブロム・クレゾール・グリーン	4.4、4.6、4.8、5.0、5.2、5.4、5.6、5.8、6.0	即時
ブロム・チモール・ブルー	6.0、6.2、6.4、6.6、6.8、7.0、7.2、7.4、7.6	即時
アクア・パープル	7.6、7.8、8.0、8.2、8.4、8.6、8.8、9.0、9.2	即時
フェノール・レッド	6.8、7.0、7.2、7.4、7.6、7.8、8.0、8.2、8.4	即時
チモール・ブルー	8.0、8.2、8.4、8.6、8.8、9.0、9.2、9.4、9.6	即時

水質試験器(アドバンテック東洋)

測定項目	測定範囲 (mg/L)	測定時間
溶存鉄 全鉄 Fe^{2+} Fe^{3+}	0.1、0.2、0.3、0.5、0.7、1.0、2.0、3.0、5.0	30分
マンガンイオン	0.0、0.1、0.2、0.3、0.5、0.7、1.0、2.0、3.0	30分
残留塩素 Cl_2 (o-トリジン法)	0.1、0.2、0.3、0.4、0.7、1.0、2.0、3.0、5.0	5秒
残留塩素 Cl_2 (DPD法)	0.1、0.2、0.3、0.4、0.7、1.0、1.5、2.0、2.5	25分
水素イオン濃度 (pH)	(pH) 6.0、6.2、6.4、6.6、6.8、7.0、7.2、7.4、7.6	即時
アンモニウムイオン NH_4^+	0.1、0.2、0.3、0.5、0.7、1.0、2.0、3.0、5.0	30分
りん酸イオン PO_4^{3-}	0.05、0.1、0.2、0.3、0.5、0.7、1.0、2.0、3.0	10分
高濃度りん酸イオン	0、10、20、30、40、50、60、80、120	1分
シリカイオン	5、10、20、30、40、50、60、80、120	10分

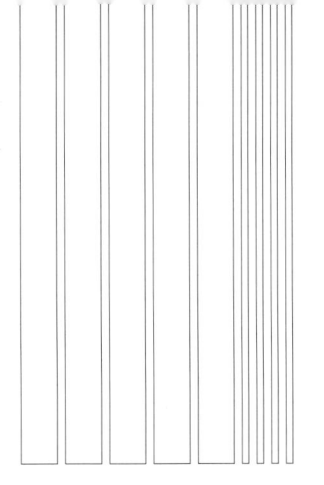

参考資料

1. アンケート様式
2. メーカー別水質測定機器分類表
3. 簡易水質測定器具
4. ガイドブック編集委員会

■――― ガイドブック編集委員会 （平成13年3月31日現在）

委員長
　田中宏明　（国土交通省 土木研究所 下水道部 水質研究室長）

委　員
　前村良雄　（国土交通省 関東地方整備局 河川部 地域河川調整官）
　唐沢　潔　（国土交通省 関東地方整備局 利根川上流工事事務所 利水調査課長）
　田上祐二　（国土交通省 関東地方整備局 江戸川工事事務所 流水調整課長）
　酒井義尚　（国土交通省 関東地方整備局 河川部 地域河川課 建設専門官）

オブザーバー
　小林健吾　（国土交通省 関東地方整備局 河川部 河川調整課 水質監視係長）

事務局
　宮下明雄　（財団法人 河川環境管理財団 河川環境総合研究所 研究第二部 部長）
　今井宣夫　（財団法人 河川環境管理財団 河川環境総合研究所 研究第一部 次長）
　千葉知由　（財団法人 河川環境管理財団 河川環境総合研究所 研究第二部 主任研究員）
　塘　敬一　（財団法人 河川環境管理財団 河川環境総合研究所 研究第二部 研究員）
　中野喜央　（財団法人 河川環境管理財団 河川環境総合研究所 研究第二部 研究員）
　吉田延雄　（財団法人 ダム水源地環境整備センター 研究第二部 部長）
　塩見裕亮　（財団法人 ダム水源地環境整備センター 研究第二部 研究員）

河川・ダム湖沼用
水質測定機器ガイドブック　　　定価はカバーに表示してあります。

2001年9月14日　1版1刷発行　　　ISBN 4-7655-3178-3 C3051

編　者	(財)河川環境管理財団
	(財)ダム水源地環境整備センター
発行者	長　　祥　　隆
発行所	技報堂出版株式会社

日本書籍出版協会会員
自然科学書協会会員
工学書協会会員
土木・建築書協会会員

Printed in Japan

〒102-0075　東京都千代田区三番町8-7
　　　　　　　　（第25興和ビル）
電　話　営　業　(03)(5215)3165
　　　　編　集　(03)(5215)3161
F A X　　　　　(03)(5215)3233
振替口座　00140-4-10

Ⓒ Foundation of River and Watershed Environment Management &
　Water Resources Environment Technology Center, 2001

装幀　芳賀正晴　印刷・製本　技報堂

落丁・乱丁はお取り替え致します。

本書の無断複写は，著作権法上での例外を除き，禁じられています。

● 小社刊行図書のご案内 ●

河川水質試験方法(案)1997年版
建設省河川局監修
B5・1102頁

水道の水質調査法 — 水源から給水栓まで
眞柄泰基監修
A5・364頁

水辺の環境調査
ダム水源地環境整備センター監修・編集
A5・500頁

最新の底質分析と化学動態
寒川喜三郎・日色和夫編著
A5・244頁

水環境の基礎科学
E.A.Laws著／神田穣太ほか訳
A5・722頁

水質衛生学
金子光美編著
A5・700頁

自然の浄化機構
宗宮功編著
A5・252頁

自然の浄化機構の強化と制御
楠田哲也編著
A5・254頁

水環境と生態系の復元 — 河川・湖沼・湿地の保全技術と戦略
浅野孝ほか監訳
A5・620頁

水資源マネジメントと水環境 — 原理・規制・事例研究
N.S.Grigg著／浅野孝監訳
A5・670頁

沿岸都市域の水質管理 — 統合型水資源管理の新しい戦略
浅野孝監訳／渡辺義公ほか訳
A5・476頁

ノンポイント汚染源のモデル解析
和田安彦著
A5・250頁

ノンポイント負荷の制御 — 都市の雨水流出と負荷制御法
和田安彦著
A5・220頁

非イオン界面活性剤と水環境 — 用途,計測技術,生態影響
日本水環境学会内 委員会編
A5・230頁

地下水の微生物汚染
S.D.Pillai著／金子光美監訳
A5・158頁

水道の水源水質の保全 — 安全でおいしい水を求める日本・欧米の制度と実践
小林康彦編著
A5・198頁

安全な水道水の供給 — 小規模水道の改善
浅野孝・眞柄泰基監訳
A5・242頁

自然システムを利用した水質浄化
S.C.Reedほか著／石崎勝義ほか監訳
A5・440頁

水処理 — その新しい展開
佐藤敦久編著
A5・240頁

持続可能な水環境政策
菅原正孝ほか著
A5・184頁

技報堂出版　TEL 編集 03(5215)3161 営業 03(5215)3165　FAX 03(5215)3233